FOM-Edition

FOM Hochschule für Oekonomie & Management

Weitere Bände in dieser Reihe
http://www.springer.com/series/12753

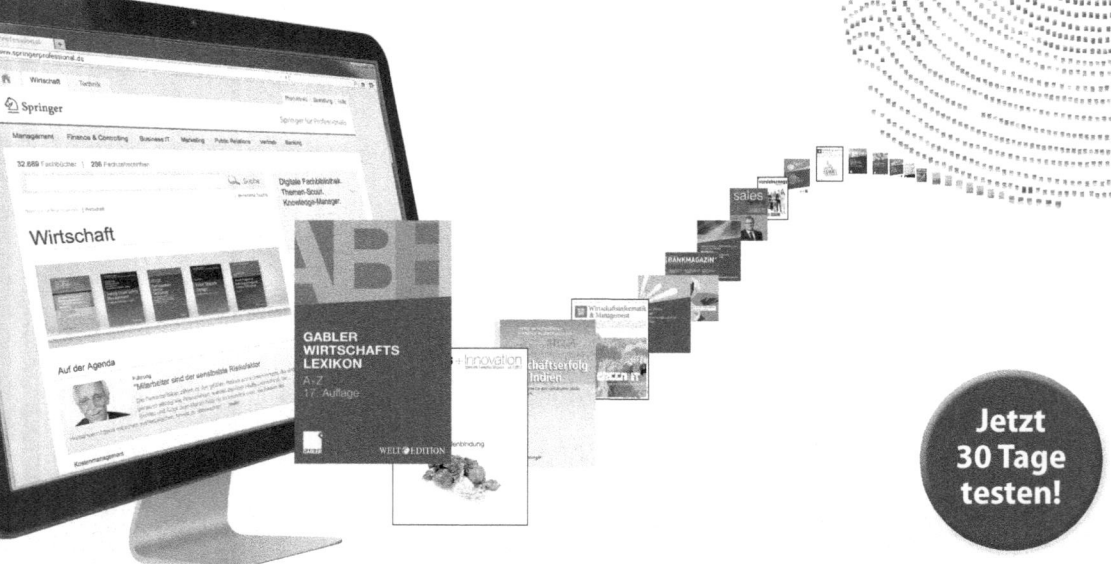

Nils Schulenburg

Führung einer neuen Generation

Wie die Generation Y führen und geführt werden sollte

Nils Schulenburg
FOM Hochschule für
Oekonomie & Management
Bremen, Deutschland

Dieses Werk erscheint in der FOM-Edition, herausgegeben von FOM Hochschule für Oekonomie & Management.

FOM-Edition
ISBN 978-3-658-07203-2   ISBN 978-3-658-07204-9 (eBook)
DOI 10.1007/978-3-658-07204-9

Die Deutsche Nationalbibliothek verzeichnet diese Publikation in der Deutschen Nationalbibliografie; detaillierte bibliografische Daten sind im Internet über http://dnb.d-nb.de abrufbar.

Springer Gabler
© Springer Fachmedien Wiesbaden 2016

Lektorat: Angela Meffert

Gedruckt auf säurefreiem und chlorfrei gebleichtem Papier.

Springer Fachmedien Wiesbaden ist Teil der Fachverlagsgruppe Springer Science+Business Media (www.springer.com)

Für Lena – auf alles was da kommt

Vorwort

„Gute Führung ist der einzige nicht kopierbare Wettbewerbsvorteil", so formulierte es ein befreundeter Geschäftspartner. Er ist Vorstand einer namhaften Bank und eine begnadete Führungskraft: charismatisch, aber nicht selbstverliebt, selbstbewusst, aber ohne eine Spur Überheblichkeit, durchsetzungsstark, aber nicht rücksichtslos, empathisch, aber konsequent, gradlinig, aber nicht engstirnig. Und das sind nur einige Punkte. Er ist das, was die Amerikaner einen *Leader* nennen würde. Mitarbeiterführung zieht ihn magisch an. Der Kontakt zu Menschen reizt ihn, macht seine Arbeit immer wieder spannend und herausfordernd, weil sich Menschen immer dann unvorhersehbar verhalten, wenn man am wenigsten damit rechnet. Und Mitarbeiterführung ist geprägt von solchen Momenten der Unvorhersehbarkeit, auf die man spontan reagieren muss. Und während sich viele Führungskräfte vor einer solchen Notwendigkeit spontan zu reagieren ängstigen, sucht mein Geschäftsfreund sie förmlich. Er geht in seiner Aufgabe auf, weil ihn das Ungewisse reizt, es ist seine Prise Pfeffer in einem hoch regulierten Arbeitsumfeld. Für ihn schreibe ich dieses Buch *nicht*.[1]

Dieses Buch ist für Führungskräfte und solche, die es werden wollen, die *keine* geborenen Führungstalente sind. Es ist für Menschen gedacht, die beim Ausblick auf Führungsverantwortung nicht nur Begeisterung, sondern auch Unsicherheit verspüren. Es ist für Menschen, die bei der Aussicht auf eine Führungsposition zögern und nicht sofort „ja" rufen, weil ihnen die Verantwortung für andere Menschen Respekt einflößt. Es ist für angehende Führungskräfte, die erkennen, dass eine hohe Fachkompetenz mit guter Führung kaum etwas zu tun hat. Und es ist für solche Führungskräfte, die ihr Handeln auf eine breitere, fundierte Basis stellen wollen. Denn so wertvoll Naturtalente wie mein Bankmanager sind, so selten sind sie auch. Die meisten Menschen müssen sich Führungserfolg hart erarbeiten, müssen permanent überlegen, wie sie mit unseren Mitarbeitern optimal individuell interagieren und wie sie die Verantwortung würdigen können, die ihnen übertragen wurde.

Gute Führung ist erlernbar. Wir können unsere Führungsarbeit durch die Wahl der passenden Führungswerkzeuge und deren kontinuierliches Trainieren Schritt für Schritt verbessern. Hiervon handelt dieses Buch: von Führungswerkzeugen und deren Anwendung. Dabei verfolge ich einen doppelten Zweck. Erstens möchte ich Ihnen konkrete Werkzeuge

---

[1] Auch wenn ich mich natürlich freue, wenn er es liest.

vorstellen und Sie zu deren Einsatz ermutigen, um Ihre operative Führungsarbeit messbar zu verbessern. Zweitens möchte ich Ihnen durch die theoretische Untermauerung meiner Ausführungen die Gewissheit geben, dass alle Werkzeuge sinnvoll und zielführend sind, und so Ihr Vertrauen in Ihre eigenen Führungskompetenzen stärken, wenn Sie auf den Einsatz der Werkezuge setzen. So können wir zu den Naturtalenten unter den Führungskräften aufschließen.

Wenn Sie zu diesem Buch greifen, geht es Ihnen wahrscheinlich nicht nur um gute Führung im Allgemeinen oder um die Verbesserung einzelner Führungskompetenzen. Es geht Ihnen wahrscheinlich um die Führung einer bestimmten Zielgruppe – der Generation Y, oder Sie selbst gehören der Generation Y an und befinden sich in einer Führungsposition oder streben eine solche an. Und auch, wenn es in diesem Buch exakt darum geht – die Führung der Generation Y und die Führung durch die Generation Y – will ich doch zunächst Führung im Allgemeinen auf Basis spezifischer Werkzeuge thematisieren. Warum? Auch die Führung der Generation Y ist harte Arbeit, die wir – sofern wir auch in Bezug auf diese Zielgruppe keine Naturtalente sind – erlernen können. Eben durch den Einsatz der richtigen Werkzeuge. Vielleicht gibt es bald ein Buch zur Führung der Generation Z, vielleicht danach zu einer weiteren Generation, wer weiß. Überdauern wird, dass bei der Führung jeder Generation und jedes Menschen als Individuum die richtigen Führungswerkzeuge entscheidend sind. Nur über deren Einsatz ist echter Führungserfolg möglich. Und damit möchte ich auf das Ausgangsstatement meines Bankmanagers zurückkommen und ihm, mit allem Respekt für seine Leistungen, widersprechen: Gute Führung ist NICHT der einzige *nicht kopierbare* Wettbewerbsvorteil. Gute Führung ist der einzige *echte* Wettbewerbsvorteil, denn gute Führung richtet alle Kräfte eines Unternehmens auf ein Ziel: den gemeinsamen Erfolg.

Bremen   Nils Schulenburg

Inhaltsverzeichnis

1

Die Diskussion um die Generation Y, alle in etwa zwischen 1980 und 2000 Geborenen, ist nicht neu: Ungefähr seit der Jahrtausendwende wird mit zunehmender Intensität über sie gesprochen. Durch ihre besonderen Persönlichkeitsmerkmale, die sie von ihren Vorgängergenerationen X, Babyboomer und Wirtschaftswunderkinder unterscheiden, sind sie in den Fokus gerückt. Der Drang nach Freiheit und Unabhängigkeit wird ihnen nachgesagt. Ebenso, dass sie alles und jeden hinterfragen und keine Hierarchien akzeptieren. Eine Work-Life-Balance sei die entscheidende Motivationsgrundlage, aber mit hoher Leistung könne man nicht rechnen.

Jeder Mensch ist einzigartig, egal, wann er geboren wurde. Diese Einsicht wollen wir allen folgenden Erkenntnissen voranstellen. Und sie gilt auch für die Generation Y. Denn die intensive Auseinandersetzung mit ihr hat in den letzten Jahren dazu geführt, dass sie stärker als jede andere Generation zuvor in Schubladen gesteckt und über einen Kamm geschoren wurde. Zu Unrecht: Auch die Generation Y besteht aus Individuen. Die für sie typischen Merkmale – wir werden im weiteren Verlauf zehn davon herleiten – werden von jedem einzelnen Mitglied dieser Generation *mehr oder weniger stark* geteilt. Eine Vielzahl von ihnen teilt viele dieser Merkmale, nur wenige von ihnen alle oder gar keine. Wie so oft folgen Persönlichkeitsmerkmale auch in der Generation Y einer Verteilung, die wahrscheinlich ungefähr einer Normalverteilung entspricht. Daraus folgt: Die Generation Y ist keine Generation von *Klonen*, die gleichförmig und gleichartig durch die Welt geht. Sie ist eine Generation von einzigartigen Menschen. Richtig ist allerdings auch, dass sich die Mitglieder der Generation Y untereinander ähnlicher sind als die Mitglieder anderer Generationen. Außerdem sind die typischen Persönlichkeitsmerkmale der Generation Y auffälliger als die der Vorgängergenerationen. Das liegt zum einen daran, dass keine Vorgängergeneration so intensiv untersucht wurde wie die Generation Y. Ihre Merkmale sind uns also viel *präsenter* als die der Vorgängergenerationen, weil Forschungsergebnisse zur Generation Y (und solche Informationen, die als Forschungsergebnisse getarnt daherkommen) in den Medien viel Anklang gefunden haben. Zum anderen gab es in den letzten gut drei Jahrzehnten einige für die Generation Y prägende und gleichzeitig sehr auffälli-

© Springer Fachmedien Wiesbaden 2016
N. Schulenburg, *Führung einer neuen Generation*, FOM-Edition,
DOI 10.1007/978-3-658-07204-9_1

ge wirtschaftliche, politische und gesellschaftliche Veränderungen. Die Entwicklung und Verbreitung des Internets ist nur eine davon. Diese Veränderungen führten zu auffälligen Persönlichkeitsmerkmalen, die für die Vorgängergenerationen teilweise befremdlich anmuten. So ist es nur schwer zu verstehen, warum zwei Mitglieder[1] der Generation Y über WhatsApp miteinander kommunizieren, obwohl sie einander gegenübersitzen. Sie könnten sich doch auch unterhalten.

Wir wollen mit diesem Buch ein Experiment wagen. Auf der einen Seite wollen wir, losgelöst von solch prägnanten und teilweise irreführenden Einzelfallbetrachtungen (die in den Medien mancherorts sogar populistische Züge angenommen haben), einen *wissenschaftlichen Zugang* zu den Eigenschaften der Generation Y schaffen. Nur über einen solchen Zugang kommen die abgeleiteten Erkenntnisse überhaupt für eine flächendeckende Verwendung in der Praxis infrage. Sie müssen *valide* sein. Auf der anderen Seite möchten wir einen *Praxisbeitrag* für die wohl wichtigste Herausforderung einer dienstleistungsorientierten Wirtschaft wie der deutschen leisten: Wir wollen über *Führung* schreiben. Schließlich ist es Führung – vor allem *gute* Führung –, die Menschen verbindet und die Potenziale eines jeden einzelnen Menschen heben und entwickeln kann. Gute Führung ist der Schlüssel zu unternehmerischem Erfolg und Zufriedenheit von Mitarbeitern. Und: Gute Führung setzt immer am Individuum und seiner Persönlichkeit an. Damit ist eine Berücksichtigung von – verlässlich hergeleiteten – Persönlichkeitsmerkmalen Dreh- und Angelpunkt guter Führung. Die Herausforderung besteht dabei darin, auf wissenschaftlicher Basis für die Praxis Erkenntnisse und Führungsempfehlungen abzuleiten. Da sich beide Aspekte – wissenschaftliche Präzision auf der einen und Praktikabilität auf der anderen Seite – oftmals diametral gegenüberstehen, kann diese Aufgabe nicht beide Anforderungen vollständig erfüllen. Es muss ein Kompromiss gefunden werden. Und darin liegt das Experiment dieses Buches: Wir wollen einen Kompromiss aus hoher Wissenschaftlichkeit und hoher Praxisorientierung schaffen.

Was bedeuten die beiden Aspekte für uns? *Wissenschaftlichkeit* steht für uns dafür, dass wir auf dem aktuellen Stand der Forschung aufbauen: Wir ziehen aktuelle Studien zu den Eigenschaften der Generation Y heran und nutzen den aktuellen Stand der Führungsforschung als Grundlage für unsere Ausführungen und Empfehlungen, wobei wir Modelle, Konzepte, Ansätze und dergleichen nicht zwingend 1:1 übernehmen, sondern immer dann weiterentwickeln, wenn eine Notwendigkeit dafür besteht. Dabei wollen wir unter dem *aktuellen* Stand der Forschung nicht nur solche Erkenntnisse subsumieren, die in den letzten zehn oder 20 Jahren gewonnen wurden. Viele Erkenntnisse, die 50 Jahre oder älter sind, haben noch heute eine Daseinsberechtigung. Sie sind weder antiquiert noch überholt und sollen ebenfalls eine Rolle spielen. *Praxisorientierung* heißt für uns, den Bedürfnissen der Menschen gerecht zu werden, für die wir dieses Buch schreiben: die Führungskräfte.

---

[1] Wir werden im Folgenden unsere Ausführungen nicht gendern, weil dies unserer Auffassung nach den Lesefluss stört. Wir verwenden überwiegend männliche Bezeichnungen, adressieren damit allerdings beide Geschlechter gleichermaßen. Aber auch mit *Führungskraft*, die grammatisch weiblich ist, meinen wir ebenfalls beide Geschlechter.

Für sie sollen unsere Ausführungen nützlich sein, daher wollen wir so anwendungsorientiert wie möglich schreiben, denn nur ein Teil der Führungskräfte in Deutschland hat ein wissenschaftliches Studium absolviert und ist dadurch an wissenschaftliche Ausführungen gewöhnt oder hat Freude daran, Fachaufsätze zu lesen. Die Verbindung von Wissenschaftlichkeit und Praxisorientierung bedeutet für uns damit die Herleitung wissenschaftlich fundierter und gleichzeitig einfach und erfolgreich anwendbarer *Führungswerkzeuge*.[2]

Warum *Werkzeuge*? Wenn wir im Alltag ein Problem lösen wollen, nutzen wir Werkzeuge, keine Theorien oder wissenschaftlichen Konzepte. Wir gehen in einen Baumarkt und kaufen eine Bohrmaschine oder eine Gießkanne. Werkzeuge haben den Vorteil, dass sie konsequent *lösungsorientiert* sind: Problem – Anwendung eines Werkzeuges – Problem gelöst. Allerdings wollen wir im Umgang mit Menschen nicht von *Problemen*, sondern lieber von *Herausforderungen* sprechen. Werkzeuge sind also dafür gemacht, Herausforderungen erfolgreich zu begegnen. Sie sind so gestaltet, dass sie gut anwendbar sind und haben dabei ein festen Anwendungsbereich (die Gießkanne hilft nicht, wenn wir ein Loch bohren müssen), sodass ein Werkzeug ein überschaubares Maß an Komplexität mit sich bringt. Und das Allerwichtigste: Werkzeuge sind so gestaltet, dass man ihre Verwendung *erlernen* kann. In diesem Sinne ist aus unserer Sicht auch gute Führung erlernbar. Man muss die richtigen Werkzeuge finden und ihre Anwendung trainieren. Dann wird Führung – Schritt für Schritt – erfolgreicher.

Unsere Werkzeuge bauen auf den Merkmalen der Generation Y auf – die Merkmale sind die Grundlage für die Werkzeugentwicklung. Es geht uns also um wissenschaftlich fundierte und gleichzeitig einfach und erfolgreich anwendbare Werkzeuge zur *Führung der Generation* Y. Bei der Herleitung der Werkzeuge achten wir streng auf ein Prinzip, das wir als *Aktions-Funktions-Prinzip* bezeichnen: Um eine bestimmte Funktion (also eine bestimmte Wirkung) zu erreichen, müssen wir bestimmte Aktionen durchführen. Zum Beispiel muss man eine Bohrmaschine auf eine bestimmte Art und Weise halten, den richtigen Bohrer gewählt haben, die zur Wandbeschaffenheit passende Rotationsgeschwindigkeit einstellen und so weiter, damit man im Ergebnis ein gut gebohrtes Loch bekommt. An diesem Prinzip orientieren wir uns ebenfalls, vor allem in Bezug auf die Handlungsempfehlungen, die wir zur Führung der Generation Y aussprechen. Sie beinhalten nicht, was *erreicht* werden soll, sondern was eine Führungskraft ganz konkret *machen* soll. Schließlich würde es wenig Sinn ergeben, wenn wir empfehlen würden, eine Führungskraft solle sich an den Merkmalen der Generation Y orientieren, wenn sie erfolgreich führen wolle, da wir uns mit solchen Empfehlungen nicht auf einer konkreten Handlungsebene befinden würden. Daher werden wir konkret sagen, welche *Aktionen* Führungskräfte ausführen sollten. Sie werden, sofern korrekt ausgeführt und nach einer Zeit der Übung, im Ergebnis zu einem Führungserfolg führen.

Bei der Vorstellung unserer Werkzeuge in Kap. 2 und 4 werden wir zu Beginn der jeweiligen Abschnitte deren Logik schaubildhaft darstellen. Dabei sind die in diesen Schaubildern verwendeten Symbole wie in Abb. 1.1 beschrieben definiert. Kern einer jeden

---

[2] Wobei wir die Begriffe *Werkzeug* und *Instrument* synonym verwenden.

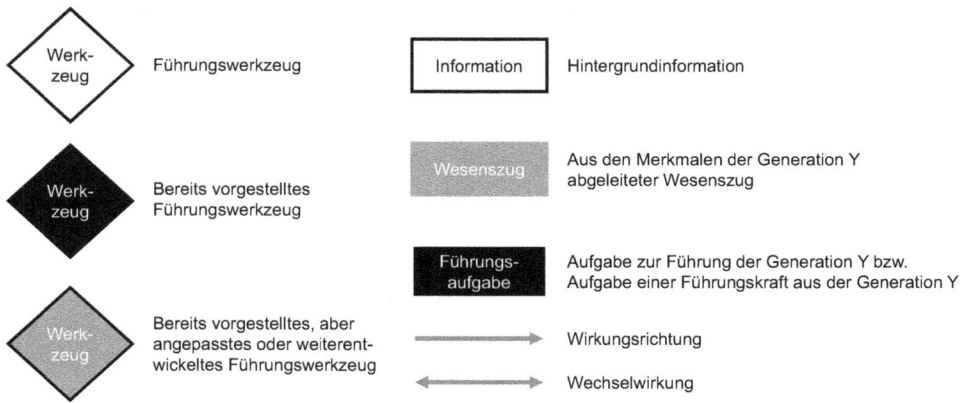

Abb. 1.1 Legende zu den Schaubildern der jeweiligen Abschnitte

Abbildung sind die zu entwickelnden Werkzeuge, sie sind jeweils unten in der Abbildung zu finden. Einige dieser Werkzeuge werden in separaten und optisch hervorgehobenen Blöcken behandelt. Es handelt sich dabei um solche Werkzeuge, die eine besonders hohe Analogie zu einem Werkzeug aus dem tatsächlichen Leben aufweisen: Sie haben eine bestimmte Form, ihr Anwendungszweck ist klar bestimmt und ihre Anwendung ist gut trainierbar und sie verfügen über eine konkrete Bezeichnung. Andere Werkzeuge, die diese Voraussetzungen nur zum Teil erfüllen, werden im Fließtext erläutert. Am Ende der jeweiligen Kapitel werden alle identifizierten Werkzeuge noch einmal übersichtsartig zusammengefasst.

Da es unser Anspruch ist, die von uns vorgestellten Werkzeuge wissenschaftlich zu fundieren, wird ein Teil der jeweiligen Abschnitte der Darstellung theoretischer Konzepte und Ansätze gewidmet sein. Dabei konzentrieren wir uns inhaltlich auf drei Bereiche: das *Personalmanagement*, die *Psychologie* und die *Neurowissenschaften*. Auch wenn diese drei Teilbereiche nicht klar voneinander abgrenzbar sind, bilden sie aus wissenschaftlicher Sicht doch unterschiedliche (Teil-)Disziplinen, weswegen wir dieser Abgrenzung folgen wollen. An der einen oder anderen Stelle wagen wir dabei den Blick über den Tellerrand durch *Exkurse*, die ebenso wie einige Werkzeuge optisch hervorgehoben werden. Immer dann, wenn wir der Auffassung sind, dass ein solcher Exkurs zum Verständnis der theoretisch-konzeptionellen Hintergründe hilfreich ist, flechten wir einen solchen in unsere Ausführungen ein.

Insgesamt wollen wir uns der Führung der Generation Y aus zwei Richtungen nähern. Im Rahmen von Kap. 2 betrachten wir die Generation Y in ihrer Rolle als Mitarbeiter und wollen die Frage beantworten, wie die Generation Y *geführt werden sollte*. Im darauf folgenden Kap. 4 betrachten wir die Generation Y als Führungskraft und wollen darauf eingehen, wie sie *führen sollte*. Beide Abschnitte bauen auf den in Kap. 2 hergeleiteten typischen Merkmalen der Generation Y auf. Dabei wird deutlich werden, dass wir ein eher positives Bild der Generation Y haben. Das liegt zum einen daran, dass wir grundsätzlich davon überzeugt sind, dass jeder Mensch etwas sehr Schätzenswertes in sich trägt – egal welcher Generation er angehört. Zum anderen bringt die Generation Y einige – wie wir zeigen werden – besonders wertvolle spezifische Eigenschaften mit: Leistungsorientierung, ein hohes Maß an geistiger Flexibilität und einen starken Gemeinschaftssinn. Diese und andere Eigenschaften der Generation Y bilden die Basis für ihr erfolgreiches Arbeiten in Unternehmen. Noch ist ihr direkter Erfolgseinfluss relativ gering, erst nach und nach übernimmt sie die ersten Führungsaufgaben. Aber in einigen Jahren werden die Managementpositionen in deutschen Unternehmen maßgeblich von Mitgliedern der Generation Y besetzt sein. Dann können diese ihr volles Potenzial einbringen und werden – so unsere tiefe Überzeugung – das Arbeiten in Deutschland positiv verändern, ohne dabei den unternehmerischen Erfolg aus den Augen zu verlieren: Die Generation Y steht für eine gute Zukunft!

Bleibt letztlich noch eine Frage zu beantworten: Wie *neu* ist das, was wir im Folgenden vorstellen werden? Unsere erste Antwort: Einiges ist neu, anderes ist nicht neu, wird aber von uns weiterentwickelt, vieles ist bereits bekannt – wir greifen auf etablierte Konzepte und Ansätze zurück. Unsere zweite Antwort: Es ist nicht der Neuheitsgrad, der den Erfolg von Führung bestimmt. Vielmehr muss sich eine Führungskraft – will sie denn erfolgreich sein – am Wust von Führungsliteratur und Beratermeinungen orientieren können und muss einem roten Faden bei ihrer Arbeit folgen. Hierzu wollen wir einen Beitrag leisten: Für einen ganz konkreten Zweck – die Führung der Generation Y – werden wir passende Werkzeuge anbieten. Diese bieten Führungskräften Orientierung, Sicherheit und vor allem reduzieren sie die Komplexität von Führung. Jede Führungskraft kann sich aus den folgenden Werkzeugen ihren individuellen Werkzeugkoffer zusammenstellen und wird damit – so unser Versprechen – die Qualität ihrer Führungsarbeit maßgeblich steigern können. Mehr ist nicht notwendig. Damit folgen wir Nassim Taleb, wenn er schreibt, dass es nicht auf die Neuheit von Erkenntnissen ankommt, sondern auf die Frage, ob man sie nutzenstiftend einsetzen kann (vgl. Taleb 2014, S. 310). Diesen Versuch wollen wir wagen, um die Arbeit von Führungskräften zu erleichtern und ihren Erfolg – Mitarbeiterzufriedenheit und Produktivität – zu steigern.

Literatur

Taleb, N. N. (2014). *Der Schwarze Schwan*. München: dtv.

2.1 Uneinigkeit der Forscher

Der Blick in die Literatur offenbart Uneinigkeit in Bezug auf die Eigenschaften der Generation Y. Was sie wirklich ausmacht, ist weitaus schwieriger festzustellen, als die allgemeine Diskussion in den Medien vermuten lässt. Uneinigkeit herrscht vor allem in Bezug auf drei Punkte:

1. Gibt es überhaupt eine Generation Y?
2. Was sind die Ursachen von Generationsveränderungen?
3. Was sind die wesenseigenen Merkmale der Generation Y?

2.1.1 Gibt es überhaupt eine Generation Y?

Kritiker werfen der Generationenforschung vor, nicht sauber zwischen Alters-, Trend- und Generationeneffekten zu unterscheiden (vgl. Biermann und Weckmüller 2013, S. 107 f.). Denn Untersuchungen, bei denen sowohl die (relativ junge) Generation Y als auch die (relativ alte) Generation X befragt werden, sind – wissenschaftlich ausgedrückt – keine Ceteris-Paribus-Betrachtungen. Um herauszufinden, *was genau* für eine Veränderung verantwortlich ist, müsste *eine* Ursache isoliert betrachtet werden – ceteris paribus[1]. In der Generationenforschung ist dies allerdings schwer möglich, denn es können nicht gleichzeitig junge Mitglieder der Generation X und junge Mitglieder der Generation Y befragt oder beobachtet werden. Ursachen für Unterschiede zwischen X und Y können daher *sowohl* die Generation *als auch* das Alter der Betrachteten sein. Auch der Einfluss aktueller Trends kann nicht sauber herausgerechnet werden, sodass es durchaus gewichtige methodische Kritik an der Generationenforschung gibt.

---

[1] Aus dem Lateinischen stammend bedeutet *ceteris paribus* etwa *unter sonst gleichen Umständen.*

© Springer Fachmedien Wiesbaden 2016
N. Schulenburg, *Führung einer neuen Generation*, FOM-Edition,
DOI 10.1007/978-3-658-07204-9_2

Doch auch wenn diese Kritik nicht unberechtigt ist: Für viele Praktiker wie Führungskräfte oder Personaler ist die Frage, ob es eine Generation Y wirklich gibt, kaum diskussi-
onswürdig. Tag für Tag erleben sie neue Herausforderungen im Umgang und Arbeiten mit
einer bestimmten Altersgruppe. Für sie ist es zweitrangig, welche Ursachen hinter diesen
Herausforderungen stecken und wie diese methodisch trennscharf erfasst werden. Wir teilen diese Einschätzung und gehen gemeinsam mit diesen Praktikern davon aus, dass die
Existenz einer Generation Y nicht zu bezweifeln ist.

2.1.2   Was sind die Ursachen für Generationsveränderungen?

Um diese Frage beantworten zu können, müssen wir zunächst eine andere Frage stellen:
Was beeinflusst die Persönlichkeit von Menschen *generell*? Zwei Faktoren können hier
besonders hervorgehoben werden: erstens die menschlichen Gene und zweitens die Prägung durch die Umwelt (vgl. Roth 2014, S. 30 ff.). Wie stark der Einfluss des einen und
des anderen auf die Persönlichkeit ist, ist nach wie vor umstritten. Glücklicherweise ist
das an dieser Stelle egal. Denn selbst wenn wir die letzten 100 Jahre für Generationen-
untersuchungen heranziehen würden (was bei der Betrachtung der *Generation Y* sogar im
Vergleich mit allen typischerweise herangezogenen Vorgängergenerationen übertrieben
wäre), können wir nicht von substanziellen genetischen Veränderungen des Menschen
ausgehen. Bleibt also lediglich die Betrachtung der Prägung als relevantem Faktor übrig.

Generationenforscher haben also die Aufgabe herauszufinden, was einheitliche Faktoren der Prägung von Menschen einer Generation sind. Pränatale und frühkindliche Prägung durch die jeweiligen Eltern können nicht systematisch verantwortlich für die persönlichen Merkmale einer ganzen Generation sein, da sie von Familie zu Familie schwanken.
Daher berufen sich Generationenforscher auf *prägende Ereignisse*, wie zum Beispiel den
Übergang von einer industriellen in eine informationsbasierte Gesellschaft (vgl. Pendergast 2010, S. 6 f.), einhergehend mit einer hohen Verbreitung an Computern und digitaler
Kommunikation. Solche Ereignisse und ihre Folgen sind Teile der Welt, in der eine Gene-
ration aufwächst und lebt, sie haben damit stark *prägende Wirkung* (vgl. Hurrelmann und
Albrecht 2014, S. 15).

Die Hirnforschung zeigt uns, dass das menschliche Gehirn nicht nur für Informationsverarbeitung, sondern vor allem auch für *Sinnstiftung* verantwortlich ist. Das Gehirn
entwickelt dazu im Laufe seiner Entwicklung über Erfahrungen und Erlebnisse ein eigenes (mentales) Modell der Wirklichkeit, also ein einzigartiges und vereinfachtes Abbild
der Realität. Menschen handeln gemäß den Annahmen und Überzeugungen ihres mentalen Modells, um sich in einer komplexen Welt orientieren zu können. Prägende Ereignisse
sind demnach Erfahrungen und Erlebnisse, die einen Einfluss auf die mentalen Modelle
ganzer Generationen haben. Und auch wenn der individuelle Einfluss prägender Ereignisse auf die mentalen Modelle unterschiedlicher Menschen unterschiedlich stark ist, sind
sie doch der rote Faden, der Generationen (mehr oder weniger stark ausgeprägte) gemeinsame Merkmale verleiht. Ursache für Generationsveränderungen sind demnach prägende

Ereignisse, wie etwa die Digitalisierung unserer Welt, die besonders bei der Generation Y deutlich erkennbare Spuren hinterlassen haben.[2]

2.1.3 Was sind die wesenseigenen Merkmale der Generation Y?

Was macht die Generation Y nun konkret aus? Wir haben dazu aktuelle Forschungsarbeiten herangezogen und darin 50 unterschiedliche Eigenschaften identifizieren können (vgl. Schirmer et al. 2014; Schudy und Wolff 2014; Röttig 2011; Pendergast 2010; Moscardo und Benckendorff 2010; Parment 2013a; van Rooi 2011; Leask et al. 2013; Ruthus 2014; Parment 2013b; Kleiminger 2011; Breuer 2011; Kötter et al. 2009), die sich größtenteils ergänzen, teilweise aber auch widersprechen.[3] Nun scheinen 50 Eigenschaften als Ausgangsgröße und Grundlage für ein Führungsmodell wenig hilfreich zu sein, sodass es nötig wird, die Essenz dieser 50 Eigenschaften herauszufiltern. Hierzu haben wir die jeweiligen Eigenschaften dahingehend untersucht, inwiefern sie hermeneutisch deckungsgleich sind und sich übergeordneten Eigenschaftskategorien zuordnen lassen. Bei einander widersprechenden oder gegenseitig ausschließenden Eigenschaften wurden solche bevorzugt, die von der Mehrzahl der Forscher als typisch für die Generation Y erachtet werden. Das Ergebnis dieser Reduktion sind die in Abb. 2.1 dargestellten Eigenschaftskategorien.

Wir gehen davon aus, dass diese Eigenschaften typisch für die Generation Y sind. Allerdings gehen wir nicht davon aus, dass sie in *gleichem Ausmaß* alle Mitglieder der Generation Y charakterisieren. Vielmehr dürften diese Eigenschaften in der Intensität ihrer Ausprägung einer Verteilung unterliegen, sodass sie bei bestimmten Menschen stärker, bei anderen weniger stark ausgeprägt sind. Wird – wie bei Persönlichkeitsmerkmalen durchaus üblich – eine annähernde Normalverteilung unterstellt (vgl. Hossiep und Paschen 2003, S. 34 ff.), liegt im Mittel zum Beispiel eine – im Vergleich zu den Vorgängergenerationen – signifikant *stärkere* Leistungsorientierung vor. Ausgeschlossen werden kann dadurch natürlich nicht, dass es Personen aus der Generation Y gibt, deren Leistungsorientierung im Vergleich zu Personen aus Vorgängergenerationen eine *geringere* Ausprägung aufweist. Die *Wahrscheinlichkeit* für eine solche Konstellation ist jedoch gemäß den zugrunde liegenden Verteilungen relativ gering.

Was bedeutet diese Erkenntnis nun für die Praxis? Auch wenn sich spezifische Eigenschaften der Generation Y feststellen lassen, handelt es sich bei der Betrachtung ihrer

---

[2] Hurrelmann und Albrecht (2014, S. 24 ff.) sehen vor allem wirtschaftliche und politische Krisen als prägend für die Generation Y an. Sie führen, so die Autoren, zu einem hohen Maß an Unsicherheit, das typisch für sie ist. Allerdings fand ein Großteil der genannten Krisen, von den Terroranschlägen am 11. September 2001 abgesehen, zu Zeitpunkten statt, an denen sie für die Entwicklung der mentalen Modelle der Generation Y von eher untergeordneter Bedeutung waren. Insgesamt sehen Hurrelmann und Albrecht (2014, S. 27 ff.) die Zeit, in der die Generation Y aufgewachsen ist, damit eher negativ.
[3] So stellt Ruthus (2014, S. 19) ein hohes Sicherheitsbedürfnis der Generation Y heraus, während etwa Schirmer et al. (2014, S. 25) ein hohes Maß an Flexibilität betonen.

Abb. 2.1 Eigenschaften der
Generation Y

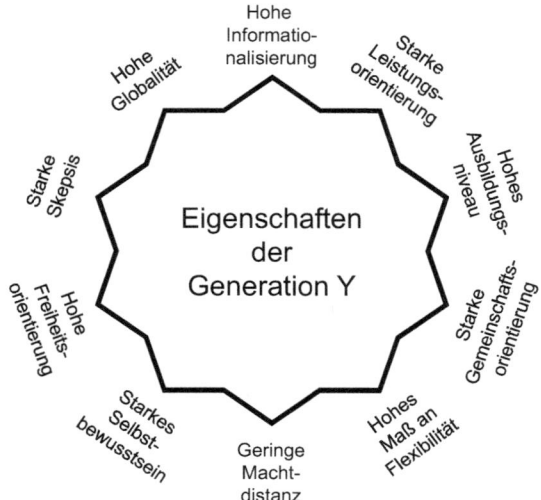

Mitglieder doch um Individuen, die in ihrer Persönlichkeit einzigartig sind. Die Führung der Generation Y muss damit ebenfalls einzigartig sein: Jede Führungskraft sollte jeden Mitarbeiter einzeln würdigen und sich ein Bild von seiner Person machen. Die Chancen, dass die genannten Merkmale auf eine Person aus der Generation Y zutreffen, sind hoch, was die Notwendigkeit einer individuellen Betrachtung von Mitarbeitern allerdings nicht ausschließen kann.

2.2 Merkmale und prägende Ereignisse

Im Folgenden werden die zehn vorgestellten Eigenschaftskategorien inklusive der für sie prägenden Ereignisse detailliert dargestellt.

2.2.1 Hohe Informationalisierung

Der Begriff *Informationalisierung* existiert eigentlich nicht. Er ist aber recht gut in der Lage zu beschreiben, welche Bedeutung Informationen und der Fluss von Informationen für die Generation Y haben. Er steht für *mit Informationen auf(ge)laden*.

Wir können die Generation Y als eine Gruppe von Menschen verstehen, die über eine Vielzahl an Informationen verfügt oder sich diese innerhalb kurzer Zeit beschaffen kann. Gründe hierfür – also das hinter diesem Merkmal stehende prägende Ereignis – sind die Entwicklung und Verbreitung des Internets in den letzten 20 Jahren sowie die hohe Verfügbarkeit von Computern und – neuerdings verstärkt – mobiler Endgeräte. Die Generation Y ist damit groß geworden, dass (fast) alle Informationen (fast) immer und (fast) überall abrufbar sind. Sie hat sich dabei eine besondere Informationsbeschaffungs- und -verarbeitungskompetenz angeeignet, um mit der großen Menge an Informationen, der sie gegenübersteht, überhaupt umgehen zu können (vgl. Stenger 2014, S. 57 ff.). Diese Informationen versucht sie oft im Sinne eines Multitaskings parallel zu verarbeiten (vgl. Hurrelmann und Albrecht 2014, S. 152). Die Nutzung von Informations- und Kommunikationstechnik erfolgt hierbei intuitiv und ihr permanenter Gebrauch ist selbstverständlich.

Hohe Informationalisierung steht also für ein besonderes Kommunikations- und Informationsverhalten der Generation Y. Daraus resultiert ein Anspruch nach permanentem Informationsfluss, nach Social-Media-Aktivitäten, nach Feedback, aber auch nach neuester Hardware zur Informationsverarbeitung als Statussymbol.

2.2.2   Starke Leistungsorientierung

In einer Gesellschaft, in der die Befriedigung der Grundbedürfnisse in hohem Maße gesichert ist, muss Arbeit einen anderen Zweck bekommen. Der Wohlstand in Deutschland und Europa hat zwischen 1980 und 2010[4] stetig zugenommen. Verlässliche Daten liefert Eurostat (2014) für die Zeit seit 1995: Das reale Bruttoinlandsprodukt pro Kopf ist in den 28 Ländern der Europäischen Union zwischen 1995 und 2010 um 26 % gestiegen.

Durch diesen Zuwachs an Wohlstand ist die Notwendigkeit gesunken, Arbeit zur reinen Existenzsicherung zu interpretieren,[5] was durch die heranwachsende Generation Y in das eigene mentale Modell übernommen wurde. Arbeit wurde damit vielmehr ein Mittel zur Verwirklichung der eigenen Ansprüche und Wünsche. Nicht mehr die *extrinsische* Arbeitsmotivation durch Geld, das zur Existenzsicherung notwendig war, stand im Fokus, sondern verstärkt die *intrinsische* Motivation in Bezug auf die Arbeit an sich.[6] Und wie für intrinsische Motivation typisch, beflügelt die Freude an der Arbeit die eigene Leistungsbereitschaft (vgl. Comelli und Rosenstiel 2009, S. 11), weg von einem *Arbeiten-Müssen für Geld* hin zu einem *Leistung-bringen-Können zur Selbstverwirklichung*.

---

[4] Der Zeitraum, in dem die Generation Y geboren wurde, liegt für die meisten Autoren zwischen 1980 und 2000. Wir schließen uns dieser Einschätzung an (vgl. abweichend etwa Hurrelmann und Albrecht (2014, S. 14), für die die Generation Y zwischen 1985 und 2000 geboren wurde). Werden die ersten zehn Lebensjahre als besonders prägend angenommen, da sich das mentale Modell der Wirklichkeit in dieser Zeit am meisten entwickelt (vgl. Jäncke 2013), muss eine Betrachtung bis 2010 vorgenommen werden.

[5] Wir wollen an dieser Stelle auf keinen Fall ignorieren, dass es in Deutschland und Europa Armut gibt und eine Vielzahl an Menschen zur reinen Existenzsicherung arbeitet und ihr Einkommen dazu zum Teil nicht einmal ausreicht. Insbesondere seit der Eurokrise hat sich die Lage in Europa wieder verschärft. Allerdings liegt der Beginn der Eurokrise in 2009 und damit am Ende des Zeitraumes, der für die Prägung der Generation Y besonders relevant war. Für die Ausführungen hier ist sie damit von untergeordneter Bedeutung.

[6] Aus psychologischer Sicht war es nicht mehr die Notwendigkeit der Existenzsicherung, die die tägliche Arbeit rechtfertigte, sodass eine neue Rechtfertigung gefunden werden musste (vgl. Aronson et al. 2011, S. 172).

Ein weiterer Grund für die starke Leistungsorientierung ist eine zunehmende Wettbewerbsgesellschaft. Zwar war eine Wettbewerbsgesellschaft schon vor der Generation Y vorhanden, sie wurde aber durch die Globalisierung und insbesondere die europäische Einigung, etwa durch die Schaffung eines gemeinsamen europäischen Binnenmarktes Anfang der 1990er-Jahre, *intensiver*. Wettbewerb wurde damit normaler. Um im Wettbewerb bestehen zu können, war ein besonderes Maß an Leistung notwendig (vgl. Kempf 1982, S. 11). Folgen dieser Leistungsorientierung sind unter anderem permanente Selbstdisziplinierung und Selbstoptimierung der Generation Y (vgl. Hurrelmann und Albrecht 2014, S. 178 f.).

Eine Konsequenz findet die starke Leistungsorientierung der Generation Y in deren Wunsch, verantwortungsvolle und hochwertige Arbeit auszuführen. Daraus resultiert ein besonderer Anspruch an Weiterentwicklungs- und Karrieremöglichkeiten.

2.2.3 Hohes Ausbildungsniveau

Das hohe Ausbildungsniveau der Generation Y muss aus verschiedenen Perspektiven betrachtet werden: Erstens war die im Vergleich zu Vorgängergenerationen deutlich längere Zeit, die für Berufsausbildung und Studium aufgewendet wurde, prägend (vgl. Moscardo und Benckendorff 2010). Tendenziell lässt sich in mehr Zeit auch mehr lernen, sodass die Generation Y über einen höheren Wissenstand verfügt.

Zweitens hat der zugenommene Wohlstand (vgl. Abschn. 2.2.2) von vielen Menschen den Druck genommen, möglichst schnell einen Beruf zu ergreifen, um möglichst schnell eigenes Geld zu verdienen. So war mehr Zeit für eine zweite Ausbildung, Extrasemester oder ein Auslandsstudium. Hurrelmann und Albrecht (2014, S. 34) sprechen in Bezug auf die Generation Y sogar von einem „Wettlauf um die besten Abschlüsse".

Drittens ist die Bildungslandschaft vielfältiger geworden: Durch den Bologna-Prozess haben sich die Studienangebote in Deutschland stark diversifiziert. Neben klassischen Vollzeitstudiengängen ist eine Kombination von Ausbildung und Studium oder ein berufsbegleitendes Studium möglich geworden. Die Geburtsstunde des dualen Studiums lag in den frühen 1980er-Jahren (vgl. Duales-studium GmbH o.J.).

Das hohe Ausbildungsniveau hat umfangreiche Konsequenzen. Die wichtigsten sind wohl, dass ein hohes Ausbildungsniveau für Unternehmen *praktisch* ist, auch wenn sicherlich nicht jeder Ausbildungsbestandteil für jedes Unternehmen erfolgsrelevant ist. Bedeutender ist wohl, dass einmal erlerntes Wissen auch angewendet werden will, sodass von der Generation Y herausfordernde Arbeit erwartet wird, in der sie ihr Wissen einbringen kann (vgl. hierzu auch den Aspekt der starken Leistungsorientierung unter Abschn. 2.2.2). Und durch längere Lernzeiten hat darüber hinaus eine stärkere *Gewöhnung* an das Lernen stattgefunden, sodass Lernen nicht mehr per se als Belastung, sondern auch als Mittel zur persönlichen Entwicklung erachtet wird. Damit entsteht ein Anspruch der Generation Y an betriebliche Personal- und Weiterentwicklungsmöglichkeiten sowie in der Konsequenz erneut der Wunsch, das stetig erlernte Wissen in einer Fach- oder Führungskarriere anzuwenden. Ein Unternehmen muss daher *Karriereperspektiven* bieten, wenn es die Generation Y an sich binden möchte.

2.2.4 Starke Gemeinschaftsorientierung

Menschen haben ein grundsätzliches Bedürfnis nach Bindung und sozialer Zugehörigkeit (vgl. Aronson et al. 2011, S. 275). Dazu schließen sie sich in Gruppen zusammen, sei es in der Familie oder in Freundeskreisen. Dieser Umstand ist nicht charakteristisch für die Generation Y, sondern für Menschen generell. Neu sind allerdings die *zunehmende Bedeutung* der sozialen Interaktion in Gruppen sowie die *Vielfalt* von Formen sozialer Gemeinschaften.

Seit Beginn der 1980er-Jahre ist das Leben verstärkt durch Internationalisierung und zunehmenden Wettbewerb geprägt. Anzahl und Umfang externer Einflüssen auf die Menschen sind gestiegen, wodurch die Lebenskomplexität insgesamt zugenommen hat. Um dieses Mehr an Komplexität auszugleichen, waren Menschen gezwungen, näher zusammenzurücken. Die Bedeutung der sozialen Gruppe zur Schaffung von Orientierung und Sicherheit musste steigen, um die erhöhte komplexitätsbedingte Unsicherheit auszugleichen. Daraus resultiert eine zunehmende Bedeutung sozialer Gemeinschaften insgesamt.

Darüber hinaus sind weitere Formen sozialer Gemeinschaften entstanden oder haben sich stärker etabliert. Neben dem klassischen Familienmodell hat etwa die Patchworkfamilie an Bedeutung gewonnen (vgl. Hurrelmann und Albrecht 2014, S. 94). Mit dem zunehmenden Wohlstand ist für junge Menschen außerdem die Notwendigkeit gesunken, lange Zeit in der eigenen Familie zu verbleiben. Sie konnten ihr Elternhaus früher verlassen. An die Stelle der Familie ist dann verstärkt der Freundeskreis getreten, um das Bedürfnis nach Gemeinschaft zu befriedigen. Der zunehmende Wohlstand erlaubte es schließlich mehr jungen Menschen, mit Freunden Zeit zu verbringen (was nicht nur Zeit, sondern auch Geld kostet). Man konnte das Konstrukt des Freundeskreises also zunehmend mit Leben füllen, weil mehr Zeit und Geld vorhanden waren. Neben die Vielfalt von Formen sozialer Gemeinschaften tritt damit eine besondere Relevanz von Freundeskreisen zur Befriedigung sozialer Bedürfnisse.

Die Zugehörigkeit zu einer sozialen Gruppe stärkt soziale Kompetenzen, da man sich mit den anderen Gruppenmitgliedern arrangieren muss. Die Vielfalt der Formen sozialer Gemeinschaften hat vielfältige soziale Kompetenzen gestärkt, sodass die Generation Y über ein besonders ausgeprägtes *Sozialverhalten* verfügt (vgl. Schirmer et al. 2014, S. 25). Dies bietet nicht nur die Möglichkeit für Teamarbeit, sondern schafft auch die Notwendigkeit, soziale Aspekte bei der Gestaltung von Arbeit zu berücksichtigen. Die Beziehungen zu Arbeitskollegen und Vorgesetzten sind vielschichtiger geworden und nicht mehr nur durch die Notwendigkeit der Aufgabenerfüllung getrieben (vgl. Schudy und Wolff 2014, S. 98 f.).

In Kombination mit der angesprochenen Affinität für digitale Kommunikation führt die starke Gemeinschaftsorientierung zu einem weiteren typischen Merkmal der Generation Y: einem zunehmenden Denken in Netzwerken (vgl. Breuer 2011, S. 183), die teilweise rein virtueller Natur sind (Facebook, XING etc.). Eine solche Netzwerkkompetenz ist für Unternehmen durchaus nützlich, denn die Generation Y ist damit stärker in der Lage, eine Vielzahl an (wenn auch nicht zwingend tiefgehenden) Kontakten zu knüpfen und zu pflegen.

2.2.5   Hohes Maß an Flexibilität

Lernen, also die Entstehung neuer synaptischer Verknüpfungen im Gehirn, verbraucht Energie. Deshalb ist Flexibilität teuer, da ein breites Spektrum an Handlungsfähigkeiten entweder auf Vorrat oder sehr schnell *erlernt* werden muss, was beides mit Energieverbrauch verbunden ist. Irgendwo muss es also Anreize für die Generation Y gegeben haben, die mit diesem Energieverbrauch einhergehenden Kosten in Kauf zu nehmen, denn ein hohes Maß an Flexibilität ist typisch für sie (vgl. Schirmer et al. 2014, S. 25).

Hurrelmann und Albrecht (2014, S. 27) argumentieren, dass die Zeit, in der die Generation Y aufgewachsen ist, durch massive Veränderungen geprägt war: politische, wirtschaftliche und soziale Umbrüche, auf die sich die Generation Y nur durch ein hohes Maß an Flexibilität einstellen konnte. Ein weiterer Grund für ihre Flexibilität scheint aus dem sehr wettbewerbsintensiven Arbeitsumfeld zu stammen, in dem sie aufgewachsen ist (vgl. Abschn. 2.2.2): Man *muss* flexibel sein, um im Wettbewerb bestehen zu können (vgl. Bullinger 2002, S. 1). Prägend sind aber auch die sich seit den 1980er-Jahren stetig verkürzenden Innovationszyklen der Produkte, insbesondere bei Konsumgütern. Die kürzer werdenden Innovationszyklen gehen mit einer enormen Anzahl an Neuerungen einher, auf die man sich einstellen muss. Flexibilität muss also durch die Generation Y früh erlernt werden, wodurch die Kosten für Flexibilität insgesamt aufgrund von Lernkurveneffekten relativ gering sind.[7]

Für Unternehmen hat das hohe Maß an Flexibilität aufgrund gestiegener Einsatzmöglichkeiten der Generation Y als Mitarbeiter natürlich einen großen direkten Nutzen. Praktisch ist aber auch, dass die Generation Y stärker als die Vorgängergenerationen an den Umgang mit Innovationen gewöhnt ist, was Veränderungsprozesse in Unternehmen tendenziell erleichtert. Allerdings ist Flexibilität nicht nur ein *Merkmal* der Generation Y, sondern auch ein *Anspruch*, etwa in Bezug auf Arbeitszeiten oder die Ablehnung starrer Prozesse (vgl. Röttig 2011, S. 84).

---

[7] *Lernkurveneffekte* entstehen, wenn eine spezifische, gleichartige Tätigkeit mehrmals durchgeführt wird. Abläufe und Handgriffe werden verinnerlicht und können daher zukünftig mit weniger Zeitaufwand erbracht werden, was als *Lernkurve* (oder *economies of learning*) bezeichnet wird.

2.2.6 Geringe Machtdistanz

Der Begriff *Machtdistanz* wurde von Hofstede im Rahmen von Kulturstudien geprägt. Er beschreibt, inwiefern mit weniger Macht ausgestattete Personen eine Ungleichverteilung von Macht akzeptieren (vgl. http://geert-hofstede.com/national-culture.html). Damit geht es um die Frage, inwiefern Mitarbeiter einen Machtvorsprung ihrer Führungskräfte gutheißen. Eine hohe Machtdistanz äußert sich darin, dass Machtunterschiede als positiv oder normal wahrgenommen werden, eine geringe darin, dass Machtunterschiede abgelehnt werden.

Für die Generation Y ist eine geringe Machtdistanz charakteristisch (vgl. Hurrelmann und Albrecht 2014, S. 205). Sie akzeptiert eine Ungleichverteilung von Macht nicht, da es hierfür keinen natürlichen Grund gibt. Sowohl ihre gute Ausbildung als auch verschiedene geschichtliche Ereignisse (etwa die Niedergänge der Sowjetunion oder der DDR, bei denen starke Machtunterschiede zwischen politischen Eliten und normalen Bürgern die jeweiligen Systeme nicht retten konnten) lehrten sie dies. In der Konsequenz lehnt sie starre Hierarchien, die mit ihrer Starrheit lediglich Machterhalt fördern, ab (vgl. Röttig 2011, S. 84). Flexiblere, zielgerichtete Strukturen werden bevorzugt.

2.2.7 Starkes Selbstbewusstsein

Das starke Selbstbewusstsein der Generation Y (vgl. Pendergast 2010, S. 5) konkretisiert sich in einer Alles-ist-möglich-Mentalität und einem damit verbundenen grundsätzlichen Optimismus (vgl. Röttig 2011, S. 84). Darüber hinaus wird ihr ein hohes Maß an persönlicher Souveränität zugeschrieben (vgl. Dawn und Thomas 2013, S. 598), aber auch eine auf Opportunismus und Nutzenmaximierung zugeschnittene Lebensweise, weswegen sie auch als Egotaktiker bezeichnet wird (Hurrelmann und Albrecht 2014, S. 33).

Das Selbstbewusstsein der Generation Y wird dadurch geprägt, dass sie stets umworben wird: erst durch Eltern, dann durch Werbung, schließlich durch Arbeitgeber. Der Einfluss der Eltern auf das Selbstbewusstsein der Generation Y lässt sich dadurch erklären, dass bereits seit Mitte der 1970er-Jahre weniger als 1,5 Kinder pro Frau geboren wurden. Die Geburtenrate lag 1980 bei 1,4 Kindern, 2010 bei 1,39 (vgl. Google 2014). Charakteristisch für die Zeit seit den 1970er Jahren ist, dass sich Eltern vermehrt bewusst *für* oder *gegen* Kinder entschieden haben (vgl. Hurrelmann und Albrecht 2014, S. 194), wodurch die Wertschätzung ihrer Kinder und damit deren Selbstbewusstsein tendenziell gestiegen sind.

Durch den Übergang vom Verkäufer- zum Käufermarkt wurden die Menschen vor allem im Konsumgüterbereich stärker umworben (vgl. Meffert 2000, S. 4). Unternehmen haben um die Gunst potenzieller Käufer gerungen, diese wiederum konnten sich aussuchen, was und bei wem sie kaufen wollten. Diese Entwicklung hat das Selbstwertgefühl der Generation Y weiter gesteigert. Schließlich hat der Fachkräftemangel der letzten Jahre einen Einfluss auf das Selbstbewusstsein genommen: Nicht mehr der Arbeitgeber sucht sich den Arbeitnehmern aus, sondern in vielen Bereichen ist es bereits umgekehrt, da es kaum ausreichend qualifiziertes Personal gibt. Alle drei Tendenzen lassen sich aus ökonomischer Sicht einheitlich bewerten: Die Nachfrage ist ceteris paribus gestiegen – erstens die Nachfrage der Eltern nach der Nähe ihrer Kinder, zweitens die der Verkäufer nach der Aufmerksamkeit ihrer Kunden, drittens die der Arbeitgeber nach (gut qualifizierten) Mitarbeitern. Und mit steigender Nachfrage steigt immer auch der Preis – oder im Falle eines Arbeitsverhältnisses der Lohn – und mit ihm das Bewusstsein der Generation Y, etwas wert zu sein.

Das starke Selbstbewusstsein der Generation Y mündet in verschiedenen Erwartungen: Erstens erwarten ihre Mitglieder, dass sich ihr hoher Wert in barer Münze niederschlägt. Sie haben damit hohe Vergütungsansprüche. Ihr starkes Selbstbewusstsein führt zweitens zur Erwartung einer individuellen Behandlung und Betreuung. Auch vom Arbeitgeber wird die Befriedigung der individuellen Bedürfnisse – bis hin zu einem hohen Maß an Freude bei der Arbeit – erwartet, ansonsten wird ein neuer Job gesucht, bei dem man mehr geschätzt wird (flexibel ist man schließlich, vgl. Abschn. 2.2.5). Die Mitglieder der Generation Y sind damit monetär wie ideell eine anspruchsvolle Klientel.

2.2.8 Hohe Freiheitsorientierung

Mitverantwortlich für eine hohe Freiheitsorientierung der Generation Y ist erneut die europäische Liberalisierung, die in den frühen 1990er-Jahren unter anderem im freien Personenverkehr mündete: Grenzen in Europa fielen, man konnte sich frei bewegen, wie und wohin man wollte. Der zunehmende Wohlstand erlaubte nicht nur den Blick über den Tellerrand, etwa durch Reisen in alle Welt (vgl. Pendergast 2010, S. 11). Er ließ viel stärker als in früheren Zeiten die Möglichkeit zu, das *Bedürfnis* nach Freiheit zu befriedigen.

Freiheitsorientierung ist für die Generation Y fast zu einem Statussymbol geworden. Selbstbestimmung und Verwirklichung der eigenen Wünsche und Ziele nehmen einen besonderen Stellenwert ein. Daraus resultiert der Anspruch nach Mitbestimmung im Unternehmen (wobei es weniger um die betriebliche Mitbestimmung durch den Betriebsrat geht, da diese Art der Mitbestimmung durch starre und teilweise dogmatische Prozesse geprägt ist, was eher abgelehnt wird, vgl. Abschn. 2.2.5). Aus dem Wunsch nach Selbstbestimmung und Verwirklichung der eigenen Ziele resultiert aber auch ein hoher Anspruch auf Freizeit, um solche Bedürfnisse, die nicht arbeitsbezogen sind, verwirklichen zu können. Die Work-Life-Balance ist damit von besonderer Bedeutung (vgl. Hurrelmann und Albrecht 2014, S. 38).

2.2.9 Starke Skepsis

Die Forscherin van Rooi (2011, S. 45) schreibt, die Generation Y sei „extremely critical of anything made into an absolute truth", also extrem kritisch gegenüber absoluten Wahrheiten eingestellt. Die Generation Y hat damit weniger zweigeteilte (und damit extreme) Anschauungen wie *richtig* oder *falsch*, sondern ihr sind eher *unterschiedliche Perspektiven* gegenüber den Dingen wichtig. Alles, was starr in feste Kategorien eingeteilt wird, wird skeptisch betrachtet. Der Grund hierfür liegt vor allem in der guten Ausbildung der Generation Y (vgl. Abschn. 2.2.3), in der Toleranz, Vielschichtigkeit, die Freiheit des Andersdenkenden, alles konstruktivistische Spielarten, eine hohe Bedeutung zukamen.

Der aus der starken Skepsis resultierende Anspruch ist ein Verlangen nach Nachvollziehbarkeit. Unternehmensentscheidungen oder Anweisungen von Vorgesetzten müssen begründet sein und werden (und in vielen Fällen hegt die Generation Y den Wunsch, diese zu diskutieren). Leistungsbeurteilungen etwa müssen durch Verwendung von Kriterien nachvollziehbar gemacht werden, da ansonsten schnell das Gefühl der ungerechten Behandlung entsteht.

2.2.10 Hohe Globalität

Die Folgen der Globalisierung schlagen sich auf verschiedenen Ebenen nieder. So ist ein Denken in internationalen Kategorien, nicht mehr in nationalen, selbstverständlicher geworden. Die Globalisierung hat allerdings einen weiteren Effekt: Weltoffenheit und Toleranz hängen eng zusammen, sodass die Generation Y auch Dingen, die ihr nicht vollends vertraut sind, offen gegenübersteht. Damit ist sie sehr diversity-orientiert[8] und erkennt Unterschiedlichkeit von Menschen nicht als Hemmnis, sondern als wertvolle Quelle von Inspiration und Ideen an.

Die Mitglieder der Generation Y erwarten von ihren Arbeitgebern Toleranz und Akzeptanz von Diversity. Gleichzeitig können sie sich gut in heterogenen Teams zurechtfinden. Internationale Jobchancen sind willkommen, der Gang ins Ausland ist viel selbstverständlicher als in den Generationen zuvor.

All diese Eigenschaften sind typisch für die Generation Y. Der Zusammenhang zwischen prägenden Ereignissen und den Eigenschaften der Generation Y ist in Abb. 2.2 noch einmal zusammenfassend dargestellt. Dabei wird deutlich, dass es kaum simple Zusammenhänge zwischen prägenden Ereignissen und Eigenschaften der Generation Y gibt. Vielmehr sind diese Zusammenhänge komplexerer Natur, teilweise nehmen Eigenschaften sogar selber die Rolle eines prägenden Ereignisses ein, etwa beim hohen Ausbildungsniveau in Bezug auf die starke Leistungsorientierung, die geringe Machtdistanz oder die starke Skepsis, welche diese (mit) beeinflussen.

---

[8] *Diversity* beschreibt die Unterschiedlichkeit von Menschen aufgrund verschiedener Merkmale. Zur Operationalisierung von Diversity werden oftmals die im allgemeinen Gleichbehandlungsgesetz genannten Merkmale *Rasse, ethnische Herkunft, Geschlecht, Religion, Weltanschauung, Behinderung, Alter* oder *sexuelle Identität* herangezogen (§ 1 AGG, http://www.gesetze-im-internet.de/agg/, aufgerufen am 15.05.2014).

prägende Ereignisse   Eigenschaften

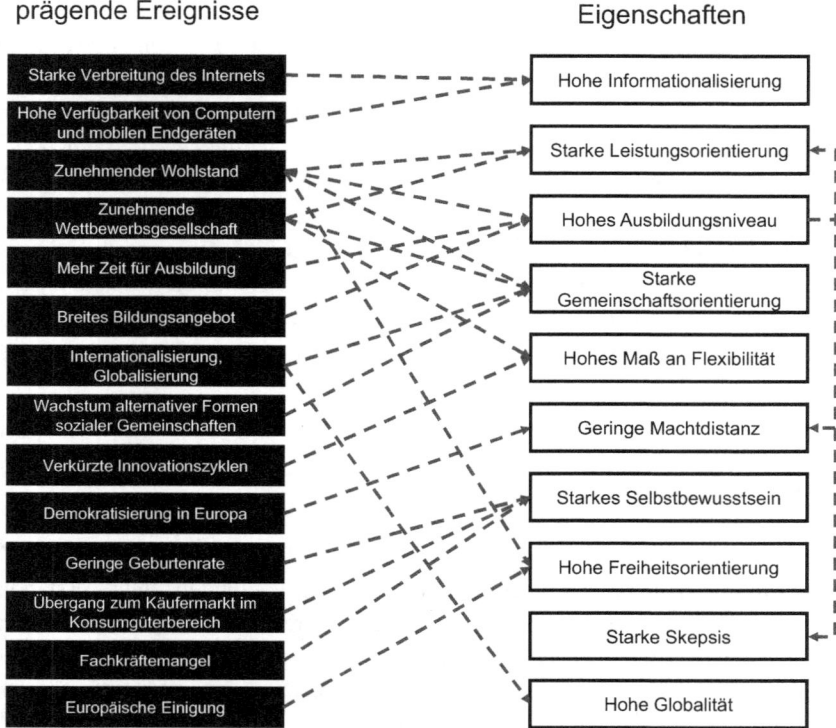

Abb. 2.2 Einfluss prägender Ereignisse auf Eigenschaften der Generation Y

Literatur

Aronson, E., Wilson, T. D., & Akert, R. M. (2011). *Sozialpsychologie*. München: Pearson Studium.

Biermann, T., & Weckmüller, H. (2013). Generation Y – Viel Lärm um fast nichts. In H. Weckmüller (Hrsg.), *Exzellenz im Personalmanagement – Neue Ergebnisse der Personalforschung für Unternehmen nutzbar machen* (S. 105–112). Freiburg: Haufe.

Breuer, P. (2011). Trend zu lebenslangen Netzwerken. In M. Klaffke (Hrsg.), *Personalmanagement von Millennials – Konzepte, Instrumente und Best-Practice-Ansätze* (S. 182–196). Wiesbaden: Gabler.

Bullinger, H.-J. (2002). *Technologiemanagement*. Berlin: Springer.

Comelli, G., & von Rosenstiel, L. (2009). *Führung durch Motivation*. München: Vahlen.

Dawn, B. V., & Powers, T. L. (2013). Generation Y values and lifestyle segments. Journal of Consumer Marketing 30(7), 597–606.

Duales-studium GmbH (o. J.). *Geschichte und Entwicklung des dualen Studiums*. http://www. duales-studium.de/allgemein/entwicklung-des-dualen-studiums. Zugegriffen: 12. Mai 2014

Eurostat (2014). http://ec.europa.eu/eurostat/tgm/table.do?tab=table&language=de& pcode=tsdec100. Zugegriffen: 12. Mai 2014

Google (2014). *Fertility rate.* http://www.google.de/publicdata/explore?ds=d5bncppjof8f9_&met_y=sp_dyn_tfrt_in&hl=de&dl=%20de&idim=country:DEU. Zugegriffen: 13. Mai 2014

Hossiep, R., & Paschen, M. (2003). *Das Bochumer Inventar zur berufsbezogenen Persönlichkeits-beschreibung (BIP).* Göttingen: Hogrefe.

Hurrelmann, K., & Albrecht, E. (2014). *Die heimlichen Revolutionäre.* Weinheim: Beltz.

Jäncke, L. (2013). *Lehrbuch Kognitive Neurowissenschaften.* Bern: Huber.

Kempf, W. (1982). Soziale Motivation und Persönlichkeitsentwicklung. *Zeitschrift für Sozialpsy-chologie und Gruppendynamik, 7*(2), 3–15.

Kleiminger, H. (2011). Gen Y. In M. Klaffke (Hrsg.), *Personalmanagement von Millennials – Kon-zepte, Instrumente und Best-Practice-Ansätze* (S. 134–145). Wiesbaden: Gabler.

Kötter, P., Berkowski, N., & Schulze, C. (2009). *Was motiviert die Generation Y im Arbeitsleben?* Berlin: Kienbaum Management Consultants GmbH.

Leask, A., Fyall, A., & Barron, P. (2013) Generation Y: opportunity or challenge. *Current Issues in Tourism, 16*(1), 17–46.

Meffert, H. (2000). *Marketing.* Wiesbaden: Gabler.

Moscardo, G., & Benckendorff, P. (2010). Mythbusting: Generation Y and Travel. In P. Bencken-dorff, G. Moscardo, & D. Pendergast (Hrsg.), *Tourism and generation Y* (S. 16–26). Cambridge, MA: CAB International.

Parment, A. (2013a). Generation Y vs. Baby Boomers. *Journal of Retailing and Consumer Services, 20,* 189–199.

Parment, A. (2013b). *Die Generation Y.* Wiesbaden: Springer Gabler.

Pendergast, D. (2010). Getting to Know the Y Generation. In P. Benckendorff, G. Moscardo, & D. Pendergast (Hrsg.), *Tourism and generation Y* (S. 1–15). Cambridge, MA: CAB International.

Roth, G. (2014). *Persönlichkeit, Entscheidung und Verhalten.* Stuttgart: Klett-Cotta.

Röttig, P. F. (2011). Das Engagement-Profil der Generation Y. In H. Biedermann, M. Zwainz, & R. J. Baumgartner (Hrsg.), *Umweltverträgliche Produktion und nachhaltiger Erfolg* (S. 79–91). München: Hampp.

Ruthus, J. (2014). *Employer of Choice der Generation Y.* Wiesbaden: Springer Gabler.

Schirmer, U., Kiesling, B., Nolde, V., & Spengler, A. (2014). Führung der Generation Y. *Personal-führung, 4,* 22–29.

Schudy, C., & Wolff, M. (2014). Herausforderung Generation Y. *Zeitschrift Führung + Organisati-on, 2,* 97–102.

Stenger, C. (2014). *Lassen Sie Ihr Hirn nicht unbeaufsichtigt!* Frankfurt: Campus.

Van Rooi, L. (2011). Generation Y and the concept of family. *NGTT, 52*(1), 43–51.

3.1 Motivorientierung der Generation Y

3.1.1 Tit for Tat als Basisstrategie der Mitarbeiterführung

In den folgenden Abschnitten wird die Generation Y in der Mitarbeiterrolle betrachtet und ist damit *Bezugspunkt* und *Objekt* der Führung – in Kap. 4 geht es dann um die Generation Y in der Rolle der Führungskraft. Dabei gehen wir davon aus, dass Führung im Sinne eines

▶ aktiven kommunikativen Prozesses der Einflussnahme auf Mitarbeiter zur Förderung der Erreichung von Unternehmens-, Bereichs- und Abteilungszielen

auch heute noch eine essenzielle Aufgabe für Führungskräfte darstellt. Man könnte dieser Sichtweise entgegnen, dass in Zeiten einer systemisch-ganzheitlichen Betrachtung von Unternehmen und einem hohen Grad an Selbststeuerung und -organisation von Mitarbeitern dieses klassische Verständnis von Führung veraltet sei. Wir sehen dies aus verschiedenen Gründen nicht so.

Sicherlich hat Führung heute anders abzulaufen als vor 50 Jahren – aufgrund des gewonnenen Wissens der betriebswirtschaftlichen Forschung und Praxis vor allem *fundierter* und *reflektierter*. Und eben genau hier liegt der Grund dafür, dass Führung nach wie vor als *aktive* Einflussnahme zu verstehen ist: Die Nutzung *fundierten* Führungswissens setzt einen aktiven Prozess der Entwicklung eigener Führungsfähigkeiten voraus. Und die *Reflexion* des eigenen Führungsverhaltens ist ohne aktive Ansprache der eigenen Mitarbeiter nicht möglich.

Eine aktive Einflussnahme auf Mitarbeiter ist also nach wie vor notwendig, es ist lediglich darauf zu achten, wie *intensiv* diese Einflussnahme sein muss. In vielen Führungskonstellationen reicht es sicherlich aus, im Sinne eines *Managements by Exception* nur im Ausnahmefall aktiv-steuernd einzugreifen, insbesondere da die Generation Y per se hoch motiviert ist und damit von alleine gute Leistung erbringt. Jeder vorschreibend-aktive Eingriff würde tendenziell demotivierend wirken. Trotzdem resultiert hieraus noch nicht die Notwendigkeit, aktive Führung im Sinne einer Steuerung und Motivation von Mitarbeitern rundherum abzulehnen (wie etwa Sprenger (1999, S. 12) es empfiehlt). Richtig ist sicherlich, dass auch gutgemeinte Eingriffe einer Führungskraft ihre leistungssteigernde Wirkung verfehlen können, da jede Führungskraft zunächst aus der eigenen Perspektive heraus argumentiert und agiert. Diese Perspektive muss nicht zwingend der Mitarbeiterperspektive entsprechen, sodass ein Mitarbeiter bessere Leistungen ohne Einfluss von außen erzielt hätte und dieser äußere Einfluss dann nichts bewirkt hat, außer Demotivation. Allerdings werden viele Führungskräfte zustimmen, dass es eben *auch* Mitarbeiter gibt, die *nicht* von alleine hoch motiviert, selbstständig und zielorientiert sind und Freiheiten *nicht* konstruktiv mit Leistung zu füllen wissen, sodass ein aktiver Eingriff der Führungskraft unverzichtbar ist. Die Forschungsergebnisse der neuen Institutionenökonomie zeigen uns, dass Menschen und damit auch Menschen in Unternehmen egoistisch, opportunistisch und an der eigenen Nutzenmaximierung orientiert sein können (vgl. Wolf 2003, S. 260 f.), womit ein solches Mitarbeiterverhalten nicht nur erklärt, sondern auch als durchaus menschlich und damit normal erachtet werden kann. Damit kommt es aufseiten von Mitarbeitern – und sicherlich auch bei der Generation Y – systematisch zur Ausnutzung von Freiheiten, Drückebergerei (shirking), Ressourcenverbrauch für private Zwecke (consumption on the job) und vor allem zu fehlender Motivation, was einer Erreichung von Unternehmens-, Bereichs- oder Abteilungszielen im Wege steht. Womöglich ist ein Teil dieses egoistischen und opportunistischen Verhaltens erst Ergebnis schlechter Führung – auch dem kann nicht widersprochen werden – aber eben nur zum Teil.

Wenn also alle Versuche einer Führungskraft scheitern, über das Einräumen von Freiheiten Leistungsergebnisse zu erzielen beziehungsweise zu steigern, dann braucht die Führungskraft einen Plan B. Hierzu sei die von Anatol Rapoport erfundene Strategie Tit for Tat (in etwa: wie du mir, so ich dir) empfohlen (vgl. Méro 2007, S. 61 f.). Tit for Tat ist eine Strategie für wiederholte Spielzüge in einem Gefangenendilemma-Wettbewerb,[1] der 1979 vom Wissenschaftler Robert Axelrod ausgeschrieben wurde. Rapoport setzte in diesem Wettbewerb darauf, sich zunächst kooperativ zu verhalten und im Weiteren immer so wie der andere Spielteilnehmer eine Runde zuvor. Diese Strategie war seinerzeit erfolgreicher als alle anderen vorgeschlagenen Strategien. Übertragen auf die Führung von Mitarbeitern hieße das: Eine Führungskraft sollte sich zunächst kooperativ verhalten und einem Mitarbeiter möglichst viele Freiräume schaffen. Verhält sich ein Mitarbeiter daraufhin ebenfalls kooperativ, füllt er ihm überlassene Freiräume also sinnvoll, so sollte die Führungskraft die Freiräume aufrechterhalten oder weitere Freiräume schaffen. Verhält sich ein Mitarbeiter jedoch nicht kooperativ, etwa indem er nur seinen eigenen Nutzen in den Vordergrund stellt, sich vor Arbeit drückt oder versucht, hinter dem Rücken der Führungskraft zu intrigieren, sollte die Führungskraft entsprechend konsequent reagieren

---

[1] Das Gefangenendilemma ist das Basisszenario der Spieltheorie, eine ökonomische Teildisziplin, die versucht, menschliches Entscheidungsverhalten in bestimmten Situationen vorherzusagen.

und die Freiräume des Mitarbeiters einschränken und ihn stärker steuern und überwachen. Wird ersichtlich, dass ein Mitarbeiter wieder stärker im Sinne der Abteilungs-, Bereichs- oder Unternehmensziele agiert, sollten ihm auch wieder mehr Freiräume gegeben werden.

Diese von Rapoport empfohlene Strategie hat bereits Eingang ins moderne Management gefunden. So weist Malik (2007, S. 154) darauf hin, dass „jeder Vertrauensmissbrauch gravierende und unausweichliche Folgen" haben sollte. Auf Basis dieser Herangehensweise ist es möglich, dass Führungskräfte sowohl mit konstruktivem Verhalten von Mitarbeitern umgehen können als auch mit destruktiven. Wie oft das eine oder das andere auftritt, ist gar nicht entscheidend. Viel wichtiger ist, dass Führungskräfte auf beide Verhaltensweisen reagieren können. So manche moderne systemische Managementphilosophie verneint beinahe dogmatisch die Existenz negativer Intentionen oder Verhaltensweisen von Mitarbeitern. Aber das ist gar nicht nötig, denn es ist für Führungskräfte leicht, sich sowohl auf konstruktive wie auch destruktive Verhaltensweisen der Mitarbeiter vorzubereiten: Tit for Tat. Diese Strategie *erweitert* das Handlungsspektrum einer Führungskraft, ohne ihre Möglichkeiten zu beschneiden. Wenn ein Mitarbeiter also von sich aus leistungsfähig und -willig ist, sollten ihm die entsprechenden Freiheiten gelassen werden, damit sich sein Potenzial voll entfalten und er die Erreichung von Unternehmens-, Bereichs- oder Abteilungszielen unterstützen kann. Wenn nicht, dann ist es Aufgabe der Führungskraft, über *aktive* Steuerung und Motivation die Zielerreichung zu ermöglichen.

3.1.2 Die Rolle der Motive der Generation Y

Während wir eben die Frage beantwortet haben, wie mit viel oder wenig *Motivation* von Mitarbeitern umzugehen ist, sei im Folgenden die Frage der *Motive* der Generation Y angesprochen. Dazu wollen wir zunächst den Unterschied zwischen Motiven, Motivation und Motivierung betrachten.

Motive
Motive sind menschliche Beweggründe oder psychologische Bedürfnisse, die unser Handeln antreiben. Sie sind abzugrenzen von physiologischen (Grund-)*Bedürfnissen* wie etwa Essen, Trinken oder Schlaf. Eine hilfreiche Operationalisierung menschlicher Motive bietet Reiss (2010, S. 47 f.), der 16 Lebensmotive (vgl. Tab. 3.1), angefangen mit Anerkennung über körperliche Aktivität bis zu Unabhängigkeit, unterscheidet. Die Stärke der Ausprägung dieser 16 Motive ist bei jedem Menschen individuell. Das bedeutet, dass jeder Mensch über ein eigenes Niveau an angemessener Anerkennung, körperlicher Aktivität oder Unabhängigkeit und so weiter verfügt. Die Persönlichkeit eines Menschen ist damit maßgeblich das Ergebnis der jeweiligen Ausprägung dieser 16 Motive.

Motive sind zum Teil angeboren, zum Teil durch Einflüsse aus der Umwelt bestimmt (vgl. Abschn. 2.1.2). Wie hoch der Anteil des einen oder des anderen ist, ist nach wie vor umstritten, beide Einflussbereiche dürften für die Ausprägung der 16 Lebensmotive eine wichtige Rolle spielen. Deswegen kann auch nicht davon ausgegangen werden,

Tab. 3.1 16 Lebensmotive nach Reiss und damit zusammenhängende Emotionen. (Quelle: Reiss 2010, S. 55)

Grundbedürfnis	Ziel	Positive Emotion	Negative Emotion	Intrinsische Wertvorstellung
Anerkennung	Vermeiden von Kritik	Selbstvertrauen	Unsicherheit	Selbst
Beziehungen	Freundschaft	Spaß	Einsamkeit	Gefühl der Zugehörigkeit
Ehre	Charakter	Loyalität	Schuld	Verpflichtung
Eros	Sex	Ekstase	Sexuelle Gier	Sinnlichkeit
Essen	Nahrung	Sättigung	Hunger	Erhaltung des Lebens
Familie	Ausfüllen der Elternrolle	Gefühl, gebraucht zu werden	Belastung	Kinder
Idealismus	Soziale Gerechtigkeit	Mitgefühl	Entrüstung	Fairness
Körperliche Aktivität	Muskeltraining	Vitalität	Ruhelosigkeit	Fitness
Macht	Einfluss	Selbstwirksamkeit, Hochgefühl	Bedauern, Beschämung, Erniedrigung	Leistung, Führung
Neugier	Kognition (Denken)	Staunen	Langeweile, Verwirrung	Ideen
Ordnung	Struktur	Behaglichkeit	Unbehagen	Stabilität
Rache	Selbstverteidigung	Verteidigung	Ärger	Gewinnen
Ruhe	Sicherheit	Entspannung	Angst	Vorsicht
Sparen	Sammeln	Besonnenheit	Verschwenderisch sein	Sparsamkeit
Status	Ansehen	Überlegenheit	Unterlegenheit	Reputation
Unabhängigkeit	Autonomie	Persönliche Freiheit	Abhängigkeit	Autarkie

dass die Ausprägung der 16 Lebensmotive *konstant* ist, schließlich sind soziale Einflüsse dynamisch und damit einem Wandel unterlegen. So besteht die Möglichkeit, dass sich Lebensmotive *verändern*.

Wenn Motive die Persönlichkeit von Menschen und damit deren Verhalten maßgeblich beeinflussen, spielen Motive auch im Rahmen der Mitarbeiterführung eine wichtige Rolle, da Führung für einen kommunikativen Prozess der *Einflussnahme* auf das Mitarbeiter*verhalten* steht. Somit wollen wir untersuchen, wann es zu motivbasiertem Verhalten beziehungsweise einer motivbasierten Handlung kommt.

Nach Jänckes Regelkreismodell der Motivation nehmen Menschen permanent eine Art inneren Abgleich zwischen dem individuell gewünschten Befriedigungsgrad eines Motives und dem tatsächlichen Befriedigungsgrad vor (vgl. Jäncke 2013, S. 684). Ist die tatsächliche Befriedigung geringer als die gewünschte, kommt es zunächst zu einer Emotion, die uns eine zu geringe Befriedigung unserer Motive spüren lässt (zum Beispiel bei mangelhafter *Unabhängigkeit* ein Gefühl der Einschränkung oder der Bevormundung). Es folgt eine Handlung, die das Ziel verfolgt, den tatsächlichen Befriedigungsgrad zu verändern (also zum Beispiel ein Gespräch mit der eigenen Führungskraft, um mehr Freiräume bei der eigenen Tätigkeit zu erlangen). Nach diesem Muster streben Menschen ständig nach Befriedigung der eigenen Motive.

Motivation

Motivation hingegen ist ein emotionaler Zustand der Leistungsbereitschaft, in dem bestimmte Motive verfolgt werden. Ein motivierter Mensch ist damit ein aktiver, leistungsbereiter Mensch, der eine Anstrengung auf sich nimmt, um den Befriedigungsgrad eines bestimmten Motives zu erhöhen. Eine besondere Bedeutung kommt dabei dem Neurotransmitter *Dopamin* zu. Dieser ist dafür verantwortlich, dass eine Handlungsabsicht (zum Beispiel etwas für mehr Freiräume zu unternehmen) auch wirklich zu einer Handlung wird. „Das Dopamin-System [. . .] bildet die Grundlage unseres Antriebs- und Motivationssystems", so der Hirnforscher Gerhard Roth (2014, S. 86). Roth (2014) führt weiter aus, dass Dopamin immer dann ausgeschüttet wird, wenn eine Belohnung in Aussicht steht. Neben physiologischen Bedürfnissen (zum Beispiel Essen), auf deren Befriedigung das Belohnungszentrum im Gehirn besonders reagiert (vgl. Spitzer 2011, S. 3), spielt die Möglichkeit der Befriedigung unserer Motive bei der Motivation eine entscheidende Rolle. Dopamin wird im Gehirn also immer dann ausgeschüttet, wenn wir der Überzeugung sind, wir könnten das Befriedigungsniveau unserer Motive verbessern. Dopamin unterstützt uns dann dadurch, dass wir Leistungsbereitschaft aufbauen und damit die Anstrengung, die zur Befriedigung unserer Motive notwendig ist, auf uns nehmen können. Werden unsere Motive dann *tatsächlich* erfüllt, bedankt sich unser Belohnungszentrum zusätzlich mit der Ausschüttung von körpereigenen Opiaten (Endorphine, vgl. Kasten 2009, S. 252).

Motivierung

Motivierung ist schließlich ein *Prozess,* der zu Motivation, also zur Ausschüttung von Dopamin, führt. Dabei müssen zwei Facetten der Motivierung unterschieden werden: Motivierung über extrinsische und über intrinsische Anreize (in Aussicht gestellte Belohnungen). Ein *extrinsischer* Anreiz ist eine in Aussicht gestellte Belohnung *für* eine erbrachte Leistung (zum Beispiel Lob und Anerkennung vom Chef dafür, dass eine gute Leistung erbracht wurde). Wir erbringen in diesem Zusammenhang also eine Leistung, weil ein Teil unserer Persönlichkeit, besser: unser *Belohnungszentrum*, auf die Möglichkeit von Lob und Anerkennung reagiert. Wenn wir es für möglich halten, dass wir Lob und Anerkennung für unsere Leistung bekommen, bedeutet dies eine *Belohnungserwartung*, die mit einer Dopaminausschüttung und mit entsprechender Leistungsbereitschaft einhergeht. Werden wir dann *tatsächlich* für die erbrachte Leistung belohnt, wird Endorphin ausgeschüttet und wir empfinden einen Moment des Glücks. Bei der Motivierung über extrinsische Anreize ist die Ausschüttung von Dopamin also das *Mittel*, das den letztlichen *Zweck* einer Endorphinausschüttung unterstützen soll.

Etwas anders ist es bei der Motivierung über intrinsische Anreize. Hier fällt die Ausschüttung von Dopamin und Endorphin zeitlich zusammen. Man bekommt nicht eine Belohnung *für* eine Leistung, sondern *die Leistung selber* ist Belohnung, weil sie uns Freude bereitet. Damit Arbeit allerdings zu Freude führen kann, müssen einige Voraussetzungen erfüllt sein. Csikszentmihalyi (2010) konkretisiert dies in seinem Flow-Modell. Er legt dar, dass unter anderem relativ *hohe Aufgabenanforderungen* mit relativ *hohen Mitarbeiterkompetenzen* einhergehen müssen, damit überhaupt ein Flow-Empfinden, also ein besonderes Maß an Freude bei der Arbeit, eintreten kann.

Motivation tritt also nur dann ein, wenn entweder die in Aussicht stehende Belohnung oder die Tätigkeit an sich zu den Motiven eines Mitarbeiters passt. Ist beides nicht der Fall, wird keine Motivation eintreten. Motive, Motivierung und Motivation stehen also in enger gegenseitiger Abhängigkeit. Ohne die Kenntnis der Motive von Mitarbeitern kann eine Führungskraft nicht motivieren und damit auch keine Motivation erzeugen. Im schlimmsten Falle – aber sicherlich nicht immer – kann der gut gemeinte Versuch der Motivation an den Motiven des Mitarbeiters vorbeigehen und damit zu Demotivation führen. Die Aussage Sprengers „Alle Motivierung zerstört Motivation" (Sprenger 1999, S. 73) ist damit in ihrer Absolutheit aber sicherlich noch nicht korrekt, vielmehr bilden die Kenntnis von Mitarbeitermotiven und eine dazu passende Motivierung durch geeignete extrinsische und intrinsische Anreize einen wichtigen Hebel zur Förderung der Leistungsbereitschaft von Mitarbeitern.

Aber wieso brauchen wir zur Führung der Generation Y dieses Basiswissen der Motivation? Erstens, weil sich Menschen dahingehend schlüssig verhalten, dass sie nach Möglichkeit ihren Motiven folgen. Zweitens, da die Motive der Generation Y durch die prägenden Ereignisse während ihrer Entwicklung eben ganz besondere sind (vgl. Abschn. 2.1.3). Beide Erkenntnisse ermöglichen zu einem gewissen Grad, das Verhalten der Generation Y zu verstehen und einzuschätzen. Dieses Wissen um die Beweggründe und Motivierbarkeit der Generation Y kann bei ihrer Führung sehr wertvoll sein.

3.1.3 Verständnis und Vorhersagbarkeit des Verhaltens der Generation Y

Menschliches Verhalten ist nicht vorhersagbar, denn Menschen sind komplexe Wesen. Und die Natur von komplexen Phänomenen ergibt sich eben aus der begrenzten oder unmöglichen Vorhersagbarkeit ihres Verhaltens. Doch nur weil diese Aussage für Menschen *insgesamt* gilt, muss sie deswegen auch für die Vorhersagbarkeit des Verhaltens einzelner Menschen gelten?

Wir sind der Auffassung, dass das Verhalten von Menschen sehr wohl verstehbar und damit auch unter Berücksichtigung bestimmter Toleranzbereiche vorhersagbar ist. Denn zum einen gehen wir – wie eben dargelegt – davon aus, dass Menschen nach Möglichkeit *ihren Motiven folgen*: Wird ein Motiv befriedigt, entsteht durch die Ausschüttung von Endorphinen ein positiver Gefühlszustand. Um diesen Zustand möglichst oft zu erleben, wird das Verhalten wiederholt, das (vermeintlich) zur Ausschüttung von Endorphin geführt hat (vgl. Roth 2014, S. 243 f.). Dieser Zusammenhang kann auch als *Verstärkungslernen* oder *operante Konditionierung* bezeichnet werden (vgl. Gerrig und Zimbardo 2008, S. 206 ff.). Eine (selbstverständlich mit einer bestimmten Irrtumswahrscheinlichkeit behaftete) Vorhersage des Verhaltens wird demzufolge möglich, weil wir von einer Wiederholung von bestimmten (für den Mitarbeiter erfolgversprechenden) Verhaltensweisen ausgehen können.

Vrooms VIE-Modell

Die Vorhersage von Verhalten ist immer dann besonders herausfordernd, wenn es zu einer Verhaltensweise eine *alternative* Verhaltensweise gibt. Ist nur *eine* Verhaltensweise möglich, ist die Situation trivial: Der Mitarbeiter wird sich weiter wie bisher verhalten. Es geht also insbesondere um die Vorhersage des *Entscheidungsverhaltens* von Mitarbeitern, denn immer wenn mindestens zwei wählbare Alternativen zur Verfügung stehen, kann von einer *Entscheidung* gesprochen werden. Insbesondere geht es damit um die Frage, welche Entscheidungsalternative ein Mitarbeiter bevorzugen wird und wie gut diese Wahl vorhersagbar ist. Um diesen Zusammenhang besser zu durchleuchten, wollen wir das Valenz-Instrumentalitäts-Erwartungs-Modell von Vroom (1964) heranziehen. Auch wenn dieses Modell (vgl. Abb. 3.1) sprachlich etwas sperrig ist, ist es für die Vorhersage menschlichen Verhaltens doch sehr nützlich.

Zunächst zu den Kernaussagen des Modells: Vroom geht in einem hedonistischen Sinne davon aus, dass Menschen nach Möglichkeit ihren individuellen Nutzen erhöhen beziehungsweise ihr individuelles Leiden verringern. Dabei unterscheidet er drei Kernbegriffe: *Valenz, Erwartung* und *Leistungsbereitschaft*:

1. Valenz: Die *Valenz* stellt Vroom (1964) zufolge die *erwartete Befriedigung* durch ein *zukünftiges Ereignis* oder auch den *erwarteten Nutzen* eines zukünftigen Ereignisses dar (zum Beispiel den Nutzen einer Beförderung). Er weist allerdings darauf hin,

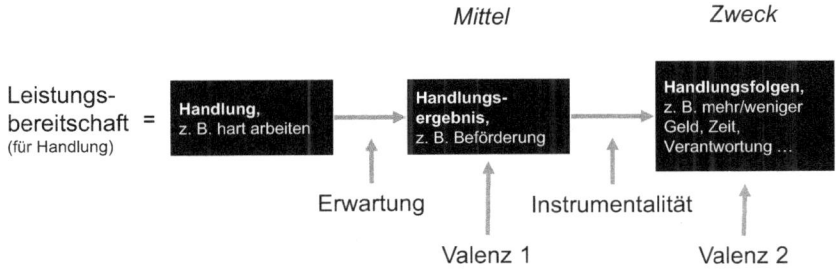

Abb. 3.1 Grundlegende Zusammenhänge im VIE-Modell von Vroom (1964)

dass zwischen *erwartetem* und *tatsächlichem Nutzen bei Eintritt* unterschieden werden muss, denn nur weil etwas als besonders attraktiv *erwartet* wird, heißt das nicht, dass es bei Eintritt dann auch wirklich besonders attraktiv ist.[2] Die Valenz eines Ereignisses ist der *erwartete* Nutzen und nach Vroom davon abhängig, wie hoch der erwartete Beitrag dieses Ereignisses zu den persönlichen Zielen eines Menschen ist. In unserem Beispiel: Wie hoch ist der erwartete Beitrag einer Beförderung zu den persönlichen Zielen wie Anerkennung oder materieller Wohlstand? Vroom verwendet hierfür den Begriff der *Instrumentalität*: Inwiefern ist *Beförderung* ein geeignetes Instrument (daher der Begriff *Instrument*alität) um das Ziel *Anerkennung* oder*materieller Wohlstand* zu erreichen? Bei der Instrumentalität geht es also um die Frage, inwiefern ein Ereignis ein geeignetes Mittel zum Zweck der Erreichung persönlicher Ziele darstellt.

Die Höhe der Valenz bestimmt Vroom dann über zwei Faktoren: erstens die eben angesprochene Instrumentalität (*Wie gut* ist Beförderung zur Erreichung von mehr Anerkennung geeignet?), zweitens den erwarteten Nutzen (die Valenz) der angestrebten persönlichen Ziele (*Wie wichtig* ist Anerkennung einer Person?) – und zwar bezogen auf *alle* persönlichen Ziele. Es werden damit *zwei* Valenzen unterschieden: die Valenz *eines spezifischen Ziels* (die sogenannte Valenz 2, zum Beispiel Anerkennung) und die Valenz *des Mittels*, um dieses Ziel zu erreichen (die sogenannte Valenz 1, zum Beispiel Beförderung).

2. Erwartung: Ob ein zukünftiges Ereignis (zum Beispiel eine Beförderung) eintritt oder nicht, ist oftmals nicht mit Sicherheit zu sagen, da die Zukunft ungewiss ist. Es geht also eher um die Frage, *wie wahrscheinlich* der Eintritt eines zukünftigen Ereignisses ist. In unserem Beispiel: Wie wahrscheinlich ist eine Beförderung? Nun hängt die Beantwortung dieser Frage sicherlich von vielen Facetten ab. Generell kann jedoch gesagt werden, dass bestimmte Handlungen mit einer *bestimmten Wahrscheinlichkeit* zu einem Ereignis führen: Die Wahrscheinlichkeit, dass auf eine gute Performance eine Beförderung folgt, ist relativ hoch. *Oder*: Die Wahrscheinlichkeit, dass auf eine schlechte Performance eine Beförderung folgt, ist relativ gering. In dieser Form bilden Menschen Vroom (1964) zufolge *Erwartungen*. Diese sind naturgemäß subjektiv: Ob die Wahrscheinlichkeit einer Beförderung bei guter Performance *wirklich* relativ hoch ist oder ob eine Beförderung in Wirklichkeit allein vom persönlichen Netzwerk abhängt, ist eine ganz andere Frage. In Vrooms Modell geht es ausschließlich um die *subjektive* Erwartungshaltung.

3. Leistungsbereitschaft: *Leistungsbereitschaft* ist die Motivation eines Menschen bezüglich verschiedener alternativer Verhaltensweisen. In unserem Beispiel: Soll sich ein Mitarbeiter stark oder weniger stark anstrengen? Die Leistungsbereitschaft ist davon abhängig, wie hoch die Kombination (genauer: die Summe) aus *Erwartung* und *Valenz*

---

[2] Besonders häufig tritt diese Konstellation beim Kauf teurer Güter auf: Man entwickelt zunächst eine hohe Nutzenerwartung, die den Kauf auslöst. Dass man viel Geld für ein Gut ausgegeben hat, führt dann allerdings zu einem schlechten Gewissen, das den tatsächlichen Nutzen des Gutes mit beeinflusst. Psychologen sprechen hier von *kognitiven Dissonanzen* nach erfolgtem Kauf (vgl. hierzu auch Abschn. 3.2.2).

1 für alle alternativen Verhaltensweisen ist. Oder anders gesagt: Trägt *viel Anstrengung* eher zur einer Beförderung (und damit indirekt zu Anerkennung und materiellem Wohlstand) bei oder trägt *wenig Anstrengung* eher dazu bei? Die Antwort hängt in Vrooms Modell eben davon ab, als wie *wahrscheinlich* ein Mitarbeiter es erachtet, dass Anstrengung auch zu Beförderung führt (Erwartung) und inwiefern ein Mitarbeiter der Auffassung ist, dass Beförderung ihm bei der Erreichung seiner persönlichen Ziele hilft (Valenz).

Es kann also nach Vrooms Modell davon ausgegangen werden, dass ein Mitarbeiter die Handlungsalternative wählt, deren erwartetes Handlungsergebnis für ihn die höchste (mit seiner Erwartung gewichtete) Valenz hat.

VIE-Modell der Generation Y

Vroom wird immer wieder vorgeworfen, eine solche Entscheidungsfindung sei unrealistisch (vgl. Steinmann und Schreyögg 2005, 544 f.): Kein Mitarbeiter werde so differenziert abwägen, auf welche Entscheidungsalternative mit welcher Wahrscheinlichkeit welche Konsequenzen folgten und wie diese Konsequenzen die Erreichung der (auch noch unterschiedlich wichtigen) Motive eines Mitarbeiters erleichtern oder erschweren würden. In Vrooms Modell würden die Erkenntnisse Simons zur begrenzten Rationalität des Menschen (vgl. Simon 1999) außer Acht gelassen.

Die geübte Kritik ist jedoch nur zum Teil stichhaltig, insbesondere wenn wir Vrooms Modell einmal vor dem Hintergrund neurowissenschaftlicher Erkenntnisse betrachten:

1. Valenz: Die erwartete Befriedigung durch ein zukünftiges Ereignis bestimmt – wie wir gesehen haben – *wie viel* Dopamin im Gehirn ausgeschüttet wird, denn diese erwartete Befriedigung ist eine Art in Aussicht gestellte Belohnung (ein Anreiz). Aus neurowissenschaftlicher Sicht können wir eben solche *Anreize* für die Ausschüttung von Dopamin verantwortlich machen. Anreize werden in Vrooms Modell als Mittel zur Zielrealisierung berücksichtigt. Damit entspricht die Höhe der Dopaminausschüttung dem, was Vroom (1964) als Valenz 1 bezeichnet, nämlich der Wertigkeit eines Anreizes. Diese Wertigkeit ergibt sich im Modell aus dem Beitrag eines Anreizes zur Zielerreichung (Instrumentalität) und aus der Wertigkeit eines Ziels (Valenz 2). (Dabei wäre es allerdings besser, wenn wir nicht von *Zielen*, sondern von *Motiven* sprechen, denn wir haben Motive bereits zu Beginn dieses Abschnittes als menschliche Beweggründe – einfach ein anderer Ausdruck für *persönliche Ziele* – kennengelernt.) Also ist die Höhe der Dopaminausschüttung davon abhängig, *wie hoch* der Beitrag eines Anreizes zur Erfüllung menschlicher Motive ist (von Vroom als Instrumentalität bezeichnet) und *wie wichtig* einem Menschen ein spezifisches Motiv ist (zu bestimmen etwa über das Reiss-Profil (vgl. Reiss 2010), und damit ausgehend von den von ihm ermittelten 16 Lebensmotiven).

2. Erwartung: In Vrooms Modell gibt es neben der Valenz 1 allerdings eine zweite Variable, die die menschliche Leistungsbereitschaft beeinflusst: die Erwartung. Sie hat ne-

ben der Valenz ebenfalls einen Einfluss auf die Dopaminausschüttung. Denn trotz hoher Wertigkeit eines Anreizes wird immer dann wenig Dopamin ausgeschüttet, wenn ein Mensch es für unrealistisch erachtet, diesen Anreiz auch wirklich zu bekommen, denn er muss sich nicht für etwas anstrengen, das er ohnehin nie bekommt. *Erwartung* kann also als eine Art *moderierende Variable* erachtet werden, die die Dopaminausschüttung beeinflusst: Je höher die Erwartung, dass man einen Anreiz bekommt, desto stärker entfaltet dieser Anreiz seine dopaminausschüttende Wirkung und umgekehrt.

3. Leistungsbereitschaft: Leistungsbereitschaft, also Motivation, ist insgesamt derart von Valenz 1 und Erwartung abhängig, dass die Valenz 1 die grundsätzliche Höhe der Dopaminausschüttung bestimmt und die Erwartung diese reguliert.

Daraus lässt sich eine durchaus stringente Entscheidungslogik ableiten: Der Mensch wird nach Möglichkeit *die* Handlungsalternative wählen, bei deren Abwägung (also bei deren Vorstellung im Geiste) am meisten Dopamin ausgeschüttet wird. Ist eine Alternative nicht reizvoll, weil sie wenig zur Erfüllung unserer Motive beiträgt oder nur zu solchen Motiven, die keine besondere Bedeutung spielen, wird relativ wenig oder gar kein Dopamin ausgeschüttet. Aus einer Handlungsalternative wird keine echte Handlung, weil das Dopamin fehlt. Anders bei einer Alternative, die uns einen großen persönlichen Nutzen verspricht und die deswegen zu einer hohen Dopaminausschüttung führt. Die Kritik an Vrooms Modell kann also dann als unbegründet erachtet werden, wenn wir kein *explizites* Bewerten und Abwägen von Entscheidungsalternativen unterstellen, sondern ein *implizites* (dopamingesteuertes). Neurowissenschaftliche Erkenntnisse untermauern diese Sichtweise.

Kommen wir zurück zum Verständnis und der Vorhersage menschlichen Verhaltens, dem Kern dieses Abschnittes. Wie wir bereits festgestellt haben, leistet Dopamin einen Beitrag zum Verstärkungslernen (das wir auch als operante Konditionierung bezeichnet haben): Menschen werden auch in Zukunft in der Regel so entscheiden wie in der Vergangenheit, wenn auf eine Entscheidung eine Belohnung folgt. Also wird sich ein Mitarbeiter auch in Zukunft für *die* Handlungsalternative entscheiden, die den stärksten Beitrag zur Erfüllung seiner Motive leistet. Damit wird nicht nur Verhalten von Mitarbeitern im Allgemeinen vorhersagbar, sondern auch Entscheidungsverhalten im Speziellen.

Welchen Beitrag leisten diese Erkenntnisse im Rahmen der Führung der Generation Y? Eine motivgerechte Führung der Mitglieder der Generation Y sollte solche Handlungsergebnisse (Anreize, in Aussicht gestellte Belohnungen) in den Fokus rücken, die zu den Merkmalen der Generation Y (vgl. Abschn. 2.2) und damit zu ihren Motiven passen. Ein Mitglied der Generation Y wird demnach eher eine Entscheidung zugunsten einer solchen Alternative treffen, die diese Merkmale berücksichtigt oder beinhaltet, als eine Entscheidung, die diesen Merkmalen entgegensteht. Bei der Wahl eines Arbeitsplatzes etwa wird ein Mitglied der Generation Y demnach tendenziell einen solchen Arbeitsplatz bevorzugen, der eher komplex (hohe Informationalisierung), anspruchsvoll (starke Leistungsorientierung, hohes Ausbildungsniveau, starkes Selbstbewusstsein), teamorientiert (starke Gemeinschaftsorientierung), dynamisch (hohes Maß an Flexibilität), mit Freihei-

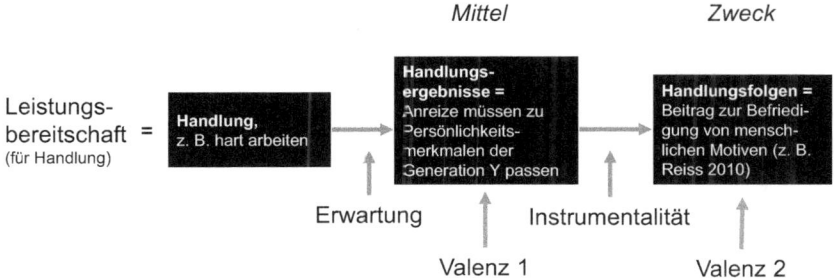

Abb. 3.2 An die Generation Y angepasste Zusammenhänge im VIE-Modell von Vroom (1964)

ten verbunden (geringe Machtdistanz, hohe Freiheitsorientierung, starke Skepsis) und international (hohe Globalität) ausgerichtet ist. Bei der Frage, ob eine hohe oder eine geringe Anstrengung gewählt wird, hängt die Entscheidung ebenfalls davon ab, ob das auf die Anstrengung folgende Handlungsergebnis zu den Merkmalen passt, also ob etwa zusätzliche Projekte vergeben werden, die mit einem bestimmten Anspruch (starke Leistungsorientierung, hohes Ausbildungsniveau, starkes Selbstbewusstsein) oder einer möglichen internationalen Ausrichtung (hohe Globalität) einhergehen.

Demnach können wir davon ausgehen, dass sich eine Berücksichtigung der Merkmale der Generation Y bei der Gestaltung von Rahmenbedingungen der Arbeit positiv auf die Valenz von Handlungsergebnissen auswirkt, da solche Handlungsergebnisse, die eher die Merkmale der Generation Y berücksichtigen, stärker motivieren als solche Handlungsergebnisse, die diese Merkmale nicht berücksichtigen (vgl. Abb. 3.2). Die Mitglieder der Generation Y werden sich konsistent (und damit einigermaßen verlässlich vorhersagbar) zu den typischen Merkmalen verhalten und entsprechend entscheiden. Werden diese Merkmale in den Rahmenbedingungen der Arbeit nicht berücksichtigt, wird die Motivation sinken, im schlimmsten Fall so weit, dass die Mitglieder der Generation Y das Unternehmen verlassen.

3.2   Verhaltensorientiert-situative Führung der Generation Y

Seit Beginn der Führungsforschung stellt sich die Frage, wie Führungserfolg am ehesten erreicht werden kann (wobei relativ unstrittig ist, dass sich Führungserfolg in Mitarbeiter*produktivität* und *–zufriedenheit* niederschlägt). Es werden grundsätzlich vier Herangehensweisen unterschieden (vgl. Stock-Homburg 2010, S. 482): erstens die eigenschaftsorientierten Ansätze, die Führungserfolg in spezifischen *Eigenschaften* der Führungskraft begründet sehen (zum Beispiel Charisma). Zweitens die verhaltensorientierten Ansätze, die den Führungserfolg auf das (richtige) *Verhalten* der Führungskraft zurückführen. Drittens die situativen Ansätze, die besonderen Wert auf die Berücksichtigung *situativer*

Variablen zur Erreichung von Führungserfolg legen.[3] Und viertens die neueren Ansätze, die unterschiedliche Schwerpunkte setzen und unterschiedliche Gründe für Führungserfolg sehen.

Wir werden im Weiteren einer verhaltensorientiert-situativen Sichtweise folgen. Die *verhaltensorientierte* Perspektive ist sinnvoll, weil wir ein wichtigen Baustein guten Führungsverhaltens darin sehen, dass Merkmale der Generation Y durch eine Führungskraft explizit berücksichtigt werden beziehungsweise zu diesen Merkmalen passende *Werkzeuge* angewendet werden. Eine Ergänzung über eine *situative* Komponente ist notwendig, weil im Zusammenspiel zwischen Führungskraft, Mitarbeiter und Führungssituation (Aufgabe, Zielsetzung, Rahmenbedingungen etc.) das *jeweils geeignete* Werkzeug durch die Führungskraft zu wählen ist, um systematisch gutes Führungsverhalten zu zeigen. Damit werden sich die folgenden Ausführungen auf die Untersuchung von *Werkzeugen* fokussieren. Führungsverhalten wird dann erfolgreich sein, wenn eine Führungskraft die situative Anwendung dieser Werkzeuge in ihrem Führungsverhalten konsequent berücksichtigt. Deswegen stellen wir zu jedem typischen Merkmal entsprechende Führungswerkzeuge vor. Wir gehen davon aus, dass die Führungskraft *nicht* der Generation Y angehört (erfolgreiche Arbeit einer Führungskraft aus der Generation Y betrachten wir in Kap. 4).

3.2.1   Führung unter Berücksichtigung einer hohen Informationalisierung

Hohe Informationalisierung heißt für uns so viel wie *mit Informationen auf(ge)laden*. Informationalisierung beschreibt damit das Phänomen, dass die Generation Y ein besonderes Informations- und Kommunikationsverhalten an den Tag legt, das vor allem durch eine hohe Häufigkeit und Parallelität der Informationsaufnahme geprägt ist.

Vermeidung von Information Overload
Nun können wir nicht davon ausgehen, dass sich die Mitglieder der Generation Y als Menschen bezüglich ihrer Informationsaufnahme- und -verarbeitungsfähigkeiten grundsätzlich von Vorgängergenerationen unterscheiden. Die kognitiven Fähigkeiten – oder besser die kognitiven Restriktionen – sind nicht anders als früher. Somit gilt die Einschätzung Simons bezüglich einer Bounded Rationality (vgl. Simon 1999), also einer begrenzten Informationsverarbeitungsfähigkeit von Menschen, die unter anderem zu selektiver Wahrnehmung führt, auch für die Generation Y.[4] Daraus resultiert allerdings ein Konflikt: Die Generation Y ist es in deutlich höherem Maße als ihre Vorgängergenerationen gewöhnt, mit einer Vielzahl an Informationen zu hantieren und diese als Grundlage

---

[3] Diese drei Ansätze lassen sich zu den *klassischen Ansätzen der Mitarbeiterführung* zusammenfassen.
[4] Welche Folgen die begrenzte Informationsverarbeitungskapazität des menschlichen Gehirns hat, ist sehr anschaulich bei Kahneman (2012, S. 139 ff.) dargestellt.

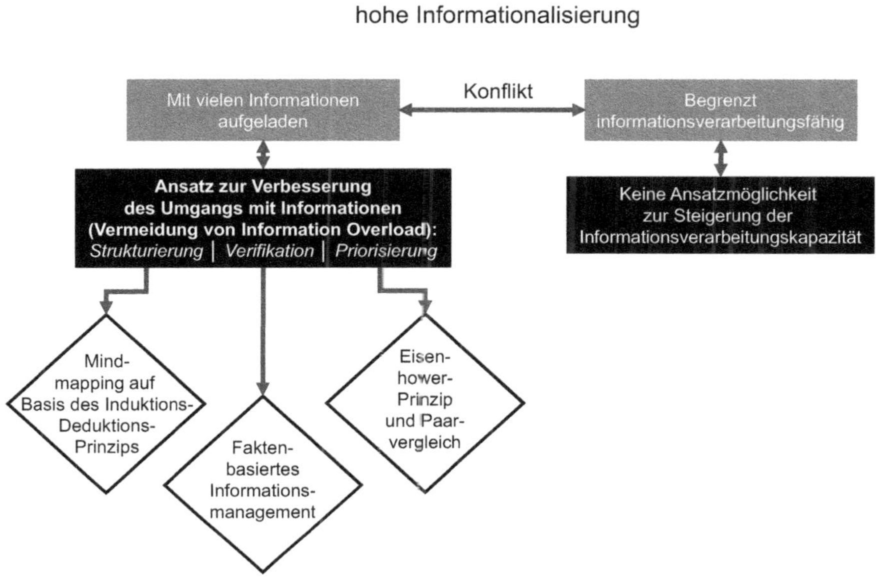

hohe Informationalisierung

Abb. 3.3 Logik des Abschnittes „Führung unter Berücksichtigung einer hohen Informationalisierung"

für ihre Kommunikation heranzuziehen. Gleichzeitig ist sie aber (ebenso wie ihre Vorgängergenerationen) nur zu begrenzter Informationsverarbeitung in der Lage (vgl. Abb. 3.3). Die Aufgabe der Führungskraft muss es nun sein, die Generation Y bei der Auflösung dieses Konfliktes zu unterstützen. Die Führungskraft sollte dabei zum *Methodenexperten* werden, der verschiedene Werkzeuge des Informationsmanagements kennt und diese an die Generation Y weitergibt und sie bei der Anwendung dieser Werkzeuge begleitet. So bietet die Führungskraft Unterstützung im Umgang mit einem potenziellen Information Overload.

Zur *Vermeidung* eines Information Overloads geht es zunächst darum, durch bestimmte Maßnahmen eine allgemeine *Ordnung* in die (in der Regel ungeordneten) Informationen zu bringen, mit der die Generation Y regelmäßig konfrontiert ist, um sie überhaupt handhabbar zu machen. Ist das gelungen, müssen Informationen hinsichtlich ihrer Entscheidungsrelevanz zunächst *verifiziert* und dann *priorisiert* werden (denn in der Regel werden Informationen zur Entscheidungsfindung oder -unterstützung herangezogen, und dazu sollten sie geordnet sein). Schließlich müssen solche Informationen, die eine besonders hohe Entscheidungsrelevanz haben, die also besonders hoch priorisiert wurden, verarbeitet werden. Konkrete Werkzeuge für diese verschiedenen Schritte sind

- die Unterstützung bei der Strukturierung von Informationen durch *Mindmapping auf Basis des Induktions-Deduktions-Prinzips*,

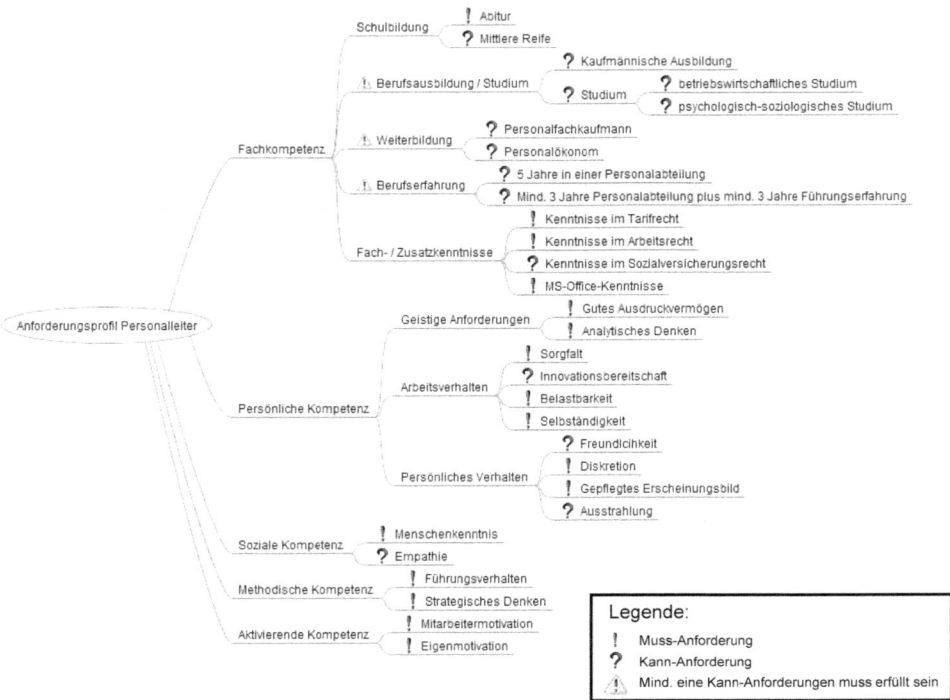

Abb. 3.4 Exemplarischer Aufbau einer Mindmap

- die Unterstützung bei der Verifikation von Informationen durch *faktenbasiertes Informationsmanagement* sowie
- die Unterstützung bei der Priorisierung von Informationen durch Anwendung des *Eisenhower-Prinzips* und des *Paarvergleichs*.[5]

Das Mindmapping und das Induktions-Deduktions-Prinzip

Eine *Strukturierung* von Informationen ist notwendig, um sie überhaupt handhabbar zu machen. Ein geeignetes Werkzeug hierfür ist das Mindmapping. Eine Mindmap verfolgt das Ziel, Informationen sachlogisch in Kategorien zu gliedern, wobei Kategorien wiederum sachlogisch in Oberkategorien gegliedert werden und so weiter (vgl. Abb. 3.4).

Zwei Aspekte sind bei der Aufstellung einer Mindmap besonders zu berücksichtigen: *Überschneidungsfreiheit* und *vollständige Subsumierbarkeit*. Überschneidungsfreiheit bedeutet, dass zwei Elemente einer Kategorie (in unserem Beispiel etwa *Fachkompetenz*

---

[5] In Bezug auf die Fähigkeit, einmal geordnete, verifizierte und dann priorisierte Informationen zu verarbeiten, dürfte die Generation Y keine systematischen Nachteile gegenüber anderen haben, da sie zwar überproportional stark mit Informationen aufgeladen ist, eine bessere oder schlechtere Informationsverarbeitungskapazität ihr aber nicht wesenseigen ist. Daher sei auf diesen Schritt nicht weiter eingegangen.

und *persönliche Kompetenz*) unabhängig voneinander sind, sich gegenseitig also nicht beeinflussen. Vollständige Subsumierbarkeit bedeutet, dass ein Element eine *echte Teilmenge* der Kategorie darstellt, in die sie eingeteilt wurde, sodass die Kategorie immer eine Verallgemeinerung oder Abstraktion des entsprechenden Elementes darstellt (in unserem Beispiel etwa *Sorgfalt* und *Arbeitsverhalten*). Ein geeignetes Werkzeug zur Erstellung von Mindmaps ist das Induktions-Deduktions-Prinzip (vgl. das Werkzeug: Das Induktions-Deduktions-Prinzip).

Werkzeug: Das Induktions-Deduktions-Prinzip

Eine *Induktion* stellt einen logischen Schluss vom Einzelfall auf die Allgemeinheit dar, während eine *Deduktion* den umgekehrten Fall bezeichnet: den logischen Schluss von der Allgemeinheit auf den Einzelfall. Gehen wir für ein Beispiel erneut von einigen Informationen aus dem Personalmanagement aus, die es zu strukturieren gilt, zum Beispiel *Teamfähigkeit, Stellenprofil, methodische Kompetenzen, Geduld, Motivation* und *variable Entlohnung*. Zunächst sei für jede Information eine passende Kategorie gefunden. Dieser Schritt kann als *Induktion* bezeichnet werden, da zu einer spezifischen Information (einer Art *Einzelfall*) die allgemeine Kategorie (eine Art *großes Ganzes* oder *Allgemeinheit* dahinter) zu finden ist:

- Teamfähigkeit – soziale Kompetenz,
- Stellenprofil – Hilfsmittel der Personalbeschaffung,
- methodische Kompetenzen – Mitarbeiterkompetenzen,
- Geduld – persönliche Kompetenz,
- Motivation – aktivierende Kompetenz[6],
- variable Entlohnung – Art der Mitarbeiterkompensation.

Anschließend wird eine Hierarchie der verwendeten Begriffe erstellt, beginnend mit dem Begriff mit der höchsten Allgemeinheit hin zu dem mit der höchsten Konkretheit:

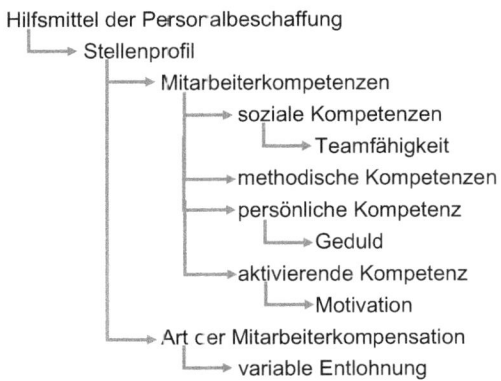

---

[6] Als aktivierende Kompetenz bezeichnen wir die Fähigkeit einer Person, sich selber und andere zu motivieren.

Durch diese Vorgehensweise ist es gelungen, jede Information zu kategorisieren – der Schritt der *Induktion* ist damit abgeschlossen. Damit steht der Schritt der *Deduktion* an: Welche Informationen fehlen noch, um ein vollständiges Bild zu bekommen? Für ein vollständiges Stellenprofil fehlen sicherlich noch Informationen zu den *Hauptaufgaben* einer Stelle. Und bei den Mitarbeiterkompetenzen sind die *fachlichen Kompetenzen* bislang unberücksichtigt geblieben (und so weiter und so weiter). So wird das Bild durch die Deduktion *erweitert,* um einen umfassenden Blick zu bekommen.

Insgesamt ist das Induktions-Deduktions-Prinzip nicht nur geeignet, um Informationen zu *strukturieren*, sondern es dient auch zur geordneten Informations*gewinnung*. Eine Darstellung der strukturierten Informationen erfolgt dann in einer Mindmap.

Faktenbasiertes Informationsmanagement

Eine Verifikation von Informationen wird mit der zunehmenden Bedeutung des Internets bei der Informationsbeschaffung immer wichtiger. Wo früher bei bestimmten Fragen und Aspekten einschlägige Literatur zurate gezogen wurde, wird heute der (oftmals schnellere) Blick ins Internet gewählt. Den Vorteilen der Geschwindigkeit der Informationsbeschaffung stehen jedoch auch vielfältige Nachteile gegenüber. So durchlaufen Veröffentlichungen im Internet keinen strukturierten Prüfprozess (wie etwa bei Veröffentlichungen in Fachmagazinen oder Büchern). Eigentlich kann jeder alles ins Netz schreiben, ohne dass ein Lektor oder Reviewer die veröffentlichten Aussagen prüft. Dennoch haben sowohl Veröffentlichungen im Internet als auch Veröffentlichungen in Büchern, Zeitungen oder Zeitschriften gleichermaßen die Glaubwürdigkeit des Geschriebenen: Es steht doch da, also muss es auch stimmen.

Gerade bei Veröffentlichungen im Internet (aber natürlich auch in Bezug auf alle anderen Medien) ist ein kritischer Blick notwendig, *bevor* Informationen als zutreffend angenommen und verwertet werden. Der Führungskraft kommt hier die Aufgabe zu, diesen Verifikationsprozess zu begleiten, da die Generation Y die Geschwindigkeit der Informationsbeschaffung oftmals stärker gewichtet als deren Korrektheit. Die methodische Kompetenz der Führungskraft liegt dann darin, *faktenbasierte* Informationen von den Mitgliedern der Generation Y zu verlangen beziehungsweise sie bei der Sammlung faktenbasierter Informationen zu begleiten. Weckmüller (2013, S. 56 ff.) hat ein Verfahren vorgelegt, welches ein faktenbasiertes HR-Management ermöglicht, aber auch auf andere Teildisziplinen der Unternehmensführung übertragen werden kann. Aus diesem Verfahren, das aus insgesamt sechs Schritten besteht,[7] seien hier zwei herausgegriffen, weil sie für die Verifikation von Informationen eine besondere Rolle spielen (vgl. hierzu das Werkzeug: Rapid Evidence Assessment und Abgleich mit anderen Informationen).

---

[7] Weckmüller (2013, S. 56) gliedert das faktenbasierte HR-Management in die Schritte *Formulierung eines konkreten Entscheidungsproblems*, *Rapid Evidence Assessment*, *Übertragung auf das eigene Unternehmen*, *Abgleich mit anderen Informationsquellen*, *Entscheidung* sowie *Erfolgscontrolling*.

Werkzeug: Rapid Evidence Assessment und Abgleich mit anderen Informationen

Beim *Rapid Evidence Assessment* werden zunächst einschlägige Studien zu einem Thema gesucht, über das Informationen benötigt werden. Grundlage hierfür können zum Beispiel EconBiz oder Google Scholar sein. Bei einer Suche nach *Merkmalen* der *Generation Y* wirft Google Scholar beispielsweise ca. 40.600 Datensätze aus.[8] Nach Weckmüller (2013, S. 70) geht es bei diesem Schritt vor allem darum, „die besten verfügbaren Fakten" zu finden, sodass am Ende eine Art fundierte Informationshypothese zu einem Themenfeld aufgestellt werden kann und nicht aus dem Bauch heraus bewertet oder entschieden werden muss.

Im zweiten Schritt, dem *Abgleich mit anderen Informationen*, wird die aufgestellte Informationshypothese dann *herausgefordert*. Sie wird mit anderen Informationsquellen, zum Beispiel mit der eigenen Erfahrung oder Intuition, Informationen aus dem eigenen Unternehmen, Einschätzung von Kollegen oder einer spezifischen Community (zum Beispiel Personalmanagern) oder Beratermeinungen, allesamt recht fehleranfällige Quellen,[9] abgeglichen. Stimmt die aufgestellte Informationshypothese mit den Informationen aus anderen Quellen überein, kann von einer verifizierten Information ausgegangen werden. Ist dies nicht der Fall, ist ein inhaltlicher Diskurs zu führen, bei dem die gefundenen Fakten stärker gewichtet werden sollten als die Einschätzungen von Einzelpersonen. So hat Tetlock (2005, S. 25 ff.) herausgefunden, dass die Einschätzung von Experten in der Regel nicht besser ist als die von Nicht-Experten – mit dem Unterschied, dass Experten ihre Fähigkeit, bestimmte Dinge richtig einzuschätzen, systematisch überschätzen. Dieses Phänomen wird auch als *Overconfidence* (Selbstüberschätzung) bezeichnet.

Entscheidend bei diesem Vorgehen ist die Reihenfolge: Zunächst ist ein Rapid Evidence Assessment vorzunehmen, um neutral und unvoreingenommen an Informationen heranzugehen. Erst dann erfolgt der Abgleich mit anderen Quellen.

Das Eisenhower-Prinzip und der Paarvergleich

Bei der Priorisierung von Informationen stellt sich zunächst die Frage, ob diese nicht *vor* der Strukturierung und Verifikation erfolgen sollte, schließlich sollte aus ökonomischer Sicht einer gering priorisierten Information nicht mehr besonders viel Aufmerksamkeit geschenkt werden. Diese Einschätzung ist sicherlich richtig, wir folgen allerdings einer anderen Logik: Eine wirklich sinnvolle Priorisierung von Informationen kann erst dann erfolgen, wenn Informationen sauber strukturiert, vollständig und fundiert sind (denn gegebenenfalls scheiden Informationen nach der Verifikation schon aus). Die *Residualmenge* an Informationen muss dann priorisiert werden. Zur Priorisierung von Informationen sei-

---

[8] Abfrage am 20.08.2015, verwendete Suchbegriffe *characteristics* und „*Generation Y*". Die Anführungszeichen wurden gesetzt, um nach dem zusammenhängenden Begriff „Generation Y" zu suchen.
[9] Vielfältige Verzerrungen in der Urteilsbildung und die Gründe für die Unfähigkeit vieler Menschen, sich diese Verzerrungen bewusst zu machen, finden sich bei Kahneman (2012).

Abb. 3.5 Das Eisenhower-
Prinzip zur Priorisierung von
Informationen

	Dringlich	**Nicht dringlich**
Wichtig	Top-Informationen	Muss-Informationen
Nicht wichtig	Kann-Informationen	No-Informationen

en das Eisenhower-Prinzip und der Paarvergleich empfohlen (vgl. die Werkzeuge: „Das Eisenhower-Prinzip" und „Der Paarvergleich").

Werkzeug: Das Eisenhower-Prinzip

Das Eisenhower-Prinzip unterscheidet *Wichtigkeit* und *Dringlichkeit* von Informationen, wobei sich die Wichtigkeit aus der Höhe des *Erfolgsbeitrages* einer Information zu den Abteilungs-, Bereichs- oder Unternehmenszielen ergibt und die Dringlichkeit aus ihrer zeitlichen Nähe zu einer Deadline. Ausgehend von jeweils relativ hoher oder niedriger Wichtigkeit und Dringlichkeit ergibt sich ein Quadrantensystem (vgl. Abb. 3.5), bei dem eine Einstufung in Top-, Muss-, Kann- und No-Informationen vorgenommen wird.

Top-Informationen sind Schlüsselinformationen, die aufgrund der hohen Wichtigkeit und Dringlichkeit *unbedingt* zu berücksichtigen sind. *Muss-Informationen* sind erfolgskritisch, aber nicht dringlich. Sie müssen berücksichtigt werden, sind aber nicht von äußerster Priorität. Hohe Dringlichkeit, aber geringe Wichtigkeit weisen dann die *Kann-Informationen* auf. Ihre Berücksichtigung muss geprüft werden, ist aber nicht zwingend. Schließlich gibt es die *No-Informationen*, die weder wichtig noch dringlich sind. Sie sind zu Zwecken der Komplexitätsreduktion zu vernachlässigen.

Werkzeug: Der Paarvergleich

Ist eine eindeutige Bewertung von Informationen nach Wichtigkeit und Dringlichkeit nicht möglich, kann anstatt des Eisenhower-Prinzips der Paarvergleich herangezogen werden. Dazu werden alle Informationen zunächst untereinander aufgelistet. Anschließend wird jede Information jeder anderen sukzessive gegenübergestellt, und es wird gefragt, welcher Information eine höhere Bedeutung zukommt. Dieses Vorgehen wird in einer Tabelle erfasst (vgl. Abb. 3.6), wobei die Information, der eine höhere Bedeutung zukommt, mit einem + versehen wird, die mit der niedrigeren mit einem –. Aus der zeilenweisen Aufsummierung der +-Nennungen ergibt sich dann der Rang und damit die Priorität der einzelnen Informationen.

	1	2	3	4	5	Summe	Rang
1		+	-	+	+	3	1.
2	-		+	-	-	1	4.
3	+	-		+	-	2	3.
4	-	-	-		-	0	5.
5	-	+	+	+		3	2.

Abb. 3.6 Der Paarvergleich

In Bezug auf die hohe Informationalisierung der Generation Y kommt einer Führungskraft also vor allem Verantwortung aus *methodischer Sicht* zu. Als Methodenexperte begleitet sie ihre Mitarbeiter, ohne ihnen bestimmte Aufgaben der Informationsstrukturierung, -verifikation oder -priorisierung abzunehmen.

3.2.2 Führung unter Berücksichtigung einer starken Leistungsorientierung

Die vielfach vertretene Meinung, die Generation Y sei *nicht* leistungsbereit, können wir nicht teilen. Hierfür liegen unserer Einschätzung nach weder ausreichend praktische noch empirische Belege vor. Ganz in Gegenteil: Wir sind der Überzeugung, die Generation Y ist *stark* leistungsorientiert und in der Regel auch leistungsbereit (also motiviert). Der Grund dafür, dass die Generation Y relativ häufig zwischen Unternehmen wechselt (was oftmals als Beleg für ihre geringe Leitungsbereitschaft herangezogen wird), liegt darin, dass keine ausreichenden Möglichkeiten zur Leistungsentfaltung zur Verfügung stehen (vgl. Sheahan 2010, S. 9). Es ist allerdings die Aufgabe einer Führungskraft, Rahmenbedingungen so zu gestalten, dass sich eine starke Leistungsorientierung auch in Leistung niederschlagen, sich also möglichst gut entfalten kann. Dazu sind einige Aspekte zu beachten.

Fördern und Fordern: Maximierung von Skill und Will
Wenn die Generation Y von Haus aus mit einer starken Leistungsorientierung ins Unternehmen tritt, muss es eigentlich nur noch die Aufgabe der Führungskraft sein, dieser Leistungsorientierung nicht entgegenzuwirken. Dazu wollen wir das bekannte Grundprinzip *Fördern und Fordern* heranziehen. Wir wollen dabei unter Rückgriff auf die sogenannte *Will-Skill-Matrix* (vgl. Ringlstetter und Kaiser 2008, S. 8 ff.) konkretisieren, was wir unter beidem, also Fördern und Fordern, verstehen (vgl. Abb. 3.7).

Arbeitsleistung ergibt sich dem Will-Skill-Konzept folgend aus Mitarbeitermotivation (will) und Mitarbeiterkompetenzen (skill, vgl. Abb. 3.8). Dabei sind Motivation und Kompetenzen bis zu einem gewissen Grad substituierbar: Ein und dieselbe Leistung kann bei relativ niedriger Motivation durch ein hohes Maß an Kompetenzen erreicht werden oder

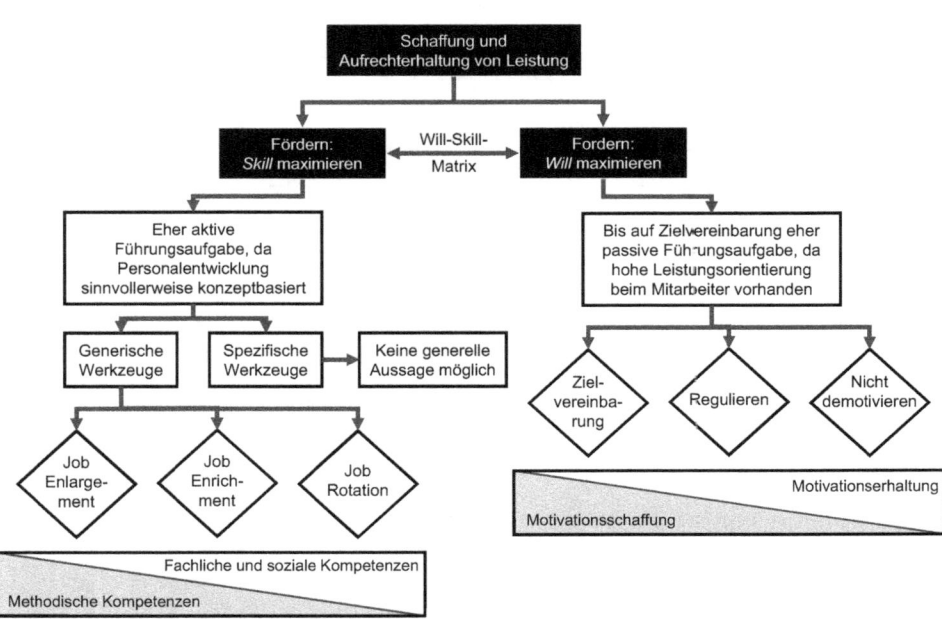

Abb. 3.7 Logik des Abschnittes „Führung unter Berücksichtigung einer starken Leistungsorientie-rung"

bei relativ hoher Motivation durch ein relativ geringes Maß an Kompetenzen. Damit ist die Leistung eine Isoquante aus Motivation und Kompetenzen.[10]

Um ein *möglichst hohes* Leistungsniveau zu erreichen, reicht eine Substitution von Motivation durch Kompetenzen oder umgekehrt jedoch irgendwann nicht mehr aus. *Beide* Variablen müssen einen möglichst hohen Wert annehmen, wenn Leistung maximiert werden soll. Aus dieser Erkenntnis lassen sich Aufgaben einer Führungskraft ableiten: Kompetenzen müssen entwickelt werden (Fördern) und Motivation muss gesteigert oder auf einem hohen Niveau gehalten werden (Fordern).

Für das Fördern ist ein eher *aktives Rollenverständnis* durch die Führungskraft, für das Fordern ein eher *passives Rollenverständnis* notwendig:

Die *aktive Rolle* zum Fördern von Kompetenzen ergibt sich daraus, dass eine (Weiter-) Entwicklung von Mitarbeiterkompetenzen ohne eine konzeptionell fundierte Herangehensweise fehleranfällig und wenig ökonomisch ist. Neben einer Bestimmung und Systematisierung von *Ist-Kompetenzen* müssen von der Führungskraft (und gegebenenfalls dem HR-Management) *Entwicklungsziele* festgelegt und konkrete Maßnahmen zur Errei-

---

[10] Ringlstetter und Kaiser (2008, S. 8) weisen allerdings darauf hin, dass die Verknüpfung von Motivation und Kompetenzen zu Isoquanten der Leistungserstellung eher konzeptionell-gedanklicher Natur ist und die Isoquanten nicht als exakte Funktionen zu verstehen sind.

Abb. 3.8 Will-Skill-Matrix.
(Quelle: Ringlstetter und Kaiser 2008, S. 8)

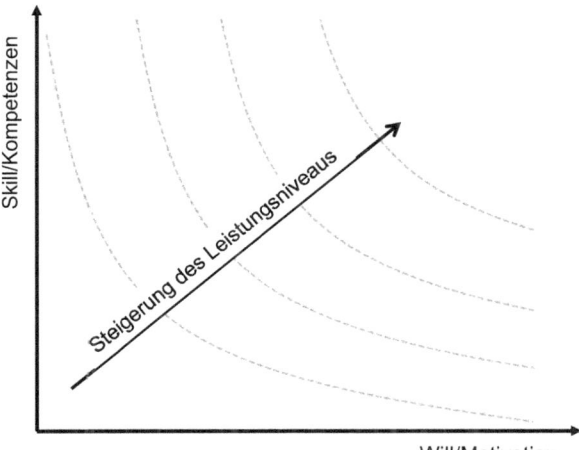

chung dieser ergriffen werden (vgl. Scholz 2014, S. 575). Bereits die Bestimmung von Ist-Kompetenzen ist methodisch anspruchsvoll und damit eine aktive Aufgabe, welche von der Führungskraft zu steuern ist (zumindest im Sinne einer strukturierten Überwachung).

Das Fordern kann eher als *passive Aufgabe* (quasi als ein Management by Exception) gesehen werden. Denn wenn wir davon ausgehen, dass für die Mitglieder der Generation Y eine starke Leistungs*orientierung* typisch ist, ist der Schritt zur Leistungs*bereitschaft* ein kleiner, auch wenn Leistungsorientierung und Leistungsbereitschaft nicht per se gleichzusetzen sind. Erstere betrifft die Priorisierung von Leistung im Wertegerüst der Generation Y, Letztere die Motivation zur Erbringung von Leistung (in Form einer Dopaminausschüttung). Damit das eine das andere bewirken kann, muss die Führungskraft drei Dinge sicherstellen:

1. Die Führungskraft muss Ziele mit ihren Mitarbeitern vereinbaren, die zu ihren Motiven *passen*. Dazu muss das Werkzeug der *Zielvereinbarung* adäquat Anwendung finden. Gemäß unserem Valenz-Instrumentalitäts-Erwartungs-Modell nach Vroom (1964) kann eine Führungskraft durch die Wahl der Handlungs*ziele* konkrete Motivation erzeugen, weswegen wir auf Zielvereinbarungen als Motivationswerkzeuge setzen.
2. Die Führungskraft muss demotivierende Faktoren möglichst vom Mitarbeiter fernhalten oder – wenn sie nicht fernzuhalten sind – ihre Existenz oder Notwendigkeit nachvollziehbar *erläutern*, damit ihre demotivierende Wirkung begrenzt wird. Selbstverständlich geht es dabei um demotivierende Faktoren aus (subjektiver) *Sicht des einzelnen Mitarbeiters*. Ob diese Faktoren *objektiv* demotivierend sind oder nicht, ist für die Wahrnehmung und das Empfinden eines Mitarbeiters in der Regel irrelevant. Damit kommt der Führungskraft grundsätzlich *keine* aktiv-motivierende Rolle zu, sondern eine *passiv-verteidigende* – gegen möglicherweise einwirkende demotivierende Faktoren.

3. Unserer situativen Führungsphilosophie folgend, muss eine Führungskraft allerdings immer dann *unterstützend-motivierend* auf den Mitarbeiter einwirken, wenn dieser sich temporär in einem Motivationstal befindet. Denn auch wenn von einer hohen Grundmotivation aufgrund starker Leistungsorientierung und passend vereinbarter Ziele ausgegangen werden kann, gibt es doch immer wieder Momente, in denen keine Motivation vorhanden ist. Hier hat die Führungskraft einzugreifen und über die klassischen Instrumente der Mitarbeitermotivierung (zum Beispiel Lob und Anerkennung, unterstützender Zuspruch bei der Fokussierung auf das Wesentliche etc.) extrinsische Motivationsimpulse zu setzen.

So viel zur Grundausrichtung adäquaten Förderns und Forderns. Im Folgenden betrachten wir konkrete Instrumente des Förderns und Forderns.

Maximierung von Skills durch Fördern
Fördern bezieht sich – wie bereits angesprochen – auf die Entwicklung von Mitarbeiterkompetenzen. Dabei kann zwischen fachlichen, methodischen, sozialen, persönlichen und aktivierenden Kompetenzen unterschieden werden. Alle fünf Kompetenzklassen müssen mit Bezug auf die aktuelle Stelle, die aktuell und zukünftig zu erledigenden Aufgaben sowie den Unternehmens-, Bereichs- und Abteilungskontext individuell – und damit systematisch – entwickelt werden (vgl. zur systematischen Kompetenzentwicklung zum Beispiel Becker 2013).

Wir wollen hier nicht den gesamten Aufgabenbereich der Personalentwicklung adressieren, sondern einige besonders relevante Instrumente zur Kompetenzentwicklung der Generation Y betrachten. Diese sind das *Job Enlargement*, das *Job Enrichment* und die *Job Rotation*, denn neben einer Förderung spezifischer Mitarbeiterkompetenzen weisen diese drei Instrumente eine besondere Passung zur starken Leistungsorientierung der Generation Y auf, wie wir zeigen werden.

Job Enlargement
Das *Job Enlargement* stellt vor allem auf die Verbesserung methodischer Kompetenzen, genauer: allgemeiner Problemlösungskompetenzen, ab. Denn beim Job Enlargement kommen zu den bereits vorhandenen Aufgaben einer Stelle weitere gleichartige hinzu. Die Arbeit bleibt aus qualitativer Sicht unverändert, nimmt jedoch aus quantitativer Sicht zu. Um alle Aufgaben in der gleichen Zeit erledigen zu können, muss bei einer Übertragung zusätzlicher (gleichartiger) Aufgaben die Geschwindigkeit der Aufgabenbearbeitung steigen. Dies kann nur gelingen, wenn die Systematik der Aufgabenbearbeitung optimiert wird, was als Verbesserung methodischer Kompetenzen gesehen werden kann.

Aber wann kann davon ausgegangen werden, dass überhaupt *Optimierungspotenzial* in Bezug auf die Aufgabenbearbeitung besteht und der Einsatz von Job Enlargement damit sinnvoll ist? Müssen wir nicht davon ausgehen, dass jeder Mitarbeiter seine Arbeit optimal, d. h. in der Bearbeitungseffizienz nicht verbesserungsfähig, erledigt? Unserer Einschätzung nach nicht. Schauen wir uns zur Begründung dieser Sichtweise einmal den für Menschen (und damit auch für die Generation Y) typischen allgemeinen Vorgang des Problemlösens an. Popper (1973, S. 81 ff.) führt dazu aus, dass menschliches Probleml6-sen vor allem aus Versuch und Irrtum besteht. Es werde exakt so lange nach einer Lösung für ein konkretes Problem gesucht, bis dieses *zufriedenstellend* gelöst werden könne. Es werde *nicht* zunächst systematisch nach möglichst vielen Lösungsansätzen gesucht, die dann in Bezug auf ihre Eignung zur Problemlösung bewertet würden, wobei der Lösungs-ansatz mit der besten Problemlösungseignung dann als Grundlage des eigenen Handelns übernommen werde. Anders ausgedrückt: Es wird nicht so lange versucht (und geirrt), bis die *optimale* Lösung gefunden wird, sondern bis sich eine *funktionierende* Lösung ergibt.[11]

Wenn Menschen zur Problemlösung also in der Regel die erstbeste geeignete Möglichkeit heranziehen, ist die Chance auf Optimierungspotenziale relativ groß.[12] Die Suche nach Optimierungsmöglichkeiten kann durch den Einsatz von Job Enlargement stimuliert werden: Durch das Mehr an Aufgaben wird ein Prozess in Gang gesetzt, der so lange anhält, bis für die neuen Anforderungen eine geeignete Herangehensweise gefunden wurde. Dieser Prozess des Optimierens verlangt methodische Kompetenzen (planvolles Handeln). Dabei ist Versuch und Irrtum der einfachste Plan. Wird Job Enlargement durch Schulungen von Methoden flankiert, besteht die Möglichkeit, dass die Optimierung der Aufgabenbearbeitung schneller erfolgt als durch Versuch und Irrtum alleine.

Nun stellt sich allerdings die Frage, ob eine *sukzessive Steigerung* der Arbeitsmenge nicht tendenziell zur Überforderung von Mitarbeitern führt. Generell besteht diese Gefahr durchaus, aber hier liegt auch der Anknüpfungspunkt zur Generation Y: Die Mitglieder der Generation Y sind durch ihre starke Leistungsorientierung dankbare Adressaten für Maßnahmen, die mehr Leistung einfordern. Denn korrekterweise erfolgt der Schritt des Job Enlargements nicht kommentarlos: Die Führungskraft sollte zum einem begründen, *warum* sie der Auffassung ist, dass ein Mehr an gleichartiger Arbeit zur Entwicklung methodischer Kompetenzen beiträgt, und wie bereits angesprochen gegebenenfalls auf flankierende Maßnahmen der Personalentwicklung (Schulungen, Seminare etc.) setzen. Und da es mit zunehmendem Job Enlargement immer schwieriger wird, geeignete Möglichkeiten zur weiteren Optimierung der Aufgabenbearbeitung zu finden, sollte in diesem Prozess auf eine zunehmende partnerschaftliche Begleitung durch die verantwortliche Führungskraft geachtet werden. Damit unterliegt ein Job Enlargement natürlichen Restriktionen und ist nicht unendlich steigerbar. Diese Restriktionen ergeben sich nicht allein aus den Arbeitskapazitäten eines Mitarbeiters, sondern auch aus den Begleitkapazitäten einer Führungskraft. Abb. 3.9 schlägt eine Checkliste vor, auf deren Basis bestimmt werden kann, ob Job Enlargement ein geeignetes Werkzeug zur Steigerung methodischer Kompe-

---

[11] Der Suche nach optimalen Lösungen widerspricht schon die Tatsache, dass in der Regel nicht beweisbar ist, ob eine Lösung optimal oder weiter optimierbar ist. Schließlich sind die meisten praktischen Probleme nicht so gut formal analysierbar, dass die Effizienz ihrer Lösung ebenfalls formal einwandfrei bestimmbar wäre.

[12] Hinzu kommt, dass technologischer Fortschritt immer auch mit der Möglichkeit der Effizienzsteigerung einhergeht, sodass sich im Zeitablauf automatisch Optimierungspotenziale ergeben.

```
┌─────────────────────────────────────────────────────────────────────────┐
│  Checkliste Job Enlargement:                                              │
│  ▪ Liegt Notwendigkeit zur Steigerung von Problemlösungskompetenzen vor?  ☐ │
│  ▪ Ist Mitarbeiter bis dato nicht quantitativ überfordert?                ☐ │
│  ▪ Ist Selbstwirksamkeitsüberzeugung beim Mitarbeiter ausreichend hoch?   ☐ │
│  ▪ Hat Mitarbeiter ausreichend Zeit für Lösungssuche?                     ☐ │
│  ▪ Hat Führungskraft Kapazitäten, um Mitarbeiter bei der Problemlösung zu begleiten?  ☐ │
└─────────────────────────────────────────────────────────────────────────┘
```

Abb. 3.9 Eignung von Job Enlargement zur Kompetenzsteigerung

tenzen im Rahmen des Forderns ist: Wenn alle Fragen positiv beantwortet werden können, ist die Eignung von Job Enlargement relativ hoch.

Wir wollen an dieser Stelle auf das in Abb. 3.9 genannte Prinzip der *Selbstwirksamkeitsüberzeugung* etwas genauer eingehen, da der Erfolg von Job Enlargement als Werkzeug zur Kompetenzsteigerung entscheidend von diesem Faktor abhängt. Beim Einsatz von Job Enlargement in der Praxis wird er allerdings oftmals ignoriert. Unter *Selbstwirksamkeitsüberzeugung* ist die subjektive Überzeugung zu verstehen, in bestimmten Situationen angemessene Ergebnisse zu erzielen (vgl. Gerrig und Zimbardo 2008, S. 528). Es geht um die Frage, wie stark ein Mitarbeiter selber daran glaubt, Herausforderungen bewältigen oder ein Problem lösen zu können. In unserem Fall repräsentiert Selbstwirksamkeitsüberzeugung das Ausmaß an Überzeugung eines Mitarbeiters, bei einem Mehr an Arbeit einen passenden Lösungsansatz zu finden. Dabei ist diese Überzeugung naturgemäß subjektiv und muss nicht mit der (wenn diese denn bestimmbar wäre) objektiven Wahrscheinlichkeit übereinstimmen, dass ein Mitarbeiter *tatsächlich* einen Lösungsansatz findet. Allerdings ist ein hohes Maß an Zuversicht sehr praktisch, wenn es um die wie in diesem Fall hochgradig selbstgesteuerte Erarbeitung von Problemlösungen und das dabei notwendige Durchhaltevermögen geht.

Ist die Selbstwirksamkeitsüberzeugung eines Mitarbeiters gering, kann eine Führungskraft versuchen, dem Mitarbeiter Zuversicht zu vermitteln. Die Begleitung eines Mitarbeiters bei der Suche nach Optimierungspotenzialen wird mit geringerer Selbstwirksamkeitsüberzeugung eines Mitarbeiters daher zeitintensiver, und die Eignung von Job Enlargement zur Kompetenzentwicklung nimmt damit aus ökonomischer Sicht ab, da die Führungskraft überproportional viel Zeit investieren muss. Somit ist die Eignung von Job Enlargement zur Steigerung von Mitarbeiterkompetenzen eben nicht nur davon abhängig, wie viel Zeit eine Führungskraft hat, einen Mitarbeiter auf dem Weg der methodischen Arbeitsoptimierung zu begleiten, sondern eben auch davon, wie viel Zeit (und letztlich auch Fähigkeiten) die Führungskraft hat, die Selbstwirksamkeitsüberzeugung beim Mitarbeiter zu steigern.

Job Enrichment

Neben dem Job Enlargement stellt das *Job Enrichment* ein zur Kompetenzentwicklung geeignetes Werkzeug dar. Während das erste, wie eben gezeigt, eher auf die Entwicklung spezifischer *methodischer* Kompetenzen setzt, kann Job Enrichment dabei helfen, sowohl *fachliche* als auch *methodische* Kompetenzen zu steigern. Denn Job Enrichment steht dafür, dass die Arbeit eines Mitarbeiters um *neuartige* Aufgaben ergänzt wird. Damit steigen die Arbeitsanforderungen in der Regel zum einen aus quantitativer Sicht und bringen alle eben angesprochenen Konsequenzen in Bezug auf methodische Kompetenzen mit sich. Aber zum anderen steigen die Anforderungen auch aus qualitativer Sicht, da neue Aufgaben in der Regel mit dem bereits vorhandenen Fachwissen nicht vollständig zu bewältigen sind. Und die im Rahmen von Job Enrichment übertragenen Aufgaben sind für einen Stelleninhaber in der Praxis oftmals nicht nur *neue* Aufgaben, sondern vor allem *höherwertige* Aufgaben. Gerade hierbei wird die starke Leistungsorientierung der Generation Y angesprochen, da höherwertige Aufgaben auch ein höheres Leistungsniveau erfordern. Typische Beispiele für zusätzliche Aufgaben im Rahmen von Job Enrichment sind zusätzliche Planungs- und Kontrollaufgaben, die Verantwortung über ein bestimmtes Budget oder die Übertragung von ganzen Projekten oder Teilaufgaben in Projekten.

Job Rotation

Bei der *Job Rotation* wird einem Mitarbeiter in bestimmten zeitlichen Abständen ein neuer Arbeitsplatz zugewiesen. Ebenso wie das Job Enrichment wirkt auch die Job Rotation durch die qualitative Veränderung der Arbeitsinhalte und den damit einhergehenden Abbau an Monotonie *motivationsfördernd*. Das ist ein nützlicher Nebeneffekt, obgleich die gezielte Entwicklung von Mitarbeiterkompetenzen im Vordergrund steht. Dies sind bei der Job Rotation vor allem fachliche und soziale Kompetenzen. Ob fachliche Kompetenzen bei der Job Rotation oder bei Job Enrichment stärker entwickelt werden, hängt von der Art der Rotation ab. Denn die Job Rotation kann in einem engeren oder in einem weiteren Sinne aufgefasst werden. Die erste betrifft die mehr oder weniger regelmäßige Rotation innerhalb einer Arbeitsgruppe, zum Beispiel Abteilung. Die zweite betrifft eine Rotation auf eine Stelle außerhalb der eigenen Arbeitsgruppe, zum Beispiel eine Rotation innerhalb des eigenen Geschäftsbereiches oder die Versetzung in eine Auslandsgesellschaft (vgl. Exkurs: Job Rotation als systematischer Auslandseinsatz).

Zur Förderung fachlicher Kompetenzen ist die Job Rotation im weiteren Sinne deutlich besser geeignet als die Job Rotation im engeren Sinne, da die Arbeit innerhalb ein und derselben Arbeitsgruppe oftmals ähnlich ist und eine Versetzung innerhalb dieser womöglich nur mit der Änderung des Bearbeitungsobjektes, nicht jedoch mit der Art der Arbeit einhergeht (statt der Kunden *A bis F* werden dann die Kunden *G bis M* betreut). Und in der Regel ist die Job Rotation im weiteren Sinne zur Förderung fachlicher Kompetenzen auch besser geeignet als das Job Enrichment, da nicht nur einzelne qualitativ neue Tätigkeiten hinzukommen, sondern eine gänzlich neue Stelle bearbeitet werden muss (zum Beispiel vom Vertriebsinnendienst in den Vertriebsaußendienst in einer ausländischen Tochtergesellschaft).

Eine Steigerung sozialer Kompetenzen ergibt sich bei der Job Rotation aus der Versetzung auf eine Stelle, die in der Regel die Zusammenarbeit mit anderen Personen als zuvor verlangt. In diesem Zuge muss eine *Anpassung* an neue Kollegen und Geschäftspartner erfolgen – mit allen Konsequenzen für soziale Kompetenzen wie Kommunikations- und Einfühlungsvermögen, Toleranz, Respekt, Konfliktfähigkeit usw.

Exkurs: Job Rotation als systematischer Auslandseinsatz

In Konzernen ist es durchaus üblich, Nachwuchskräfte über mehrere Jahre hinweg in verschiedene Länderorganisationen, in der Regel Tochtergesellschaften, zu schicken, wobei mit jedem weiteren Auslandseinsatz der Verantwortungsbereich der Nachwuchskraft tendenziell größer wird. Neben den allgemeinen sozialen Kompetenzen, die durch die Zusammenarbeit mit neuen Kollegen, Lieferanten, Kunden, Behörden usw. gestärkt werden, kommen *interkulturelle Kompetenzen* hinzu. Nach etwa zehn Jahren erfolgt eine Rückkehr in die Zentrale, wo die Nachwuchskraft dann als Führungskraft ein Team und einen festen Bereich übernimmt. Von da an gilt es, die Interessen der Zentrale unter Berücksichtigung der Belange von Tochtergesellschaften im Ausland zu vertreten. Auf dem Karriereweg helfen sowohl die gesammelten Erfahrungen als auch das geknüpfte Netzwerk.

Sowohl Job Rotations im engeren als auch im weiteren Sinne sind kompetenzfördernd. Die Motivationswirkung für die Generation Y dürfte allerdings durch den höheren Abwechslungsgrad bei der Job Rotation im weiteren Sinne höher sein. Daraus ergibt sich die Möglichkeit der kompetenzbasierten Karriereentwicklung in der Kombination von Job Rotation und den beiden zuvor angesprochenen Instrumenten des Job Enlargements und Job Enrichments (vgl. Abb. 3.10).

Der Karrierepfad beginnt mit einem Zyklus aus Job Enlargement – Job Rotation (im engeren Sinne) – Job Enrichment, bei dem durch den Einsatz dieser Werkzeuge fachliche, methodische und soziale Kompetenzen entwickelt werden. Mit welchem dieser drei Instrumente der Zyklus beginnen sollte, hängt von verschiedenen Faktoren ab, etwa den hauptsächlich zu entwickelnden Kompetenzen, der aktuellen Arbeitsbelastung (Über- oder Unterforderung eines Mitarbeiters) oder den Möglichkeiten für Job Rotation oder Job Enrichment im Unternehmen. Tendenziell sollte vor dem Hintergrund der starken Leistungsorientierung der Generation Y zunächst geprüft werden, ob Job Enlargement als erster Schritt möglich und sinnvoll ist. Denn hierdurch kann der hohen Leistungsorientierung direkt entsprochen werden und es erfolgt eine konstruktive Auseinandersetzung der Führungskraft mit dem Mitarbeiter und dessen Arbeitsinhalten.

Sind die Möglichkeiten des Job Enlargements ausgeschöpft, ist der nächste sinnvolle Schritt oftmals das Job Enrichment – vor allem in kleinen oder mittelständischen Unternehmen. Schließlich ist eine Job Rotation (ob im engeren oder im weiteren Sinne ist grundsätzlich egal) mit relativ hohem planerischem und konzeptionellem Aufwand verbunden: Suche einer geeigneten Stelle, Suche eines Tauschpartners, Organisation der Nachfolge inklusive Übergabe ... (von etwaigen vertragsrechtlichen Aspekten ganz zu schweigen). Sind aber irgendwann sowohl die qualitativen also auch die quantitativen Potenziale des Job Enrichments ausgeschöpft, sollte eine Job Rotation in irgendeiner Form erfolgen, womöglich zunächst innerhalb einer Arbeitsgruppe, irgendwann aber auch in größerem Maßstab. Der letzte Schritt – die Job Rotation im weiteren Sinne – hebt den Mitarbeiter dann auf eine neue Stufe seiner individuellen Karriere. Der Zyklus aus Enlargement, Enrichment und Rotation (im engeren Sinne) beginnt dann von vorne.

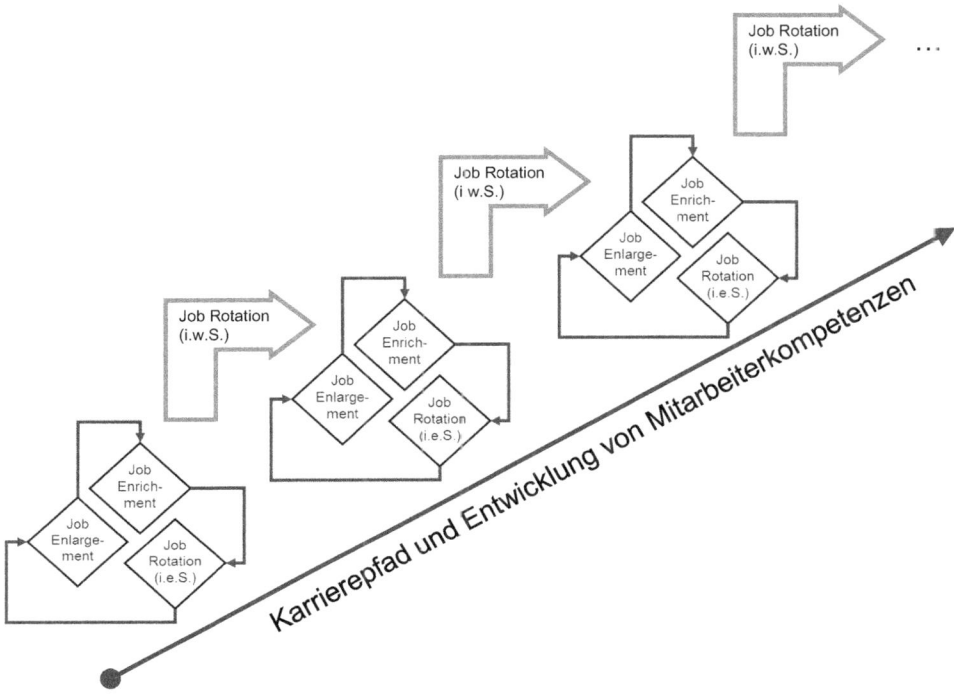

Abb. 3.10 Kompetenzbasierte Karriereentwicklung der Generation Y

Maximierung des Wills durch Fordern

Das Zusammenspiel aus Job Enrichment, Job Enlargement und Job Rotation, ergänzt durch den Einsatz weiterer individueller Werkzeuge der Personalentwicklung, deckt damit den Aspekt des *Förderns* zur Schaffung und Aufrechterhaltung der Leistung der Generation Y ab. Ergänzt werden diese um Werkzeuge des Forderns, die der Motivationsschaffung und -erhaltung dienen (im Sinn der Will-Skill-Logik geht es hier also um eine Maximierung des *Wills*). Dieser Zusammenhang mag auf den ersten Blick nicht ganz ersichtlich sein, denn: Wieso soll es motivierend wirken, jemanden zu fordern? Ist nicht der Grat zwischen *Forderung* und *Überforderung* ein schmaler, und wirkt Überforderung nicht vor allem demotivierend?

Zunächst einmal gehen wir – wie bereits dargelegt – davon aus, dass die Generation Y sehr leistungsbereit ist: Grundsätzlich möchten ihre Mitglieder gerne Leistung erbringen. Das Einfordern eben dieser Leistungsbereitschaft beziehungsweise konkreter Leistungen durch eine Führungskraft kommt der Generation Y tendenziell entgegen, da es eine starke *Signalwirkung* hat. Die Führungskraft glaubt an die Leistungsfähigkeit ihrer Mitarbeiter und signalisiert dies, indem sie Leistung auch einfordert. Im Sinne einer Self-fulfilling Prophecy entsteht eine motivierende Grundhaltung einer Führungskraft gegenüber der Generation Y.

Zielvereinbarungen

Eine motivierende Grundhaltung alleine reicht zum Fordern der Generation Y allerdings nicht aus, denn ihre Mitglieder sind wie alle anderen Mitarbeiter im Unternehmen auch vor allem Menschen. Es liegt in der menschlichen Natur, so weit wie möglich Energie zu sparen oder sie zumindest effizient einzusetzen. Ein Beispiel hierfür sind automatisierte Prozesse im menschlichen Gehirn, etwa bei der Entscheidungsfindung (vgl. Roth 2014, S. 83). Automatisierte Entscheidungsabläufe, sogenannte Heuristiken, haben einen enormen Geschwindigkeitsvorteil gegenüber bewusst ausgeführten Abläufen und sparen somit Zeit und Energie (vgl. Kahneman 2012, S. 32 ff.). Auch ein Mitarbeiter wird eine Aufgabe nicht *übererfüllen*, nur weil er es kann, sondern seine Energie für eine Aufgabe effizient einsetzen. In der Konsequenz gilt es für die Führungskraft, gemeinsam mit dem Mitarbeiter solche Ziele festzulegen, die eine besondere Leistung erfordern – sie müssen *anspruchsvoll sein* (vgl. hierzu auch den Exkurs: SMARTe Zielformulierungen).

Exkurs: SMARTe Zielformulierungen

Das Managementwerkzeug *Führen mit Zielen* oder *Management by Objectives* geht auf den amerikanischen Managementvordenker Peter F. Drucker (2009) zurück. Er erkannte bereits früh die motivierende Wirkung von Zielen, deutlich bevor Locke (1968) in seiner Zielsetzungstheorie die Auswirkungen eines Einsatzes von Zielen umfassender systematisierte.

Leider hat die Zielsetzungstheorie von Locke beziehungsweise in ihrer Weiterentwicklung von Locke und Latham den Weg in die Praxis nicht flächendeckend gefunden. Das Drucker'sche Management by Objectives hat es schon eher geschafft, aber oftmals wird in Managementseminaren nur auf eine verkürzte Form gesetzt: Die SMARTe Zielformulierung. SMART formulierte Ziele – so die Hypothese – sollen für Mitarbeiter besonders motivierend sein, wobei die Abkürzung *SMART* für *spezifisch, messbar, anspruchsvoll, realistisch* sowie *terminiert* (also mit Zeitbezug) steht. Grundsätzlich ist gegen das SMART-Prinzip der Zielformulierung nichts einzuwenden, wobei sich in Trainings und Seminaren immer wieder zeigt, wie schwierig es ist, Ziele wirklich nach diesem Muster zu formulieren.

Allerdings gibt es vielfältige Diskussionen über das *A*. Wofür steht es? *Anspruchsvoll?* Oder besser *aktiv beeinflussbar?* Womöglich müssen Ziele *akzeptiert* sein? Oder *angemessen? Attraktiv?* Diese Frage ist relativ einfach zu beantworten: Das *A* steht für *anspruchsvoll*. Denn nur, wenn Ziele anspruchsvoll sind – so hat es Locke schon in seiner ursprünglichen Theorie gesehen – sind Ziele auch *fordernd*. Alle anderen A-Interpretationen sind weniger nützlich oder überflüssig. So ist es nicht das *Ziel*, das aktiv beeinflussbar sein muss, sondern es sind die *Maßnahmen zu dessen Erreichung*. Und Ziele müssen schon deswegen vom Mitarbeiter akzeptiert werden, damit es sich beim Führen mit Zielen überhaupt um ein *Managementwerkzeug* handeln kann. Ist dies nicht der Fall, kann man mit Zielen überhaupt nicht führen. Denn Führen ist – nach unserem Verständnis – ein Prozess der Einflussnahme auf den Mitarbeiter, sodass dieser ein bestimmtes Verhalten an den Tag legt. Das wird er aber nur, wenn er durch dieses Verhalten einen für ihn wünschenswerten zukünftigen Zustand erreichen kann (was ein Ziel ja nun einmal ist). Damit ist ein *akzeptiertes Ziel* eine tautologische Formulierung. Kommen wir damit zur *Attraktivität* von Zielen. *Müssen* Ziele attraktiv sein? Nein, denn bestimmte Ziele, zum Beispiel der Abbau von Stellen, ist für kaum eine Person attraktiv, jedoch zur Sicherung der Überlebensfähigkeit von Unternehmen manchmal notwendig. Und *angemessen* ist eine beinahe inhaltsleere Ausführung: Was genau soll *angemessen* bedeuten, und wer entscheidet darüber? Allerdings *ergibt* sich die Angemessenheit einer SMARTen Zielformulierung aus der Realisierbarkeit des Ziels: Ist ein Ziel unrealistisch, führt es zu Überforderung und Demotivation. Ein Ziel sollte also so anspruchsvoll wie möglich unter Berücksichtigung von Realisierungsmöglichkeiten und -grenzen formuliert sein.

Die besondere Schwierigkeit bei der Bestimmung anspruchsvoller Ziele ist, dass diese auf der einen Seite zu den Motiven der Mitarbeiter passen, sich auf der anderen Seite aber aus den Zielen der Organisation schlüssig ableiten lassen müssen. Die Ziele der Organisation werden aber in der Regel nicht ausgehend von den Motiven ihrer Mitarbeiter festgelegt, sodass es nicht selten dazu kommt, dass Mitarbeitermotive und Unternehmensziele im Konflikt stehen. Wie soll eine Führungskraft damit umgehen?

Die Lösung lautet wie folgt: Auch wenn Ziele zu den Motiven der Mitarbeiter passen müssen, so müssen doch *nicht alle* Ziele dazu passen. Es muss *einige Ziele* geben, die zu den Mitarbeitermotiven passen. Und: Eine Führungskraft muss sich darüber im Klaren sein, welche Ziele im Einklang mit den Mitarbeitermotiven stehen und welche nicht.

Solche Ziele, die im Einklang mit den Mitarbeitermotiven stehen, bezeichnen wir als *Motivationsziele*, solche, die dies nicht tun oder unabhängig von den Mitarbeitermotiven sind, bezeichnen wir als *Pflichtziele*. Der Prozess zur Zielvereinbarung (vgl. das entsprechende Werkzeug) wird im Folgenden konkretisiert.

Werkzeug: Prozess zur Zielvereinbarung

Bei der zielorientierten Führung der Generation Y sind zunächst deren Motive zu ermitteln. Hierzu gibt es in der Praxis diverse Möglichkeiten, exemplarisch sei auf das bereits angesprochene Reiss-Profil verwiesen. Wichtig ist, dass die Bestimmung von Mitarbeitermotiven kein einmaliger Vorgang ist, sondern dass dieser Schritt regelmäßig zu wiederholen ist, da sich Motive im Laufe der Zeit ändern können.

In einem zweiten Schritt sind die (in der Regel vorgegebenen) Organisationsziele auf Bereichs- und Abteilungsziele herunterzubrechen (vgl. Abb. 3.11). Diese Aufgabe übernimmt die Führungskraft in der Regel in Abstimmung mit dem eigenen Vorgesetzten. Anschließend prüft die Führungskraft gemeinsam mit dem Mitarbeiter die Passung zwischen Mitarbeitermotiven und den erarbeiteten Bereichs- oder Abteilungszielen. Diese Aufgabe ist anspruchsvoll, denn es gibt in der Regel keine einfache Beziehung zwischen Mitarbeitermotiven (zum Beispiel Status oder Anerkennung) und einem Abteilungsziel (zum Beispiel Kostensenkung um 10 % bis zum Ende des Jahres). Denn das Verfolgen eines Sparziels kann zwar mit dem Motiv *Anerkennung* harmonieren (zum Beispiel Anerkennung durch den Vorgesetzten bei der Identifikation von Einsparpotenzialen) und gleichzeitig mit dem Motiv nach Status in Konflikt stehen (denn gegebenenfalls muss der eigene Firmenwagen eingespart werden). Daher ist der Abgleich von Mitarbeitermotiven und Bereichs-/Abteilungszielen auch keine exakte Wissenschaft, sondern muss auf einem *qualitativen Plausibilitätsniveau* und gemeinsam zwischen Führungskraft und Mitarbeiter erfolgen. Wichtig ist allerdings, dass die Führungskraft ein konkretes Bild von der Persönlichkeit ihres Mitarbeiters hat, um dessen Einschätzung, welche Ziele den eigenen Motiven entgegenkommen und welche nicht, um eine zweite Perspektive ergänzen zu können. Die Ermittlung der Mitarbeitermotive ist für eine Führungskraft also Mittel zum Zweck, um ein differenziertes Bild ihres Mitarbeiters zu bekommen und das eigene Bauchgefühl über ein optimalerweise wissenschaftlich fundiertes Werkzeug (wie das Reiss-Profil) zu ergänzen.

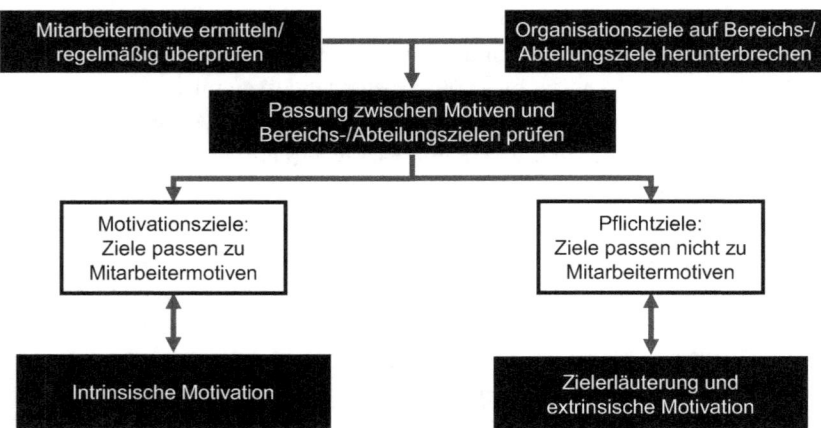

Abb. 3.11 Zielorientierte Führung

Nun wird der Abgleich zwischen Motiven und Zielen dazu führen, dass eine Ein-teilung in Motivationsziele und Pflichtziele erfolgt. Wie ist mit diesen beiden unter-schiedlichen Kategorien umzugehen? Die Motivationsziele haben – daher ihr Name – an sich eine motivierende Wirkung, weil ihre Valenz für den Mitarbeiter besonders hoch ist (vgl. Abschn. 3.1.2). Eine hohe Valenz ergibt sich aus der hohen Passung zu den Motiven des Mitarbeiters. Motivationsziele gehen also mit einer intrinsischen Mo-tivation einher – der Weg zu ihrer Erreichung ist motivierend. Anders ist es mit den Pflichtzielen, also den Zielen, die aufgrund einer fehlenden oder geringen Passung zu Mitarbeitermotiven eine geringe Valenz aufweisen. In Bezug auf diese Pflichtziele hat eine Führungskraft zwei Dinge zu tun: Erstens, sie muss dem Mitarbeiter nachvoll-ziehbar erklären (und sich dafür eben auch die Zeit nehmen), *warum* die Erreichung dieser Ziele für die Abteilung, den Bereich oder das Unternehmen insgesamt sinnvoll oder notwendig ist. Dieser Hinweis mag trivial klingen, ist aber von besonderer Be-deutung bei der Frage, ob sich ein Mitarbeiter für die Erreichung von Pflichtzielen engagieren wird. Denn die Natur der Pflichtziele besteht darin, dass sie dem, was der Mitarbeiter von seinen Motiven ausgehend gerne erreichen möchte, *nicht* entsprechen. Es besteht also ein geistiger Konflikt zwischen Anspruch (Erreichung von Pflichtzie-len) und Wirklichkeit (Motivausrichtung des Mitarbeiters). Immer wenn es zu einem solchen Konflikt kommt, kann von einer *kognitiven Dissonanz* gesprochen werden (vgl. Gerrig und Zimbardo 2008, S. 648 ff.). Die Dissonanztheorie, ursprünglich von Festin-ger (1957) entwickelt, geht davon aus, dass das menschliche Gehirn stets bestrebt ist, geistige Konflikte aufzulösen. Dabei kann es sehr kreativ werden, zum Beispiel indem es die Wahrnehmung oder Bewertung bestimmter Aspekte verändert: Unzählige Rau-cher finden verschiedene Argumente, um sich einzureden, dass Rauchen gar nicht so schlimm sei, wodurch der Konflikt zwischen einem *Nicht-rauchen-Sollen* und einem *Tatsächlich-Rauchen* für sie aufgelöst wird.

In unserem Beispiel kann die kognitive Dissonanz zwischen einem *Pflichtziele-er-reichen-Sollen* und einem *Pflichtziele-aufgrund-der-eigenen-Motive-nicht-erreichen-Wollen* dadurch aufgelöst werden, dass sich ein Mitarbeiter *einredet*, die Pflichtziele seien gar nicht so wichtig für die Organisation oder sie seien gar nicht stringent aus den Unternehmenszielen abgeleitet worden. Wenn nun die Führungskraft die Aufgabe ernst nimmt, dem Mitarbeiter zu erläutern, *warum* die Erreichung der Pflichtziele sinnvoll oder notwendig ist, fällt es dem Mitarbeiter schwerer, die Bedeutung der Pflichtziele und die Notwendigkeit deren Erreichung geistig abzuwerten. Ist dies der Fall, muss die aus dem Konflikt zwischen Mitarbeitermotiven und Pflichtzielen entstandene kognitive Dissonanz auf eine andere Art abgebaut werden, und zwar über die Einsicht, dass die Pflichtziele, obwohl sie nicht den Mitarbeitermotiven entsprechen, also doch gar nicht so schlimm sind. Eine gute Erklärung der Notwendigkeit bestimmter Pflichtziele steigert damit der Dissonanztheorie folgend die Wahrscheinlichkeit, dass sie engagiert verfolgt werden.

Unterstützen kann eine Führungskraft die Erreichung der Pflichtziele dann durch extrinsische Motivationsmaßnahmen, also durch das In-Aussicht-Stellen einer Belohnung für die Erreichung von Pflichtzielen. Welche Belohnung das ist – Lob und Anerkennung oder die finanzielle Beteiligung an einer realisierten Einsparung – hängt wieder von der Motivausprägung eines Mitarbeiters ab: Ein Mensch, der eher monetär orientiert ist, lässt sich weniger gut durch Anerkennung motivieren als ein statusorientierter Mensch. Also ist es auch aus Motivationssicht wichtig, die Motivstruktur der eigenen Mitarbeiter zu kennen, da nur so die passenden extrinsischen Motivatoren eingesetzt werden können. Und was gilt hier für die Generation Y? Sie dürfte zum Beispiel positiv auf alle Motivatoren reagieren, die ihre *starke Gemeinschaftsorientierung* oder ihre *hohe Freiheitsorientierung* adressieren, also zum Beispiel soziale Belohnungen wie gemeinsame Veranstaltungen oder zusätzliche Freizeit.

Aber sind neben den aus den Organisationszielen abgeleiteten nicht zusätzlich persönliche Entwicklungsziele notwendig? Wir glauben nicht, denn der Nutzen persönlicher Entwicklungsziele ist schon dadurch begrenzt, dass sich diese nur sehr schlecht SMART formulieren lassen. Das liegt vor allem an der Schwierigkeit, eine persönliche Entwicklungsperspektive zu konkretisieren und ihr Ergebnis exakt zu messen. Die Wahrnehmung und Bewertung persönlicher Verhaltensweise ist oft rein subjektiver Natur und entzieht sich damit der Messbarkeit. Wir setzen eher darauf, dass Ziele ein Werkzeug zur Forderung sind. Wenn Mitarbeiter gefördert werden sollen, stehen dafür die diskutierten spezifischen oder generischen Werkzeuge der Kompetenzentwicklung zur Verfügung

Nicht demotivieren

In Abb. 3.7 haben wir dargestellt, dass das Fordern, abgesehen vom Werkzeug *Zielvereinbarung,* eine eher passive Aufgabe ist. Wie kommen wir zu dieser Einschätzung? Die Kombination aus starker Leistungsorientierung und Festlegung sowie Erläuterung von Zielen kanalisiert die Leistung der Generation Y in eine Richtung, die dem Unternehmensinteresse entspricht. Damit entsteht ein relativ stabiles *Running System*, das nurmehr davor bewahrt werden muss, gestört zu werden. Diese Aufgabe der *Motivationserhaltung* durch die Führungskraft ist eher passiver Natur, da sie reaktiv ist. Sie besteht vor allem darin, Störfaktoren vom Mitarbeiter fernzuhalten oder – sofern das nicht möglich ist – zu erläutern, warum diese Störfaktoren eingetreten sind. Wenn also aufgrund der Leistungsorientierung eines Mitarbeiters Motivation grundsätzlich vorhanden ist, geht es anschließend vor allem darum, Faktoren der Demotivation *zu vermeiden*. Und auch hierbei ist die Kenntnis der Mitarbeitermotive sinnvoll, denn es demotiviert vor allem das, was den eigenen Motiven im Weg steht. Und wenn Motive individuell ausgeprägt sind, sind Demotivationsfaktoren dies auch. Allerdings können die typischen Merkmale der Generation Y wichtige Hinweise darauf geben, was ihre Mitglieder *wahrscheinlich* demotiviert:

1. Hohe Informationalisierung: Die Mitglieder der Generation Y sind es gewohnt, mit einer Vielzahl an Informationen konfrontiert zu sein. Der Beitrag der Führungskraft muss es sein, den Umgang mit Informationen zu verbessern, um einen Information Overload zu vermeiden. Auf keinen Fall darf daraus aber ein *mangelhafter Informationsfluss* resultieren. Denn vor allem schlechte Kommunikation und mangelhafte Informationsweitergabe wirken demotivierend auf die Generation Y.
2. Starke Leistungsorientierung: Bei der Festlegung von Zielen ist die starke Leistungsorientierung der Generation Y ein Vorteil: Sie will Leistung erbringen. Hieraus resultiert jedoch auch die Gefahr der Demotivation, nämlich dann, wenn Ziele und Aufgaben *zu einfach* oder *zu eintönig* sind. Vor allem einfache, stets gleichartige Aufgaben wirken demotivierend. Abhilfe schaffen Job Enlargement, Job Enrichment und Job Rotation.
3. Hohes Ausbildungsniveau: Die Mitglieder der Generation Y sind gut ausgebildet. Auch hieraus resultiert die Notwendigkeit, ihnen abwechslungsreiche und anspruchsvolle Aufgaben zu geben, um sie nicht zu demotivieren.
4. Starke Gemeinschaftsorientierung: Demotivierend wirken auch Maßnahmen, die soziale Kontakte unterbinden. Tendenziell sind Einzelbüros wenig attraktiv. Der soziale Austausch mit Kollegen während der Arbeitszeit sollte gefördert werden (zum Beispiel durch Kaffeeküchen oder Sozialräume).
5. Hohes Maß an Flexibilität: Starre Prozesse in Unternehmen widersprechen dem Wunsch der Generation Y nach flexiblem Arbeiten. Aussagen wie: „Das haben wir schon immer so gemacht", wirken demotivierend. Es muss deutlich werden, dass die Mitglieder der Generation Y nicht für ein starres, bürokratisches System arbeiten, sondern dass sie zum großen Ganzen beitragen. Ist das für sie nicht spür- und erlebbar, sinkt die Motivation.
6. Geringe Machtdistanz: Vor allem Führung nach dem Muster *Befehl und Gehorsam* wirkt aufgrund der geringen Machtdistanz demotivierend. Autoritäre Führung hat es bei der Generation Y schwer – je partizipativer der Führungsansatz ist, desto weniger demotivierend wirkt er. Muss autoritär geführt werden, sind Erklärungen für den Grund einer solchen Maßnahme anzugeben.

7. Starkes Selbstbewusstsein: Das starke Selbstbewusstsein der Generation Y geht teilweise bis zur Selbstüberschätzung. Wenn es dann zu einer Situation kommt, in der die Führungskraft eine bestimmte Position oder Entwicklungsperspektive für ihren Mitarbeiter nicht sieht, entsteht Demotivation: Das starke Selbstbewusstsein wird einer Einsicht im Wege stehen. Daher wirken jegliche Perspektivenbeschränkungen, ob zu Recht oder zu Unrecht, demotivierend. Wichtig ist es daher, alternative Entwicklungsmöglichkeiten aufzuzeigen und sorgfältig zu begründen, warum bestimmte Positionen oder Entwicklungen nicht möglich sind.

8. Hohe Freiheitsorientierung: Eine unausgeglichene Work-Life-Balance wirkt besonders demotivierend. Führungskräfte sollten darauf achten, dass vor allem die Zielerreichung durch den Mitarbeiter beeinflusst wird, nicht jedoch, wie, wo und wann an der Zielerreichung gearbeitet wird. Auch sollte akzeptiert werden, dass private Ziele in der Generation Y einen hohen Stellenwert haben und dass hierfür Zeit zur Verfügung gestellt werden muss.

9. Starke Skepsis: Ähnlich wie „Das haben wir schon immer so gemacht" wirkt „Das ist so!" demotivierend, denn die Mitglieder der Generation Y sind per se kritisch und skeptisch gegenüber allen absolutistischen Aussagen. Daher müssen Entscheidungen von Führungskräften sorgfältig begründet werden, vor allem, wenn sie den Erwartungen der Generation Y widersprechen.

10. Hohe Globalität: Tendenziell wird *Diversität* von der Generation Y stark geschätzt. Entscheidungen oder Strategien, die zu weniger Diversity führen, können demotivieren. Auch die Beschränkung von Karrieren auf nationale Positionen kann – sofern der Unternehmenskontext eine internationale Perspektive bietet – demotivierend wirken.

Entscheidend ist, dass die Generation Y nicht von Haus aus demotiviert ist – ganz im Gegenteil. Die starke Leistungsorientierung ist ein ihr wesenseigenes Merkmal. Dennoch ist es möglich und in der Praxis durchaus verbreitet, dass die Mitglieder der Generation Y unmotiviert oder scheinbar schwer zu motivieren sind. Das liegt jedoch in der Regel nicht daran, dass es ihnen per se an Motivation fehlt. Es ist vielmehr schlechte Führung, die nicht in der Lage ist, demotivierende Faktoren fernzuhalten oder die Gründe für ihre Existenz nachvollziehbar zu erläutern. Besonders oft entsteht das Vorurteil der *unmotivierten Generation Y*, wenn die Führungskraft ihr nicht angehört. Sie weiß daher wenig über ihre wesenseigenen Merkmale und geht zu oft von ihren eigenen Präferenzen und Eigenschaften aus. So entsteht der *scheinbare* Zusammenhang zwischen Mitgliedern der Generation Y und fehlender Motivation.

Regulieren

Neben der Zielvereinbarung und dem Nicht-Demotivieren ist das *Regulieren* das dritte Werkzeug beim Fordern der Generation Y. Wir haben bereits von einem relativ stabilen Runnig System gesprochen, also einem engagierten Mitarbeiter mit *relativ* hohem und konstantem Motivationsgrad in einem spezifischen Unternehmens-Ziel-Kontext. Unsere situative Führungsphilosophie (vgl. Abschn. 3.2) geht von einer *Dynamik* in Führungssituationen aus und verfolgt das Ziel, *flexibel* auf diese zu reagieren. In Bezug auf die Motivation eines Mitarbeiters heißt dies, dass eine Führungskraft flexibel reagieren muss, je nach Ausmaß der Motivation (Tagesform). Bei hoher Grundmotivation kann sie sich stärker zurücknehmen, bei geringer muss sie sich stärker einbringen – entweder über zum Mitarbeiter passende extrinsische Anreize (zum Beispiel Lob und Anerkennung) oder über das persönliche Gespräch. Dieses *Regulieren* ist damit die situative Komponente des Forderns.

Die Schaffung und Aufrechterhaltung von Leistung bildet damit eine Kombination aus Kompetenzentwicklung und Mitarbeitermotivierung. Damit beides erfolgreich gelingen kann, sind eine große Nähe und eine detaillierte Kenntnis des Mitarbeiters und seiner Motivstruktur notwendig.

3.2.3 Führung unter Berücksichtigung eines hohen Ausbildungsniveaus

Dem hohen Ausbildungsniveau als Eigenschaft der Generation Y kommt eine besondere Bedeutung zu. Denn diese Eigenschaft ist zwar – wie die meisten anderen Eigenschaften auch – durch prägende Ereignisse entstanden, beeinflusst allerdings *darüber hinaus* andere Eigenschaften, nämlich die starke Leistungsorientierung, die geringe Machtdistanz und die starke Skepsis (vgl. Abb. 3.12). Aufgrund dieser hybriden Rolle muss das hohe Ausbildungsniveau besonders gewürdigt werden. Dazu seien zunächst die drei führungsrelevanten Eigenschaften, auf die sich das hohe Ausbildungsniveau auswirkt, nacheinander betrachtet.

Hohes Ausbildungsniveau und starke Leistungsorientierung
In Abschn. 3.2.2 sind wir detailliert auf die starke Leistungsorientierung der Generation Y und die daraus resultierenden Folgen für die Mitarbeiterführung eingegangen. *Ursächlich* für die starke Leistungsorientierung ist zum einen die zunehmende Wettbewerbsgesellschaft, in der die Generation Y groß geworden ist. Leistung und Leistungsori-

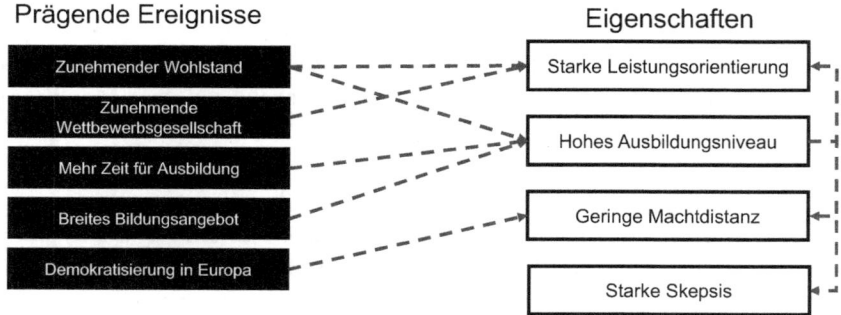

Abb. 3.12 Ausgewählte prägende Merkmale und Eigenschaften der Generation Y

entierung sind für sie normal, da sie in der Phase ihres Heranwachsens allgegenwärtig waren. Zum anderen hat der zunehmende Wohlstand die starke Leistungsorientierung beeinflusst, da die Generation Y nicht mehr so stark wie ihre Vorgängergenerationen zur Existenzsicherung arbeiten *muss*, sondern über Arbeit einen Beitrag zur Verwirklichung der eigenen Wünsche und Ziele leisten *kann* (vgl. Abschn. 2.2.2). Aber auch das hohe Ausbildungsniveau beeinflusst die starke Leistungsorientierung. Denn wir können davon ausgehen, dass einmal erlerntes Wissen auch angewendet werden will, denn niemand lernt gerne umsonst. Ein Teil der starken Leistungsorientierung der Generation Y resultiert also daraus, dass eine hohe Motivation besteht, einmal gelerntes Wissen auch anzuwenden.

Hohes Ausbildungsniveau und geringe Machtdistanz

Wie ist nun der Zusammenhang zwischen dem hohen Ausbildungsniveau und der geringen Machtdistanz, der zweiten Eigenschaft, die durch das hohe Ausbildungsniveau beeinflusst wird? Grundsätzlich bringt ein hohes Ausbildungsniveau nicht nur Fachwissen mit sich, sondern auch die Fähigkeit *zu argumentieren*. Sowohl in der Schule als auch in der betrieblichen Ausbildung und vor allem in der Hochschulausbildung kommt der Fähigkeit, eigene Argumentationsstränge zu entwickeln und überzeugend darzulegen, Bedeutung zu. Je höher das Ausbildungsniveau, desto höher ist diese Kompetenz tendenziell ausgeprägt. Dies hat zur Folge, dass sich eine Person mit einem hohen Ausbildungsniveau einer anderen Person nicht mehr so schnell unterordnen muss, weil sie ihr argumentativ entgegentreten kann. Ein hohes Ausbildungsniveau versetzt Menschen also in die Lage, bestimmte Aspekte (etwa die Entscheidungen des Vorgesetzten) inhaltlich nachzuvollziehen und zu bewerten. Ein Mitarbeiter, der die Entscheidungen seines Vorgesetzten gut nachvollziehen kann, hat weniger Anlass, diesen aufgrund eines Kompetenzvorsprungs zu idealisieren. Kommt beim Mitarbeiter relevantes Fachwissen hinzu, das es ihm ermöglicht, Entscheidungen sogar inhaltlich nachzuvollziehen und zu bewerten, sinkt der Kompetenzvorsprung des Vorgesetzten weiter. Damit nimmt das, was eine Hierarchie grundsätzlich symbolisiert, nämlich *Unterschiedlichkeit,* ab. Die Gründe für den Mitarbeiter, sich seinem Vorgesetzten rein aufgrund seiner hierarchischen Position unterzuordnen, werden weniger. Und genau das ist eine geringe Machtdistanz: eine geringe Bereitschaft, sich einer Person rein aufgrund ihrer Position in einer Hierarchie unterzuordnen. Diese Bereitschaft sinkt also tendenziell mit zunehmendem Ausbildungsniveau.

Hohes Ausbildungsniveau und starke Skepsis

Das hohe Ausbildungsniveau wirkt sich schließlich auch auf die Eigenschaft der starken Skepsis aus. Wie bereits angesprochen, eröffnet ein hohes Ausbildungsniveau Perspektiven im Sinne von unterschiedlichen Blickwinkeln auf ein und denselben Sachverhalt. Durch diese Fähigkeit der Generation Y, sich ein differenziertes Bild zu machen, steigt ihre Abneigung gegen alles Absolute. Und exakt das ist es, was sie ablehnt: absolute Wahrheiten. Vor allem diesen steht sie aufgrund ihres hohen Ausbildungsniveaus skeptisch gegenüber.

Wertschätzung des hohen Ausbildungsniveaus

Wenn das hohe Ausbildungsniveau vor allem *andere* Eigenschaften der Generation Y beeinflusst, müssen führungsrelevante Aspekte in eben diesen Abschnitten diskutiert werden – so wie es im Rahmen der starken Leistungsorientierung (vgl. Abschn. 3.2.2) bereits erfolgt ist. Allerdings gibt es einen wichtigen Aspekt, der direkt aus dem hohen Ausbildungsstand resultiert und bei der Führung der Generation Y unmittelbar zu berücksichtigen ist: Je höher das Ausbildungsniveau ist, desto mehr Möglichkeiten müssen geschaffen werden, das erlernte Wissen auch anzuwenden. Denn das Erlernen von Wissen ist in der Regel mit Anstrengung verbunden. Es ist eine Art *Investment*, ein Verzicht auf Freizeit und Geld, weil man sich mittel- bis langfristig einen Nutzen davon verspricht. Ergibt sich dieser Nutzen nicht, war das Investment ein Negativgeschäft, was die Motivation eines Mitarbeiters zerstören kann. Eine Führungskraft sollte die Anstrengungen, die ein Mitarbeiter im Zuge seiner Ausbildung auf sich genommen hat, also wertschätzen. Zum einen natürlich ideell, aber zum anderen auch über konkrete Aufgaben, Projekte, Aufträge und dergleichen, in die ein Mitarbeiter sich mit dem im Zuge seiner Ausbildung erlernten Wissen und den dort erworbenen Kompetenzen einbringen kann (vgl. hierzu auch den Exkurs: Hausfrauen und Backmischungen).

Exkurs: Hausfrauen und Backmischungen

Für manche ist es eine Geschichte mit unschlagbarer Symbolik, für andere nur eine urbane Legende: die Geschichte der Hausfrau und der Backmischung. Die Backmischung wurde in den 1930er-Jahren erfunden. Ihre große Errungenschaft war, dass die Hausfrau nun ohne großen Aufwand ein kleines bisschen Luxus produzieren konnte. Nur einige wenige Zutaten, in der Regel Eier, mussten der Backmischung hinzugefügt werden. Das Ergebnis war nicht vergleichbar mit den aufwändigen Torten und Kuchen der Bäckereien, aber es war wohlschmeckend und vor allem: selbstgemacht.

In den kommenden Jahren entwickelte sich die industrielle Produktion weiter und es gelang, eine Backmischung herzustellen, der nur noch Wasser hinzugefügt werden musste. Dadurch, so die Überlegung der Hersteller, habe es die Hausfrau noch einfacher, zu Hause zu backen. Doch der Erfolg der weiterentwickelten Backmischung blieb aus. Erst als man zum alten Prinzip der Backmischung zurückkehrte und die Hausfrau wieder selber echte Zutaten, nicht nur Wasser, hinzufügen musste, kam der Erfolg der Backmischung zurück. Und auch heute noch müssen einer Backmischung in der Regel frische Eier, Milch und Butter hinzugefügt werden, auch wenn es technisch ohne Probleme möglich wäre, diese bereits in der Mischung zu berücksichtigen. Warum nur?

Wenn Aufgaben zu einfach sind, ist es keine besondere Leistung, sie zu erledigen. Denn während die Familie vor allem das Ergebnis des Backens bewertet, wird die Hausfrau (oder jeder andere, der heute einen Kuchen backt) auch die eigene Leistung des Backens kritisch reflektieren. Dabei stellt sich tendenziell ein stärkeres Selbstwertgefühl ein, je anspruchsvoller die erbrachte Leistung war. Aber gehen wir einmal nicht von der heutigen Zeit, sondern von den 30er-Jahren des letzten Jahrhunderts aus: Die Rollenverteilung damals war in aller Regel klassisch. Und auch wenn der Beruf der Hausfrau nicht einer systematischen Ausbildung unterlag, musste sie viele Kompetenzen erwerben, um die vielfältigen Anforderungen an ihren Beruf bewältigen zu können: zum Beispiel das Backen. Diese Kompetenz wurde nun durch die moderne Backmischung obsolet, denn einer Mischung Wasser hinzuzufügen, benötigt keine besonderen Fähigkeiten. Einmal erlerntes Wissen war damit nutzlos geworden. Und dies ist der entscheidende Aspekt: Vorhandenes Wissen will genutzt werden. Erst, als das Backen mit einer Backmischung wieder eine, wenn auch geringe, Backkompetenz erforderte, hatte die Hausfrau wieder das Gefühl, ihr gelerntes Wissen einzubringen, und der Erfolg der Backmischung kam zurück.

Egal, ob urbane Legende oder wahre Geschichte – die Symbolik bleibt. Einmal erlerntes Wissen will eingesetzt werden. Egal, ob durch die Hausfrau der 1930er-Jahre, den Hausmann der 2010er oder die Generation Y.

3.2.4 Führung unter Berücksichtigung einer starken Gemeinschaftsorientierung

Die starke Gemeinschaftsorientierung der Generation Y hat zwei Gesichter (vgl. Abschn. 2.2.4): Erstens führt sie zu einer zunehmenden Vielfalt von Formen sozialer Gemeinschaften, vor allem zu einer zunehmenden Bedeutung des Freundeskreises, aber auch zu einer starken Präsenz in (oftmals virtuellen) Netzwerken. Zweitens führt sie zu einer zunehmenden Bedeutung sozialer Interaktionen insgesamt, welche die Bedeutung des Arbeitens in Gruppen steigert (vgl. Abb. 3.13). Betrachten wir zunächst die zunehmende Bedeutung des Freundeskreises und ihre Auswirkungen auf die Führung der Generation Y.

Zunehmende Bedeutung des Freundeskreises
Aus Evolutionssicht haben soziale Gruppen das Überleben des Menschen stets begünstigt: Nicht jeder war für sich allein verantwortlich, sondern die soziale Gruppe für all ihre Mitglieder. Durch soziale Gruppen wurde es möglich, Arbeitsteilung und Spezialisierung mit allen damit einhergehenden Effizienzvorteilen zu nutzen. Tendenziell hat sich *das* Erbgut durchgesetzt, das besonders gut von Überlebensvorteilen sozialer Gruppen profitieren konnte. Der Wunsch nach Zugehörigkeit zu sozialen Gruppen ist damit *menschlich*, nicht

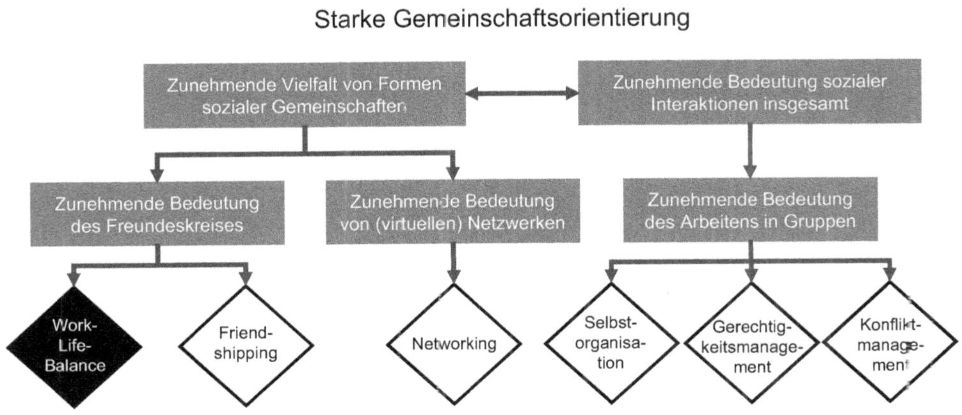

Abb. 3.13 Logik des Abschnittes „Führung unter Berücksichtigung einer starken Gemeinschaftsorientierung"

allein der Generation Y vorbehalten. Das Besondere an der Generation Y ist die hohe
Bedeutung der sozialen Gruppe *Freundeskreis*, der zwar die Familie nicht ersetzen kann,
aber fast gleichberechtigt neben sie tritt. Erklärbar ist die zunehmende Bedeutung des
Freundeskreises im Vergleich zur Familie damit, dass die klassischen Funktionen einer
Familie – die Sozialisationsfunktion, die wirtschaftliche, die politische und die emotionale Funktion – für die Generation Y von abnehmender Relevanz, ja teilweise gänzlich
obsolet geworden sind und der Freundeskreis durch verbesserte ökonomische Rahmenbedingungen die Gelegenheit bekommen hat, in seiner Bedeutung zu steigen und einen
beinahe gleichberechtigten Platz neben der Familie einzunehmen. Betrachten wir dazu
einmal die einzelnen Funktionen der Familie als sozialer Gruppe.

Die *Sozialisationsfunktion* der Familie ist dafür verantwortlich, dass ein Mensch seinen
Weg in die Gesellschaft findet und die dafür notwendigen Regeln und Normen beherrscht.
Gehen wir davon aus, dass die Generation Y zwischen 1980 und 2000 geboren wurde, so
sind alle ihre Mitglieder heute mindestens jugendlich, zum größten Teil sogar erwachsen.
Der größte Teil der gesellschaftsrelevanten Erziehung dürfte damit abgeschlossen sein,
weswegen der Sozialisationsfunktion der Familie für die Generation Y eine zu vernach-
lässigende Bedeutung zukommt.

Die Bedeutung der *wirtschaftlichen Funktion* der Familie hat in den letzten Jahrzehnten
(ja beinahe Jahrhunderten) tendenziell abgenommen, da der gesellschaftliche Wohlstand
insgesamt gestiegen ist. Nicht mehr die Familie ist für die Sicherung des Überlebens
zuständig, sondern der Staat hat diese Funktion durch die Einführung und Weiterentwicklung sozialer Sicherungssysteme übernommen. Zwar ist die Familie nach wie vor
dafür verantwortlich, bestimmte vom Staat nicht abgedeckte Kosten zu übernehmen, etwa
für bestimmte Ausbildungen oder besondere kompetenzfördernde Unternehmungen, zum
Beispiel Auslandsaufenthalte. Da der Wohlstand aber insgesamt zugenommen hat, sind
solche Kosten durch Familien eher zu bewältigen als früher, sodass die Bedeutung dieser
Kosten dahingehend gesunken ist, dass sie das Lebensniveau von Familien in der Regel
nicht substanziell verschlechtern.[13]

Die *politische Funktion* der Familie ist heutzutage fast erloschen, denn vor dem Gesetz
sind alle Menschen gleich, egal aus welcher Familie sie kommen. Zwar ist das Einkommen
vor allem in Deutschland immer noch stark davon abhängig, aus welcher sozialen Schicht
man kommt, was im Umkehrschluss bedeutet, dass Kinder aus wohlhabenden und gut
vernetzten Familien den sozialen Aufstieg leichter haben. Darin findet sich allerdings nur
ein kleines Überbleibsel der politischen Funktion von Familie, wie sie ursprünglich, also
in nicht-staatlichen Gesellschaften ohne breite gesetzliche Basis, notwendig war.

Die Bedeutung der *emotionalen Funktion* der Familie, also die Sicherstellung von Zugehörigkeit und Anerkennung, hat ebenfalls abgenommen. Das liegt zum einen daran, dass

---

[13] Natürlich gibt es Familien, in denen Eltern hohe Lasten auf sich nehmen, um die Ausbildung
ihrer Kinder zu ermöglichen und eben diese Lasten das Lebensniveau sehr wohl negativ beeinflussen – das möchten wir nicht verneinen. Wir wollen hier allerdings den Blick auf die Gesamtheit an
Familien richten: Insgesamt ist der finanzielle Wohlstand und damit das Lebensniveau in den letzten
Jahrzehnten deutlich gestiegen.

Menschen mit zunehmendem Alter Zugehörigkeit und Anerkennung eher von Gleichaltrigen bekommen möchten – wie im Fall der Generation Y – als von ihren Eltern. Zum anderen hat der gestiegene Wohlstand die Möglichkeit eröffnet, intensiveren Kontakt zu Gleichaltrigen aufzubauen, da eine eigene Wohnung (oder zumindest ein Zimmer in einer Wohngemeinschaft) in der Regel ökonomisch verkraftbar geworden ist.

Aus all diesen Punkten ergibt sich insgesamt, dass die relative Bedeutung der Familie abgenommen, die des Freundeskreises zugenommen hat. Die Familie ist damit selbstverständlich nicht egal geworden. Sie übernimmt für die Mitglieder der Generation Y nach wie vor eine wichtige Rolle, vor allem aus emotionaler Sicht – der Generation Y wird teilweise eine *sehr hohe Familienorientierung* zugeschrieben (vgl. Schmid et al. 2011, S. 518). Aber die Familie muss nicht mehr so viele Funktionen wie früher erfüllen, sodass die Bandbreite der Aufgaben von Familien als sozialen Gruppen und somit ihre Bedeutung zur Absicherung des Lebens und Überlebens abgenommen hat. Daher kann sich die Generation Y auf den emotionalen Kern der Familie konzentrieren, und gleichzeitig tritt der Freundeskreis als eine zweite, beinahe gleichberechtigte Gruppe neben die Familie.

Was haben diese Erkenntnisse nun mit der Führung der Generation Y zu tun? Mit Freunden assoziieren wir vor allem Freude und Spaß. Aus hedonistischer Sicht sind Freunde also vor allem dazu da, unser Glück zu steigern, und die Generation Y möchte viel Zeit mit Freunden verbringen. Hierauf muss ein Unternehmen jetzt auf zwei Arten reagieren: erstens, indem es Möglichkeiten zur Steuerung der Work-Life-Balance verbessert, damit mehr Zeit mit Freunden verbracht werden kann (vgl. zur Work-Life-Balance als Werkzeug Abschn. 3.2.8). Zweitens muss ein Unternehmen reagieren, indem es versucht, Freundschaften in Unternehmen zu ermöglichen und zu fördern. Wir bezeichnen dies als *Friendshipping*.

Friendshipping

Beim *Friendshipping* geht es aus Unternehmenssicht vor allem darum, *Rahmenbedingungen zu schaffen*, um Freundschaften (oder emotionale Vorstufen davon) zu ermöglichen und zu fördern. Damit hat Friendshipping vor allem eine motivierende Funktion, da die Mitglieder der Generation Y durch Freundschaften im Unternehmen eine höhere – tätigkeitsunabhängige – Grundzufriedenheit erreichen. Allerdings kann es dabei nicht die Aufgabe eines Unternehmens sein, Freundschaften explizit zu vermitteln (oder gar eine Art Freundschaftsbörse im Intranet zu eröffnen). Gestaltung von Rahmenbedingungen bedeutet, dass soziale Kontakte während der Arbeitszeit gefördert werden sollen (zum Beispiel in Kaffeeküchen oder anderen Sozialräumen), dass der Arbeitsplatz möglichst so angelegt ist, dass er auch zu privater Kommunikation anregt oder dass Jours fixes auch einen privaten Teil an Kommunikation enthalten (vgl. hierzu auch das Werkzeug: Checkliste Friendshipping). So wird das Ziel verfolgt, Freundschaften ins Unternehmen zu verlegen, damit das Bedürfnis der Generation Y nach Freude und Spaß mit Freunden auch *im Unternehmen* (und nicht nur außerhalb) befriedigt werden kann und sich die dadurch gesteigerte Grundmotivation auf die Arbeitsproduktivität auswirkt.

Werkzeug: Checkliste Friendshipping

Die folgende Checkliste lässt Rückschlüsse auf die Friendshipping-Neigung eines Unternehmens zu. Sie stellt nur zum Teil auf konkrete Maßnahmen ab und hinterfragt vor allem, ob ein Unternehmen einer friendshipping-freundlichen Philosophie folgt:

- Haben Sie das Ziel, Ihr Unternehmen als einen Ort zu etablieren, in dem Freundschaften willkommen sind, sich bilden und aktiv gelebt werden dürfen (etwa durch private Gespräche während der Arbeitszeit)?
- Ist Ihren Führungskräften bewusst, dass private Gespräche und soziale Interaktionen in der Regel produktivitätsfördernd wirken?
- Bieten Sie Ihren Mitarbeitern Möglichkeiten zur sozialen Interaktion in Ihrem Unternehmen (zum Beispiel durch Gemeinschaftsräume, Kaffeeküchen etc.)?
- Wird in Besprechungen auch über private Belange gesprochen?
- Bieten Sie Ihren Mitarbeitern die Möglichkeit zur sozialen Interaktion außerhalb der normalen Arbeitszeiten (zum Beispiel abends oder am Wochenende über Firmenfeste, Sport- oder Kulturgruppen oder gemeinsame Firmenreisen)?

Beim Friendshipping sind allerdings zwei Aspekte zu beachten: Freundschaften entstehen von alleine – oder sie tun es eben nicht. Sie entstehen nicht, weil eine Führungskraft dies will. Ein zu starker Versuch der Beeinflussung durch eine Führungskraft kann in einer Gegenreaktion der Mitarbeiter münden. Ein solches Verhalten ist aus der Psychologie als *Reaktanz* bekannt. Reaktanz beschreibt eine Abwehrhaltung oder einen Widerstand einer Person, der entstehen kann, wenn sich eine Person in ihrer Entscheidungs- oder Handlungsfreiheit bedroht sieht (also ein Art Trotzreaktion, vgl. Wiswede 2012, S. 89). Sie kann alle Mühen zur Steigerung freundschaftlicher Beziehungen zerstören. Daher sollte es beim Friendshipping wirklich nur um die Gestaltung von Rahmenbedingungen und – auf etwas abstrakteren Ebenen – um die Einstellung der Führungskraft zu Freundschaften am Arbeitsplatz gehen.

Darüber hinaus wird oftmals die Frage des Produktivitätsverlustes durch private Interaktionen am Arbeitsplatz diskutiert. Weil es schwierig ist, allgemeingültige empirische Belege zur Frage des Produktivitätsverlustes durch private Interaktionen zu bekommen – schließlich läuft ein Forscher bei jeder Beobachtung, jeder Befragung und jedem Experiment Gefahr, durch sein Forschen das Objekt seiner Untersuchung zu beeinflussen – sei in diesem Zusammenhang auf eine wichtige Erkenntnis Kahnemans verwiesen: die Verfügbarkeitsheuristik (vgl. Kahneman 2012, S. 164 ff.). Die Verfügbarkeitsheuristik bezeichnet einen Bewertungsfehler, der dadurch entsteht, dass Menschen dazu neigen, verfügbare (sichtbare) Informationen gegenüber nicht verfügbaren (nicht sichtbaren, aber dennoch vorhandenen) Informationen höher zu gewichten: Weil sichtbar, bewertet eine Führungskraft den Produktivitätsverlust während eines freundschaftlichen Gespräches unter Kollegen womöglich höher als den Produktivitätsverlust, der täglich am Arbeitsplatz durch fehlende Motivation oder eine andere Beschäftigung als das eigentliche Arbeiten entsteht (und für die Führungskraft nicht sichtbar ist). Ein kurzfristiger Produktivitätsverlust durch ein freundschaftliches Gespräch kann zugunsten langfristig höherer Grundmotivation (und vor dem Hintergrund verfügbarkeitsheuristischen Denkens) in der Regel durchaus in Kauf genommen werden.

Zunehmende Bedeutung von (virtuellen) Netzwerken

Die zunehmende Bedeutung des Freundeskreises kann also durch Friendshipping adressiert werden. Wie kann darüber die zunehmende Bedeutung von Netzwerken für die Generation Y, vor allem virtueller Netzwerke (vgl. Hurrelmann und Albrecht 2014, S. 153 f.), gewürdigt werden? Der Ansatz hierfür wäre das *Networking*. Die Aufgabe des Unternehmens ist es dabei, Rahmenbedingungen für das Networking zu schaffen (vgl. Müller 2013). Bevor wir auf Möglichkeiten hierfür eingehen, jedoch zunächst ein Wort zu den virtuellen Netzwerken und deren Bedeutung bei der Führung der Generation Y.

Es ist richtig, dass die Generation Y vor allem über virtuelle Netzwerke wie Facebook und XING, über LinkedIn, Twitter, Instagram und andere soziale Netzwerke, mal mehr, mal weniger beruflich orientiert, vernetzt ist. Diese virtuellen Netzwerke sind es jedoch nicht, um die sich ein Unternehmen im Rahmen des Networkings kümmern sollte. Virtuelle Netzwerke sind da, sie gehören zum Alltag und vor allem: Sie sind neu, besonders für die Personen, die nicht der Generation Y angehören. Insbesondere für sie ist es besonders auffällig, dass die Generation Y viel in virtuellen Netzwerken aktiv ist. Daraus zu schließen, dass nur das, was in virtuellen Netzwerken abläuft, wichtig ist, würde Kahneman (2012, S. 187 ff.) als *Repräsentativitätsheuristik* bezeichnen: Ein hohes Maß an Nutzung von und Aktivität in sozialen Netzwerken verleitet zu dem Schluss, dass deren Nutzer alles, was dort passiert, für besonders wichtig halten. Das tun sie aber oftmals nicht, sie bewegen sich dort meist nur zum Zeitvertreib oder zur Entspannung. Also sollten wir die Bedeutung der Aktivität in sozialen Netzwerken nicht überbewerten, vor allem nicht in Bezug auf die Führung der Generation Y.

Wichtiger ist die Erkenntnis, dass virtuelle Netzwerke den Gedanken des Netzwerkens, den es seit vielen Generationen gibt, auf eine neue Ebene gehoben haben. Erstmals ist das eigene Netzwerk sicht- und präsentierbar. Während früher allenfalls ein Notizbuch vorgezeigt werden konnte, haben die Kontakte bei Facebook, XING und so weiter ein Gesicht. Das Denken und Agieren in Netzwerken hat damit eine stärkere Bedeutung bekommen, die Unternehmen nutzen sollten, indem sie die Mitglieder der Generation Y aktiv zur Entwicklung von Netzwerken im Unternehmen oder mit relevanten Stakeholdern motivieren.[14] Die *Chance*, dies zu tun, resultiert aus einem relativ natürlichen Umgang der Generation Y mit Netzwerken. Die *Notwendigkeit* zum Denken und Agieren in Netzwerken entsteht daraus, dass Netzwerke eine geeignete Möglichkeit zur Handhabung von Komplexität darstellen. Diese Eigenschaft der Generation Y – das Denken und Handeln

---

[14] Der Stakeholderansatz wurde von Freeman (1984) entwickelt. Für ihn ist die Überlebensfähigkeit von Unternehmen davon abhängig, wie gut sie es schaffen, mit relevanten Gruppen in der Unternehmensumwelt – Stakeholder – in ein für beide Seiten vorteilhaftes und stabiles Austauschverhältnis zu treten.

in Netzwerken – bildet damit eine Möglichkeit für Unternehmen, über die Handhabung von Komplexität organisationale Wettbewerbsvorteile zu schaffen.

Networking

Die bisherigen Ausführungen zum Networking haben es angedeutet: Organisationen sind *komplexe* soziale Systeme. Ihre Komplexität ergibt sich daraus, dass durch das Zusammenwirken von Menschen nicht oder nur mit bestimmten Wahrscheinlichkeiten vorhersagbar ist, wohin sich eine Organisation entwickelt. Spürbar wird Komplexität für Organisationsmitglieder zum Beispiel dadurch, dass bestimmte Entscheidungen nicht verfolgt werden können und bestimmte Entwicklungen damit nicht nachvollziehbar sind. Auch verhindert die Komplexität von Organisationen oftmals, dass ein einzelnes Organisationsmitglied genau erkennen kann, welchen Beitrag es zum großen Ganzen des Unternehmens leistet.

Um die natürliche Komplexität von Unternehmen in den Griff zu bekommen, werden organisationale Regelungen entwickelt, zum Beispiel Organigramme oder Prozessbeschreibungen. Damit lässt sich ein Unternehmen aber nicht vollständig steuern, weil Organigramme oder Prozessbeschreibungen eben nur einen Teil des Lebens von und in Organisationen abbilden können. Dennoch werden solche Werkzeuge zur Steuerung von Unternehmen eingesetzt. Sie können gemeinhin als Werkzeuge der *Fremdsteuerung* betrachtet werden: Eine Kontrollinstanz, zum Beispiel die Geschäftsführung, das Inhouse-Consulting oder die Controlling-Abteilung, legt Regeln *für die Arbeit anderer* fest, die dann über Organigramme oder Prozessbeschreibungen sichtbar gemacht werden. Die von den Regeln betroffenen Abteilungen sind damit fremdgesteuert. Solche Schritte sind richtig und notwendig, um Nachvollziehbarkeit und Transparenz organisationalen Handelns sicherzustellen. Fremdsteuerung alleine reicht aber nicht aus, um die in Unternehmen herrschende Komplexität in den Griff zu bekommen. Vielmehr müssen dazu, auch wenn eine vollständige Komplexitätsbewältigung kaum erreichbar sein dürfte, weitere Maßnahmen ergriffen werden. Vor allem Maßnahmen der *Selbststeuerung* sind zur Ergänzung der Fremdsteuerung besonders gut geeignet, weil sie dort ansetzen, wo Fremdsteuerung an ihre Grenzen gelangt.

Maßnahmen der Selbststeuerung umfassen solche Vorgehensweisen, bei denen es *keine* externe Kontrollinstanz gibt, die Vorschriften macht. Vielmehr sind es die Mitarbeiter selber, die flexibel und variabel entscheiden können. Eine zur Generation Y sehr gut passende Möglichkeit der Selbststeuerung ist das eben angesprochene Networking: Die Mitglieder der Generation Y entscheiden selber, wer für ihr berufliches Netzwerk besonders relevant ist. Vonseiten einer Führungskraft müssen lediglich Rahmenbedingungen für erfolgreiches Netzwerken geschaffen werden, sodass die Mitarbeiter regelmäßig die Möglichkeit bekommen, potenzielle Netzwerkpartner kennenzulernen. Ob Kunden, Lieferanten oder Kollegen aus anderen Abteilungen oder Niederlassungen – je vielfältiger die Möglichkeiten des Netzwerkens, desto flexibler können sich Netzwerke entwickeln. Dabei sollte eine Führungskraft vor allem einem mit dem beruflichen Networking unerfahrenen Mitglied der Generation Y Unterstützung bieten, zum Beispiel bei der Kontaktvermittlung, bei der ersten Kontaktaufnahme, bei der Vor- und Nachbereitung von Gesprächen sowie bei der regelmäßigen Kontaktaufnahmen mit den Netzwerkpartnern (vgl. hier auch das Werkzeug: Business Speed Dating).

Werkzeug: Business Speed Dating

Eine gute Möglichkeit zum Networking, vor allem für das erste Kennenlernen, ist das *Business Speed Dating*. Beim normalen Speed Dating sitzen sich potenzielle Partner gegenüber und haben fünf bis zehn Minuten Zeit, einander kennenzulernen. Ist diese Zeit um, wechselt eine Person den Platz, sodass sich eine neue Paarung ergibt. Je nach Anzahl der Anwesenden ergeben sich mehr oder weniger viele Paarungen, wobei eine Gesamtdauer von zwei Stunden in der Regel nicht überschritten wird.

Beim Business Speed Dating sitzen einander potenzielle Netzwerkpartner gegenüber. Auch sie haben eine bestimmte Zeit, um sich kennenzulernen, wobei abwechselnd vorher vorbereitete und für beide Partner gleiche Fragen beantwortet werden. Im Sinne eines halbstandardisierten Interviews sind Nachfragen und Vertiefungen natürlich erlaubt. Typische Fragen eines Business Speed Datings betreffen zum Beispiel die Ausbildung, die organisatorische Eingliederung, den bisherigen Werdegang oder die empfundenen Stärken und Schwächen des aktuellen Arbeitgebers. Alles, was dabei hilft, schnell ein möglichst umfassendes Bild des Gegenübers zu bekommen, ist hilfreich. Besonders wichtig ist jedoch die gemeinsame Beantwortung der Frage: „Wo haben wir aus beruflicher Sicht Berührungspunkte und wie können wir uns gegenseitig weiterhelfen?" Je differenzierter diese Frage beantwortet werden kann, desto größer ist die Chance, dass sich ein wertvoller gemeinsamer Netzwerkkontakt entwickelt.

Vom Organisator des Business Speed Datings sollte sichergestellt werden, dass alle Teilnehmer die gegenseitigen Kontaktdaten bekommen, um sich in einem virtuellen Netzwerk verknüpfen zu können.

Um dann mit den Netzwerkpartnern kontinuierlich im Austausch zu bleiben, spielen virtuelle Netzwerke dann (doch wieder) eine wichtige Rolle: Mit jedem wichtigen persönlichen Netzwerkpartner sollte auch auf virtueller Ebene ein Kontakt geschlossen werden. Denn das ist der große Vorteil der virtuellen Netzwerke: Man wird informiert, ohne dass man Informationen explizit einfordern muss. Und diese Informationen können von besonderer Bedeutung sein (zum Beispiel, wenn ein Netzwerkpartner einen neuen Job übernimmt und sich dadurch geschäftliche Potenziale ergeben), würden aber ohne virtuelles Netzwerk nicht fließen. Damit ist für die Generation Y vor allem die Schnittmenge aus persönlichem und virtuellem Netzwerk (vgl. Abb. 3.14) wichtig oder genauer: das Schließen und Pflegen eines persönlichen Kontaktes und das gleichzeitige Management dieses Kontaktes über ein virtuelles Netzwerk.

Zunehmende Bedeutung des Arbeitens in Gruppen

Es ist aber nicht nur die zunehmende *Vielfalt* von Formen sozialer Gemeinschaften, die für die Generation Y charakteristisch ist. Auch die *Bedeutung* sozialer Interaktionen ist gestiegen. Das wirkt sich vor allem auf das Arbeiten in Gruppen aus. Während die Frage

Abb. 3.14 Virtuelle und persönliche Netzwerke

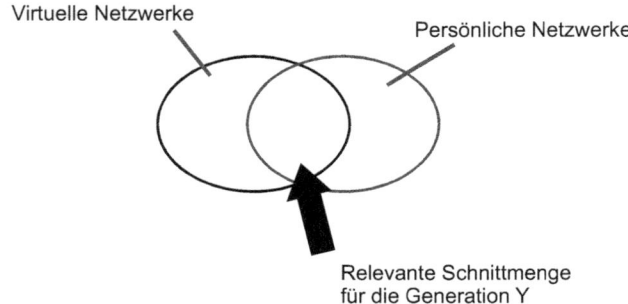

Virtuelle Netzwerke

Persönliche Netzwerke

Relevante Schnittmenge
für die Generation Y

„Wie gerne arbeiten Sie in Teams?" bei allen Vorgängergenerationen durchaus Berechtigung hatte, stellt sich diese Frage für die Generation Y gar nicht. Genauso gut könnte man fragen: „Möchten Sie mit moderner Kommunikationstechnologie arbeiten?" Teamarbeit als *die Herangehensweise* zur Lösung komplexer Herausforderungen ist typisch für die Generation Y. Allerdings ist auf den Einsatz dreier Werkzeuge zu achten, damit Teamarbeit ihr volles Potenzial entfalten kann: *Selbstorganisation*, *Gerechtigkeitsmanagement* und *Konfliktmanagement*.

Selbstorganisation

Selbst*steuerung* haben wir bereits kennengelernt. Sie liegt immer dann vor, wenn Mitarbeiter selber über bestimmte Verhaltensweisen entscheiden können und ihnen diese nicht von einer externen Kontrollinstanz, zum Beispiel der Führungskraft, vorgeschrieben wird. Selbst*steuerung* ist dabei eher ein Oberbegriff oder eine Philosophie. Selbst*organisation* betrifft die selbstgesteuerte Planung, Durchführung und Kontrolle von Handlungen durch den Mitarbeiter. Selbstorganisation bezieht sich damit auf *konkrete* Verhaltensweisen.

Vor allem Teams sollten selbstorganisiert arbeiten, damit sich ihr Potenzial maximal entfalten kann (vgl. Comelli und Rosenstiel 2009, S. 183).[15] Im Sinne eines Managements by Objectives wird dem Team ein Ziel vorgegeben, über dessen Erreichung das Team gemeinsam und eigenverantwortlich entscheidet. Der psychologische Vorteil der Selbstorganisation besteht in der Chance, dass Reaktanz durch Motivation ersetzt wird. *Reaktanz* haben wir bereits als eine Abwehrhaltung oder einen Widerstand kennengelernt. Diese können entstehen, wenn sich eine Person in ihrer Entscheidungs- oder Handlungsfreiheit bedroht sieht. Wenn einem Team von außen vorgeschrieben wird, *wie* es zu arbeiten hat, wird ihm Entscheidungs- und Handlungsfreiheit genommen, worauf einzelne Mitglieder (und durch gruppendynamische Ansteckungsprozesse womöglich das gesamte Team) reaktant reagieren können. Wird dem Team hingegen die Freiheit gelassen, selber eine Herangehensweise zur Zielerreichung zu entwickeln und umzusetzen, wird nicht nur Re-

---

[15] Dabei gehen wir davon aus, dass ein Großteil eines Teams aus Mitgliedern der Generation Y besteht, sodass über die grundsätzliche Eignung von Teams zur Problemlösung gar nicht debattiert wird.

aktanz vermieden. Es kann auch der *Besitztums-* oder *Endowment-Effekt* greifen (vgl. Kahneman 2012, S. 356 ff.[16]): Allein die Tatsache, dass Menschen Dinge *gehören*, sie also in deren Besitz sind, steigert ihren (subjektiven) Wert. Wenn ein Team also selber Möglichkeiten der Zielerreichung entwickelt, dann *gehören* diese Ideen quasi dem Team (vgl. hierzu auch Taleb 2014, S. 182), weil das Team sie generiert hat – und nicht ein Externer wie etwa die verantwortliche Führungskraft. Ein potenziell negativer Effekt (Reaktanz) kann also in einen potenziell positiven (Besitztumseffekt) umgekehrt werden.

Selbstorganisierte Teamarbeit hat also psychologische Vorteile. Allerdings entfalten sich diese Vorteile in der Regel nur dann, wenn die einzelnen Mitglieder eines Teams sich auch als *ein Team* verstehen. Um diesen Zustand zu erreichen, muss eine Gruppe von Mitarbeitern zunächst die verschiedenen Phasen der Teambildung durchlaufen: forming, storming, norming sowie performing (vgl. Tuckman 1965). Bevor ein Team also produktiv arbeiten kann (performing), muss es sich finden (forming), die Teammitglieder müssen sich im Sinne eines konstruktiven Konfliktes annähern (storming) und sich über formale und informelle Rollen klar werden (norming). Vor allem diese drei Schritte (forming, storming, norming) dürften der Generation Y eher leicht fallen, weil sie das Konstrukt des Teams besser und intuitiver kennt als ihre Vorgängergenerationen. Damit hat sie beim Teambuilding einen Produktivitätsvorteil.

Welche Verantwortung hat nun die Führungskraft im Rahmen eines solchen Prozesses des Selbstorganisierens? Zunächst hat sie erneut für die geeigneten *Rahmenbedingungen* des Teambuildings zu sorgen, sodass forming, storming und norming ohne Kollateralschäden (zum Beispiel der Ausschluss einzelner Mitarbeiter) ablaufen. Auch hierbei gilt im Sinne eines Managements bei Exception, dass die Führungskraft im *Ausnahmefall* eingreift, sich zunächst aber aus gruppendynamischen Prozessen heraushält. Im Anschluss an das Teambuilding sollte sie sich von den Teammitgliedern erläutern lassen, auf welche Strategie der Zusammenarbeit man sich geeinigt hat, welche Gründe für diese Strategie sprechen und warum etwaige alternative Strategien verworfen wurden. Dieser Schritt scheint für den Teamerfolg – insbesondere bei eingespielten Teams – von besonderer Bedeutung zu sein, denn es gibt diverse gruppenspezifische Phänomene, die die Entscheidungsfindung in Teams fehleranfällig machen können. Oftmals kann nur ein Außenstehender Entscheidungsfehler identifizieren, die Gruppe selber ist aufgrund psychologischer Effekte unfähig dazu. Wichtige Entscheidungsfehler oder solche Fehler beeinflussende Faktoren sind der Gruppendruck, das Groupthink, die Risikoverschiebung, der Nivellierungseffekt sowie die In-Group-Out-Group-Problematik:

- *Gruppendruck* führt dazu, dass sich einzelne Personen in Gruppen der Mehrheitsmeinung unterordnen, auch wenn sie diese eigentlich nicht teilen, weil sie Sorge haben, von den anderen Mitgliedern der Gruppe sanktioniert zu werden (zum Beispiel durch die Zurückhaltung von Informationen). Verantwortlich für den Aufbau von Gruppendruck

---

[16] Auch wenn Kahneman sehr ausführlich über den Besitztumseffekt schreibt, geht dieser auf Thaler zurück (vgl. Kahnemann 2012, S. 360).

sind in der Regel Personen mit hohem Status, wobei Status (empfundene Wichtigkeit einer Person, in einem Team eine führende Rolle zu spielen) und zur produktiven Arbeit notwendige Kompetenzen (tatsächliche Fähigkeit einer Person, das Ziel einer Gruppenarbeit maßgeblich zu unterstützen) nicht zwingend zusammenhängen (vgl. Rosenstiel und Nerdinger 2011, S. 344). Oder anders: Die Personen, die Gruppendruck ausüben sind oftmals nicht die wahren Leistungsträger eines Teams.

- Aus dem Grundproblem des Gruppendrucks resultieren nachgelagerte Probleme, etwa das *Groupthink*. Es bezeichnet das Phänomen, dass Menschen in Gruppen unbewusst dazu neigen, homogene Meinungen zu entwickeln (womöglich um potenzielle Sanktionierungen aufgrund einer abweichenden eigenen Meinung nicht erst zu ermöglichen). Damit wird der Erhalt des Gruppengefüges und -zusammenhaltes wichtiger als die realistische Betrachtung von Tatsachen (vgl. Aronson et al. 2011, S. 290). Gruppen neigen aufgrund dieser selektiven Wirklichkeitsbetrachtung und -bewertung, aber auch weil man sich in einer Gruppe relativ stark fühlt, dazu, höhere Risiken als Einzelpersonen einzugehen (vgl. Comelli und Rosenstiel 2009, S. 195). Diese Risikoverschiebung kann bei ökonomischen Entscheidungen zu weitreichenden finanziellen Konsequenzen führen (etwa Fehlinvestments).
- Der *Nivellierungseffekt* beschreibt eine *Tendenz zur Mitte*, ist also eine besondere Ausprägung des Groupthinks. Beim Nivellierungseffekt konstituiert sich die Gruppenmeinung im Sinne des kleinsten gemeinsamen Nenners. Oftmals tritt dieser Nivellierungseffekt ein, wenn Gruppen nicht daran interessiert sind, die bestmögliche Lösung zu finden, sondern schnell zu einem Abschluss der Gruppenarbeit kommen wollen. Denn bei Gruppenkonsens ist die Wahrscheinlichkeit gering, dass einzelne Gruppenmitglieder dem Ergebnis widersprechen, finden sie sich doch auch darin wieder.
- Besonders problematisch bei der Zusammenarbeit verschiedener Gruppen kann der *In-Group-Out-Group-Effekt* sein. Hierbei geht es nicht um mögliche Entscheidungsfehler aufgrund bestimmter psychologischer Prozesse *innerhalb* einer Gruppe, sondern um die systematische *Überschätzung* der eigenen Gruppe und ihrer Arbeit im Vergleich zu einer anderen Gruppe. Hintergrund ist, dass Menschen dazu neigen, ihre eigene Gruppe und deren Mitglieder selbst dann *überzubewerten*, wenn sich die Vergleichsgruppe gar nicht auf Basis relevanter Kriterien von der eigenen unterscheidet: Allein die Klassifizierung als *andere Gruppe* reicht offenbar aus (vgl. Walter-Busch 2008, S. 81).

Aber so wertvoll die Arbeit in Teams auch ist und so sehr sie den Merkmalen der Generation Y entgegenkommt: Gruppenpsychologische Aspekte sind durch die verantwortliche Führungskraft stets zu berücksichtigen und daraus resultierende Probleme und Konflikte sind im Falle ihres Eintretens konsequent anzugehen. Damit eine Führungskraft den Überblick über ihre Teams und die darin wirkenden Prozesse behält, kann eine Berücksichtigung der ursprünglich von Janis entwickelten (vgl. Rosenstiel und Nerdinger 2011, S. 349) und an dieser Stelle leicht modifizierten Regeln zu Gruppenentscheidungen von Vorteil sein (vgl. auch das Werkzeug: Rolle der Führungskraft bei Gruppenentscheidungen).

Werkzeug: Rolle der Führungskraft bei Gruppenentscheidungen

1. Die Führungskraft sollte ihre Teams über die Gefahren gruppendynamischer Prozesse aufklären.
2. Die Führungskraft sollte sich selber bei der Entscheidungsfindung zurückhalten.
3. Die Führungskraft sollte die einzelnen Gruppenmitglieder ermutigen, gegenseitig Kritik und Feedback zu üben und dafür verbindliche Kritik- und Feedbackregeln erarbeiten.
4. Die Führungskraft darf einem Gruppenmitglied bei Bedarf die Rolle des „Advocatus Diaboli" zuordnen, sollte alle Gruppenmitglieder jedoch auf diese Rolle systematisch vorbereiten.
5. Die Führungskraft sollte selber die Rolle des „Advocatus Diaboli" einnehmen, den Anlass hierfür jedoch stets erläutern.
6. Die Führungskraft sollte regelmäßig Untergruppen bilden oder das Gruppengefüge durchbrechen, um die Gefahr negativer gruppendynamischer Prozesse zu verringern.
7. Die Führungskraft sollte die einzelnen Gruppenmitglieder permanent auffordern, Argumente zu finden, die *gegen* die gefundene Lösung sprechen, und sie hierfür loben, auch wenn Gegenargumente nicht dazu führen müssen, dass die gefundene Lösung verworfen wird.
8. Bei besonders wichtigen Entscheidungen sollten die Gruppenergebnisse vor einem neutralen Dritten präsentiert werden.
9. Die Führungskraft sollte gegebenenfalls mehrere Gruppen am gleichen Problem arbeiten lassen. Die favorisierte Problemlösung wird dann von der jeweils anderen Gruppe präsentiert, woraufhin beide Gruppen anschließend noch einmal Zeit bekommen, die eigene Lösung zu überarbeiten.
10. Die Führungskraft sollte Gruppen oder Gruppenmitglieder für ihre konstruktive Arbeit in der Gruppe loben, nicht für die gefundene Lösung.

Gerechtigkeitsmanagement

Bei der selbstorganisierten Arbeit in Gruppen kommt der Führungskraft also die Aufgabe zu, für die Einhaltung bestimmter Spielregeln zu sorgen und ein offenes Auge für zum Teil unbewusst ablaufende gruppendynamische Prozesse zu haben. Darüber hinaus muss sie im Konfliktfall vermitteln beziehungsweise die Entstehung von Konflikten vermeiden. Leider ist Gruppenarbeit prädestiniert für die Einwicklung von Konflikten, denn Konflikte entstehen oftmals dann, wenn sich Menschen im Vergleich zu anderen *ungerecht* behandelt fühlen – und im Gruppenkontext ist der Vergleich mit anderen unvermeidlich.

Um Konflikte zu vermeiden, muss eine Führungskraft also zum *Gerechtigkeitsmanager* werden. Diese Aufgabe ist recht komplex, denn wir können in Organisationen zwischen vier Arten von Gerechtigkeit unterscheiden: der distributiven, der prozeduralen, der informationalen und der interpersonellen (vgl. Stock-Homburg 2010, S. 65). *Distributive*

Gerechtigkeit betrifft die Frage, ob ein Mitarbeiter eine Verteilung von Ressourcen (zum Beispiel Bonuszahlungen oder Zeit für Gespräche mit der Führungskraft) als gerecht wahrnimmt. Bei der *prozeduralen* Gerechtigkeit geht es dann um die Nachvollziehbarkeit von Prozessen (zum Beispiel wie die Berechnung von Bonuszahlungen zustande kommt). *Informationale* Gerechtigkeit betrifft die Weiterleitung von Informationen, also ob ein Mitarbeiter der Auffassung ist, bestimmte Informationen gar nicht, nicht vollständig, verspätet oder mangelhaft zu bekommen. Bei der *interpersonellen* Gerechtigkeit schließlich geht es um die empfundene Gleichbehandlung von Mitarbeitern und ihren Kollegen.

Ein Gefühl der Ungerechtigkeit kann dann aus zwei Gründen entstehen: Erstens, ein Mitarbeiter hat den Eindruck, für die eigene Leistung *zu wenig* zurückzubekommen. Zweitens, ein Mitarbeiter hat den Eindruck, für die eigene Leistung *im Vergleich zur Leistung der Kollegen* zu wenig zurückzubekommen. Insbesondere im Teamkontext ist der zweite Grund von hoher Relevanz, da die große Nähe der Gruppenmitglieder zueinander die Möglichkeiten des gegenseitigen Vergleiches verbessert. Bezogen auf die vier Arten der Gerechtigkeit ergeben sich damit acht potenzielle Gründe für ein Ungerechtigkeitsempfinden in Unternehmen. Wie sollte eine Führungskraft damit umgehen, vor allem vor dem Hintergrund, dass es sich zu einem echten Teamkonflikt auswachsen kann, wenn sich ein Mitarbeiter ungerecht behandelt fühlt?

Folgende Handlungsempfehlungen können einer Führungskraft helfen, die Gefahr von empfundener Ungerechtigkeit bei einzelnen Teammitgliedern und damit die Konfliktgefahr zu minimieren:

1. Eine Führungskraft sollte nach bestem Wissen und Gewissen versuchen, alle Teammitglieder gerecht zu behandeln und diesen Anspruch explizit klarstellen.
2. Eine Führungskraft sollte darüber versuchen, alle Teammitglieder in Bezug auf die Verteilung von Informationen (informationelle Gerechtigkeit) sowie in Bezug den persönlichen Umgang (interpersonelle Gerechtigkeit) *gleich zu behandeln*, egal welche Leistungen die Teammitglieder erbringen.
3. Es sollten messbare und nachvollziehbare Leistungskriterien festgelegt werden, die über die etwaige Verteilung von Ressourcen entscheiden (distributive Gerechtigkeit).
4. Alle Mitarbeiter sollten dezidiert darüber informiert werden, auf welcher Basis Lösungsvorschläge der Teams bewertet und nach welchen Leistungskriterien etwaige Ressourcen verteilt werden (prozedurale Gerechtigkeit).
5. Alle Teammitglieder sollten aufgefordert werden, ihre Führungskraft sofort anzusprechen, wenn sie trotz dieser Maßnahmen Ungerechtigkeit empfinden.
6. Für den Fall, dass ein Mitarbeiter Ungerechtigkeit empfindet, sollte die Führungskraft genau überlegen, ob er damit Recht haben könnte und ob ihr Verhalten bezüglich der genannten Maßnahmen angepasst werden muss.
7. Eine Führungskraft sollte alle Mitarbeiter darauf hinweisen, dass *ein Gefühl* der Ungerechtigkeit noch keine objektive Ungerechtigkeit bedeutet, dass es aber menschlich und damit normal ist, solche Gefühle zu haben.

8. Wenn eine Führungskraft der Auffassung ist, der Mitarbeiter fühlt sich *zu Unrecht* ungerecht behandelt, sollte sie ihrem Mitarbeiter erläutern, wie sie zu dieser Einschätzung kommt und deutlich machen, dass sie bei ihrem ursprünglichen Verhalten beziehungsweise ihrer ursprünglichen Entscheidung bleiben wird.

Konfliktmanagement

Mit diesen Maßnahmen lassen sich einige Konflikte vermeiden, vor allem solche, die aus einem Gefühl der Ungerechtigkeit heraus entstehen. Aber Ungerechtigkeit ist natürlich nicht der einzige Auslöser für Konflikte, sodass selbst ein gutes Gerechtigkeitsmanagement nicht in der Lage sein kann, alle potenziellen Konflikte zu vermeiden. Eine Führungskraft sollte daher nicht nur zur *Prävention* von Konflikten, sondern auch zu deren *Management* in der Lage sein.

Im Fokus des Konfliktmanagements stehen im Folgenden vor allem *Mitarbeiterkonflikte*, also solche Auseinandersetzungen, die zwischen (gleichrangigen) Kollegen stattfinden,[17] da wir nach wie vor Möglichkeiten und Grenzen der Teamarbeit als eine der hohen Gemeinschaftsorientierung der Generation Y sehr entgegenkommende Form organisationalen Arbeitens betrachten. Und für das Arbeiten in Teams sind Mitarbeiterkonflikte typisch.

Die Aufgabe des Konfliktmanagements ist nicht einfach, denn sie erfordert von einer Führungskraft besondere methodische, soziale und persönliche Kompetenzen. Ab einem bestimmten Punkt eines Konfliktes ist es für die Führungskraft sogar ratsam, eine speziell dafür ausgebildete Person, in der Regel einen Mediator, hinzuzuziehen. Um zu bestimmen, *wann* dies der Fall sein sollte, wird das Stufenmodell zwischenmenschlicher Konflikte von Kreuser und Robrecht (2010) herangezogen (vgl. Abb. 3.15).

Das Stufenmodell unterscheidet drei Stufen von Konflikten, verzichtet allerdings auf eine Trennung unterschwelliger (latenter) und ausgebrochener (manifester) Konflikte. Vielmehr sind alle Stufen auf einem *manifesten* Niveau zu sehen, lediglich die *erste Wahrnehmung von Ärger* kann zum Teil unterschwellig ablaufen. Die drei Stufen des Modells von Kreuser und Robrecht (2010) sind der *leichte Konflikt*, der *schwere Konflikt* sowie die *Gewalt*. Jede Konfliktstufe lässt sich weiter in Teilstufen unterscheiden, wobei für jede Teilstufe bestimmte Merkmale typisch sind, an denen die Schwere des Konfliktes – natürlich nur im Sinne einer Näherung – bestimmbar ist.

Ist ein Vorbeugen eines Konfliktes, etwa durch Gerechtigkeitsmanagement, nicht möglich, muss für eine Konflikt*lösung* gesorgt werden. Hierfür ist zunächst, auf der Stufe des leichten Konfliktes, die Führungskraft selber zuständig. Ihre Intervention besteht allerdings nicht darin, selber eine Konfliktlösung zu erarbeiten, sondern dafür zu sorgen, dass die Konfliktparteien dies tun (vgl. hierzu das Werkzeug: Intervention bei leichten Konflikten).

---

[17] Neben den Mitarbeiterkonflikten existieren Führungskonflikte, bei denen eine Konfliktpartei eine Führungskraft ist. Der Umgang mit Führungskonflikten kann nach demselben Muster wie hier beschriebenen erfolgen, nur dass unter Umständen bereits bei leichten Konflikten ein Mediator hinzugezogen werden sollte.

Stufe	Merkmale	Intervention der Führungskraft
Kein Konflikt		Vorbeugen
Leichter Konflikt	Erste Wahrnehmung von Ärger	Für Selbstlösung sorgen
	Offener Streit	
	Taten statt Worte	
Schwerer Konflikt	Image-Koalition	Für Fremdlösung sorgen
	Gesichtsverlust	
	Drohstrategien	
Gewalt	Begrenzte Gewalt	Machteingriff
	Zersplitterung	
	„Totaler Krieg"	

Abb. 3.15 Stufenmodell zwischenmenschlicher Konflikte. (Quelle: in Anlehnung an Kreuser und Robrecht 2010, S. 48)

Werkzeug: Intervention bei leichten Konflikten

Zur Bewältigung leichter Konflikte kommt der Führungskraft in einem ersten Schritt die Aufgabe der Konflikt*erkennung* zu (vgl. Abb. 3.16). Die Erfüllung dieser Aufgabe ist nicht immer ganz einfach, da viele Konflikte latenter Natur sind und von den Konfliktparteien selber womöglich gar nicht erkannt werden. Wenn sich die Führungskraft daher unsicher ist, ob wirklich ein Konflikt vorliegt oder nicht, sollte sie tendenziell eher von einem Konflikt ausgehen. Denn ein existenter, aber nicht bearbeiteter Konflikt ist eher mit Gefahren verbunden als ein Konflikt, der angesprochen wird, obwohl es ihn gar nicht gibt. Dass Konflikte im Sinne einer sich selbst erfüllenden Prophezeiung erst dadurch entstehen, dass man sie anspricht, scheint eher unwahrscheinlich, zumal jedes Ansprechen eines potenziellen Konfliktes ja auf dessen Lösung abzielt. Wird ein Konflikt vermutet, ruft die Führungskraft alle relevanten Konfliktparteien zusammen und organisiert ein Treffen, wobei die Führungskraft die Rolle eines neutralen Moderators übernimmt. Das Treffen sollte an einem neutralen Ort stattfinden, also nicht in den Räumlichkeiten einer der beteiligten Konfliktparteien, und sollte ungestört abgehalten werden können.

Der zweite Schritt der Konfliktbewältigung besteht dann darin, das eigentliche Konfliktgespräch zu eröffnen. Dazu leitet die Führungskraft neutral in das Gespräch ein und stellt die Zielsetzung des Treffens (das gemeinsame Arbeiten an einer Konfliktlösung) sowie einige Grundsätze und Regeln der gemeinsamen Arbeit vor, welche für alle Konfliktparteien verbindlich sind und für deren Einhaltung die Führungskraft als Moderator verantwortlich ist. Folgende Regeln haben sich als besonders hilfreich erwiesen, um ein lösungsorientiertes Arbeitsklima bei Konfliktgesprächen zu schaffen:

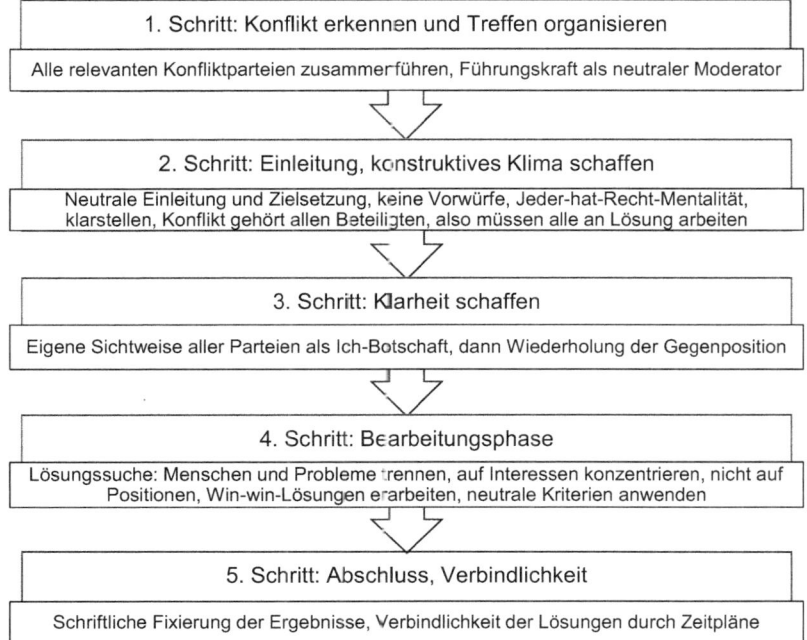

Abb. 3.16 Gesprächsverlauf zur Intervention bei leichten Konflikten

1. Keine Vorwürfe: Wir haben bereits mehrfach über die *Reaktanz* als eine psychologi-sche Abwehrreaktion gesprochen, die entsteht, wenn eine Person sich in ihrer Frei-heit eingeschränkt fühlt. Vorwürfe führen in der Regel dazu, dass sich der Adressat des Vorwurfes eingeengt fühlt, weil sein Verhalten auf eine spezifische (negative) Weise gedeutet wird. Damit ist die Gefahr von Reaktanz beim Angegriffenen re-lativ hoch, sodass er wahrscheinlich mit einem Gegenvorwurf antworten wird, um für sich (zumindest auf argumentativem Niveau) Freiheit wiederzuerlangen. Auf Gegenvorwurf folgt dann ein weiterer Vorwurf, und es entsteht ein sich selbst ver-stärkender Kreislauf, der in einer Konflikteskalation enden kann. Daher ist es die Aufgabe des Moderators, keine Vorwürfe zuzulassen.

2. Jeder-hat-Recht-Mentalität: Konflikte sind *konstruierte Phänomene*. Sie existieren ausschließlich in den Köpfen der beteiligten Konfliktparteien. Der Konflikt sel-ber ist nicht greifbar, nicht körperlich existent (auch wenn seine Auswirkungen natürlich sehr wohl spür- und messbar sind). Daher sollten Konflikte *konstruk-tivistisch* betrachtet werden. Der Konstruktivismus kennt allerdings kein *Richtig* oder *Falsch*, sondern lediglich unterschiedliche subjektive Perspektiven, in der Regel verursacht durch die verschiedenen mentalen Modelle der Konfliktparteien (vgl. Abschn. 2.1.2). Ein Konflikt entsteht aus konstruktivistischer Sicht dadurch, dass Menschen die subjektiv legitimen Positionen der jeweiligen Konfliktparteien

schlecht oder nicht miteinander vereinbaren können. Da jede Partei aber von der Legitimität ihrer Position überzeugt ist, muss – so oftmals die Einschätzung der jeweiligen Parteien – die jeweils andere Partei am Konflikt schuld sein. Dieses Dilemma lässt sich auflösen, wenn der Moderator auf die Subjektivität von Wahrnehmungen und Bewertung hinweist und darauf pocht, dass jede Konfliktpartei mit ihrer Position oder Einschätzung Recht hat – denn sie ergibt sich aus ihren unterschiedlichen mentalen Modellen. Dadurch soll der Fokus weggelenkt werden von der *Schuld*frage, hin zur Konflikt*lösung*. Allerdings ist bei der Durchsetzung der Jeder-hat-Recht-Mentalität von der Führungskraft viel Disziplin gefordert, da sie das Gespräch konsequent unterbrechen muss, wenn eine Konfliktpartei für sich mehr Recht oder Richtigkeit der eigenen Position beansprucht als die andere.

3. Klarstellen, dass der Konflikt allen Beteiligten gehört, also müssen alle an einer Lösung arbeiten: Wenn ein Konflikt ein mental konstruiertes Phänomen ist, dann stellt sich die Frage, unter welchen Voraussetzungen diese Konstruktion tatsächlich erfolgt, also wodurch ein Konflikt wirklich *entsteht*. In der Regel sind dazu mindestens zwei Parteien notwendig: eine Partei, die sich vom Verhalten einer anderen Partei benachteiligt fühlt und darauf emotional reagiert, und eben die andere Partei, die sich auf eine bestimmte Art verhält. Ohne eine der beiden Parteien gäbe es gar keinen Konflikt. Der Konflikt entsteht also erst durch das Wechselspiel beider Parteien. Und obwohl eine von beiden Parteien nicht zwingend eine aktive Rolle bei der Konfliktentstehung spielt (oftmals ist sie nur Projektionsfläche von Emotionen), *gehört* ihr der Konflikt damit genauso wie der anderen Partei. Denn ohne die eine Partei gäbe es den Konflikt nicht. Die logische Konsequenz daraus, dass alle Konfliktparteien einen Anteil am Konflikt haben, ist dann, dass auch beide Parteien für eine Konfliktlösung verantwortlich sind. Von dieser Mitwirkungspflicht bei der Konfliktlösung kann sich eine Partei also nicht freimachen, nur weil sie den Konflikt nicht *ausgelöst* haben will. Für die Konfliktlösung ist es irrelevant, wie der Konflikt exakt entstanden ist und welche Partei wofür Auslöser war.[18]

Im dritten Schritt der Konfliktbewältigung geht es dann darum, Klarheit zu schaffen: Warum ist die jeweilige Partei unzufrieden und was möchte sie erreichen? Bei der Formulierung der jeweiligen Gründe für Unzufriedenheit können schnell Schuldzuweisungen entstehen, die einem konstruktiven Gesprächsklima im Wege stehen. Daher sollte die Formulierung von Gründen für Unzufriedenheit durch die Konfliktparteien als *erweiterte Ich-Botschaft* formuliert werden.

Die ursprüngliche Ich-Botschaft geht auf Gordon (2011, S. 128) zurück. Zur Deeskalation von Konflikten schlägt er vor, zunächst das nicht akzeptable *Verhalten* der Gegenpartei kurz zu *beschreiben*, dann darauf einzugehen, welche *Gefühle* dieses Ver-

---

[18] Ergänzend sei hinzugefügt, dass das Verhalten der einen oder anderen Konfliktpartei bei der Konfliktentstehung natürlich für die Prävention zukünftiger Konflikte von Bedeutung ist. Nur sind Prävention und Bewältigung zwei unterschiedliche Herausforderungen, die auch mit unterschiedlichen Werkzeugen und Regeln zu adressieren sind.

halten ausgelöst hat, um schließlich die *Auswirkungen* dieses Verhaltens zu beschreiben – alles bewusst aus der Ich-Perspektive. Kombiniert man Gordons Ich-Botschaft mit der goldenen Feedbackregel *Wahrnehmung-Wirkung-Wunsch*, ergibt sich daraus folgendes Muster für die erweiterte Ich-Botschaft:

1. Ich habe folgendes Verhalten von dir wahrgenommen (nicht: Du *hast* dich soundso verhalten): . . .
2. Dieses Verhalten hat folgende Gefühle bei mir ausgelöst: . . .
3. Dieses Verhalten hat meine Arbeit folgendermaßen negativ beeinflusst: . . .
4. Ich wünsche mir von dir, dass du dich in Zukunft wie folgt verhältst (nicht: Ich *erwarte* von dir, dass du dich in Zukunft wie folgt verhältst): . . .

Ein konstruiertes Beispiel für einen Konflikt zwischen zwei Mitarbeitern der Generation Y könnte wie folgt lauten: „Ich habe den Eindruck, dass du hinter meinem Rücken mit unserer Führungskraft schlecht über meine Leistung in unserem Projekt gesprochen hast. Das macht mich ärgerlich, weil ich gedacht habe, wir pflegen ein freundschaftliches Verhältnis, und ich erwartet hätte, dass du zunächst mit mir sprichst, wenn du mit meiner Leistung nicht einverstanden bist. Dein Verhalten beeinflusst meine Arbeit, weil ich mir nun nicht mehr sicher bin, ob ich weiterhin vertrauensvoll mit dir im Team zusammenarbeiten kann. Ich wünsche mir von dir, dass du in Zukunft immer erst mit mir sprichst, wenn du mit einer Leistung von mir nicht einverstanden bist, und wir dann gemeinsam zu unserem Vorgesetzten gehen.“

Wichtig bei der Arbeit mit erweiterten Ich-Botschaften ist, dass diese nur mündlich vorgetragen und nicht an einem Flipchart oder Ähnlichem aufgeschrieben werden sollten. Denn mit der *Formulierung* von erweiterten Ich-Botschaften durch alle Konfliktparteien ist der Schritt *Klarheit schaffen* noch nicht abgeschlossen. Als nächstes ist es Aufgabe der jeweiligen Parteien, die Positionen der Gegenparteien *mit den eigenen Worten* zu wiederholen, sodass aus der erweiterten Ich-Botschaft eine *erweiterte Du-Botschaft* wird. Wenn die Ich-Botschaft zuvor aufgeschrieben wurde, kann sie von der Gegenpartei einfach vorgelesen werden. Dann wird aber das Ziel dieser Aufgabe verfehlt. Es geht nämlich darum, über das Wiederholen der Gegenposition Verständnis für diese zu dokumentieren und der Gegenpartei zu zeigen, dass man nachvollziehen kann (wenn auch nicht zwingend teilt), was sie gesagt und gemeint hat (vgl. Fisher und Shapiro 2006, S. 33 ff.). Echtes Verständnis wird jedoch nicht dadurch signalisiert, dass eine erweiterte Du-Botschaft vorgelesen wird, weswegen eine Ich-Botschaft nicht aufgeschrieben werden sollte. Die Du-Botschaft muss mit den eigenen Worten *so lange* formuliert werden, bis die andere Partei ihre eigenen Gedanken darin vollständig wiederfindet. Allein durch diesen Schritt kann so viel Klarheit über die Position des Gegenübers entstehen, dass sich so mancher Konflikt danach erledigt hat (vgl. Watzlawick 2012, S. 218 f.).

Der vierte Schritt im Rahmen der Intervention bei leichten Konflikten ist dann die eigentliche Bearbeitungsphase. In dieser Phase orientieren wir uns am Harvard-Konzept der Verhandlungsführung nach Fisher et al. (2000), da eine Konfliktlösung eigentlich nichts anderes ist als ein (möglichst gemeinsames) Ringen der Konfliktparteien um Lösungen. Bei der Verhandlungsführung ist es ebenso: Es wird um ein gemeinsames Verhandlungsergebnis gerungen, sodass sich die Werkzeuge der Verhandlungsführung auch für die Konfliktlösung eignen. Fisher et al. (2000, S. 39 ff.) schlagen dazu folgende Werkzeuge vor:

1. Menschen und Sachprobleme trennen: Konflikte spielen sich in der Regel auf zwei Ebenen ab: auf einer persönlichen Ebene und auf einer Sachebene. Beide Ebenen sind nicht unabhängig voneinander. Vielmehr sind sie oft miteinander verwoben, sodass persönliche Differenzen oftmals unter dem Deckmantel eines Sachkonfliktes ausgetragen werden. Daher ist es wichtig, *als Erstes* persönliche Differenzen zu klären, damit die Klärung der Sachprobleme möglichst emotional unbeeinflusst erfolgen kann. So könnte die Führungskraft die Konfliktparteien beispielsweise fragen, welches Verhalten der Gegenseite sie persönlich am meisten getroffen hat. Nach der Klärung persönlicher Differenzen, was normalerweise der weitaus aufwändigere Teil ist, gerade wenn sich negative persönliche Emotionen über einen längeren Zeitraum aufgestaut haben, lassen sich die Sachprobleme oft relativ schnell klären und haben sich manchmal sogar schon von alleine erledigt.
2. Auf Interessen konzentrieren, nicht auf Positionen: Eine Position ist eine Haltung, die Aufschluss darüber gibt, welches Ziel oder Interesse eine Partei verfolgt. Somit ist die Position die sichtbare (symptomatische) Ebene, hinter der eine bestimmte Interessenslage steht.[19] Und während Positionen oftmals unvereinbar sind, sind Interessen dies nicht. Wichtig hierbei ist, dass es normalerweise eine Vielzahl von Positionen gibt, die in der Lage sind, bestimmte Interessen zu erfüllen. Und was Konfliktparteien eigentlich wollen, ist, dass ihre *Interessen* erfüllt werden oder gewahrt bleiben. Da Positionen für die Konfliktparteien aber besser greifbar und beschreibbar sind als Interessen, scheitern Konfliktlösungsansätze oft daran, dass sich die Konfliktparteien an unvereinbaren Positionen festhalten. Ist dies der Fall, ist es Aufgabe der Führungskraft, genau zu prüfen, ob die hinter den Positionen liegenden Interessen nicht dadurch in Einklang gebracht werden können, dass die Konfliktparteien neue (und keineswegs zwingend schlechtere, aber womöglich andere) Positionen einnehmen.
3. Win-win-Lösungen erarbeiten: Konfliktlösung muss nicht zwingend bedeuten, dass eine Partei schlechter gestellt wird als die andere. Vielmehr sollte es das Ziel der Führungskraft sein, Lösungen mit beiderseitigem Nutzen (also Win-win-Lösungen) zu finden. Fisher et al. (2000, S. 94) empfehlen hierfür,

---

[19] Fisher et al. (2000, S. 68) geben folgendes Beispiel für die Abgrenzung von Positionen und Interessen: „Die Bibliothekarin kommt herein. Sie fragt den einen, warum der denn das Fenster öffnen möchte. ‚Ich brauche frische Luft.' Sie fragt den anderen, warum er das Fenster lieber geschlossen hat. ‚Wegen der Zugluft.' Nach kurzem Nachdenken öffnet sie im Nebenraum ein Fenster weit. Auf diese Weise kommt frische Luft herein, ohne daß es zieht.".

- das *Identifizieren* von Möglichkeiten zur Lösung eines Konfliktes von der *Bewertung ihrer Eignung* zu trennen,
- möglichst *viele* Lösungsvorschläge zu sammeln oder
- aktiv auch nach dem Nutzen für die andere Partei Ausschau zu halten.

Klar ist, dass sich Konfliktparteien auf eine Win-win-Lösung besser einigen können als auf eine Win-lose- oder Lose-lose-Lösung,[20] weil sich eine potenzielle Lose-Partei nicht auf eine Einigung einlassen wird.

4. Neutrale Kriterien anwenden: Die Trennung von Menschen und Sachproblemen soll dafür sorgen, dass die Lösung eines Konfliktes möglichst unemotional erfolgen kann. Durch die Bestimmung und Anwendung neutraler Kriterien kann dieses Ziel noch besser erreicht werden. Dazu müssen die Konfliktparteien gemeinsam solche Kriterien identifizieren, die das Problem *aus Sicht des betroffenen Unternehmens* (oder dessen Geschäftsbereich oder Abteilung) am ehesten zu lösen vermögen (nicht nur aus der subjektiven Sicht der Konfliktparteien). Ein Kriterium ist dann *neutral*, wenn beide Parteien zu dem Schluss kommen, dass es nachvollziehbare Gründe für die Anwendung dieses Kriteriums gibt (zum Beispiel frühere Vergleichsfälle, wissenschaftliche Gutachten, entstehende Kosten, vgl. Fisher et al. 2000, S. 126 f.).

Im letzten Schritt geht es schließlich darum, die gefundenen Lösungen für die Konfliktparteien verbindlich festzuhalten. Ergebnisse müssen schriftlich fixiert und den beteiligten Parteien zugestellt werden. Verbindlichkeit entsteht durch konkrete Zeitpläne, in denen festgehalten ist, von welcher Person welche Handlung oder welches Verhalten bis zu welchem Zeitpunkt erwartet wird.

Wie wir gezeigt haben, geht es vor allem um die Lösung *leichter Konflikte* beziehungsweise um die Verhinderung ihrer weiteren Eskalation. Die Aufgabe einer Führungskraft ist es nicht, schwere Konflikte zu lösen, da hierfür aufgrund der hohen Emotionalität der Beteiligten der Einsatz speziell ausgebildeter Mediatoren ratsam ist.

Nur durch ein Zusammenspiel von Selbstorganisation, Gerechtigkeits- und Konfliktmanagement können die Potenziale von Teamarbeit voll ausgeschöpft werden. Eine in der Anwendung dieser Werkzeuge sichere Führungskraft kann die Vorteile der starken Gemeinschaftsorientierung der Generation Y damit noch stärker ausschöpfen.

3.2.5 Führung unter Berücksichtigung eines hohen Maßes an Flexibilität

Das hohe Maß an Flexibilität der Generation Y schlägt sich in zwei besonders relevanten Aspekten nieder (vgl. Abb. 3.17): Erstens weisen ihre Mitglieder eine hohe *Veränderungsfähigkeit* und *-bereitschaft* auf und zweitens lehnen sie im Umkehrschluss *Starrheit* in Form von starren Arbeitszeiten, Arbeitsorten oder Strukturen und Prozessen ab,

---

[20] Vgl. hierzu auch die *Jeder-gewinnt-Methode* von Gordon (2011), S. 207 ff.

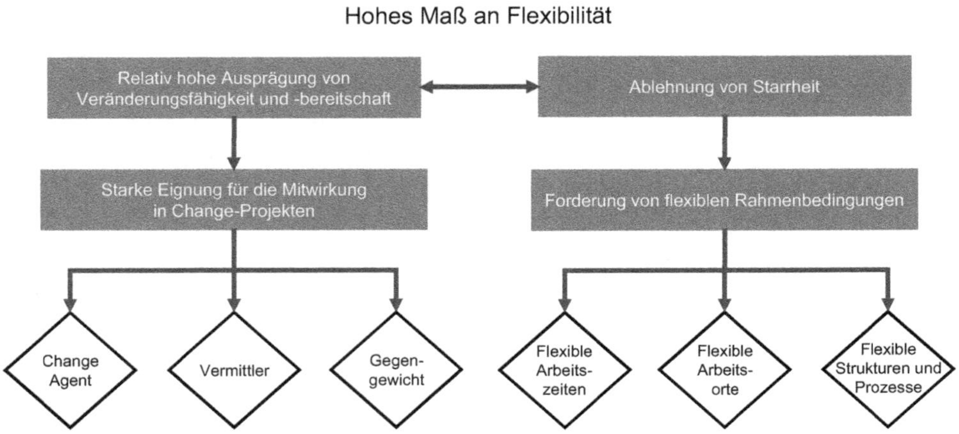

Hohes Maß an Flexibilität

Abb. 3.17 Logik des Abschnittes „Führung unter Berücksichtigung eines hohen Maßes an Flexibilität"

vor allem, wenn die Starrheit keinen nachvollziehbaren Zweck erfüllt. Der erste Aspekt ist von besonderer Relevanz, weil sich die Generation Y damit besonders für den Einsatz in Veränderungsprojekten eignet, da eine erfolgreiche Gestaltung solcher Projekte Veränderungsfähigkeit und -bereitschaft voraussetzt. Der zweite Aspekt erhält seine Bedeutung dadurch, dass Unternehmen bestimmte Rahmenbedingungen an die Erwartungen der Generation Y anpassen müssen, um deren Motivation aufrechtzuerhalten (oder für sie überhaupt als Arbeitgeber interessant zu sein). Eine mangelnde Berücksichtigung dieses Aspektes kann *demotivieren* (vgl. Abschn. 3.2.2), und *nicht zu demotivieren,* ist ein entscheidendes Werkzeug für die Aufrechterhaltung von Leistungsbereitschaft der Generation Y.

Starke Eignung für die Mitwirkung in Change-Projekten
Gehen wir zunächst auf den Aspekt des Einsatzes der Generation Y in Change-Projekten ein: Die *Notwendigkeit* für Veränderungen von und in Unternehmen steigt kontinuierlich, etwa durch neue Technologien, verkürzte Produktlebenszyklen oder die zunehmende Internationalisierung, durch die vermehrt Anbieter auf heimische Märkte drängen. Gleichermaßen gibt es eine Vielzahl von Veränderungs*hemmnissen* in Unternehmen, allen voran der Mensch an sich, der eher veränderungsunfreudig ist. Ein Grund dafür ist, dass Veränderungen auch immer mit dem Lernen von Neuem verbunden sind, was wiederum relativ viel geistige Energie verbraucht, das menschliche Gehirn jedoch energiesparende, also bereits bekannte, Arbeitsweisen bevorzugt (vgl. Abschn. 3.2.2). Für Berner (2012, S. 76 f.) sind darüber hinaus individuelles Beharrungsvermögen, Belohnung unerwünschten Verhaltens, Reaktanzen sowie Rückstellkräfte sozialer Systeme weitere Gründe, die Veränderungen erschweren.

Die Generation Y zeigt die genannten Tendenzen ebenfalls, schließlich liegen die Ursachen für diese Veränderungswiderstände tief im Mensch-Sein begründet. Allerdings ist die Generation Y im Vergleich zu ihren Vorgängergenerationen *relativ veränderungsfreudig*, was sich durch ihr hohes Maß an Flexibilität zeigt. Allen voran sind es daher die Mitglieder der Generation Y, die sich für eine Mitwirkung in Change-Projekten besonders eignen.

Change Agent

In Veränderungsprojekten können unterschiedliche – mehr oder weniger vom Wandel – betroffene Gruppen unterschieden werden: Mitarbeiter, Führungskräfte, das Topmanagement und schließlich der Change Agent, der als Projektmanager den Wandel steuern soll. Nach Roth (2014, S. 300) gibt es dabei fünf Typen von Mitarbeitern hinsichtlich ihrer Veränderungsfreudigkeit:

1. die leistungsfähigen Selbstständigen,
2. die weniger leistungsfähigen Willigen,
3. die Faulen,
4. die Widerspenstigen und
5. die Oppositionellen.

Da ein Change Agent als Vorbild dienen sollte, kommt für diese Funktion eigentlich nur ein leistungsfähiger Selbstständiger infrage. Und da die Generation Y eine starke Leistungsorientierung aufweist kombiniert mit einem hohen Maß an Flexibilität, eignen sich ihre Mitglieder grundsätzlich gut für einen Einsatz als Change Agents. Führung auf Basis eines hohen Maßes an Flexibilität heißt damit zunächst, dass Mitarbeiter aus der Generation Y als Change Agents eingesetzt werden können (beziehungsweise systematisch auf einen solchen Einsatz vorbereitet werden sollten). Im Folgenden geht es damit nicht um Führung im engeren Sinne, sondern um den sinnvollen Einsatz der Generation Y, also die Mitarbeiter*allokation* als Führungsaufgabe.

Change Agents benötigen neben der Unterstützung durch Führungskräfte und das Topmanagement eine Vielzahl an Kompetenzen, um Veränderungsprojekte erfolgreich begleiten zu können. Erstens müssen sie *Methodenexperten* sein, um Veränderungen planvoll gestalten zu können. Dabei geht es vor allem um Methoden der Kommunikation, der Qualifizierung, der Motivation und des Projektmanagements. Zweitens müssen sie die *Wandlungsneigung* der betroffenen Mitarbeiter kennen und diese Mitarbeiter bei Veränderungen individuell unterstützen. Drittens geht es aber auch darum, aus Stärken und Schwächen durchgeführter Change-Projekte für zukünftige Vorhaben *zu lernen*, um die Veränderungsfähigkeit des Unternehmens, die *Changeability*, permanent zu verbessern.

Die Anforderungen an einen Change-Manager sind hoch (vgl. hierzu auch den Exkurs: Erfolgstreiber von Change-Projekten), sodass ein Mitarbeiter aus der Generation Y in der Rolle des Change Agents unter Umständen vor zu hohen Herausforderungen steht.

Betrachten wir das Alter der Generation Y, ergibt sich nämlich die Frage, ob deren Mitglieder überhaupt für diese verantwortungsvolle Rolle geeignet sind. Eine Beantwortung dieser Frage ist sicherlich nicht pauschal möglich, denn vor allem kommt es darauf an, dass ein Change Agent die notwendigen Kompetenzen zur erfolgreichen Gestaltung von Change-Projekten mitbringt und er darüber hinaus über Standing und Rückhalt im Unternehmen verfügt, um auch ohne disziplinarische Verantwortung Autorität zu besitzen. Beides ergibt sich in der Regel erst im Zeitablauf, sodass der Einsatz eines relativ jungen Mitgliedes der Generation Y als Change Agent wohlüberlegt werden sollte, aber sicherlich nicht per se ausgeschlossen werden kann. Im Zweifel – und abhängig von der Größe eines Change-Projektes – wird dem Mitarbeiter aus der Generation Y die Position eines *Assistant Change Agents* zugesprochen, sodass er die notwendigen Fähigkeiten *on the job*, also im Rahmen echter Change-Projekte, entwickeln kann.

Exkurs: Erfolgstreiber von Change-Projekten
Der Erfolg von Change-Projekten hängt zu einem großen Teil von der Änderungs*fähigkeit* und der Änderungs*bereitschaft* von Mitarbeitern ab. Nach Reiß (1997, S. 91 ff.) wird die Änderungsfähigkeit von Mitarbeitern dadurch bestimmt, wie gut sie die Ziele der Veränderung und die einzelnen Schritte auf dem Weg dahin *kennen* und ob die Mitarbeiter *in der Lage sind,* die zukünftig an sie gestellten Anforderungen zu bewältigen. Änderungsbereitschaft wiederum ist abhängig davon, ob die betroffenen Mitarbeiter den Wandel unterstützen *wollen* und ob die Rahmenbedingungen des Wandels vernünftig organisiert sind (was Reiß als *sollen* bezeichnet). Der Change Agent ist damit ein Vierfach-Manager:

1. Er ist *Informationsmanager*, um das Kennen zu verbessern,

2. er ist *Kompetenzmanager*, um das Können zu steigern,

3. er ist *Motivationsmanager*, um das Wollen zu erhöhen, und

4. er ist *Projektmanager*, um das Sollen zu verdeutlichen.

Allerdings kommen ihm bei diesen vier Funktionen unterschiedliche Verantwortungen zu. Während der Change Agent ein *aktiver* Informationsmanager sein sollte, sich also aktiv um Auswahl und zielgerichtete Nutzung verschiedener Kommunikationsinstrumente kümmern sollte, ist er ein eher *koordinierender* Kompetenzmanager. Schließlich ist das Kompetenzmanagement Aufgabe der Personalabteilung. Daraus folgt, dass der Change Agent *gemeinsam* mit der Personalabteilung (genauer: mit den Personalentwicklern) überlegt, welche zukünftigen fachlichen, methodischen, persönlichen und sozialen Kompetenzen die Mitarbeiter brauchen, um die Ergebnisse des Veränderungsprojektes erfolgreich umzusetzen und welche Schritte (zum Beispiel Schulungen oder Workshops) unternommen werden müssen. *Fachliche* Federführung kommt damit der Personalabteilung zu, der Change Agent ist also Koordinator. Das Motivationsmanagement ist erneut eine *aktive* Aufgabe des Change Agents. Denn er hat zunächst zu bestimmen, wie hoch die Motivation der Mitarbeiter hinsichtlich der geplanten Veränderungen ist. Je nach Motivationsausmaß kann er dann unterschiedliche Werkzeuge zur ihrer Steigerung einsetzen, etwa indem er auf Beteiligung von Mitarbeitern am Projekt selber setzt (Partizipation) oder mit dem Topmanagement bestimmte kompensatorische Anreize (Belohnungen) aushandelt. Das Projektmanagement schließlich ist das grundlegende Handwerkszeug eines Change Agents, dessen wichtigste Tools er solide beherrschen sollte, weswegen er hier erneut eine *aktive* Rolle übernimmt.

Vermittler

Kommt ein Einsatz als Change Agent nicht infrage, ist eine Rolle als *Vermittler* möglich. Die Notwendigkeit eines Vermittlers ist immer dann besonders hoch, wenn viele eher veränderungsunfreudige – in der Sprache Roths bleibend – *Typen* Teil von Veränderungsprojekten sind. Ist dies der Fall, besteht die Gefahr, dass negative gruppendynamische Prozesse eine veränderungshemmende bis -feindliche Stimmung erzeugen und diese sich stetig verstärkt. Dem Vermittler kommt dann die Aufgabe zu, irrationale Argumente, welche die veränderungshemmende Stimmung befeuern, zu erkennen und kritisch zu hinterfragen. Gerade hierfür ist die Generation Y besonders gut geeignet, da sie den starken Wunsch hegt, alles zu begründen beziehungsweise alles begründet zu bekommen. Im Umkehrschluss ist sie daher auch relativ gut in der Lage, Begründungen zu erfragen und – für den Fall, dass es solche nicht gibt oder sie nicht stichhaltig sind – exakt darauf hinzuweisen.

Wichtig – und gleichermaßen schwierig – an der Arbeit eines Vermittlers ist die Aufgabe, *begründete* von *unbegründeten* Veränderungsängsten zu unterscheiden und im Zweifel die Angemessenheit eines Widerstandes mit dem verantwortlichen Change-Manager zu besprechen. Auf keinen Fall kommt dem Vermittler die Aufgabe zu, gegen Widerstände aktiv anzugehen, das ist und bleibt Aufgabe des Change Agents. Der Vermittler soll veränderungshemmenden Argumentationen aufmerksam folgen, sie hinterfragen und die Gründe für Widerstände womöglich entkräften oder an den Change Agent weiterleiten.

Neben dieser Aufgabe sollte der Vermittler Ziel und Sinn von Veränderungsprojekten intern weiterkommunizieren – und zwar möglichst in der Sprache des betroffenen Bereiches oder der betroffenen Abteilung. Denn wenn ein Vermittler in der Lage ist, Gründe für Veränderungswiderstände kritisch zu hinterfragen, ist er auch in der Lage, nachvollziehbare Gründe *zu liefern*. Die teilweise sehr technokratisch geprägten Argumentationen von Change Agents können durch den Vermittler in eine angemessene Alltagssprache übersetzt werden. Damit muss ein Vermittler neben analytischen auch relativ ausgeprägte *kommunikative* Fähigkeiten aufweisen.

Wenn eine Führungskraft den Wandel im eigenen Bereich oder in der eigenen Abteilung also unterstützen möchte, hat sie die Möglichkeit, die Generation Y als Vermittler des Wandels einzusetzen und sie damit gleichzeitig Schritt für Schritt auf die (anspruchsvolleren) Aufgaben eines Change Agents vorzubereiten.

Gegengewicht

Sind auch die Anforderungen, die an einen Vermittler zu stellen sind, für Mitarbeiter der Generation Y zu hoch, bleibt immer noch die Möglichkeit, sie aufgrund ihres hohen Maßes an Flexibilität als *Gegengewicht* zu den oftmals vorhandenen veränderungsunfreudigen Typen, vor allem den Widerspenstigen oder den Oppositionellen, zu positionieren. Gerade vor dem Hintergrund gruppendynamischer Prozesse ist es wichtig, dass die veränderungsunfreudigen Typen kein zu großes Forum bekommen, um ihre – in der Regel nicht substanziell begründete – Ablehnung von Veränderungen zu verbreiten. Die Führungskraft kann daher ihre Mitarbeiter aus der Generation Y dazu aufrufen, in Workshops oder Meetings eine *aktive Gegenposition* zu Veränderungsskeptikern einzunehmen. Authentisch ist diese Gegenposition in der Regel durch die wesenseigene Flexibilität der Generation Y. Allerdings sollte jede Gegenposition sinnvoll begründet werden, damit möglichst keine persönlichen Konflikte zwischen Veränderungsunwilligen und einem Mitarbeiter aus der Generation Y geschürt werden. Es ist vor allem die Aufgabe der Führungskraft, auf sachliche und nachvollziehbare Argumentationen *beider Seiten* zu achten.

Insgesamt ist – wie wir schon herausgestellt haben – die Führungsarbeit beim Einsatz der Generation Y als Change Agent, Vermittler oder Gegengewicht eher als eine indirekte Führungsaufgabe (der Mitarbeiter*allokation*) zu sehen. Sie stellt eine besondere Form des *Job Enrichments* dar, wie wir sie in Abschn. 3.2.2 kennengelernt haben.

Forderung von flexiblen Rahmenbedingungen

Das hohe Maß an Flexibilität der Generation Y hat auf der einen Seite den Vorteil, dass ihre Mitglieder eine aktive Rolle in Veränderungsprojekten übernehmen können. Auf der anderen Seite lehnen sie Starrheit in Unternehmen tendenziell ab, insbesondere wenn die Starrheit unbegründet ist. Die Generation Y ist an Flexibilität und Abwechslung so sehr gewöhnt, dass hieraus eine *Erwartungshaltung* entsteht (vgl. Hurrelmann und Albrecht 2014, S. 73). Das betrifft vor allem die Forderung von flexiblen Rahmenbedingungen der Arbeit, insbesondere in Bezug auf eine *flexible Arbeitszeit*, einen *flexiblen Arbeitsort* sowie eine *flexible Gestaltung von Strukturen und Prozessen*. Werden diese Anforderungen nicht erfüllt, besteht die Gefahr der Demotivation, weswegen die Schaffung flexibler Rahmenbedingungen ein wirksames Instrument zur Führung der Generation Y ist.

Flexible Arbeitszeiten

In Bezug auf die Gestaltung flexibler *Arbeitszeiten* ist zunächst darauf hinzuweisen, dass mit *Flexibilität* hauptsächlich eine *mitarbeiterorientierte* Flexibilität gemeint ist. Das klassische Modell der kapazitätsorientierten variablen Arbeitszeit (KAPOVAZ) ist damit *kein* geeignetes Werkzeug, da die Entscheidung, wann ein Mitarbeiter arbeitet, beim Arbeitgeber liegt. Daher fokussieren wir hier auf solche Modelle mit mitarbeiterorientierter Flexibilität: die gleitende und variable Arbeitszeit, die Teilzeitarbeit, Jahresarbeitsverträge, Sabbaticals und Arbeitspausen sowie das Jobsharing.[21]

Sowohl gleitende als auch variable Arbeitszeit (die erste hat eine fixe Kernarbeitszeit, die zweite nicht) basieren in der Regel auf einem Arbeitszeitkonto, das ausgehend von einer vertraglich fixierten Wochenarbeitszeit eine bestimmte maximale Über- oder Unterdeckung aufweisen darf. Insbesondere die gleitende Arbeitszeit ist weit verbreitet, sodass wir darauf nicht weiter eingehen müssen. Allerdings sollte Wert darauf gelegt werden, Notwendigkeit, Dauer und Lage einer etwaigen Kernarbeitszeit genau zu begründen.

Für die Generation Y immer wichtiger, auch vor dem Hintergrund einer angemessenen Work-Life-Balance (vgl. Abschn. 3.2.8), wird *Teilzeitarbeit*. Unternehmen können

---

[21] Zu den bezüglich der flexiblen Arbeitszeitgestaltung greifenden gesetzlichen Restriktionen vgl. Berthel und Becker (2010), S. 525 f.

sich insbesondere dann einen Wettbewerbsvorteil um die Generation Y als Arbeitneh-mer verschaffen, wenn sie Teilzeitarbeit ohne Karriereeinschränkungen anbieten. Um eine Teilzeitstelle gegenüber einer Vollzeitstelle als gleichwertig zu positionieren, sollten einige Aspekte berücksichtigt werden:[22]

1. Hoher Beschäftigungsgrad: Eine Teilzeitstelle sollte möglichst *vollzeitnah* sein (ca. 80 % einer Vollzeitstelle). So kann ein guter Kompromiss zwischen Gewährung eines relativ hohen Maßes an Freizeit und Erfüllung anspruchsvoller und komplexer Aufga-ben geschaffen werden.
2. Anpassung der Arbeitsinhalte/Stellenbeschreibung an den Beschäftigungsgrad: Offizi-elle Arbeitszeit und (inoffizieller) Arbeitsumfang sollten aufeinander abgestimmt sein, sodass ein Mitarbeiter auf einer Teilzeitstelle die Arbeit auch während der vereinbarten Arbeitszeit bewältigen kann (und diese nicht etwa abends oder am Wochenende von zu Hause aus erledigen muss).
3. Sicherung des Informationsflusses: Die Würdigung der Arbeit auf einer Teilzeitstel-le zeigt sich vor allem dadurch, dass auch der Mitarbeiter auf der Teilzeitstelle al-le notwendigen Informationen bekommt. Eine informationelle Diskriminierung im Vergleich mit anderen (Vollzeit-)Stellen ist also auszuschließen, was besondere An-forderung an die verantwortliche Führungskraft stellt: Sie muss sicherstellen, dass Teilzeitmitarbeiter bei wichtigen Besprechungen dabei sind und im Falle ihrer Ab-wesenheit trotzdem angemessen informiert werden.
4. Gleichbehandlung trotz Teilzeitarbeit: Psychologen konnten feststellen, dass häufige räumliche Nähe die emotionale Bindung zu einer Person stärkt (vgl. Kitz und Tusch 2013, S. 150). Ein Teilzeitmitarbeiter hat – ceteris paribus – eine geringere Nähe zu seiner Führungskraft, woraus eine (unbewusste) Benachteiligung dieses Mitarbeiters durch die Führungskraft entstehen kann (etwa bei der Vergabe von Aufgaben oder bei der Frage, wer befördert werden soll). Daher sollte eine Führungskraft explizit das Ziel verfolgen, Teilzeit- und Vollzeitmitarbeiter gleichermaßen gerecht zu behandeln (und darauf vorbereitet sein, dass sie dies unbewusst womöglich nicht tut).
5. Präsenzdenken abstellen: Baillod weist darauf hin, dass „[o]bwohl überall Leistung und Effizienz propagiert werden, [. . .] es eine unbestreitbare Tatsache [ist], dass der Status und die Wertschätzung einer Person (und damit beispielsweise auch die Chance, befördert zu werden) in der Praxis sehr stark über ihre Präsenz definiert wird" (Kah-neman 2012, S. 323). Eine Führungskraft sollte ein solches Präsenzdenken vermeiden und die Mitarbeiter*leistung* in ihren Fokus nehmen.

---

[22] Diese Empfehlungen sind überwiegend generischer Natur: Sie können auch auf Teilzeitstellen angewendet werden, die nicht dem Bedürfnis nach Flexibilität oder Work-Life-Balance der Ge-neration Y geschuldet sind (zum Beispiel für Eltern oder für Mitarbeiter, die Angehörige pflegen müssen und daher keine Vollzeitstelle übernehmen können oder wollen), auch wenn sie eher für solche Stellen hergeleitet wurden. Zu weiteren Gestaltungshinweisen für Teilzeitarbeit vgl. Baillod (2002), S. 79 ff.

Eine weitere Möglichkeit der flexiblen Arbeitszeitgestaltung bieten Jahresarbeitsverträge. Darin wird zum einen eine fixe, zum anderen eine variable Jahresarbeitszeit fixiert. Ausgehend von einer 40-Stunden-Woche ergibt sich nach Abzug von Feiertagen (80 Stunden) und Urlaub (240 Stunden) eine Gesamtjahresarbeitszeit von 1.760 Stunden. Hiervon kann nun ein bestimmter Prozentsatz (zum Beispiel 80 % oder 1.408 Stunden) als fixe Arbeitszeit vereinbart werden, diese Stunden *müssen* vom Arbeitnehmer erbracht werden. Ob der variable Anteil (352 Stunden) erbracht wird, entscheidet der Arbeitnehmer. Der Arbeitgeber kann – wenn er dies für sinnvoll erachtet – sogar spezifische Anreize schaffen, etwa indem er den variablen Anteil mit einem höheren oder mit einem geringeren Stundensatz versieht als den fixen. Bei der Generation Y liegt aufgrund der relativ hohen Bewertung des Gutes *Freizeit* die Veranlagung eines höheren Stundensatzes nahe, womöglich sogar eines Satzes, der mit zunehmender Arbeitszeit stetig weiter zunimmt, da ja der Wert der Freizeit für die Generation Y mit zunehmender Arbeit ebenfalls stetig weiter zunimmt (steigender Grenznutzen der Freizeit, vgl. hierzu Abb. 3.18).

Sabbaticals und Arbeitspausen unterscheiden sich in der Regel darin, dass bei *Sabbaticals* auf eine Ansparphase eine Phase der Freizeit folgt. Während der Ansparphase (zum Beispiel fünf Jahre) wird voll gearbeitet, es erfolgt aber lediglich eine anteilige Auszahlung des Lohnes oder Gehalts, sodass in der Phase der Freizeit zwar nicht gearbeitet werden muss, aber dennoch eine Weiterbezahlung erfolgt. In der Regel sind die Nettoeinkünfte in Anspar- und Freizeitphase dann gleich hoch. Die administrative Betreuung des Mitarbeiters vor und während des Sabbaticals wird vom Unternehmen übernommen und stellt einen besonderen Service für die Mitarbeiter dar. Liegt die Verantwortung hierfür beim Mitarbeiter selber, ist eher von einer *Arbeitspause* die Rede. Zwar garantiert das Unternehmen, dass der Mitarbeiter nach einer längeren Pause (in der Regel maximal ein

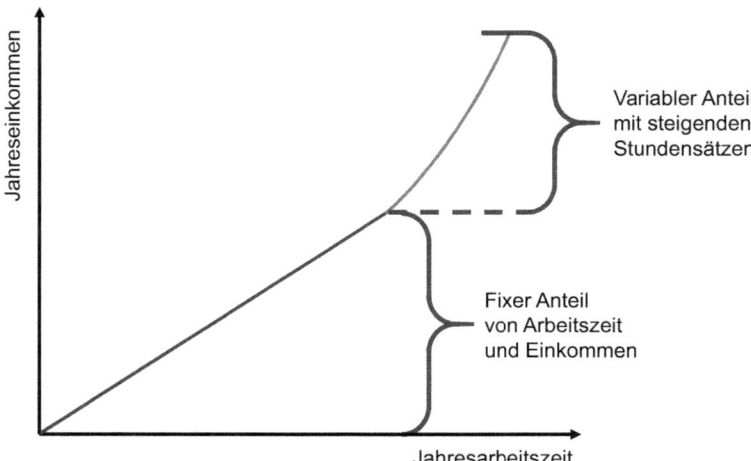

Abb. 3.18 Variable Jahresarbeitszeit zu zunehmendem monetären Anreiz

Jahr) wieder auf seine alte oder eine vergleichbare Position zurückkehren darf, allerdings erhält der Mitarbeiter während dieser Zeit kein Entgelt.[23]

Schließlich ist das Jobsharing eine für die Generation Y passende Möglichkeit der Arbeitszeitflexibilisierung. Dabei wird ein voller Arbeitsplatz (der gegebenenfalls durch regelmäßige Projekte ergänzt wird) auf in der Regel zwei Personen aufgeteilt. Diese beiden Personen sind dann gemeinsam und eigenverantwortlich für die Erledigung der anfallenden Arbeit und deren zeitliche Planung zuständig (vgl. Berthel und Becker 2010, S. 525). Es gibt also für den Einzelnen kaum feste Arbeitszeiten, da diese mit dem Jobsharing-Partner flexibel abzustimmen sind. Die besondere Eignung dieses Instrumentes für die Generation Y ergibt sich aus der hohen sozialen Gemeinschaftsorientierung (vgl. Abschn. 3.2.4), sodass das Jobsharing als ein Werkzeug der Teamarbeit und Selbstorganisation gesehen werden kann.

Flexible Arbeitsorte
Neben der Arbeitszeit kann auch der Arbeitsort flexibel gestaltet werden, sofern die Tätigkeit des Arbeitnehmers nicht untrennbar mit einer nur am Unternehmensort vorhandenen Infrastruktur verbunden ist. Findet die Arbeit nicht am Unternehmensort statt, kann von der sogenannten *Telearbeit* gesprochen werden, die in den letzten Jahren aufgrund des technischen Fortschrittes vielfältige Formen hervorgebracht hat. Diese unterschiedlichen Typen seien im Folgenden kurz umrissen (vgl. Rensmann und Gröpler 1998, S. 14 ff.).

- Das *Nachbarschaftsbüro*: Hier wird einem Mitarbeiter in der Nähe seines Wohnortes von einem Dienstleister ein ausgestatteter Arbeitsplatz zur Verfügung gestellt. Das Nachbarschaftsbüro wird in der Regel von verschiedenen Unternehmen genutzt, sodass ein Mitarbeiter nicht nur mit Kollegen aus dem eigenen Unternehmen räumlich zusammen arbeitet.
- Das *Satellitenbüro*: Vergleichbar mit dem Nachbarschaftsbüro stellt der Arbeitgeber das Satellitenbüro zur Verfügung, stattet es aus und betreut es.
- *Arbeit an wechselnden Orten*: Hierbei handelt es sich nicht um einen festen Arbeitsplatz, sondern um die flexible Arbeit im Hotel oder auf Reisen (etwa bei Vertriebs- oder Außendienstmitarbeitern) mit einem Minimum an technischer Infrastruktur (in der Regel Notebook/Tablet und Smartphone).
- *Teleheimarbeit*: Es wird von der Wohnung des Mitarbeiters aus gearbeitet.

---

[23] Scholz weist darauf hin, dass Sabbaticals und Arbeitspausen rechtlich über das Teilzeit- und Befristungsgesetz geregelt werden, weswegen Unternehmen eine Mindestgröße von 15 Mitarbeitern aufweisen sollten und der Mitarbeiter, der ein Sabbatical oder eine Arbeitspause einlegen möchte, mindestens sechs Monate im Unternehmen beschäftigt sein sollte (Scholz 2014, S. 735 f.). In der Regel dürften diese Instrumente aber eher für größere Unternehmen (100 Mitarbeiter und mehr) und für solche Mitarbeiter mit einer längeren Betriebszugehörigkeit (vier Jahre oder mehr) infrage kommen.

Darüber hinaus kann die Telearbeit auch aus zeitlicher Sicht (prozentualer Anteil, zu dem *nicht* in den Unternehmensräumlichkeiten gearbeitet wird) sowie rhythmischer Sicht (permanent, sporadisch, alternierend) differenziert werden.

Grundsätzlich stellt die Telearbeit ein sinnvolles Instrument der Flexibilisierung dar, allerdings sollten zwei Punkte beachtet werden:

1. Bei den *Formen* der Telearbeit sollte nach Möglichkeit die Teleheimarbeit angeboten werden. Nachbarschafts- und Satellitenbüro sind weniger sinnvoll, da ihr Vorteil lediglich in kürzeren Arbeitswegen besteht. In der Regel hat ein Mitarbeiter sich aber bewusst (auch) für den Standort eines Arbeitgebers entschieden, sodass die reine Zeitersparnis aufgrund eines kürzeren Arbeitsweges nicht die Motivation für Telearbeit sein sollte. Wenn ein Mitarbeiter aus der Generation Y also einen Arbeitsplatz außerhalb des eigenen Wohnortes aufsucht, dann sollte er auch in die eigentlichen Räume des Arbeitgebers kommen, denn dann versäumt er den sozialen Austausch am Arbeitsplatz (ob fachlich oder überfachlich) nicht. Neben der Teleheimarbeit sollte nach Möglichkeit auch die Arbeit an wechselnden Orten angeboten werden, sofern dies technisch möglich und nicht sowieso schon Teil der eigentlichen Tätigkeit ist (etwa im Vertrieb). Diese Form der Telearbeit bringt schließlich das höchste Maß an Flexibilität mit sich.
2. Bezüglich des prozentualen Anteils an der gesamten Arbeitszeit sollte Telearbeit nicht zu viel Zeit einnehmen – ein Drittel der regelmäßigen Arbeitszeit als Obergrenze scheint sinnvoll, damit sich ein Mitarbeiter nicht zu stark von seinen Kollegen und Vorgesetzten entfremdet. Damit fällt die permanente Telearbeit aus rhythmischer Sicht als Alternative weg. Alternierend würde bedeuten, dass feste Tage der Telearbeit geplant werden, was die Eignung der Telearbeit zur Steigerung der Flexibilität mindert. Somit bleibt die sporadische Telearbeit übrig. Insgesamt bieten sich damit die sporadische Teleheimarbeit sowie Arbeit an wechselnden Orten zu rund einem Drittel der regelmäßigen Arbeitszeit als geeignete Werkzeuge an.

Mit der Telearbeit ist aus Arbeitgebersicht oftmals viel Skepsis verbunden. Arbeitet der Arbeitnehmer *produktiv*, wenn er nicht vom Arbeitgeber überwacht werden kann? Wie kann der *Informationsfluss* so sichergestellt werden, dass auch der Telearbeiter alle wichtigen Informationen bekommt? Ist eine *Entfremdung* vom Arbeitgeber nicht vorprogrammiert, wenn nicht am Unternehmensort gearbeitet wird?

Grundsätzlich wird dem Einsatz von Telearbeit eine *produktivitätssteigernde* Wirkung zugesprochen (vgl. Büssing und Aumann 1996, S. 227 f.). Dies ist auf unterschiedliche Faktoren, etwa eine höhere Motivation des Arbeitnehmers durch Selbstbestimmung und -organisation, effektivere, weil ungestörte, Arbeitsplanung und -durchführung sowie geringere Kontroll- und Koordinationskosten zurückzuführen. Auch Einsparpotenziale für Büroräumlichkeiten und sonstige Kostenfaktoren spielen bei dieser Betrachtung eine Rolle, obgleich Letztere sich beim flexiblen Einsatz von Teleheimarbeit kaum substanziell auswirken, weil ein Arbeitsplatz im Unternehmen flexibel vorgehalten werden muss.

Ein guter Informationsfluss zwischen Führungskraft und Mitarbeiter ist eher von der grundsätzlichen Informationspolitik einer Führungskraft abhängig: Wie oft werden Gespräche geführt, wie systematisch werden Informationen weitergeben, wie häufig werden Rückmeldungen vom Mitarbeiter eingefordert? Gibt es eine gute Informationspolitik, wird die Teleheimarbeit den Informationsfluss nicht stören. Allerdings ist es sinnvoll, wenn zumindest an einem Tag in der Woche alle Mitarbeiter im Unternehmen anwesend sind. Das ist nicht selbstverständlich, denn wenn verschiedene Mitarbeiter rund ein Drittel ihrer Tätigkeit von zu Hause aus bestreiten, kann es leicht vorkommen, dass sie jeweils an unterschiedlichen Tagen am Unternehmensort arbeiten. Dem sollte durch mindestens einen *Kernarbeitstag* begegnet werden. An diesem Tag sollten alle Mitarbeiter vor Ort sein und an einem Jour fixe teilnehmen, um den Informationsfluss und vor allem auch die informelle Kommunikation sicherzustellen.

Wenn eine Führungskraft das Ziel verfolgt, eine möglichst positive Arbeitsatmosphäre in ihrer Abteilung oder ihrem Bereich zu schaffen, dann dürfte die maximale flexible Arbeitszeit von rund einem Drittel kaum ausgenutzt werden. Schließlich arbeitet die Generation Y aufgrund ihrer hohen Gemeinschaftsorientierung grundsätzlich gerne gemeinsam mit anderen und eher nicht so gerne allein zu Hause oder an einem anderen Ort. Daher hat die Telearbeit rein die Funktion der Flexibilisierung, wobei hierfür erst einmal ein *Anlass* vorliegen muss (in der Regel private oder familiäre Aktivitäten). Dass ein solcher Anlass so regelmäßig vorhanden ist, dass das Maximum an Telearbeit ausgeschöpft wird, bleibt zu bezweifeln. Eine *Entfremdung* vom Arbeitgeber ist damit eher unwahrscheinlich.

Insgesamt funktioniert das Konzept der Telearbeit allerdings nur, wenn der Mitarbeiter auch die Freiheit hat, seine Tätigkeit in einem bestimmten Maße selber zu organisieren. Damit ist das Führen mit Zielen notwendige Voraussetzung für die Effizienz von Telearbeit (vgl. Abschn. 3.2.2).

Flexible Strukturen und Prozesse
Schließlich legt die *Generation Y* viel Wert auf *flexible Strukturen und Prozesse*. Nun liegt die Gestaltungshoheit bezüglich Unternehmensaufbau und -abläufen nicht ausschließlich in den Händen einer Führungskraft (für die hier ja Werkezeuge zur Führung der Generation Y entwickelt werden sollen); vielmehr ist hierfür vor allem das Topmanagement verantwortlich. Daher geht es bei der Gestaltung von Strukturen und Prozessen im Folgenden vornehmlich um Bereichs- oder Abteilungsstrukturen und -prozesse. Welche Empfehlungen lassen sich hierzu geben, um dem Anspruch der Generation Y möglichst gerecht zu werden?

1. Eine Führungskraft sollte die Anpassung von *veralteten* Strukturen und Prozessen vorantreiben. *Flexible* Strukturen und Prozesse werden damit im Sinne einer Anpassungs*flexibilität* interpretiert. Partner bei solchen Anpassungs- (oder Change-)Projekten sind dann wiederum Mitarbeiter aus der Generation Y als Change Agents, Vermittler oder Gegengewichte zu veränderungsunwilligen Mitarbeitern.

2. Strukturen und Prozesse sollten so gestaltet werden, dass sie *an sich* flexibel sind. In Bezug auf Strukturen heißt dies, dass es zwar eindeutige Verantwortungen innerhalb von Abteilungen oder Bereichen geben muss, eine Führungskraft aber genauso viel Wert auf die Sicherung von Vertretungs- oder Unterstützungsregeln (zum Beispiel bei sehr hohem Arbeitsanfall) legen muss.

3. Grundsätzlich sollte sich eine Führungskraft an die vorhandenen Strukturen und Prozesse halten, auch wenn die Generation Y den Wunsch nach unkomplizierteren Herangehensweise hegt. Schließlich ist eine Führungskraft zunächst dem Unternehmen gegenüber zur Loyalität verpflichtet, und vorhandene Strukturen und Prozesse sind verbindlich und damit einzuhalten. Das gilt vor allem in Bezug auf die Einhaltung von Strukturen, also den Delegationsweg gemäß Organigramm (Organigrammtreue). Eine Verletzung der Organigrammtreue sollte von der Führungskraft selber weder praktiziert noch – wenn sie dies bei einem ihrer Mitarbeiter wahrnimmt – akzeptiert werden. Aber: Eine Führungskraft sollte die hierarchieübergreifende Kommunikation im eigenen Bereich so weit fördern, dass jeder mit jedem unabhängig von der hierarchischen Einordnung spricht und sprechen darf. Flexible Strukturen sind damit zu interpretieren als eine *kommunikationsorientiert-strukturelle Flexibilität*: Jeder kann und soll sich mit jedem austauschen.

4. Darüber hinaus gilt es, eine *aufgabenorientiert-prozessuale Flexibilität* zu erreichen. Dabei wird die Nichteinhaltung bestimmter Prozessschritte (etwa die Dokumentation eines Arbeitsschrittes) im Ausnahmefall dann legitimiert, wenn dadurch ceteris paribus kurzfristig eine substanzielle Zeitersparnis erreicht werden kann und der ausgelassene Arbeitsschritt nachgeholt wird. Insgesamt werden also alle Arbeitsschritte eingehalten, womöglich aber nicht in der durch die Prozessbeschreibung vorgegebenen zeitlichen Reihenfolge. (Das spätere gesammelte Abarbeiten bestimmter verschobener Aufgaben birgt Effizienzpotenziale im Sinne einer Stapelverarbeitung.)

Insgesamt kann das hohe Maß an Flexibilität der Generation Y also dadurch gewürdigt werden, dass sie ihre Flexibilität als Stärke im Rahmen von Veränderungsprojekten ausspielen kann und dass ihrer Flexibilität durch die Schaffung und Erhaltung flexibler Rahmenbedingungen Rechnung getragen wird.

3.2.6 Führung unter Berücksichtigung einer geringen Machtdistanz

Der Begriff *Machtdistanz* beschreibt, inwiefern mit *weniger* Macht ausgestattete Personen eine Ungleichverteilung von Macht ablehnen. In diesem Sinne liegt Macht immer dann vor, wenn eine Person über *Bestrafungsmechanismen* verfügt, die dazu führen, dass sich ihr andere Personen gegen deren Willen unterordnen. Bestrafungsmechanismen können echte Bestrafungen sein, zum Beispiel die Versetzung an einen ungeliebten Arbeitsplatz oder -ort, aber auch die *Rücknahme von Belohnungen*, sogenannte Entbelohnungen. Erklärbar ist dies erneut über den Besitztums- oder Endowmenteffekt (vgl. Abschn. 3.2.4), der dazu führt, dass etwas allein dadurch an Wert gewinnt, dass es einer Person gehört. Damit ist die Entbelohnung ein starkes Bestrafungsinstrument, da Menschen es häufig als Strafe empfinden, etwas einmal Gewonnenes wieder zu verlieren – sie haben eine Verlustaversion (vgl. Kahneman 2012, S. 347 ff.).

Überwindung von Hierarchien
Die Generation Y lehnt Machtunterschiede grundsätzlich ab, insbesondere wenn es keine sachliche Begründung für sie gibt, sondern Hierarchien (beziehungsweise bestimmte Positionen in einer Hierarchie) vor allem dem Machterhalt dienen (vgl. Abb. 3.19). Allerdings sind Unternehmen per se (mehr oder weniger stark) hierarchisch aufgebaut, und diese Hierarchien führen dazu, dass Führungskräfte mit Macht ausgestattet werden: Sie verfügen über Werkzeuge zur Belohnung und Entbelohnung sowie Bestrafung ihrer Mitarbeiter. Wie können nun die Anforderungen der Generation Y nach machtfreier Führung und die legitimen Ansprüche von Unternehmen, bestimmte Ziele effizient zu erreichen (was durch den Einsatz von Machtwerkzeugen zum Teil deutlich effizienter erfolgen kann), zusammengeführt werden?

Captain's Lunch
Den ersten Ansatz dazu bietet die Schaffung flacher Hierarchien. Allerdings ist ebenso wie bei der Gestaltung flexibler Strukturen und Prozesse (vgl. Abschn. 3.2.5) darauf hinzuweisen, dass die Veränderung der Anzahl der Hierarchieebenen in einem Unternehmen in der Regel nicht in der Verantwortung der Führungskraft liegt, sondern beim Topmanagement. Zwar kann sich eine Führungskraft für flache Hierarchien stark machen, aber den Unternehmensaufbau direkt verändern kann sie in der Regel nicht. Entscheidend ist daher, dass eine Führungskraft nicht an der formalen Seite der Organisation (also der offi-

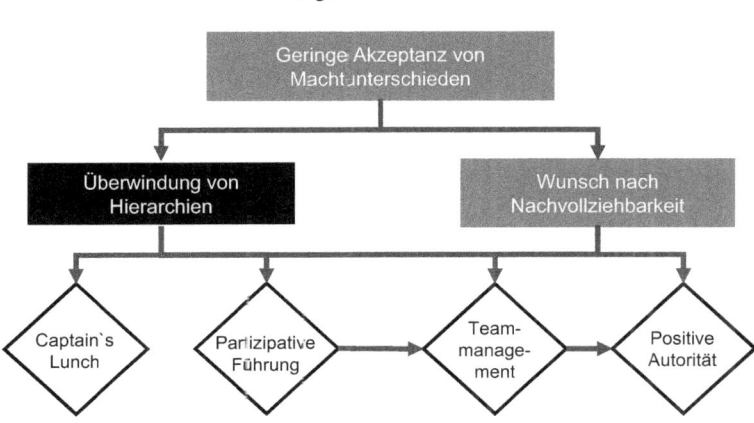

Abb. 3.19 Logik des Abschnittes „Führung unter Berücksichtigung einer geringen Machtdistanz"

ziellen Aufbau- oder Ablauforganisation) ansetzt, sondern an der *informellen* (also an der Gestaltung informeller Strukturen und Prozesse). Vahs (1977, S. 107) weist in diesem Zusammenhang auf die *Vielfältigkeit des Informellen* in Organisationen hin, etwa hinsichtlich Kommunikation, Teambildung, tatsächlicher Führungspersonen (im Gegensatz zu offiziellen Führungspersonen) und sozialer Normen. Diese informellen Aspekte bestimmen einen Großteil des organisationalen Handelns, teilweise stärker als die formale Aufbau- und Ablauforganisation (vor allem in kleinen und mittelständischen Betrieben). Und diese informellen Aspekte können von jeder Führungskraft gestaltet werden, auch wenn sie nicht zum Topmanagement gehört, denn sie entstehen kraft Handelns und nicht per Dienstanweisung. Und ein wirksames (informelles) Werkzeug zum hierarchieübergreifenden und hierarchieüberwindenden Austausch ist der Captain's Lunch (vgl. Werkzeug: Captain's Lunch).

Werkzeug: Captain's Lunch

Beim Captain's Luch trifft sich eine Führungskraft regelmäßig (einmal die Woche oder alle zwei Wochen) mit einem oder zwei Mitarbeitern zum Mittagessen (in der Regel bezahlt die Führungskraft). Dabei steht ein hierarchieübergreifender und nicht strikt aufgabenorientierter Austausch zwischen Führungskraft und Mitarbeitern im Fokus (es soll also nicht um Jahresergebnisse und Bewertungen gehen).

Der Captain's Lunch soll vor allem dazu dienen, der Generation Y einen Einblick in die Unternehmensgeschehnisse aus Führungssicht zu geben. So kann die Nachvollziehbarkeit unternehmerischer Entscheidungen gesteigert werden, sodass sich auch das Verständnis für die Notwendigkeit von Hierarchien erhöht. Aber vor allem sollte auf *Kommunikation auf Augenhöhe* gesetzt werden: Der gegenseitige Austausch steht im Vordergrund, nicht das Überzeugen des anderen.

Durch das Gewähren von Einblicken und das Aufzeigen der Notwendigkeit hierarchischer Strukturen kann auf der einen Seite die emotionale Ablehnung der Machtdistanz durch die Generation Y adressiert werden. In der Regel wird sie Machtunterschiede anschließend besser ertragen, da sie deren Notwendigkeit besser nachvollziehen kann. Auf der anderen Seite kann die Führungskraft mehr über die Gründe für die Ablehnung von Machtunterschieden erfahren und beim eigenen Handeln berücksichtigen oder in der Hierarchie weiter nach oben tragen, sodass auch das Topmanagement diese Gründe besser berücksichtigen kann.

Partizipative Führung

Der geringen Akzeptanz von Machtunterschieden durch die Generation Y sollte eine Führungskraft vor allem durch einen *partizipativen* (demokratischen) Führungsstil Rechnung tragen. Nun ist die Empfehlung einer partizipativen Führung nichts Neues, vielmehr sind die meisten Führungskräfte sogar der festen Überzeugung, sie würden bereits partizipativ führen. Aber tun sie das wirklich? Um das zu ergründen, wollen wir den Ansatz der partizipativen Führung einmal im Detail vorstellen.

Im Zentrum der partizipativen Führung stehen *Entscheidungen*, formal nichts anderes als die Auswahl zwischen mindestens zwei Alternativen. Soll eine Entscheidung möglichst rational getroffen werden, kann einem allgemeinen Entscheidungsprozess gefolgt werden, der verschiedene Stufen umfasst:

1. Problemerkenntnis: Welches Problem liegt exakt vor, wie kann es spezifiziert werden?
2. Zielformulierung: Welche Erwartungshaltung besteht in Bezug auf die Problemlösung, das heißt, was soll erreicht werden?
3. Bestimmung von Rahmenbedingungen und Restriktionen: Welche Rahmenbedingungen sind bei der Lösungssuche zu beachten (zum Beispiel Einbindung bestimmter Stakeholder), welche Beschränkungen oder Grenzen bestehen (zum Beispiel Budgets)?
4. Sammlung von Lösungsalternativen: Welche Lösungsmöglichkeiten unter Berücksichtigung von Rahmenbedingungen und Restriktionen gibt es?
5. Bewertung von Lösungsalternativen: Wie kann die Effizienz der Lösungsalternativen beziffert werden, das heißt, wie ist das Verhältnis von Output (Beitrag zur Problemlösung) und Input (zu betreibender Aufwand) der einzelnen Lösungsalternativen?
6. Auswahl der besten (effizientesten) Alternative.
7. Implementierung der Entscheidung: Die gefundene Lösungsalternative muss umgesetzt und in die laufende Organisation integriert werden.
8. Entscheidungskontrolle: War die implementierte Lösung tatsächlich in der Lage, das Problem wie geplant zu lösen, oder muss gegebenenfalls nachgesteuert oder gar eine andere Lösungsalternative implementiert werden?

Partizipative Führung ist vor dem Hintergrund dieses Entscheidungsprozesses kein absoluter Bezugspunkt (es gibt nicht *die* partizipative Führung), sondern in Anlehnung an Tannenbaum und Schmidt (1958) eine Ausprägung auf einem Kontinuum (vgl. Abb. 3.20). Damit ist Führung *eher partizipativ*, je stärker der Mitarbeiter in den Entscheidungsprozess eingebunden wird, und *eher autoritär*, je weniger er eingebunden wird.

In Abb. 3.20 bezeichnen die aufgeführten Buchstaben A bis G das Ausmaß der partizipativen Führung, von A = *sehr gering ausgeprägt* und damit sehr stark autoritär bis G = *sehr stark ausgeprägt* und damit sehr wenig autoritär. Welches Führungsverhalten durch den jeweiligen Buchstaben repräsentiert wird, soll im Folgenden konkretisiert werden (vgl. Tannenbaum und Schmidt 1958, S. 96).

Je weiter sich eine Führungskraft mit ihrem Führungsverhalten auf der rechten Seite des Kontinuums von Tannenbaum und Schmidt (1958) einordnet, also: je partizipativer sie führt, desto eher erreicht sie damit die Generation Y hinsichtlich deren geringer Machtdistanz. Denn partizipative Führung bedeutet, dass Entscheidungskompetenzen, die gemäß Hierarchie eigentlich dem Vorgesetzten zugeschrieben sind, *abgegeben* werden: Ein Chef entscheidet nicht, obwohl er entscheiden könnte. Damit gibt er ein Stück seiner Entscheidungsmacht an seine Mitarbeiter ab. Und je partizipativer ein Vorgesetzter führt, desto eher werden die Mitarbeiter die getroffenen Entscheidungen unterstützen, da sie ihre eige-

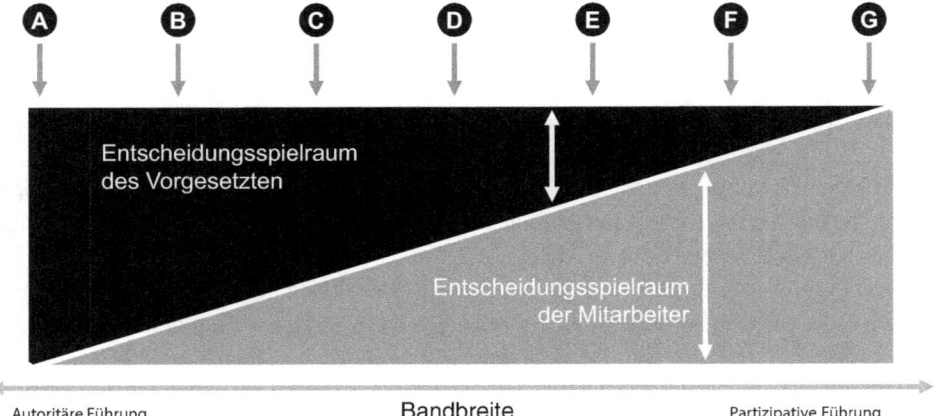

A) Der Vorgesetzte trifft Entscheidungen und verkündet sie.
B) Der Vorgesetzte trifft Entscheidungen, versucht aber, diese seinen Mitarbeitern zu „verkaufen".
C) Der Vorgesetzte stellt eigene Ideen vor und fordert zu Fragen und Anmerkungen auf.
D) Der Vorgesetzte stellt vorläufige Lösungsvorschläge vor.
E) Der Vorgesetzte stellt das Problem vor, holt sich hierfür Lösungsvorschläge ein, entscheidet aber selber.
F) Der Vorgesetzte legte Rahmenbedingungen und Restriktionen fest und lässt seine Mitarbeiter entscheiden.
G) Der Vorgesetzte erlaubt seinen Mitarbeitern, selbstständig innerhalb bestimmter Grenzen zu entscheiden.

Abb. 3.20 Kontinuum kooperativer Führung

nen Sichtweisen und Einschätzungen in den Prozess der Entscheidungsfindung einfließen
lassen können. Das ist nützlich, denn Menschen behandeln eigene Ideen oftmals wie eigene Besitztümer (vgl. Taleb 2014, S. 182), und von Kahneman (2012) wissen wir, dass
Menschen den Dingen immer dann einen höheren Wert zuschreiben, wenn sie ihnen gehören: Der Besitztumseffekt greift (vgl. Abschn. 3.2.4).

Teammanagement
Das Führungskontinuum von Tannenbaum und Schmidt (1958) eignet sich gut, wenn es
um *Entscheidungen* geht. Aber Führungsverhalten betrifft nicht nur die Frage, inwiefern
Mitarbeitern Entscheidungskompetenz gegeben wird. Vielmehr geht es auch darum, wie
intensiv sich eine Führungskraft mit ihrem *Mitarbeiter als Mensch* und dessen persönlichen Motiven auseinandersetzt und wie stark sich die Führungskraft mit den *Aufgaben
ihres Mitarbeiters* auseinandersetzt. Hierzu haben Blake und Mouton (1994, S. 47 ff.) ein
Führungsmodell entwickelt, das sogenannte *Führungsverhaltensgitter* oder *Managerial
Grid*.

  Blake und Mouton (1994) unterscheiden in ihrem Ansatz zunächst die Betrachtungsdimensionen Personen- und Sachorientierung. Eine hohe Personenorientierung liegt vor,
wenn sich eine Führungskraft stark für den Menschen, seine Bedürfnisse und Motive, sein
privates Umfeld etc. interessiert und sich Zeit dafür nimmt, ihre Mitarbeiter besser kennenzulernen. Eine hohe Sachorientierung liegt vor, wenn sich eine Führungskraft stark
für die Aufgaben ihrer Mitarbeiter interessiert, sich mit diesen auseinandersetzt und eine

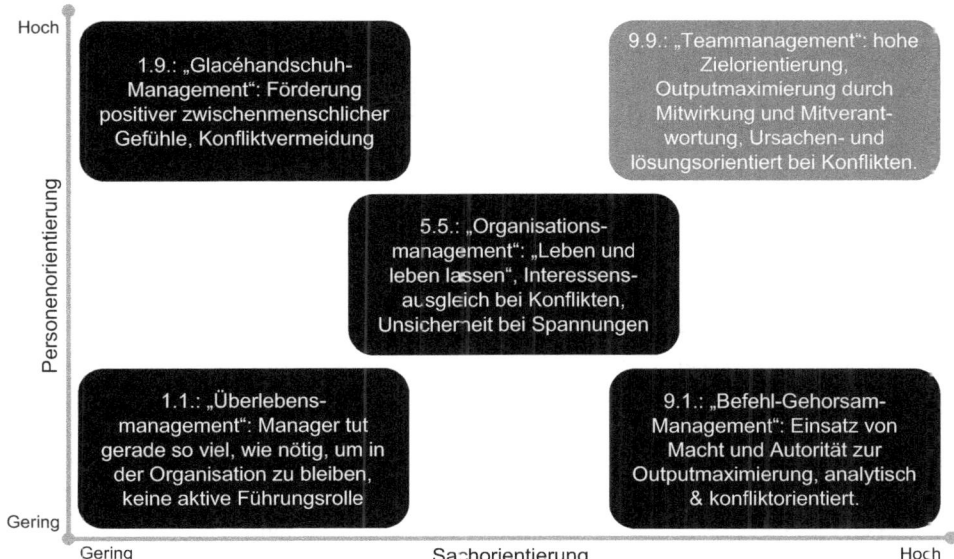

Abb. 3.21 Führungsverhaltensgitter nach Blake und Mouton (1994, S. 47)

effiziente Aufgabenerfüllung einfordert. Das bedeutet allerdings nicht, dass sie die Aufgaben des Mitarbeiters aus fachlicher Sicht zwingend selber beherrschen muss oder ihm die Aufgaben abnimmt, wenn diese nicht rechtzeitig erledigt werden. Vielmehr steht eine hohe Sachorientierung dafür, dass sich ein Vorgesetzter Zeit zur Besprechung etwaiger Probleme oder Herausforderungen nimmt, die sein Mitarbeiter eventuell mit seiner Arbeit hat.

Beide Betrachtungsdimensionen können jeweils unterschiedliche Ausprägungen einnehmen. Blake und Mouton (1994) haben in ihrem Modell in jeder Dimension neun Ausprägungen festgelegt, weswegen die Führungsstile in Abb. 3.21 mit zwei Zahlen (für jede Dimension eine) betitelt sind. Das *Überlebensmanagement* mit der Ziffer 1.1. steht also für eine extrem geringe Sach- und gleichzeitig für eine extrem geringe Personenorientierung: Der Mitarbeiter als Mensch und dessen Arbeit sind der Führungskraft egal – so ist dieser Führungsstil zu interpretieren.

Insgesamt arbeiten Blake und Mouton (1994) von den $(9 \times 9 =)$ 81 denkbaren Kombinationen fünf explizit heraus: den – eben schon erwähnten – Stil 1.1. (das Überlebensmanagement), den Stil 1.9. (das Glacéhandschuh-Management[24]), den Stil 9.1. (das Befehl-Gehorsam-Management), den Stil 5.5. (das Organisationsmanagement) sowie den Stil 9.9. (das Teammanagement). Dabei favorisieren die Autoren explizit das *Teammanagement* als einzigen wirklich guten Führungsstil.

---

[24] *Glacéhandschuh-Management* steht für einen Führungsansatz, bei dem der Mitarbeiter mit Samthandschuhen angefasst wird, hauptsächlich um Konflikte oder negative Emotionen zu vermeiden.

Das Teammanagement versucht, hohe Sach- und Personenorientierung in Einklang zu bringen. Dabei setzt es auf Mitwirkung und Mitverantwortung der Mitarbeiter (ist also im Sinne von Tannenbaum und Schmidt 1958 partizipativ), um hohe Outputs im Sinne von herausragenden Leistungen zu erreichen. Es arbeitet stark zielorientiert, nimmt also nicht Probleme oder ihre Entstehung, sondern deren Lösungen in den Fokus der Führungsarbeit. Bei Konflikten zwischen Mitarbeitern sollen Symptome nicht überdeckt, sondern Ursachen identifiziert und behoben werden. Damit orientiert sich das Teammanagement an objektiven Größen (Zielorientierung), setzt auf Leistung (Mitwirkung und Mitverantwortung) und versucht, ursachenorientiert Konflikte zu lösen. Es weist durch diese Ausrichtung ein hohes Maß an *Nachvollziehbarkeit* auf, wodurch das Teammanagement besonders zur Führung der Generation Y geeignet ist: Nicht Hierarchien und die Sicherung von Macht stehen im Vordergrund, sondern der Umgang mit Herausforderungen.

Allerdings hat das Teammanagement eine signifikante Schwäche: Es ist arbeits- und damit zeitaufwändig. Die intensive Auseinandersetzung mit jedem Mitarbeiter als Mensch und seinen Aufgaben ist erstrebenswert, wird aber den Gegebenheiten in der Praxis nicht immer gerecht. Daher kann es sein, dass eine Führungskraft unter realen Bedingungen vom idealtypischen Teammanagement abweichen muss. Dann stehen ihr zwei Richtungen offen: nach links Richtung *Glacéhandschuh-Management* oder nach unten Richtung *Befehl-Gehorsam-Management*. Das Glacéhandschuh-Management kann etwa bei besonderen persönlichen Schwierigkeiten eines Mitarbeiters (zum Beispiel Krankheit oder persönliche Schicksalsschläge), die mit einem Produktivitätsrückgang bei der Aufgabenbearbeitung einhergehen, Anwendung finden. Das *Befehl-Gehorsam-Management* kann etwa bei besonderen Abteilungs-, Bereichs- oder Unternehmensherausforderungen, zum Beispiel bestimmte Angebotsphasen oder Krisen oder aber auch im Rahmen unserer Tit-for-Tat-Philosophie bei unkooperativem Mitarbeiterverhalten (vgl. Abschn. 3.1.1) notwendig werden. Unter welchen Bedingungen werden das Glacéhandschuh-Management und das Befehl-Gehorsam-Management von der Generation Y akzeptiert, weichen beide Stile doch von der für sie optimalen Führung auf Basis des Teammanagements ab?

Das Glacéhandschuh-Management dürfte für die Generation Y kaum ein Problem darstellen, da es das Gegenteil von dem darstellt, was die Generation Y rundherum ablehnt: den ungerechtfertigten Einsatz von Macht, der in der Konsequenz Frust, Demotivation und Konflikte provoziert. Anders sieht es allerdings beim Befehl-Gehorsam-Management aus: Hier werden Macht und Autorität zur Outputmaximierung eingesetzt, es geht rein um die Aufgabenerledigung, zwischenmenschliche Aspekte spielen keine Rolle mehr, Konflikte werden in Kauf genommen. Damit ist das Befehl-Gehorsam-Management genau der Führungsstil, den die Generation Y eigentlich nicht akzeptiert, weil durch ihn Machstrukturen genutzt und gegebenenfalls sogar verfestigt werden. Trotzdem ergeben sich in der Praxis manchmal Notwendigkeiten, bei denen die Aufgabenerfüllung oberste Priorität hat und (beinahe militärisch stringent) darauf geachtet werden muss, dass diese rechtzeitig erledigt wird – notfalls sogar unter Einsatz von Macht und Autorität. Wie ist dieses Dilemma aus einer zeitweilig hohen Notwendigkeit machtbasierter Führung und der Ablehnung dieser durch die Generation Y aufzulösen?

Erstens sollte eine Führungskraft gegenüber ihren Mitarbeiter immer deutlich machen, welchem Führungsstil sie folgt (also grundsätzlich dem Teammanagement) und was das konkret für die Zusammenarbeit zwischen Führungskraft und Mitarbeiter bedeutet (intensiver Dialog zur Erreichung einer hohen Sach- und Personenorientierung). Zweitens sollte eine Führungskraft darauf hinweisen, dass sie es sich erlauben wird, unter bestimmten Bedingungen von diesem Führungsstil abzuweichen, wobei sie explizit (etwa in einem Teammeeting) darauf hinweist,

- *wann* eine Abweichung grundsätzlich erfolgen kann (persönliche Schicksalsschläge führen zum Glacéhandschuh-Management; nicht planbare Deadlines, bestimmte von der eigenen Führungskraft delegierte Aufgaben oder krisenhafte Entwicklungen führen zum Befehl-Gehorsam-Management),
- *warum* im speziellen Fall eine Abweichung notwendig geworden ist sowie
- für welche *Dauer* eine Abweichung geplant ist (und gegebenenfalls warum die Zeit der Abweichung verlängert werden muss).

Es sollte im Interesse der Führungskraft liegen, so schnell wie möglich zum Teammanagement zurückzukehren und sich an diesen Führungsstil zu halten. Denn nur so kann sie gegenüber der Generation Y Vertrauen aufbauen und pflegen. Dieses Vertrauen ist notwendige Voraussetzung dafür, dass ein Mitarbeiter aus der Generation Y ein erneutes Abweichen vom Teammanagement akzeptieren und unterstützen wird.

Positive Autorität

Aus den bisherigen Ausführungen lässt sich ein weiteres Werkzeug zur Führung der Generation Y ableiten: das Selbstverständnis einer Führungskraft als *positive Autorität*. Sie sollte Vorbild oder – mit den Worten Maliks (2007, S. 149 f.) – charakterlich integer sein, ihre verfügbare Macht also nicht ausnutzen, sodass das (weniger zeitintensive) Befehl-Gehorsam-Management die absolute Ausnahme und das (relativ aufwändige) Teammanagement die Regel wird.

Wie ist aber der Widerspruch zu erklären, dass wir eine *partizipative* Führung (und eben keine autoritäre) eingefordert haben und jetzt eine *Autorität* verlangen? Er ist vor allem dadurch aufzulösen, dass in der betriebswirtschaftlichen Literatur eine eher missverständliche Verwendung der Begriffe *autoritär* und *Autorität* erfolgt. Während *autoritär* negativ behaftet ist und eher auf eine machtbasierte Führung abstellt, ist die *Autorität* positiv behaftet. Eine Autorität ist eine Führungskraft, der sich ein Mitarbeiter *freiwillig* unterordnet, weil er zu ihr heraufschaut. Eine Unterordnung, weil eine Führungskraft zur Durchsetzung ihrer Interessen Macht verwendet (und damit *autoritär* handelt), erfolgt hingegen *unfreiwillig*, weil ein Mitarbeiter eine Ausübung der Führungsmacht gegen sich vermeiden möchte. Um diese sprachliche Verwirrung etwas zu entzerren, sprechen wir von einer *positiven* Autorität (obgleich dieses sprachliche Konstrukt eigentlich ein Pleonasmus ist).

Richter (1999, S. 89 f.) unterscheidet drei Arten von Autorität: eine personale oder charismatische Autorität, eine funktionale oder Fachautorität und eine positionale oder Amtsautorität:

- Die *personale* Autorität stellt auf die auch von Malik (2007) geforderte charakterliche Integrität ab. Ein Mitarbeiter erkennt dabei bestimmte persönliche Eigenschaften oder Verhaltensweisen seiner Führungskraft, etwa Vertrauenswürdigkeit, Zuverlässigkeit, Berechenbarkeit, Hilfsbereitschaft oder Begeisterungsfähigkeit an.
- Die *funktionale* Autorität betrifft vor allem fachliche Fähigkeiten, die ein Mitarbeiter bei seiner Führungskraft anerkennt. Das ist insofern bemerkenswert, als fachliche Kompetenzen eigentlich gar nicht zu den Führungskompetenzen gehören. Eine gute Führungskraft verfügt vor allem über ausgeprägte methodische, persönliche, soziale oder aktivierende Kompetenzen. Schließlich erfolgt Führung als kommunikativer Prozess der Einflussnahme mit dem Ziel der Steuerung des Mitarbeiterverhaltens nicht über operatives Fachwissen. Allerdings ist dieses Fachwissen oftmals der Schlüssel dazu, dass sich Mitarbeiter überhaupt führen lassen. Bei hoher Fachkompetenz fällt es vielen Mitarbeitern leichter, sich ihrem Vorgesetzten unterzuordnen, weil es einen objektiven Grund für die Unterordnung gibt: einen fachlichen Wissensvorsprung.
- Die *positionale* Autorität leitet sich daraus ab, dass eine Person eine bestimmte (höhergestellte) Position in der Hierarchie innehat.

Für die Führung der Generation Y spielen charismatische und funktionale Autorität eine besondere Rolle: Eine Führungskraft wird dann von ihr besonders akzeptiert, wenn sie eine überzeugende Führungspersönlichkeit ist und/oder über ein hohes Maß an Fachwissen verfügt. Weniger relevant ist die positionale Autorität, weil hier einzig eine formale Positionierung innerhalb einer Hierarchie eine Rolle spielt. Eine solche Unterordnung ohne substanzielle Begründung nur aufgrund einer bestimmten Position lehnt die Generation Y ab. Eine Führungskraft als positive Autorität setzt damit vor allem auf die Steigerung ihrer personalen und funktionalen *Autorität* und verzichtet so weit wie möglich auf den Einsatz von Macht.

3.2.7 Führung unter Berücksichtigung eines starken Selbstbewusstseins

Das starke Selbstbewusstsein der Generation Y hat aus Unternehmenssicht sowohl positive als auch negative Auswirkungen. Es resultiert vor allem aus einem hohen *Selbstwertgefühl*, welches dadurch entstanden ist, dass die Generation Y deutlich stärker aus Wunsch- und Einzelkindern besteht als die Vorgängergenerationen (vgl. Abschn. 2.2.7): Ihr Wert für ihre Eltern, etwa durch deren sehr bewusste Entscheidung *für* Kinder überhaupt und *gegen* viele Kinder, ist besonders hoch, was ihre Erziehung beeinflusst und schließlich in einem hohen Selbstwertgefühl mündet.

Auswirkung eines hohen Selbstwertgefühls

Dieses hohe Selbstwertgefühl schlägt sich dann erstens (eher als negativ zu betrachten) in der Gefahr der Selbstüberschätzung nieder (vgl. Hurrelmann und Albrecht 2014, S. 194): Im Sinne einer rückwärtigen Plausibilisierung schließen die Mitglieder der Generation Y oftmals darauf, dass alles, was sie tun, gut und richtig sein muss, weil sie von ihren Eltern so sehr geschätzt und geliebt werden. Es entsteht bisweilen ein etwas verklärter Blick auf die Wirklichkeit, der von so mancher Unternehmensrealität weit entfernt ist. Daraus resultieren zwei für eine Führungskraft nicht ganz einfache, aber für die wirksame Einbindung der Generation Y in ein Unternehmen äußerst wichtige Herausforderungen: die Eigenbildkorrektur sowie die Steigerung der Kritikfähigkeit (vgl. Abb. 3.22).

Zweitens (und vor allem aus ökonomischer Sicht ebenfalls eher als negativ zu betrachten) führt das hohe Selbstwertgefühl zu einer hohen Kompensationserwartung der Generation Y. Ihre Mitglieder haben den subjektiven Eindruck, sie seien viel Wert, also müsse sich ihr Wert auch in einer hohen Entlohnung niederschlagen.

Drittens (und das ist die positive Auswirkung) führt das hohe Selbstwertgefühl zu einer ausgeprägten Selbstwirksamkeitsüberzeugung: Die Generation Y traut sich (ob zu Recht

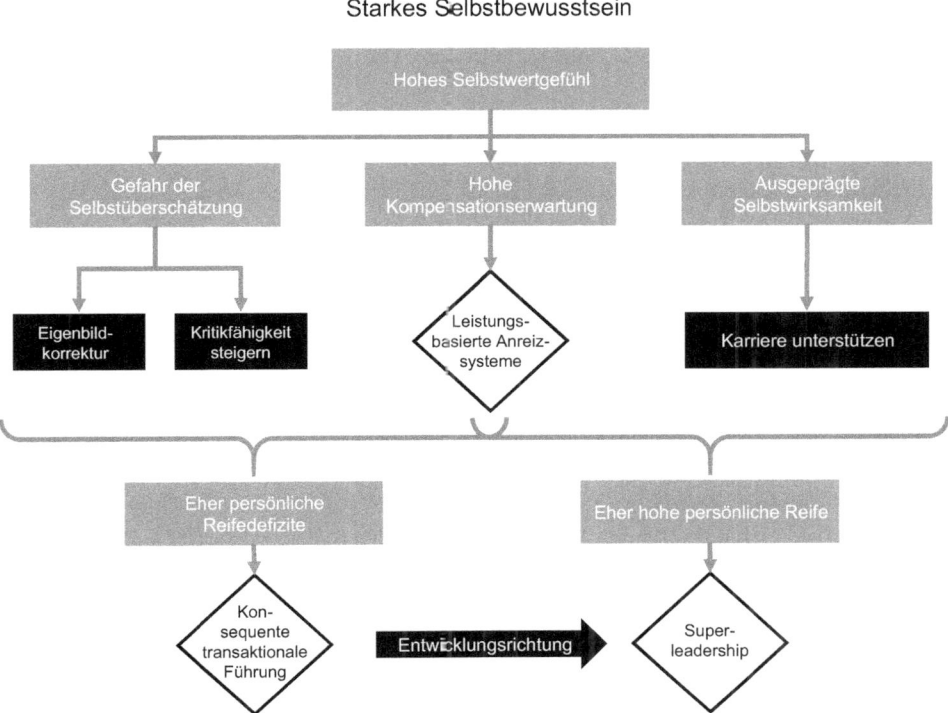

Abb. 3.22 Logik des Abschnittes „Führung unter Berücksichtigung eines starken Selbstbewusstseins"

oder zu Unrecht sei zunächst einmal dahingestellt) extrem viel zu, sie verfügt über eine stark ausgeprägte *Alles-ist-möglich-Mentalität*. Hohe Selbstwirksamkeitsüberzeugung ist die Voraussetzung dafür, dass bestimmte Herausforderungen überhaupt erst angegangen werden (vgl. Furtner und Baldegger 2013, S. 122 f.). Oder anders ausgedrückt: Ohne ausgeprägte Selbstwirksamkeitsüberzeugung fehlt der Glaube an die eigenen Entwicklungsmöglichkeiten, und im Sinne einer Self-fulfilling Prophecy kann dieser fehlende Glaube an eine Karriere dazu führen, dass gar keine Karriere gemacht wird (auf die Macht von Self-fulfilling Prophecies werden wir im weiteren Verlauf noch des Öfteren eingehen).

Die Aufgabe der Führungskraft ist es nun, die hohe Selbstwirksamkeitsüberzeugung aufzugreifen und die Generation Y bei ihren Karriereambitionen zu unterstützen. Dabei ist es egal, ob es sich um eine Fach-, eine Projekt- oder eine Führungskarriere handelt: Aufgrund der hohen Leistungsorientierung der Generation Y sind Karriereambitionen – in welcher Form auch immer – wahrscheinlich.

Im Zusammenspiel zwischen positiven und negativen Auswirkungen des hohen Selbstwertgefühls ergeben sich grundsätzlich zwei mögliche Ausprägungen: Erstens überwiegt die Selbstüberschätzung, was im Umkehrschluss eine (objektiv gesehen) übertriebene Selbstwirksamkeitsüberzeugung bedeutet. Oder es liegt keine übertriebene Selbstüberschätzung vor, sodass die Selbstwirksamkeitsüberzeugung der Generation Y einigermaßen realistisch ist. (Die hohe Kompensationserwartung ist per se vorhanden und unabhängig von der Gefahr der Selbstüberschätzung und der Höhe der Selbstwirksamkeitsüberzeugung.)

Im ersten Fall (übertriebene Selbstwirksamkeitsüberzeugung) liegen tendenziell *Reifedefizite* vor, wobei wir eine übertriebene Selbsteinschätzung als persönliches Reifedefizit betrachten. Im zweiten Fall (realistische Selbstwirksamkeitsüberzeugung) liegt eine eher hohe persönliche Reife vor, die dadurch deutlich wird, dass sich das Mitglied der Generation Y eben nicht überschätzt. Der Führungskraft stehen daher zwei Führungsansätze zur Verfügung, zwischen denen je nach Reifeausprägung zu wählen ist: die (konsequente) transaktionale Führung beziehungsweise das Superleadership.

Mit der Empfehlung von zwei Werkzeugen, die zum Mitarbeitertyp passend zu wählen sind, folgen wir unserer verhaltensorientiert-situativen Sichtweise von Führung (vgl. Abschn. 3.2), die davon ausgeht, dass je nach Führungssituation – und dazu gehören eben auch situativ unterschiedliche Ausprägungen der Mitarbeiterreife – ein unterschiedliches Führungsverhalten notwendig werden kann. Allerdings erachten wir das Superleadership im Vergleich zur transaktionalen Führung – beide werden im Folgenden konkretisiert – aus unterschiedlichen Gründen als den *tendenziell vorteilhafteren* Ansatz.

Zum einen ist der transaktionale Ansatz zur Führung von Mitarbeitern mit spezifischen Reife*defiziten* gedacht, das Superleadership hingegen zur Führung *reifer* Mitarbeiter. Die Entscheidung über hohe Reife oder Reifedefizite ist moralisch und technisch nicht ganz unproblematisch (allein ihre objektive Messung ist eine Herausforderung), sodass eher von reifen Mitarbeitern ausgegangen werden sollte (wobei dann das Superleadership der passende Ansatz ist). Dennoch gibt es aus der Praxis vielfältige Belege für persönliche Reifedefizite der Generation Y, insbesondere bezüglich einer systematischen Selbstüberschätzung (vgl. exemplarisch Gloger 2012, S. 86). Im Sinne unserer Tit-for-Tat-Strategie der Mitarbeiterführung (vgl. Abschn. 3.1.1) muss eine Führungskraft sowohl für günstige als auch für ungünstige Führungssituationen gewappnet sein, weswegen neben dem von uns favorisierten Superleadership ein alternativer Ansatz vorhanden sein muss: die transaktionale Führung.

Zum anderen weist das Superleadership viele Merkmale auf, die besser zu den Eigenschaften der Generation Y passen als die transaktionale Führung. So setzt das Superleadership etwa auf Machtteilung, was dem Merkmal der geringen Machtdistanz eher entgegenkommt, die transaktionale Führung eher auf Belohnungen (vgl. zum Vergleich beider Ansätze Furtner und Baldegger 2013, S. 200). Allerdings kann das Superleadership sein volles Potenzial eben erst entfalten, wenn der Mitarbeiter bestimmte Voraussetzungen mitbringt. Bei persönlichen Reifedefiziten wäre eine Anwendung dieses Ansatzes trotz seiner Passung zu vielen anderen Merkmalen der Generation Y unnütz bis schädlich, weil er auf Selbstbestimmung bei Mitarbeitern setzen, die sich systematisch überschätzen.

Einsatz von Anreizen und Belohnungen als Bestandteil der konsequenten transaktionalen Führung

Betrachten wir also zunächst die transaktionale Führung. Sie besteht aus zwei Elementen: erstens dem Einsatz von *Anreizen* und *Belohnungen*, zweitens dem *Management by Exception*. Das erste Element ist nicht neu: Anreize und Belohnungen sind die klassischen Mechanismen der Motivation,[25] die wir bereits betrachtet haben (vgl. Abschn. 3.1.2). Dabei haben wir festgestellt, dass ein Anreiz immer dann besonders wirkungsvoll ist (also zu einer besonders hohen Ausschüttung von Dopamin führt), wenn die darauf folgende Belohnung gut zu den Persönlichkeitsmerkmalen und Motiven eines Menschen *passt*. Die Bestimmung von Persönlichkeitsmerkmalen oder Motiven kann über Persönlichkeitstest (etwa das Reiss-Profil) erfolgen, oder es werden die Merkmale der Generation Y als Näherung herangezogen. Für unsere weiteren Ausführungen wollen wir die zweite Möglichkeit wählen. Dazu sind in Tab. 3.2 exemplarisch die Merkmale der Generation Y und ausgewählte Anreize/Belohnungen einander gegenübergestellt, sodass eine Führungskraft im Rahmen der transaktionalen Führung auf zur Generation Y passende Anreize/Belohnungen zurückgreifen kann. Auf einige von ihnen gehen wir genauer ein.

- Eine *Übertragung von Projekten* kann in der Form erfolgen, wie wir es schon im Zusammenhang mit dem Job Enrichment erläutert haben (vgl. Abschn. 3.2.2): Übertragung zusätzlicher Planungs- und Kontrollaufgaben, die Verantwortung über ein bestimmtes Budget oder die Übertragung von ganzen Projekten oder Teilaufgaben in Projekten.

---

[25] Anreize sind in Aussicht gestellte Belohnungen. Der Zeitpunkt, zu dem eine Belohnung in Aussicht gestellt wird, ist damit der Zeitpunkt der Anreizgebung, der mit der Ausschüttung von Dopamin einhergeht. Der Zeitpunkt, zu dem der Anreiz dann erfüllt wird, ist der Belohnungszeitpunkt, bei dem unter anderem Endorphin ausgeschüttet wird.

Tab. 3.2 Merkmale der Generation Y und exemplarische Anreize

Merkmal	Anreiz/Belohnung
Hohe Informationalisierung	Überlassung moderner Endgeräte
Starke Leistungsorientierung	Beförderung
Hohes Ausbildungsniveau	Übertragung von Projekten
Starke Gemeinschaftsorientierung	Teilnahme an Team-Events
Hohes Maß an Flexibilität	Erweiterung der Teleheimarbeitszeit
Geringe Machtdistanz	Teilnahme an Kamingesprächen mit Vorstand/Geschäftsführung
Starkes Selbstbewusstsein	Bonuszahlungen
Hohe Freiheitsorientierung	Extra-Urlaub
Starke Skepsis	Teilnahme am Kreuzverhör mit Vorstand/Geschäftsführung
Hohe Globalität	Auslandsschulung, Auslandseinsatz

- Auch wenn ihr Ruf in letzter Zeit gelitten hat, kann eine *Teilnahme an Team-Events* durchaus als Motivator fungieren. Der Grund für den schlechten Ruf der Team-Events liegt darin, dass Ausflüge in den Klettergarten oder gemeinsame Segeltrips vor allem in den späten 1990ern und frühen 2000ern dazu dienen sollten, die Teamfähigkeit von Mitarbeitern zu steigern. Diese Erwartung konnten derartige Events nicht erfüllen: Nur weil Mitarbeiter sich gegenseitig beim Aufstieg an einer Kletterwand sichern oder gemeinsam ein Segel setzen, arbeiten sie danach nicht besser zusammen. Aber wir wollen Team-Events auch nicht nutzen, um mit ihnen die Teamfähigkeit von Mitarbeitern zu verbessern (die Generation Y ist an sich ja schon sehr teamfähig), sondern wir wollen sie so nutzen, dass sie *Spaß* machen. Und genau hiernach sollten Team-Events auch ausgesucht werden: Fördern sie den Spaß in der Gruppe oder nicht?
- Die *Teilnahme an Kamingesprächen mit Vorstand/Geschäftsführung* ist ein guter Motivator für die Generation Y, weil ihre geringe Machtdistanz zu geringen Berührungsängsten mit dem Topmanagement führt. Ein solches Treffen dürfte also in der Regel nicht davon geprägt sein, dass die Mitarbeiter sich nicht trauen, mit den Vorständen oder Geschäftsführern zu sprechen, nur weil sie Vorstände oder Geschäftsführer sind. Eine motivatorische Wirkung hat diese Maßnahme deshalb, weil die Generation Y durchaus karrierebewusst ist und aus den Erfahrungsberichten des Topmanagements den einen oder anderen Karrieretipp mitnehmen kann.
- *Bonuszahlungen* sind im Zusammenhang mit dem starken Selbstbewusstsein daher zu empfehlen, weil sich eben dieses starke Selbstbewusstsein in hohen, teilweise überzogenen, Gehaltserwartungen niederschlägt. Darauf zu reagieren, ist nicht ganz einfach. Wird das Gehalt zu niedrig angesetzt, gewinnt man die Generation Y womöglich gar nicht als Mitarbeiter oder verliert sie nach einiger Zeit wieder. Setzt man es zu hoch an, leidet die Mitarbeiterproduktivität. Die Lösung besteht in einer variablen Gehaltskomponente als Bonuszahlung für – und das ist die wichtige Ergänzung – vereinbarte *Pflichtziele*. Wie wir in Abschn. 3.2.2 dargelegt haben, sind Pflichtziele solche Ziele,

die *nicht* zu den Motiven eines Mitarbeiters passen. Werden Pflichtziele mit Bonuszahlungen verknüpft, haben Mitarbeiter die Chance, ihr tatsächliches Einkommen und ihr starkes Selbstbewusstsein in Einklang zu bringen und dabei gleichzeitig die Erreichung der Unternehmensziele zu unterstützen

- Beim *Kreuzverhör mit Vorstand/Geschäftsführung* bekommen die Mitarbeiter der Generation Y die Möglichkeit, dem Topmanagement ihre Fragen zur Unternehmensstrategie, zu neuen Produkten, Reorganisationsmaßnahmen oder anderen Managemententscheidungen zu stellen. Bei dieser möglichst moderierten Diskussion steht also die fachlich-strategische Auseinandersetzung zwischen Topmanagement und Generation Y im Fokus. Sie verfolgt das Ziel, Managemententscheidungen nachvollziehbar zu machen und so einen Teil ihrer wesenseigenen Skepsis abzubauen.

So viel zu konkreten Anreizen und Belohnungen. Allerdings sind alle genannten Anreize und Belohnung *extrinsischer* Natur. Grundsätzlich gilt jedoch, dass *intrinsische* Motivation, also die Motivation, die aus der Arbeit selber kommt, eine bessere und vor allem langfristigere Motivationswirkung hat. Diese ist in der Darstellung der Anreize in Tab. 3.2 allerdings gar nicht zu finden. Der Grund: Bei der transaktionalen Führung geht es nicht nur um die Motivation an sich, sondern vor allem um die *konkrete Verhaltenssteuerung* des Mitarbeiters über Anreize und Belohnungen. Sticht ein Mitarbeiter durch eine besonders gute Problemlösung heraus, sollte er dafür eine Belohnung erhalten, damit sich dieses positive Verhalten verstärkt, so die Philosophie der transaktionalen Führung. Diese Herangehensweise ist an sich nichts Neues, sie ist in der Psychologie seit Langem als *Verstärkungslernen* oder *operante Konditionierung* bekannt. Damit geht es bei der Motivation im Rahmen der transaktionalen Führung darum, die Selbsteinschätzung der Generation Y über Anreize auf ein konsensfähiges Maß *zu (re)kalibrieren*, sodass die Selbsteinschätzung durch den Mitarbeiter und die Fremdeinschätzung durch die Führungskraft einigermaßen übereinstimmen und nicht mehr von einer Selbst*überschätzung* des Mitarbeiters gesprochen werden kann. Die Aufgabe der Führungskraft ist also die Eigenbildkorrektur des Mitarbeiters über Anreize und Belohnungen. Wie kann das funktionieren?

Gehen wir für die folgende Diskussion einmal von einem Mitarbeiter der *Generation Y* aus, der sich überschätzt. Diese Selbstüberschätzung wird früher oder später in Demotivation münden, wenn eine Führungskraft nicht gegensteuert. Denn schließlich ist der Mitarbeiter – aufgrund seiner Selbstüberschätzung – subjektiv davon überzeugt, er sei besonders leistungsstark (besonders produktiv, besonders intelligent, besonders kreativ etc.). Objektiv ist er das allerdings nicht, sonst würde man nicht von einer Selbstüberschätzung sprechen. Es liegt also ein *relatives Leistungsdefizit* vor: Die vom Mitarbeiter subjektiv wahrgenommene eigene Leistung liegt unter der objektiv erbrachten. Dieses relative Leistungsdefizit hat zur Folge, dass der Mitarbeiter auch nicht wie erwartet belohnt wird, da es keinen objektiven Grund für eine Belohnung in der erwarteten Höhe gibt. Die Folge ist eine *kognitive Dissonanz* beim Mitarbeiter: Tatsächliche Belohnung und aufgrund der zu positiven Selbstwahrnehmung erwartete Belohnung passen nicht zusammen, was ein geistiges Spannungsgefühl (die kognitive Dissonanz) auslöst (vgl. Abschn. 3.2.2 zur

kognitiven Dissonanz). Wie wir gezeigt haben, sind kognitive Dissonanzen schwer zu ertragen, sodass der Mitarbeiter dazu tendieren wird, die kognitive Dissonanz aufzulösen.
Aber wo wird er hierzu ansetzen? Wird der Mitarbeiter seine Selbstwahrnehmung korri-
gieren und sich das relative Leistungsdefizit eingestehen? Oder wird er sich die tatsächlich
eingetretene Belohnung womöglich mental schönreden, sodass sie zur hohen subjektiven
Selbstwahrnehmung passt?

Wiswede (2012, S. 83) legt dar, dass Menschen kognitive Dissonanzen aufzulösen
versuchen, indem, sie die Kognition verändern, die *am leichtesten veränderbar* ist. In unserem Fall entsteht damit die Frage, ob die Selbstwahrnehmung leichter zu verändern ist
als die Wertigkeit der Belohnung. Die Selbstwahrnehmung ist es in aller Regel nicht, da
das hohe Selbstwertgefühl, das der Selbstüberschätzung zugrunde liegt, über Jahre hinweg (vor allem im besonders prägenden Kindesalter) entstanden und gewachsen ist. Es
ist derart fest verwurzelt, dass ein Mitarbeiter nicht auf einmal selbstkritisch werden wird,
nur weil eine Belohnung für eine (vermeintlich) herausragende Leistung zu gering ausfällt
(vgl. Hurrelmann und Albrecht 2014, S. 194). Also muss die Wertigkeit der Belohnung
verändert werden. Der Abbau der kognitiven Dissonanz würde dann in etwa so erfolgen: „Ich wollte sowieso nicht befördert werden." oder „Zu viel Lob und Anerkennung
verderben den Charakter.". Je stärker die Art einer Belohnung allerdings zu den Persönlichkeitsmerkmalen eines Menschen passt (oder – im Sinne einer Näherung – zu denen
der Generation Y), desto schwieriger wird es, ihnen Wert abzusprechen. Denn ein guter
Anreiz hat eine körperliche Auswirkung: die Ausschüttung von Dopamin. Wenn diese
körperliche Reaktion stattfindet, ist eine überzeugende Abwertung (die eine Art Selbst-
betrug darstellt) kaum möglich. In der Konsequenz wird ein Mitarbeiter zum Abbau der
kognitiven Dissonanz weder die Selbsteinschätzung verändern noch – wenn diese für ihn
objektiv attraktiv ist – die Belohnung abwerten, sondern eine dritte Möglichkeit wählen:
Er wird zwischen den dissonanten Elementen eine Art *mentale Brücke* schlagen. Er wird
sich so etwas sagen wie: „Mein Vorgesetzter hat etwas gegen mich, deswegen ist er ungerecht zu mir." Um die mentale Brücke zu stützen – schließlich bildet sie die einzige
Möglichkeit, die kognitive Dissonanz abzubauen – wird er im Rückblick Belege finden,
die seine Vermutung stützen. „Wenn ich genau nachdenke, fällt mir ein, dass mein Vorgesetzter mich schon früher unfair behandelt hat." Schritt für Schritt steigt die subjektive
Überzeugung des Mitarbeiters, wirklich ungerecht behandelt worden zu sein. Die Konsequenz hieraus ist eine bedeutende: Mit der Überzeugung, dass er schlecht behandelt
wird, sinken Leistungsbereitschaft und Leistung des Mitarbeiters. Und im Ergebnis sehen wir einen Mitarbeiter der Generation Y, der demotiviert ist – ursprünglich ausgelöst
durch eine übersteigerte Selbstwahrnehmung. Sie ist ein wichtiger Grund dafür, warum
die Generation Y in den Augen vieler als unmotiviert wahrgenommen wird.

Wie kann eine Führungskraft es nun schaffen, die „richtige" Kognition, also die
übertriebene Selbstwahrnehmung, zu adressieren und zu verändern, damit die übersteigerte Selbstwahrnehmung eines Mitarbeiters der Generation Y *nicht* zu Demotivation
führt? Von Watzlawick wissen wir, dass jede Nachricht einen Inhalts- und einen Beziehungsaspekt hat (vgl. http://www.paulwatzlawick.de/axiome.html). Diese Ebenen können

allerdings nicht klar voneinander getrennt werden, sodass eine rein inhaltlich gemeinte Botschaft immer auch auf der Beziehungsebene wahrgenommen wird. Und genau hier liegt die entscheidende Ursache dafür, dass sich eine *systematische Selbstüberschätzung* der Generation Y überhaupt erst entwickeln konnte: Die Generation Y wurde so stark umsorgt, dass sie daraus schließen *musste*, sie sei etwas Einzigartiges (als Wunsch- und Einzelkinder sind viele von ihnen das ja auch). Diese Einzigartigkeit hat aber oftmals nicht auf der Beziehungsebene zwischen Eltern und Kindern haltgemacht. Sie wurde von vielen Mitgliedern der Generation Y als so global wahrgenommen, dass *sowohl* Beziehungs- *als auch* Inhaltsebene davon betroffen sind: Eltern überschütteten ihre Kinder derart mit Liebe und Zuneigung, dass (fast) alles, was die Kinder machten, als herausragend deklariert wurde. Damit hat die Generation Y eine differenzierte Betrachtung von persönlicher Wertschätzung durch die Eltern (auf der Beziehungsebene) und davon unabhängiger Wertschätzung bestimmter Leistungen (auf der Inhaltsebene) oftmals gar nicht kennengelernt, was sich dann im Berufsleben in einer pauschalen Selbstüberschätzung niederschlagen kann.

In einer differenzierten Betrachtung zwischen Beziehungs- und Sachebene liegt auch der Schlüssel zur Lösung des Problems der systematischen Selbstüberschätzung: Wenn Führung ein *kommunikativer* Prozess der Verhaltenssteuerung ist, hat auch Führung einen Inhalts- und einen Beziehungsaspekt. Über diese Differenzierung bekommt die Führungskraft einen Ansatzpunkt zur sinnvollen Auflösung der kognitiven Dissonanz beim Mitarbeiter, wenn sie sich an folgenden Schritten orientiert:

1. Eine Führungskraft muss die Generation Y intensiv beobachten, um festzustellen, wann eine kognitive Dissonanz, ausgelöst durch eine Minderleistung, die im Konflikt mit einem zu positiven Selbstbild steht, eintritt (kognitive Dissonanz durch Selbstüberschätzung). Sie ist in der Regel erkennbar durch Unzufriedenheit des Mitarbeiters und alle damit möglicherweise einhergehenden Folgen (Demotivation bis hin zum Absentismus, Verbreitung schlechter Stimmung etc.).
2. Tritt eine solche kognitive Dissonanz erstmalig auf, ist ein Mitarbeitergespräch zu führen, in dem die Führungskraft dem Mitarbeiter deutlich macht, dass die fachliche Bewertung einer Leistung (Inhaltsaspekt) nichts mit der Bewertung des Mitarbeiters als Person und als Mensch (Beziehungsaspekt) zu tun hat.
3. In der ersten Phase des Mitarbeitergespräches hat die Führungskraft dem Mitarbeiter zu verdeutlichen, dass sie ihn als Menschen wertschätzt.[26] Damit kann der Mitarbeiter sein hohes Selbstwertgefühl auf der Beziehungsebene wahren.

---

[26] Wir gehen davon aus, dass jedem Menschen Wertschätzung entgegengebracht werden kann, weil jeder Mensch etwas Schätzenswertes in sich trägt. Es liegt in der persönlichen Entscheidung eines jeden Einzelnen, schätzenswerte Eigenschaften zu suchen und gegenüber anderen (weniger schätzenswerten) entsprechend höher zu bewerten. Damit ist Wertschätzung eine Haltung, die man sich aussuchen kann. Sie hat nichts damit zu tun, ob man einen Menschen mag oder mit ihm befreundet sein möchte. Mögen und Wertschätzung sind zwei unterschiedliche Ebenen, im beruflichen Kontext der Führungskraft zählt vor allem die Wertschätzung.

4. In der zweiten Phase des Gespräches übt die Führungskraft sachliche Kritik, zunächst mit einigen wenigen ausgewählten Aspekten, im weiteren Verlauf der gemeinsamen Arbeit immer ausführlicher und dezidierter (vgl. hierzu den folgenden Exkurs: Feedback oder Kritik?). Wichtig hierbei ist, dass nicht nur die eigentliche Arbeitsleistung, sondern auch das Arbeitsverhalten Gegenstand des Kritikgespräches sein können, solange auch bezüglich des Arbeitsverhaltens die Anforderungen an sachliche Kritik erfüllt werden.

5. In der letzten Phase macht die Führungskraft *noch einmal* ihre Wertschätzung gegenüber dem Mitarbeiter deutlich. Dies ist gerade zu Beginn einer Beziehung zwischen Führungskraft und Mitarbeiter wichtig, da dem Mitarbeiter *vor allem das Ende* eines solchen Gespräches in Erinnerung bleibt (vgl. Kahneman 2012, S. 468 f.). Und eine spätere Reflexion soll nicht das Selbstbild des Mitarbeiters bedrohen, da so die ursprüngliche kognitive Dissonanz wieder auftreten oder sogar verstärkt werden könnte.

6. Im Nachgang zum Gespräch, etwa ein bis zwei Tage später, lobt die Führungskraft den Mitarbeiter für die Teilnahme am Kritikgespräch (auch wenn dieser gerade zu Beginn der Beziehung damit nicht sehr konstruktiv umgegangen ist). Damit soll vor allem ein positiver Lerneffekt (eine positive Konditionierung) bezüglich der Teilnahme an solchen Gesprächen erfolgen. Im weiteren Verlauf der Beziehung sollte das Lob dann immer stärker vom konstruktiven Umgang des Mitarbeiters mit Kritik abhängen.

Durch die Einhaltung dieser Schritte kann sukzessive eine Eigenbildkorrektur auf Sachebene stattfinden. Aber nur, wenn wirklich bei *jeder* Minderleistung und einer dadurch wahrscheinlich eintretenden kognitiven Dissonanz ein solches Gespräch geführt wird, kann sich eine positive Eigenbildentwicklung ergeben (deshalb sprechen wir von *konsequenter* transaktionaler Führung). Darüber hinaus sollten gute Leistungen *konsequent* belohnt werden, um eine positive Verhaltensverstärkung zu bewirken, etwa durch Lob und Anerkennung als grundsätzlich sehr leistungsfähiger Motivator oder über die zu den Merkmalen der Generation Y passenden Anreize. Damit setzt die transaktionale Führung aus zwei Perspektiven auf Anreize und Belohnung: erstens durch die Verstärkung guter Leistungen und zweitens dadurch, dass eine (konstruktive) Teilnahme an Kritikgesprächen belohnt wird.

Exkurs: Feedback oder Kritik?

Worin genau liegt der Unterschied zwischen Feedback und Kritik? Oft lautet die Antwort, Feedback sei positiv, Kritik hingegen negativ. Dem ist nicht so. Sowohl Kritik als auch Feedback können beides sein: eine positive oder eine negative Bewertung. Aber wo liegt der Unterschied dann?

Der entscheidende Unterschied ist der *Objektivitätsanspruch*: Kritik möchte *objektiv* sein, Feedback will das nicht, es ist *bewusst subjektiv*. Allerdings kann Kritik diesen Objektivitätsanspruch nur dann erfüllen, wenn sie nachvollziehbar ist (denn eben das ist die Definition von Objektivität: intersubjektive *Nachvollziehbarkeit*). Und Nachvollziehbarkeit wird nur dann erreicht, wenn *Kriterien* verwendet werden. Kriterium bedeutet – aus dem Griechischen stammend – „Richtmaß". Und unter Kritik wird eine Bewertung auf Basis eines Richtmaßes verstanden. So hängen *Kritik* und *Kriterium* auch sprachlich zusammen.

Erst Kriterien machen eine Leistung also nachvollziehbar und damit objektiv bewertbar. Damit hat einzig Kritik die Fähigkeit, sich in Bewertungsdimensionen wie *gut/schlecht* oder *richtig/falsch* zu bewegen. Denn eine Leistung an sich ist weder gut oder schlecht, sie ist zunächst nur zielgerichtete Arbeit. Ihre Qualität bekommt sie bei der Gegenüberstellung mit Referenzgrößen. Wenn eine Leistung alle Anforderungskriterien erfüllt, ist sie gut oder sehr gut.

Damit ergibt sich auch direkt eine Daseinsberechtigung von Feedback: Nicht zu allen Leistungen gibt es Referenzgrößen oder Kriterien. Trotzdem ist es möglich, solche Leistungen zu bewerten. Aber eben nicht in einem objektiven, sondern in einem subjektiven Maße. Feedback geht von Bewertungsdimensionen wie *gefällt mir/gefällt mir nicht* oder *macht mich glücklich/macht mich unglücklich* aus. Damit verfolgt Feedback ein ganz anderes Ziel als Kritik: Kritik möchte *objektive Abweichungen* bestimmen, Feedback möchte *Entwicklungsmöglichkeiten* anbieten. Aus diesen unterschiedlichen Zielen resultiert ein weiterer Unterschied zwischen Kritik und Feedback: Kritik ist *verbindlich*, Feedback ist *unverbindlich*. Viele Unternehmen setzen schließlich bei der Einschätzung der Zielerreichung ihrer Mitarbeiter auf eine kriteriengestützte Bewertung (etwa die Erreichung eines bestimmten Umsatzziels). Das Ausmaß der Zielerreichung hat eine konkrete Auswirkung auf das Jahreseinkommen oder den Bonus. Es ist verbindlich. Das Feedback einer Führungskraft (zum Beispiel in Bezug auf ein durchgeführtes Kundengespräch) ist durch ihre subjektive Wahrnehmung geprägt und sollte auf keinen Fall erfolgswirksam sein (sofern dieses Kundengespräch nicht auf Basis objektiver Kriterien bewertet wurde, aber dann wäre es wieder Kritik). Es dient dazu, dem Mitarbeiter Entwicklungsmöglichkeiten aufzuzeigen (um zukünftig bessere Kundengespräche zu führen). Ob die im Feedback enthaltenen Vorschläge (zum Beispiel stärkeres Lächeln, um eine angenehmere Gesprächsatmosphäre zu schaffen) allerdings auch für den Mitarbeiter geeignet sind, kann nur dieser selber entscheiden. Gegebenenfalls helfen diese von der Führungskraft stammenden Vorschläge auch nur der Führungskraft, aber nicht dem Mitarbeiter, weil es sich bei beiden um unterschiedliche Persönlichkeiten handelt. Eine unreflektierte Übernahme von Vorschlägen der Führungskraft durch den Mitarbeiter könnte gar zu einem nicht authentischen Verhalten führen und damit kontraproduktiv sein. Damit *muss* Feedback ein Angebot sein, über dessen Annahme die Person entscheidet, die das Feedback bekommt.

Und *wer* übt Feedback? Und *wer* übt Kritik? Es gibt genau *eine* Person, die über die Leistung eines Mitarbeiters zu befinden hat, wenn diese Einschätzung konkrete Auswirkungen auf Entlohnung oder andere Erfolgsgrößen (zum Beispiel Beförderung) haben soll: der *disziplinarische Vorgesetzte*, also die (einem Mitarbeiter direkt übergeordnete) Führungskraft. Diese exklusive Zuordnung des Werkzeuges *Kritik* zur direkten Führungskraft resultiert schon daher, dass es vernünftigerweise diese Führungskraft ist, die Ziele mit dem Mitarbeiter vereinbart. Dann muss es auch dieselbe Person sein, die das Ausmaß der Zielerfüllung bewertet. Kritik ist also der Führungskraft vorbehalten. Und auch wenn diese Feststellung wenig überrascht, sieht die Unternehmenspraxis oftmals anders aus: Mitarbeiter kritisieren Kollegen, Chefs kritisieren die Mitarbeiter ihrer Mitarbeiter, Mitarbeiter kritisieren Chefs. Diese Verhaltensweisen sind allesamt unangemessen: Nur der disziplinarische Vorgesetzte übt Kritik am disziplinarisch direkt untergeordneten Mitarbeiter – für Kritik gibt es keine andere Konstellation. Der Grund dafür ist einfach: Kritik ist ein Werkzeug, welches das Verhalten eines Mitarbeiters verändern soll, weswegen Kritik verbindlich ist. Also ist Kritik nicht nur eine Bewertung auf Basis von Kriterien, sondern optimalerweise immer auch mit dem Hinweis verbunden, dass etwas weitergemacht werden soll (bei positiver Kritik) oder dass etwas geändert werden muss (bei negativer Kritik). Damit ist Kritik unter anderem das Vehikel dafür, das dem Arbeitgeber gesetzt zugesicherte Direktionsrecht umzusetzen. Dieses Direktionsrecht wird der jeweils disziplinarisch verantwortlichen Führungskraft übertragen.

Die Einhaltung dieser Trennung zwischen Feedback und Kritik ist wichtig, denn es ist sehr verlockend, über alle anderen im Unternehmen zu urteilen und diese zu kritisieren. In vielen Fällen sind Mitarbeiter schnell bei der Hand, wenn es darum geht, Kollegen, Vorgesetzte, das Topmanagement oder gar Kunden zu kritisieren (wobei diese „Kritik" teilweise eine Maßnahme der Frustkompensation ist). Das Problem dabei ist, dass diese Mitarbeiter gar nicht über die Voraussetzungen verfügen, um sinnvoll Kritik zu üben: Sie haben keine Ziele festgelegt, sie kennen den Hintergrund der festgelegten Ziele womöglich gar nicht, und vor allem nehmen sie die Leistungen anderer nur sehr selektiv war. Kurzum: Sie können gar nicht *richtig* kritisieren, tun es aber dennoch. Das alleine ist schon problematisch, weil sich Menschen anmaßen, andere Menschen aufgrund von Halbwissen zu bewerten. Schlimmer ist jedoch die Stimmung, die daraus entstehen kann: Roth (2014, S. 295) etwa rät insgesamt dazu, vorsichtig mit Kritik umzugehen, weil sich Menschen innerlich rächen würden, wenn sie kritisiert werden, schließlich werde ihr Selbstbild durch Kritik in Gefahr gebracht (so interpretiere es zumindest das Gehirn der Kritisierten oftmals). Um der Gefahr entgegenzuwirken, dass Gleiches mit Gleichem vergolten wird, dass auf nicht fundierte Kritik also nicht fundierte (und womöglich unsachliche) Gegenkritik folgt und sich daraus ein Teufelskreis entwickelt, muss mit Kritik verantwortungsbewusst umgegangen werden. *Eine* Anforderung ist daher, dass nur die Person Kritik üben sollte, die über alle notwendigen Bewertungsgrundlagen verfügt. Und das ist ausschließlich die direkt vorgesetzte Führungskraft.

Aber natürlich gibt es so viele Bewertungssituationen in Unternehmen, dass Kritik alleine nicht ausreicht, um sie alle adäquat zu bedienen. Daher steht das Feedback als Werkzeug *neben* der Kritik. Im Gegensatz zur Kritik kann Feedback von *jeder Person* im Unternehmen gegeben werden, schließlich sind die Inhalte von Feedback nicht verpflichtend. Der Empfänger von Feedback sucht sich also aus, ob er das Feedback annehmen möchte oder nicht. Und nach dieser Logik kann auch ein Kollege einem anderen ein Feedback geben, solange er dies mit Respekt und unter Beachtung einiger Regeln macht (vgl. das folgende Werkzeug: Feedback- und Kritikgespräche).

Werden Feedback und Kritik in dieser Form differenziert, ergeben sich daraus zwei zentrale Rollen für eine Führungskraft: die eines *Coaches* und die des *Chefs*. Der *Coach* hat vor allem das Ziel, seine Mitarbeiter weiterzuentwickeln und ihnen dafür über Feedback Ideen und Hinweise zu geben. Er steht als Partner neben seinen Mitarbeitern. Er lässt ihnen dabei die Freiheit, selber zu entscheiden, welche Entwicklungsrichtung sie einschlagen und welche Teile seines Feedbacks sie übernehmen möchten. Der *Chef* hingegen hat dafür Sorge zu tragen, dass der Mitarbeiter die vereinbarten Ziele möglichst effizient erreicht. Dazu kritisiert er die Leistungen seiner Mitarbeiter (nicht die Mitarbeiter selber) und legt (bestenfalls gemeinsam mit den Mitarbeitern) verbindlich solche Verhaltensweisen fest, die eine Zielerreichung unterstützen. Der Chef muss sich darauf verlassen können, dass seine Mitarbeiter sich an die geäußerte Kritik halten, denn diese ist verbindlich.

Zwischen beiden Rollen kann und sollte die Führungskraft situationsspezifisch (auch über unsere Tit-for-Tat-Strategie hinaus) wechseln. Dabei sollte sie deutlich machen, welche Rolle sie gerade einnimmt. Solche Aussagen können in etwa lauten: „Als Ihr Chef möchte ich . . . ", oder; „Als Ihr Coach empfehle ich Ihnen . . . "

Feedback und Kritik sind also grundlegend unterschiedliche Ansätze zur Bewertung und Entwicklung von Leistungen. Beide haben verschiedene Anwendungsvoraussetzungen, und daher kann eine möglichst umfassende Bewertung von Leistungen eben nur dann erfolgen, wenn Feedback und Kritik als einander ergänzende Werkzeuge nebeneinander stehen.

Werkzeug: Feedback- und Kritikgespräche

Folgende Regeln werden oftmals als Feedbackregeln festgelegt:

- Feedback sollte erstens *zeitnah* erfolgen, damit der Feedback-Nehmer eine sogenannte Kontingenz, also eine logische Verbindung, zwischen seinem Verhalten und den Wahrnehmungen und daraus resultierenden Gefühlen des Feedbackgebers herstellen kann. Erfolgt das Feedback zu spät, erinnert sich der Feedbacknehmer womöglich nicht mehr richtig.

- Zweitens sollte Feedback *konkret-beschreibend* sein, damit der Feedbacknehmer genau weiß, was als positiv oder negativ wahrgenommen wurde.
- Drittens sollte Feedback *ehrlich, aber wertschätzend* sein, damit der Feedbacknehmer eine unverblümte Wahrnehmung widergespiegelt bekommt, aus der er dann wirklich etwas für sich ableiten kann, die er aber durch die wertschätzende Art der Übermittlung einigermaßen leicht verdauen kann (was insbesondere bei negativem Feedback nicht ganz einfach ist).
- Viertens sollte Feedback *nicht psychologisieren*. Es steht dem Feedbackgeber nicht zu, darüber zu spekulieren, *warum* sich der Feedbacknehmer so verhalten hat, wie er sich verhalten hat. In der Regel dürfte er für diesen psychologisch anspruchsvollen Prozess auch nicht adäquat ausgebildet sein, sodass die Gefahr einer rein auf Plausibilitätsebene stattfindenden und damit wenig hilfreichen Verhaltensdeutung besteht.

Die genannten Regeln haben ihre Daseinsberechtigung allerdings nicht nur für Feedbackgespräche. Auch für Kritikgespräche sind sie sinnvoll:

- Auch Kritik sollte *zeitnah* erfolgen, damit der Mitarbeiter eine Kontingenz zwischen Leistung und Bewertung herstellen kann und bei einer Schlechtleistung zeitnah Möglichkeiten der Verhaltensanpassung bekommt, um seine Leistung schnell zu verbessern. Davon unberührt bleiben Halbjahres- oder Jahresgespräche, die zur Leistungsbeurteilung oder Zielvereinbarung dienen, die dann aber auf den Inhalten der unterjährigen Kritikgespräche aufbauen.
- Auch Kritik sollte *konkret-beschreibend* sein, damit überhaupt Ursachen von guten oder schlechten Leistungen bestimmt werden und als Grundlage für eine etwaige Verhaltensoptimierung dienen können. Das konkrete Beschreiben einer Verhaltensweise ist damit die Grundlage für deren Analyse.
- Auch Kritik sollte *ehrlich, aber wertschätzend* sein. Die Wertschätzung verfolgt vor allem das Ziel, dass die Beziehungsebene zwischen Mitarbeiter und Führungskraft ungestört ist, sodass auf der Sachebene unvoreingenommen nach etwaigen Verhaltensoptimierungen gesucht werden kann. Die Ehrlichkeit ergibt sich aus der Natur der Kritik: nachvollziehbar, da auf Kriterien beruhend und eben genau so, wie die Leistung vom Mitarbeiter auch erbracht wurde.
- Auch Kritik sollte *nicht psychologisieren*. Lau (2013, S. 12 ff.) etwa weist auf konkrete Gefahren hin, die mit der zunehmenden pseudo-psychologischen Ergründung von menschlichen Verhaltensweisen in Unternehmen durch nicht oder nicht adäquat ausgebildete Personen entstehen können. Es ist zwar nicht egal, welche Muster des Wahrnehmens und Verhaltens hinter etwaigen Zielverfehlungen stehen, aber es liegt nicht in der Hand der Führungskraft, diese Muster ans Tageslicht zu befördern, wenn die Gründe dafür nicht offensichtlich sind. Also muss im Rahmen von Kritik

gemeinsam und fundiert an Lösungen gearbeitet werden – aber ohne Psychologisierung.

Feedback und Kritikgespräche folgen also im Kern den gleichen Regeln. Darüber hinaus haben sie einen vergleichbaren Ablauf. Das jeweilige Gespräch unterteilt sich in fünf Phasen:

1. *Die Einführungsphase*
   Bevor ein Kritikgespräch begonnen wird, sollte die Führungskraft herausfinden, ob der Mitarbeiter emotional zur Aufnahme von Kritik in der Lage ist. Da ein Mitarbeiter aber auch dafür bezahlt wird, dass er von seinem Vorgesetzten Leistungsbeurteilungen erhält und gegebenenfalls gemeinsam mit ihm Optimierungsmöglichkeiten entwickelt, darf eine Führungskraft grundsätzlich davon ausgehen, dass ein Mitarbeiter zu einem Kritikgespräch in der Lage ist. Nur bei besonderen emotional belastenden Ereignissen (vgl. hierzu auch die Anmerkungen zum Glacéhandschuh-Management in Abschn. 3.2.6) sollte auf Kritikgespräche verzichtet werden.
   Bevor ein Feedbackgespräch begonnen wird, ist vom Feedbackgeber zu klären, ob der Feedbacknehmer bereit ist, ein Feedbackgespräch zu führen. Hierüber entscheidet der Feedbacknehmer, schließlich ist die Annahme von Feedback freiwillig, weswegen ein Feedbackgespräch unter solchen Rahmenbedingungen erfolgen sollte, unter denen eine positive Aufnahmebereitschaft nicht gestört ist.
2. *Die Phase der Ist-Aufnahme*
   Bei der Kritik geht es darum, eine objektiv messbare Größe aufzunehmen, auf deren Basis eine Leistung bewertet werden soll (zum Beispiel der Jahresumsatz in Euro). Beim Feedback hat der Feedbackgeber die Aufgabe, eine oder mehrere Wahrnehmungen konkret zu benennen und zu beschreiben.
3. *Die Phase der Bewertung*
   Bei der Kritik soll das Ausmaß der Abweichung von festgestellten Ist-Werten zu den vorgegebenen Zielen in eine (in der Regel sprachliche) Bewertungsskala überführt werden. Wichtig ist, dass diese Überführung schlüssig, bei allen Mitarbeitern gleich und damit nachvollziehbar ist. Dabei ist es für die folgende Phase des Gespräches wichtig, dass sich die Führungskraft etwaige Anmerkungen und Hinweise anhört, warum eine bestimmte Leistung zustande gekommen ist. Im Zweifel sollte die Führungskraft immer wieder deutlich machen, dass sie lediglich die Leistung bewertet, nicht aber den Mitarbeiter als Person (Beziehungsebene bleibt unangetastet).
   Beim Feedback soll(en) die erfolgte(n) Wahrnehmung(en) mit Auswirkungen auf die Gefühlsebene der Person in Verbindung gebracht werden, die Feedback übt. Diese Gefühlsauswirkungen sollten ebenfalls konkret und differenziert beschrieben werden. Dabei sollte der Feedbacknehmer lediglich zuhören und sein – vom Feedbackgeber subjektiv wahrgenommenes Verhalten – nicht rechtfertigen. Schließlich besteht für den Feedbacknehmer *keine Pflicht*, das eigene Verhalten zu ändern.

4. *Die Phase des Ausblicks*

Bei der Kritik werden in dieser Phase konkrete Handlungsweisen eingefordert oder besser: gemeinsam hergeleitet. Bei negativer Kritik wird also erarbeitet, was in Zukunft konkret anders gemacht werden kann. Dabei sollten Anmerkungen und Hinweise aus der zweiten Phase des Gespräches berücksichtigt werden.

Beim Feedback äußert der Feedbackgeber einen konkreten Wunsch, wie aus seiner Sicht das zukünftige Verhalten des Feedbacknehmers aussehen sollte. Der Feedbacknehmer sollte für sich überlegen, ob das vorgeschlagene Verhalten für ihn eine sinnvolle Alternative darstellt, muss dies jedoch nicht zwingend gegenüber dem Feedbackgeber (weder im Gespräch selber noch danach) thematisieren.

5. *Die Abschlussphase*

Bei der Kritik wird in der Abschlussphase konkret festgehalten, welche Maßnahmen oder Verhaltensweisen vom Mitarbeiter bis zu welchem Zeitpunkt erwartet werden und woran diese Maßnahmen oder Verhaltensweisen bemessen werden.

Beim Feedback geht es ausschließlich um die Klärung offener Fragen. Da es in der Hand des Feedbacknehmers liegt, im Feedback enthaltene Hinweise umzusetzen, muss mit ihm nichts Konkretes vereinbart werden. Allerdings ist es – sofern emotional machbar – sinnvoll, wenn sich der Feedbacknehmer für das erhaltene Feedback bedankt. Schließlich stellt Feedback eine freiwillige Leistung dar.

Management by Exception als Bestandteil der konsequenten transaktionalen Führung

Bleibt letztlich noch das für die transaktionale Führung typische *Management by Exception*. Es besagt, dass eine Führungskraft nur im Ausnahmefall eingreifen sollte: Sie vereinbart mit dem Mitarbeiter Ziele (vgl. Abschn. 3.2.2) und interveniert nur, wenn die Zielerreichung gestört ist oder sich eine solche Störung ankündigt (zum Beispiel durch Hinweise auf Unzufriedenheit). Ansonsten setzt sie auf ein selbstorganisiertes Arbeiten ihrer Mitarbeiter (vgl. Abschn. 3.2.4).

Furtner und Baldegger (2013, S. 159 ff.) unterscheiden zwei Arten des Managements by Exception: ein *aktives* und ein *passives*. Ein aktives Management by Exception hat eher präventiven Charakter, ein passives eher einen bewältigenden Charakter. Dabei geht es immer um die Frage, inwiefern eine Zielerreichung gefährdet sein *könnte* (aktiv) beziehungsweise *tatsächlich* gefährdet *ist* (passiv). Das *aktive* Management by Exception nach Furtner und Baldegger (2013) orientiert sich an den folgenden drei Schritten:

1. Es muss genau beobachtet werden, ob Mitarbeiter Fehler machen.
2. Der Fokus liegt bei der Beobachtung neben Fehlern auf Symptomen wie Beschwerden, Versäumnissen, Abweichungen oder Verstößen, die ebenso Anzeichen dafür sein können, dass eine Zielerreichung gefährdet ist.
3. Eine Führungskraft muss antizipieren, wie und wann Fehler und Probleme entstehen beziehungsweise auftreten können.

Als Problem eines aktiven Managements by Exception nennen Furtner und Baldegger (2013) die Auswirkungen eines zu häufigen Eingreifens der Führungskraft. Denn nur, weil ein Fehler oder Problem auftreten *kann*, heißt es nicht, dass es auch auftreten muss. Hinzu kommt eine zweite Schwierigkeit: Die Führungskraft wird die Art, wie der Mitarbeiter ein Ziel erreichen möchte, mit den *eigenen* Herangehensweisen für eine bestimmte Aufgabe vergleichen. Allerdings gibt es für spezifische Aufgaben normalerweise nicht nur *eine* Lösungsmöglichkeit, sondern *viele*, häufig ohne dass ex ante gesagt werden könnte, welche Herangehensweise besser ist (wenn eine solche eindimensionale Betrachtung von Problemlösungen überhaupt möglich ist). Die Führungskraft könnte nun jede Abweichung von ihrer Herangehensweise als einen potenziellen Fehler interpretieren, weil sie selber mit dieser (anderen) Herangehensweise noch keinen Erfolg hatte (schließlich hat sie sie noch nicht getestet). Es besteht also die Gefahr, dass *anders* und *falsch* verwechselt werden. Nun geht aber jeder Eingriff der Führungskraft in den Arbeitsfluss eines Mitarbeiters mit der Gefahr der Demotivation einher, allein weil dem Mitarbeiter reingeredet wird. Und je *aktiver* ein Management by Exception erfolgt beziehungsweise je stärker die Führungskraft die Herangehensweisen des Mitarbeiters mit den eigenen vergleicht, desto häufiger wird die Führungskraft in den Arbeitsfluss ihres Mitarbeiters eingreifen. Ein *sehr aktives* Management by Exception geht daher mit einer hohen Gefahr der Demotivation des Mitarbeiters einher. Aus diesem Grund empfehlen Furtner und Baldegger (2013) den dosierten Einsatz dieses Werkzeuges.

Ein *passives* Management bei Exception erfolgt erst dann, wenn Fehler bereits aufgetreten sind. Der Vorteil liegt darin, dass der Mitarbeiter aus konkreten eigenen Fehlern lernen kann. Dieser Lerneffekt ist ein stärkerer (und damit didaktisch sinnvollerer) als beim aktiven Management by Exception, bei dem der Mitarbeiter gar keine konkreten Lernmöglichkeiten bekommt, wenn die Führungskraft das Mitarbeiterverhalten im Vorfeld eines potenziellen Fehlers zu stark beeinflusst. Aus ökonomischer Sicht ist es allerdings fraglich, ob der Nutzen des Lernens aus konkreten Fehlern die Kosten, die dieser Fehler verursacht, übersteigt. Diese Frage kann weder im Allgemeinen noch im Speziellen beantwortet werden: Im Allgemeinen sind Fehler zu unterschiedlich, als dass eine sinnvolle allgemeingültige Aussage möglich wäre; im Speziellen kann nie verlässlich vorhergesagt werden, welchen Nutzen ein Lerneffekt für die zukünftige Arbeit eines Mitarbeiters hat. Also wird es Fälle geben, bei denen die Fehlerkosten höher sind; und es wird Fälle geben, bei denen der Lernnutzen höher ist. Somit wollen wir diese Frage als eine Überzeugungsfrage betrachten: Um Mitarbeiter zu entwickeln und ihre Reife (aus fachlicher *und* persönlicher Sicht) zu steigern, sollte Mitarbeitern die Möglichkeit gegeben werden, aus ihren Fehlern zu lernen, wenn dies ökonomisch vertretbar ist. Nur, wenn klar wird, dass ein Mitarbeiter *nicht* aus seinen Fehlern lernen kann und nicht in der Lage ist, mit dem relativ späten Eingreifen eines passiven Managements by Exception umzugehen, sollte auf die aktive Variante zurückgegriffen werden. Aber im Sinne unserer Tit-for-Tat-Strategie sollte *zunächst* auf ein passives Management by Exception gesetzt werden. Erst, wenn dieser Ansatz nicht greift, sollte auf die aktive Variante umgeschwenkt werden.

Das passive Management by Exception sollte drei Schritten folgen (vgl. ähnlich Furtner und Baldegger 2013, S. 161):

1. Eine Intervention erfolgt erst dann, wenn ein Ziel mit Sicherheit nicht erreicht werden kann.
2. Es muss zunächst ein konkreter Fehler oder ein konkretes Problem auftreten, bevor ein Eingriff erfolgt. An diesem konkreten Fehler oder Problem orientiert sich die Führungskraft dann.
3. Bei der Fehlerbehebung beziehungsweise Problemlösung ist die aktive Einbindung des Mitarbeiters erforderlich, die Führungskraft behebt den Fehler beziehungsweise löst das Problem *nicht* für den Mitarbeiter (Hilfe zu Selbsthilfe).

Von der konsequenten transaktionalen Führung zum Superleadership
Alle bisher genannten Maßnahmen der konsequenten transaktionalen Führung orientieren sich an einem Mitarbeiter mit persönlichen *Reifedefiziten*, ausgehend von einer persönlichen Selbstüberschätzung. Das Ziel aller Maßnahmen der konsequenten transaktionalen Führung ist es, die persönliche Reife zu steigern, indem eine Eigenbildkorrektur vorgenommen und die Kritikfähigkeit verbessert wird. Ist dies der Fall, kann von der konsequenten transaktionalen Führung zum Superleadership übergegangen werden. Auch hier greift damit wieder unser Konzept des *Tit for Tat*: Ergeben sich neue situative Führungsbedingungen, in diesem Fall eine gesteigerte persönliche Reife, hat die Führungskraft hierauf mit einem angepassten Führungsverhalten zu reagieren. Bei einer eher hohen persönlichen Reife ist das Superleadership das Führungswerkzeug der Wahl.

Unter *Superleadership* können wir ein Führungsverhalten verstehen, bei dem die Führungskraft den Mitarbeiter zur Selbstführung anleitet und ihn auf diesem Weg begleitet. So stellt Superleadership auf die *Entwicklung* eines Mitarbeiters ab, damit dieser seine eigene Leistung und sein eigenes Arbeitsverhalten selber bewerten und daraus Handlungskonsequenzen ableiten kann. Es wird also auf Teilhabe des Mitarbeiters am Führungsprozess gesetzt (vgl. Furtner und Baldegger 2013, S. 194), sodass der Mitarbeiter sich zu einem möglichst hohen Maße selber führen kann. Superleadership bedeutet also: Befähigung des Mitarbeiters zur Selbstführung.

Das Superleadership ist zur Führung der Generation Y aus unterschiedlichen Gründen gut geeignet, geht aber auch mit einigen Schwierigkeiten einher. Wir wollen zunächst die Vorteile betrachten. Erstens setzt das Superleadership auf Partizipation, also auf Teilnahme und Teilhabe des Mitarbeiters am Führungsprozess durch Selbstführung.[27] Diese Selbstführung weist Merkmale auf, die wir schon bei der Selbstorganisation von Mitarbeitern im Rahmen der Teamarbeit feststellen konnten (vgl. Abschn. 3.2.4): Durch die Beteiligung am Führungsprozess kann *Reaktanz* vermindert und Motivation gesteigert werden. Reaktanz hatten wir als eine potenzielle Abwehrhaltung oder einen Widerstand kennengelernt, der entstehen kann, wenn sich eine Person in ihrer Entscheidungs- oder

---

[27] Zur Bedeutung von Partizipation für die Generation Y in unterschiedlichen Lebensbereichen vgl. Hurrelmann und Albrecht (2014, S. 143).

Handlungsfreiheit beschränkt fühlt. Durch die Partizipation am Führungsprozess werden konkrete Führungskompetenzen (im Sinne von Rechten) von der Führungskraft auf den Mitarbeiter übertragen, sodass der Mitarbeiter weniger stark von der Führungskraft beeinflusst wird (sondern sich selber beeinflussen soll). Durch den Umstand, dass der Mitarbeiter über Maßnahmen der Selbstführung selber entscheiden darf – es also *seine* Maßnahmen sind – kann der Besitztumseffekt greifen. Diesen haben wir bereits als einen psychologischen Effekt der Wertsteigerung kennengelernt, wobei die Wertsteigerung allein dadurch eintritt, dass einem Menschen etwas gehört. Dem Mitarbeiter *gehört* in diesem Zusammenhang die Entscheidungs- und Handlungskompetenz der Selbstführung. Die dabei von ihm getroffenen Entscheidungen wird er tendenziell höher bewerten als die der Führungskraft, da er sie selber getroffen hat. So ist Superleadership in der Lage, die potenzielle Gefahr der Reaktanz in die potenzielle Chance der Motivation umzukehren.

Zweitens ist Superleadership ein geeigneter Führungsansatz für die Generation Y, weil durch die Verlagerung von Führungsaufgaben von der Führungskraft auf den Mitarbeiter die Handlungsgrundlagen des Mitarbeiters gestärkt werden. Die Führungskraft muss etwas von ihrem Einfluss an den Mitarbeiter abgeben, wodurch Macht geteilt wird. Dies kommt insbesondere der *geringen Machtdistanz* der Generation Y entgegen.

Drittens geht das Superleadership mit dem Vorteil einher, dass tendenziell weniger Führungsmaßnahmen aus dem *mentalen Modell* der Führungskraft auf das Verhalten des Mitarbeiters angewendet werden, was potenziell mit der Gefahr der *Inkommensurabilität* von Maßnahmen der Führungskraft und Verhalten des Mitarbeiters einhergeht. Wir wollen einmal im Detail erläutern, was hiermit gemeint ist:

Als *mentales Modell* haben wir ein Abbild der Wirklichkeit im Gehirn eines Menschen verstanden (vgl. Abschn. 2.2.2). Die Wirklichkeit ist zu komplex, als dass der Mensch sie vollständig in seinem Gehirn abbilden könnte, da das menschliche Gehirn in seiner Informationsaufnahme und -verarbeitung beschränkt ist. So trägt jeder Mensch ein Bild der Wirklichkeit in seinem Kopf, das nur zu geringen Teilen der (ganzen) Wirklichkeit (wie immer diese auch aussehen mag) entspricht. Zum Beginn eines Menschenlebens ist das mentale Modell leer, es füllt sich aufgrund von Erfahrungen, aber auch mit sonstigen Annahmen oder Hypothesen über die Wirklichkeit. Dieser Prozess der Entwicklung eines mentalen Modells wird als *Konstruktion* bezeichnet: Jeder Mensch konstruiert ein Bild der Wirklichkeit in seinem Gehirn aufgrund der Art und Weise, wie er sein Leben lebt (beziehungsweise übernimmt das Gehirn diese Aufgabe für ihn). Da jeder Mensch unterschiedliche Erfahrungen macht und damit unterschiedliche Leben lebt, gibt es keine zwei gleichen mentalen Modelle, so wie es keine zwei gleichen Menschen gibt (selbst eineiige Zwillinge sind zwar genetisch, aber nicht in Bezug auf ihr Verhalten identisch). Die Welt, in der sich Menschen damit bewegen, ist nicht die Wirklichkeit an sich, sondern die konstruierte Wirklichkeit im Gehirn. Die dort gespeicherten Erfahrungen, Regeln, Überzeugungen und so weiter bestimmen unser Handeln.

Aus der Beziehungsforschung wissen wir, dass vor allem solche Menschen langfristig gut harmonieren, die einander ähnlich sind (vgl. Kitz und Tusch 2013, S. 155). Gegensätze ziehen sich in der Regel nur kurzfristig an und stoßen sich langfristig wieder ab. Bei Harmonie durch Ähnlichkeit geht es allerdings nicht um körperliche Ähnlichkeit, sondern um die Ähnlichkeit der mentalen Modelle zweier Menschen. Das ist der Grund, warum Partnerbörsen im Internet vor allem deswegen ein Erfolg sind, weil dort computergestützt Persönlichkeitsmerkmale von Menschen erfragt, erfasst und mit denen von anderen Menschen systematisch abgeglichen werden können. Streng genommen werden dort mentale Modell miteinander verglichen. Das mag zwar unromantisch sein, ist aber für einen langfristigen Beziehungserfolg durchaus hilfreich.

Auch Führungskraft und Mitarbeiter führen eine Beziehung. Beide werden allerdings nicht nach der Passung ihrer mentalen Modelle ausgewählt, sodass es durchaus vorkommen kann, dass zwei relativ unterschiedliche mentale Modelle aufeinandertreffen. Die Wahrscheinlichkeit ist vor allem in dem hier relevanten Kontext besonders hoch, da der Mitarbeiter der Generation Y entstammt, die Führungskraft jedoch nicht. Die prägenden Ereignisse, welche die mentalen Modelle von Menschen maßgeblich beeinflussen, waren bei Führungskraft und Mitarbeiter also *grundverschieden*. Und: Wenn zwei unterschiedliche mentale Modelle aufeinandertreffen, kann es zu Reibungen kommen, weil die Weltanschauungen der entsprechenden Personen voneinander abweichen. Schlimmstenfalls kommt es zu einer *Inkommensurabilität*, einer Unvereinbarkeit, der mentalen Modelle von Führungskraft und Mitarbeiter und der daraus abgeleiteten Maßnahmen. Führt sich ein Mitarbeiter selber, trifft er Führungsentscheidungen aus seinem eigenen mentalen Modell heraus – Inkommensurabilität kann gar nicht erst entstehen. Zwar bleibt die Gefahr, dass die Maßnahmen der Selbstführung ineffektiv sind, weil der Mitarbeiter unter Umständen noch nicht über ausreichend Erfahrung zur effektiven Selbstführung verfügt. Die Rolle der Führungskraft besteht aber gerade darin, im Sinne eines Coaches solche Hinweise zu geben, die dem Mitarbeiter eine andere Sicht auf die Dinge eröffnen. Es findet also eine Beratung des Mitarbeiters statt, wobei diese Beratung das Ziel verfolgt, dass sich das mentale Modell des Mitarbeiters *weiterentwickelt*.

Über Superleadership sind damit sowohl die Gefahr der Inkommensurabilität von Führungsmaßnahmen als auch die Gefahr der Ineffektivität von Selbstführung berücksichtigt. So kann vor allem der Tatsache Rechnung getragen werden, dass die Generation Y durch ein *hohes Maß an Skepsis* geprägt ist: Durch Superleadership muss sie nicht Anweisungen aus einem fremden mentalen Modell folgen, demgegenüber sie sehr skeptisch eingestellt sein wird. Sie darf ihr eigenes mentales Modell weiterentwickeln.

Allerdings gehen mit dem Superleadership nicht nur Vorteile einher, es bestehen auch Schwierigkeiten. Vor allem sind die Anforderungen an die Führungskraft relativ hoch, da von ihr auf der einen Seite eine starke Vorbildrolle erwartet wird (vgl. Furtner und Baldegger 2013, S. 199). Deswegen spricht Malik (2007) auch von einem hohen Maß an Integrität, das der Führungskraft zu eigen sein muss (vgl. Abschn. 3.2.6). Der Mitarbeiter soll im Superleadership also von der Führungskraft lernen. Dieses Lernen erfolgt aber *nicht ausschließlich* derart, dass ein konkretes Verhalten des Mitarbeiters belohnt wird. Es findet also nicht nur Verstärkungslernen (oder operante Konditionierung) statt, wie wir es immer im Zusammenhang mit Belohnungen oder Bestrafungen vorfinden. Ergänzend findet das sogenannte *Modelllernen* statt (vgl. Wiswede 2012, S. 72 ff.), bei dem der Mitarbeiter bestimmte Verhaltensweisen beobachtet und sie übernehmen soll, wenn sie ihm für seine Selbstführung als passend erscheinen. Modelllernen funktioniert allerdings nur dann gut, wenn das Vorbild für den Lernenden attraktiv ist. Die Attraktivität eines Vorbildes für die Generation Y steigt vor allem dann, wenn sich die Führungskraft als *positive Autorität* positioniert (vgl. Abschn. 3.2.6).

Hinzu kommt eine zweite Schwierigkeit: Beim Superleadership muss die Führungskraft Teile der Führung an den Mitarbeiter abgeben. Dadurch *gewinnt* der Mitarbeiter an Führungsverantwortung, die Führungskraft selber *verliert* diese (zumindest in Bezug auf einige konkrete Führungsmaßnahmen). Damit muss die Führungskraft einen Teil ihres eigentlichen (und ihr per Definition zustehenden) Hoheitsgebietes abgeben. Es tritt also ein Kontrollverlust ein, weil ein Freiraum des Mitarbeiters an Stelle von Überwachung und Kontrolle durch die Führungskraft tritt. Und obgleich genau dieser Übergang von Kontrolle von der Führungskraft auf den Mitarbeiter durch das Superleadership explizit gewollt ist, kann er zu Problemen führen. Denn Menschen geben ungern Kontrolle ab, da ein Kontrollverlust emotional schwer zu ertragen ist (vgl. Wiswede 2012, S. 87). Menschen bevorzugen es, Dinge und Menschen in ihrem Verantwortungsbereich zu kontrollieren, als darauf zu vertrauen, dass auch ohne ihren Einfluss schon alles gut gehen wird – das ist für Führungskräfte nicht grundsätzlich anders. Nun soll eine Führungskraft nicht nur ihre Teams zur Selbstorganisation führen (vgl. Abschn. 3.2.4), wodurch ein Teil der fachlich-operativen Kontrolle abgegeben wird. Darüber hinaus soll auch noch Führungsverantwortung abgeben werden. Es entsteht bei guter Führung also ein doppelter Kontrollverlust.

Was bedeuten diese Erkenntnisse denn nun konkret? Wie sollte sich eine Führungskraft gegenüber einem relativ reifen Mitarbeiter im Sinne des Superleaderships verhalten? Wir wollen die wichtigsten Implikationen einmal darstellen:

1. Die Führungskraft sieht sich selber als Vorbild und versucht, diese Vorbildfunktion vor allem dadurch überzeugend wahrzunehmen, dass sie sich als *positive Autorität* positioniert.
2. Die Führungskraft sollte ihre Mitarbeiter mit allen Werkzeugen ausstatten, die ihnen eine objektive Einschätzung der eigenen Leistung ermöglichen. Dazu benötigt sie Werkzeuge zur Zielfestlegung, zur Ermittlung der eigenen Leistung aus qualitativer, quantitativer und zeitlicher Sicht sowie zur Bestimmung etwaiger Abweichungen (Zielerreichungsgrad). Außerdem sollte der Mitarbeiter in die Lage versetzt werden, den Zielerreichungsgrad selbstständig in eine Leistungsbewertung zu überführen. Damit soll der Mitarbeiter zur *Selbstkritik* befähigt werden.
3. Die Führungskraft belohnt dann *nicht mehr* die Leistungen des Mitarbeiters, sondern
   a) das vom Mitarbeiter festgelegte Ziel hinsichtlich der Frage, ob es SMART formuliert ist oder nicht (vgl. Exkurs: SMARTe Zielformulierungen).
   b) wie objektiv der Mitarbeiter seine eigene Leistung bewertet hat.
   c) wie stark sich der Mitarbeiter selber für eine gute Leistung belohnt hat.

    d) welche konkreten Lerneffekte ein Mitarbeiter aus einer schlechten Leistung gezogen hat.

4. Die Führungskraft positioniert sich vor allem als *Coach*, der seinem Mitarbeiter Feedback gibt und ihn bei der Entwicklung seines mentalen Modells unterstützen möchte. Dabei fordert die Führungskraft von ihrem Mitarbeiter immer wieder eine konstruktiv-selbstkritische Selbstbewertung und -belohnung ein.

5. Die Führungskraft versucht den durch das Superleadership eingetretenen Kontrollverlust positiv zu interpretieren, indem sie sich immer wieder deutlich macht: Nicht die Kontrolle über den Mitarbeiter unterstützt dessen Entwicklung. Was wirklich hilft, ist, dass dieser sich gemäß seiner Persönlichkeit und den daraus resultierenden Stärken selbstständig und selbstkritisch entwickeln kann.

Im Superleadership findet also vor allem ein Umdenken bei der Belohnung von Mitarbeitern statt: Nicht mehr die Arbeitsleistung wird belohnt, sondern die *Qualität der Selbstführung*. So kann es dazu kommen, dass eine Führungskraft ihre Mitarbeiter lobt, obwohl sie eine objektiv schlechte Arbeitsleistung erbracht haben. Und zwar dann, wenn der Mitarbeiter diese Schlechtleistung erkannt und daraus konkrete Maßnahmen zur zukünftigen Leistungsverbesserung abgeleitet hat. An eine solche Herangehensweise müssen sich Führungskraft und Mitarbeiter wahrscheinlich erst einmal gewöhnen. Für unsere Ausführungen ergibt sich daraus eine angepasste Definition von Führung: Bislang haben wir Führung als kommunikativen Prozess der Einflussnahme mit dem Ziel der Verhaltensauslösung oder -veränderung betrachtet. Im Sinne des Superleaderships verstehen wir Führung eher als kommunikativen Prozess der Einflussnahme mit dem Ziel der Selbstbewertung und -belohnung. Die hinter dieser Sichtweise stehende konstruktiv-selbstkritische Selbstbewertung und -belohnung des Mitarbeiters ist der wichtigste Hebel für die Führungskraft, die Karriere des Mitarbeiters zu unterstützen. Denn je weiter ein Mitarbeiter im Unternehmen kommt, je höher er also die Karriereleiter emporklettert, desto geringer wird die Anzahl derer, die einen Mitarbeiter für eine positive Leistung loben. Ein Geschäftsführer oder Vorstandsvorsitzender etwa kann kaum noch auf Lob und Anerkennung Dritter setzen. Schließlich ist die Aufgabe von Aufsichtsrat oder Gesellschafterversammlung, je nachdem, wie man es betrachten möchte, das Topmanagement zu überwachen – nicht, es zu motivieren. Motivation kann für das Topmanagement dann entweder aus der eigenen Managementarbeit kommen (intrinsische Motivation) oder durch Lob und Anerkennung von sich selber (extrinsische Selbstbelohnung).[28] Superleadership versucht, exakt diese Schlüsselkompetenz der konstruktiv-selbstkritischen Selbstbewertung und -belohnung zu vermitteln.

Je früher die Kompetenz der extrinsischen Selbstbelohnung entwickelt wird, desto besser. Das liegt vor allem daran, dass die meisten Menschen sehr lange Zeit durch extrinsische Fremdbelohnung geprägt wurden. Vor allem im Kindesalter erfolgt Lernen dadurch, dass die Verhaltensweisen beibehalten werden, die *durch die Eltern* auf Basis von Lob

---

[28] Zu Definition und Beispielen extrinsischer und intrinsischer Motivatoren vgl. Abschn. 3.1.2

und Anerkennung positiv verstärkt wurden. Wenn eine Dreijährige ein Bild malt, werden ihre Eltern auf die Frage des Kindes, wie sie das Bild denn fänden, kaum antworten: „Was glaubst du denn, was dir beim Bild gut gelungen ist und was nicht? Und was ist dein Bewertungsmaßstab dafür? Ja: Welches Ziel wolltest du denn eigentlich erreichen?". Die Antwort lautet meistens: „Toll, mein Kind", ein repräsentatives Beispiel für extrinsische Fremdbelohnung (vielleicht gibt es sogar ein Eis, weil das Bild so schön geworden ist). Also sind es erst die Eltern, dann die Lehrer und schließlich die Ausbilder, Professoren oder Chefs, die darüber befinden, was gut oder schlecht war, auf das Gute mit einer Belohnung reagieren und auf das Schlechte womöglich mit einer Bestrafung. In der Regel verstärkt sich damit die Überzeugung in uns, dass all das richtig oder falsch ist, was eine bestimmte Referenzperson (wer immer das in welcher Situation auch sein mag) gerade sagt, und nicht, dass richtig oder falsch, gut oder schlecht nicht von der Bewertung eines Dritten abhängen, sondern einzig von der Qualität einer Leistung im Vergleich mit einer Bezugsgröße. Die Fähigkeit zur konstruktiv-selbstkritischen Selbstbewertung und -belohnung wird also kaum trainiert.

Je später ein Mensch lernt, auf extrinsische Selbstbelohnung statt auf extrinsische Fremdbelohnung zu setzen, desto geringer ist zunächst die Motivations- und Zufriedenheitswirkung der Selbstbelohnung. Denn lange Zeit hat das Gehirn nur dann Dopamin beziehungsweise Endorphin ausgeschüttet, wenn ein Dritter eine Belohnung in Aussicht gestellt oder sie tatsächlich gegeben hat. Damit hat lange Zeit – erneut sei auf die Psychologie zurückgegriffen – eine *klassische Konditionierung* stattgefunden. Diese ist nicht mit der operanten Konditionierung zu verwechseln, die wir als Verstärkungslernen kennengelernt haben. Die klassische Konditionierung kann auch als *Verknüpfungslernen* bezeichnet werden. Zwei voneinander unabhängige Reize werden so miteinander verknüpft, dass unser Gehirn eine Reaktion nicht nur bei einem für eine Reaktion eigentlich ursächlichen Reiz auslöst, sondern auch bei einem unbeteiligten Ersatzreiz (vgl. Wiswede 2012, S. 70). Ein Beispiel: Pawlow und Kollegen beobachteten, dass ihre Versuchshunde auf das ihnen vorgesetzte Futter mit ausgeprägtem Speichelfluss reagierten. Der visuelle Reiz eines gefüllten Futternapfs verursachte also bei den Versuchshunden die körperliche Reaktion des Speichelflusses. Daraufhin läuteten die Forscher immer dann eine Glocke, wenn die Versuchstiere das Futter erstmalig erblickten, sie setzten also einen eigentlich am Speichelfluss unbeteiligten zusätzlichen Reiz ein. Nach mehrmaligem Wiederholen dieses Vorgangs stellten die Forscher fest, dass die Hunde auch dann mit ausgeprägtem Speichelfluss reagierten, wenn *nur* der eigentlich unbeteiligte Reiz der Glocke gesetzt wurde. Die Hunde hatten in ihren Gehirnen also zusätzlich eine Verknüpfung zwischen Glocke und Speichelfluss entwickelt – und das nur, weil ein ursächlicher Reiz (Anblick Futternapf) und ein unbeteiligter Reiz (Läuten einer Glocke) über einen längeren Zeitraum *gleichzeitig* stattgefunden hatten. Ein eigentlich unbeteiligter Reiz wurde zu einem kausalen Ersatzreiz.

Eine solche klassische Konditionierung findet auch bei Menschen regelmäßig statt, sie ist eine wichtige Grundlage menschlichen Lernens. Auch bei der extrinsischen Fremdbelohnung ist sie zu finden: Wir haben tief in unserem Gehirn eine Verknüpfung vorgenommen zwischen einer *Person*, die eine Belohnung ausspricht, und dem endorphinbedingten Glücksgefühl der Belohnung. Der eigentliche Reiz-Reaktions-Zusammenhang wäre *Belohnung-Glücksgefühl*. Weil die Belohnung aber immer von einer dritten Person (Eltern, Lehrer, Ausbilder etc.) gegeben wurde, haben wir eine Verknüpfung *Person-Glücksgefühl* aufgebaut. Also: Ohne einen Dritten, von dem wir eine Belohnung bekommen, kein Glücksgefühl. Je länger und intensiver wir dies gelernt haben, desto stärker ist die dritte Person und nicht die Belohnung per se für unser Glücksempfinden nach einem Erfolg mitverantwortlich.

Je länger und intensiver wir also eine *Belohnung durch andere Personen* erfahren haben, desto schwieriger wird es, diese Verbindung aufzubrechen. Gelingt uns dieses Aufbrechen nicht oder haben wir nicht gelernt, dass auch die Belohnung durch uns selbst wertvoll ist, stellt sich kein oder nur ein schwaches Glücksgefühl ein, und damit herrscht eine geringe Motivations- und Zufriedenheitswirkung extrinsischer Eigenmotivation[29]. Das ist der Grund, warum möglichst früh auf extrinsische Eigenmotivation gesetzt werden sollte, damit die Verknüpfung *Person-Glücksgefühl* möglichst schnell aufgeweicht und durch *Belohnung-Glücksgefühl* ersetzt werden kann. Und da wir hier zum Thema *Führung im Unternehmenskontext* und nicht zur Kindererziehung schreiben, ist der frühestmögliche Ansatzpunkt hierfür der, zu dem ein Mitarbeiter der Generation Y über so viel persönliche Reife verfügt, dass er mit dieser anspruchsvollen Aufgabe nicht überfordert wird.

Leistungsbasierte Anreizsysteme
Ein Aspekt ist bei der Diskussion um konsequente transaktionale Führung und Superleadership nur am Rande betrachtet worden, sodass wir ihn noch einmal aufgreifen wollen: die hohe Kompensationserwartung der Generation Y, die durch leistungsbasierte Anreizsysteme adressiert werden sollte. Bislang haben wir nur bezüglich der im Rahmen von Tab. 3.2 angesprochenen Bonuszahlungen hierzu Stellung genommen, sodass wir hierzu noch einige Ergänzungen vornehmen.

Es gibt einen guten Ansatz, die hohe Kompensationserwartung der Generation Y und unternehmerisches Personalkostenbewusstsein in Einklang zu bringen. Und zwar dadurch, dass ein Grundgehalt *und* leistungsbasierte Zusatzkomponenten gewährt werden. Kommen wir zunächst auf das Grundgehalt zu sprechen. Hierbei geht es uns um ein angemessenes (branchen- und unternehmensgrößenübliches) Jahresgehalt inklusive geldwerter Aspekte wie Urlaub oder Wochenarbeitszeit. Dieses Grundgehalt einer Stelle bleibt bis auf einen Inflationsausgleich konstant, das heißt, es sollte *keine* Gewinnbeteiligung gezahlt und es sollten *keine* Sonderleistungen gewährt werden, solange hierfür keine besondere Leistung erbracht wurde (was die in Abschn. 3.2.5 angesprochene progressive

---

[29] Unter extrinsischer Eigenmotivation verstehen wir einen emotionalen Zustand der Leistungsbereitschaft, der dadurch entsteht, dass sich eine Person selber Belohnungen für ihre Arbeit verspricht. Bei der extrinsischen Fremdmotivation hingegen werden Belohnungen von Dritten – etwa der Führungskraft – in Aussicht gestellt. Intrinsische Motivation schließlich bezeichnet einen Zustand der Leistungsbereitschaft, der entsteht, weil die Arbeit an sich Freude bereitet.

Gestaltung von Stundensätzen nicht ausschließen soll). Der Grund dafür ist einfach: Menschen gewöhnen sich sehr schnell an extrinsische Belohnungen, tendenziell an materielle (insbesondere monetäre) schneller als an immaterielle. Damit verpufft die zusätzliche Motivationswirkung extrinsischer Anreize sehr schnell, wenn diese von einem Mitarbeiter nicht mit einer konkreten Leistung in Verbindung gebracht werden. Und das kann für ein Unternehmen bei der Vielzahl an gewährten Anreizen schnell teuer werden, denn im Durchschnitt dauert es nur drei Monate, bis wir uns an eine Gehaltserhöhung gewöhnt haben (vgl. Rohrschneider 2011, S. 85), sodass diese bereits nach so kurzer Zeit keinen wesentlichen Motivationsgewinn mehr bietet. Wenn wir von der Generation Y also eine hohe Leistung erwarten und wenn die Generation Y eine hohe Entlohnung erwartet, bietet es sich an, beide Erwartungen konsequent miteinander zu verknüpfen: besonders viel Geld (oder sonstige besondere Zuwendungen) nur für besonders gute Leistungen.

Und es gibt eine weitere Problematik, die mit Geld als Motivator einhergeht: den Crowding-out-Effekt. Dieser – bezüglich seiner tatsächlichen Bedeutung zugegebenermaßen umstrittene – Effekt geht davon aus, dass intrinsische Motivation, also die Freude an der Arbeit selber, durch Geld oder andere extrinsische Anreize verdrängt werden kann. Die Erklärung für die Entstehung eines Crowding-outs ist folgende: Menschen sind bestrebt, für ihr Handeln Gründe zu finden (vgl. Wiswede 2012, S. 84). Wir fragen uns daher auch, warum wir eine bestimmte Tätigkeit ausüben, warum wir uns dabei so stark anstrengen und warum wir das alles eigentlich überhaupt machen. Das Gehirn sucht nun plausible Gründe für unser Handeln. Wenn *nicht* auf die Motivation über Geld gesetzt wird, kann das Gehirn Geld auch nicht als Grund für unser Handeln heranziehen. Die Antwort des Gehirns lautet dann oftmals: Weil mir meine Arbeit gefällt (Begründung über intrinsische Motivation). Wird hingegen *stark* auf die Motivation über Geld gesetzt, wählt das Gehirn oftmals die Antwort: Ich strenge mich so an, weil ich dafür Geld bekomme (Begründung über extrinsische Motivation). Der mögliche Grund der Freude an der Arbeit wird damit *verdrängt* (das Gehirn argumentiert oftmals nicht so differenziert, dass es sich mehrere Gründe suchen würde – einer reicht ihm aus). Und wenn Geld erstmal als Grund gefunden wurde, dann greifen alle Mechanismen dieses Motivators, auch die Tatsache, dass man sich sehr schnell an Geld gewöhnt. Also sollte Geld vorsichtig und immer in Kombination mit hoher Leistung eingesetzt werden.

Allerdings wollen wir die Wirksamkeit von Geld als Motivator nicht gänzlich verneinen. Bestenfalls entscheidet allerdings der Mitarbeiter selber, was ihn motiviert und welche Anreize für ihn besonders passend sind. Die personalwirtschaftliche Systematik hinter einem solchen Anreizsystem kann als *Cafeteria-System* bezeichnet werden. Bei diesem Werkzeug, das in den USA weitaus populärer ist als in Deutschland, haben die Mitarbeiter wie in einer Cafeteria die Auswahl zwischen für sie passenden Anreizen auf Basis eines bestimmten Anreizbudgets (vgl. Stock-Homburg 2010, S. 430). Die Höhe des Anreizbudgets ergibt sich aus der individuellen Leistung des Mitarbeiters: Je höher das Budget, desto mehr (gleiche oder unterschiedliche) Anreize können gewählt werden. Hat ein Mitarbeiter einen hohen finanziellen Bedarf, könnte er sein Anreizbudget vollständig in Geld umwandeln, hat ein anderer einen Bedarf an mehr Freizeit, ist eine entsprechende Umwandlung ebenfalls möglich.

Bei der Einführung von Cafeteria-Systemen sind einige Aspekte zu berücksichtigen. Es stellt sich zunächst die Frage nach der Ausgestaltung des Wahlangebotes. Oftmals wird zwischen einem *Kernplan*, einem *alternierenden Menüplan* und einem *Buffetplan* unterschieden (vgl. Stock-Homburg 2010, S. 431). Der Kernplan stellt ein Paket von fixen Zusatzleistungen dar. Er wird ergänzt um den alternativen Menüplan, durch den zusätzlich zum Kernplan *Leistungspakete* gewählt werden können. Schließlich kann eine weitere, sehr flexible, Ergänzung durch einzelne Bestandteile des Buffetplanes stattfinden.

Unser Vorschlag zur Gestaltung des Wahlangebotes ist allerdings ein wenig anders: Zunächst sollte ein *Kernplan* aufgestellt werden, in dem das Grundgehalt und – wenn im Unternehmen bereits vorhanden oder es für notwendig erachtet wird – spezifische Sozialleistungen enthalten sind. Dieser Kernplan wird ergänzt um einen *Gesundheitsplan*. In diesen Gesundheitsplan kommen Maßnahmen, die dem Unternehmen besonders wichtig sind, weil sie die langfristige Leistungsfähigkeit seiner Mitarbeiter fördern (daher der Name *Gesundheits*plan). Denkbar wären hier tatsächlich Maßnahmen der Gesundheitsförderung oder bestimmte Work-Life-Balance-Maßnahmen (vgl. Abschn. 3.2.8). Alle Maßnahmen aus dem Gesundheitsplan werden vom Unternehmen subventioniert (wie etwa ein besonders gesundes Mittagessen), sodass die im Gesundheitsplan enthaltenen Maßnahmen vergünstigt zu erhalten sind. Welche Maßnahmen in den Gesundheitsplan kommen, hängt von der Firmenpolitik und spezifischen Absprachen zwischen Topmanagement und Betriebsrat ab. Schließlich werden alle weiteren Anreize in den Buffetplan aufgenommen (vgl. hierzu insgesamt Abb. 3.23, links: einfacher Cafeteria-Plan).

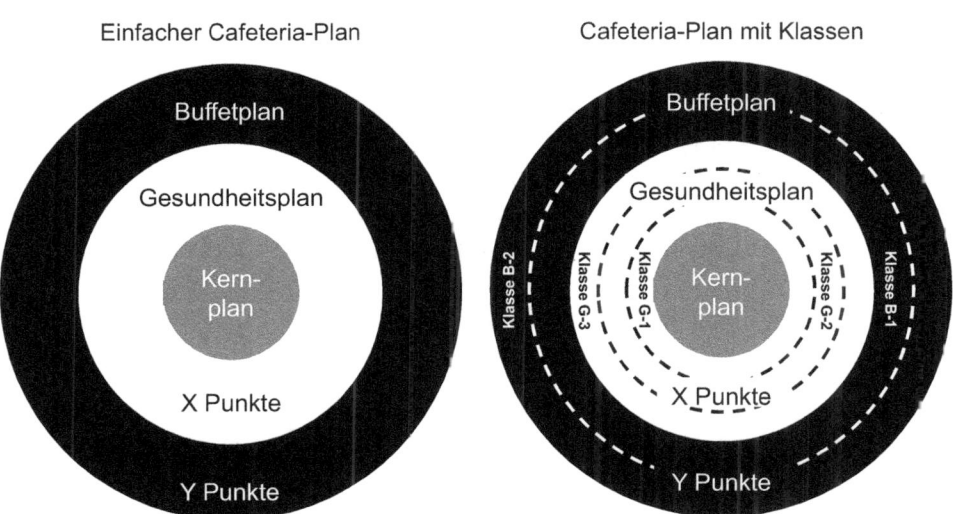

Abb. 3.23 Cafeteria-Pläne

Eine besondere Schwierigkeit bei Cafeteria-Systemen besteht in der gerechten Bewertung der verschiedenen Anreize. Dycke und Schulte (1986, S. 580) präsentieren unterschiedliche Verrechnungsmodi, unter anderem nach Relationen, nach Verrechnungspreisen oder nach Verrechnungspunkten. Die Nutzung von Verrechnungspunkten scheint psychologisch am sinnvollsten zu sein. Zum einen sind Relationen schlechter vorstellbar als absolute Werte, wodurch eine Darstellung in Relationen das Verständnis der Funktionsweise eines Cafeteria-Systems erschweren könnte. Zum anderen ist die Verwendung von Preisen nicht sinnvoll, da Preise für einen Teil der im Cafeteria-System enthaltenen Anreize eine natürliche Skala darstellen (Grundgehalt, variables Entgelt), für andere jedoch nicht (zum Beispiel Freizeitausgleich). Eine Darstellung in Geldeinheiten könnte eine einseitige Sicht auf bestimmte Anreize eröffnen: „Eine Stunde zusätzliche Freizeit ist also X Euro wert?", obwohl sich der wahre Wert eben aus dem ergibt, was in der zusätzlichen Stunde Freizeit gemacht wird. Um eine solche (potenziell irreführende) Verankerung zu vermeiden,[30] sollte auf Verrechnungspunkte gesetzt werden: Verrechnungspunkte als ein Art *Währung*, in die alle Anreize umgerechnet werden können. Diese Darstellung ist neutraler als eine Darstellung in Preisen und ermöglicht so einen gleichberechtigten Vergleich aller Anreize untereinander.

Spezifische Anreize in Verrechnungspunkte zu überführen, ist nicht einfach. Eine Möglichkeit besteht darin, tatsächliche Kosten als Basis zu nehmen und Kosten dann in Punkte zu überführen (100 € entsprechen einem Verrechnungspunkt). Die endgültige Lösung ist so aber noch nicht gefunden. Denn während ein bestimmter Firmenwagen für jeden Mitarbeiter zu den gleichen Verrechnungspunkten führen würde (weil er eben immer das Gleiche kostet), sind die Kosten der zusätzlichen Freizeit von der Höhe des gezahlten Gehalts abhängig. Für eine Stunde mehr Freizeit müsste eine Führungskraft dann womöglich die 1,5-fache Menge an Punkten aufwenden wie ein Sachbearbeiter, weil sie 50 % mehr Grundgehalt bekommt. Es müssen also in Aushandlungsprozessen zwischen Topmanagement und Betriebsrat gerechte und unternehmensindividuelle Kompromisse gefunden werden. Dabei könnte es hilfreich sein, bestimmte Anreizklassen zu eröffnen (vgl. Dycke und Schulte 1986, S. 581). Alle Elemente einer Anreizklasse haben denselben Punktwert, auch wenn ihr wahrer Wert unterschiedlich sein mag (vgl. hierzu insgesamt Abb. 3.23, rechts: Cafeteria-Plan mit Klassen). Klassen erleichtern sowohl die administrative Betreuung von Cafeteria-Systemen als auch deren Handhabung durch die Mitarbeiter.

Schließlich muss noch darüber entschieden werden, wie oft ein Mitarbeiter seine Entscheidung bezüglich der im Cafeteria-System enthaltenen Anreize anpassen darf (einmalig, jährlich, unterjährig), ob und – wenn ja – in welcher Höhe Cafeteria-Budget in

---

[30] Der Ankereffekt beschreibt in der Psychologie eine besondere Art des Voreingenommenseins (Priming) durch bestimmte Wahrnehmungen: In einem Experiment wurde Probanden entweder die Frage „Ist die Durchschnittstemperatur in Deutschland höher oder niedriger als 20 Grad?" oder die Frage „Ist die Durchschnittstemperatur in Deutschland höher oder niedriger als 5 Grad?" gestellt. Die 20-Grad-Probanden konnten im darauf folgenden Test besser Wörter mit Sommer-Bezug, die 5-Grad-Probanden besser Wörter mit Winter-Bezug erkennen. Die eine Kohorte war damit eher auf Sommer, die andere eher auf Winter verankert (vgl. Kahneman 2012, S. 156).

Folgejahre übertragen werden darf (nein, anteilig, vollständig) und was mit gegebenenfalls nicht verbrauchtem Cafeteria-Budget passiert (zum Beispiel automatische Auszahlung in Geld).

Insgesamt ist ein leistungsbasiertes Anreizsystem für die Generation Y also dann geeignet, wenn es die hohen Kompensationserwartungen bei hoher Leistung der Mitarbeiter ausgehend von individuell wählbaren Anreizen flexibel erfüllt. Das Cafeteria-System bildet hierfür ein passendes Werkzeug.

3.2.8   Führung unter Berücksichtigung einer hohen Freiheitsorientierung

Freiheit bedeutet, ohne Zwang zu entscheiden und zu handeln. Damit sind Unternehmen eigentlich schlechte Orte für freiheitsliebende Menschen wie die Generation Y, da sich das Mitarbeiterverhalten und womöglich sogar die individuellen Ziele den Unternehmenszielen unterzuordnen haben. Das Entscheiden und Handeln der Mitarbeiter sollte nach dieser Philosophie der Unternehmensstrategie folgen, wodurch Freiheit eingeschränkt wird (vgl. Abb. 3.24).

Um den Konflikt zwischen dem großen Wert der individuellen Freiheit der Generation Y und dem unternehmerischen Imperativ nach ziel- oder strategiekonformem Verhalten aufzulösen, muss zwischen beidem eine Brücke geschlagen werden. Denn weder das eine noch das andere ist per se so veränderbar, dass sich der Konflikt auflösen würde: Die

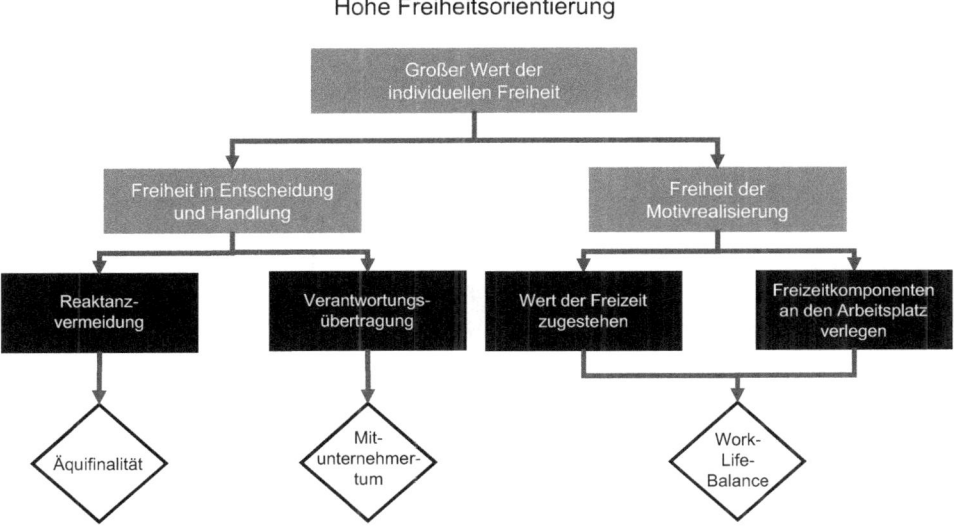

Abb. 3.24 Logik des Abschnittes „Führung unter Berücksichtigung einer hohen Freiheitsorientierung"

Freiheitsliebe der Generation Y ist ihr wesenseigen, die Erwartung ziel- oder strategie-
konformen Verhalts durch Unternehmen ist ökonomisch legitim und meist sinnvoll. Wie
kann also eine Brücke aussehen, die beide Positionen verbindet?

Auf der einen Seite wollen wir – aus psychologischer Sicht – die Freiheit von Entscheidung und Handlung an sich betrachten. Dabei geht es vor allem darum, *Reaktanzen* zu
vermeiden – wir haben dieses psychologische Phänomen bereits mehrfach angesprochen.
Festgestellt haben wir in diesem Zusammenhang auch schon, dass Widerstände bei Menschen vor allem dann auftreten, wenn sie zu einer Entscheidung oder Handlung gedrängt
werden (oder besser: das Gefühl haben, gedrängt zu werden) und ihnen damit ein eigentlich gewünschtes Verhalten verwehrt bleibt. Sie reagieren dann entweder damit, dass sie
das eigentlich gewünschte Verhalten trotzdem (womöglich heimlich) ausüben, dieses auf
eine andere Situation übertragen, für die es nicht explizit verboten wurde, indem sie wü-
tend werden oder indem sie ihre Präferenzen derart verändern, dass ein eigentlich wenig
attraktives Verhalten auf einmal gerade deswegen attraktiv wird, weil es verboten werden soll (vgl. Dickenberger 2006, S. 98). Oftmals tritt bei vermeintlichem Freiheitsentzug
also eine Trotzreaktion ein, sodass Menschen genau das Gegenteil von dem entscheiden
oder ausführen, was von ihnen erwartet wird. Reaktantes Verhalten wurde – wie in der
Psychologie üblich – experimentell sehr konsistent nachgewiesen. So wollten Probanden
vor allem den Film anschauen, der nachträglich aus einer Auswahlliste entfernt wurde,
oder wollten gerade die Brille nicht kaufen, die ihnen als besonders passend angepriesen
wurde (vgl. Wiswede 2012, S. 90). Bei der Führung der Generation Y geht es gar nicht so
sehr um die Frage, *in welchen Situationen* typischerweise Reaktanz auftritt, sondern wie
sie *an sich* verhindert werden kann, da die Wahrscheinlichkeit, dass sie auftritt, aufgrund
des großen Wertes der individuellen Freiheit besonders hoch ist. Dazu wollen wir zwei
Werkzeuge vorschlagen: Äquifinalität und Mitunternehmertum.

Äquifinalität als Werkzeug zur Vermeidung von Reaktanz

Äquifinalität heißt in der direkten Übersetzung so viel wie *dem gleichen Ziel folgend*. Sie
repräsentiert die Überzeugung, dass es nicht *das Optimum* bei einer Zielerreichung gibt,
sondern dass es *viele* unterschiedliche, aber gleichermaßen *gute* Möglichkeiten gibt, ein
Ziel zu erreichen: Viele Wege führen nach Rom (vgl. den Exkurs: Das Optimum in der
Ökonomie und ein gut gepackter Koffer). Wenn es Äquifinalität grundsätzlich gibt, muss
eine Führungskraft nicht mehr generell darauf beharren, dass ein Mitarbeiter seine Arbeit
so verrichtet, wie die Führungskraft es für richtig hält, sondern sie kann darauf setzen
und vertrauen, dass der Mitarbeiter einen eigenen guten Weg findet. Dabei sollte die Führungskraft den Mitarbeiter natürlich im Sinne eines Coaches unterstützen. So gewährt die
Führungskraft dem Mitarbeiter ein hohes Maß an Entscheidungs- und Handlungsfreiheit,
wodurch Reaktanz vermieden werden kann.

Exkurs: Das Optimum in der Ökonomie und ein gut gepackter Koffer
Der Ökonom Taylor verfolgte mit seinem Scientific Management im späten 19. und frühen 20. Jahr-
hundert das Ziel, auf Basis wissenschaftlicher Prinzipien den *One Best Way* für Produktionsabläufe

zu finden (vgl. Berthel und Becker 2010, S. 37). Später entwickelte sich hieraus eine betriebs-wirtschaftliche Teildisziplin, die Operations Research (Produktionsforschung). Kern des Scientific Managements von Taylor (2011) war die Überzeugung, es gäbe Optima, man müsse nur lange genug danach suchen. Das Problem: Für relativ simple Produktionsabläufe mit einer Handvoll isolierbarer und quantifizierbarer Variablen mag das vielleicht noch gelten, aber sobald Menschen beteiligt sind, steigen die Anzahl an Variablen und die systemische Komplexität derart an, dass ein Optimum gar nicht zu berechnen wäre. Daher ist die Annahme, es gäbe in modernen Unternehmen Optima, eher kritisch zu betrachten, nicht zuletzt deswegen, weil heutige Unternehmen im Gegensatz zu Zeiten Taylors viel stärker dienstleistungsorientiert sind und daher Menschen und ihre in der Regel nicht vorhersagbaren Verhaltensweisen eine viel größere Rolle spielen als früher. Aber selbst wenn ein Optimum bestimmbar wäre, würde es aufgrund der Dynamik von Märkten und sonstigen Akteuren doch nur für einen extrem kurzen Moment Gültigkeit haben, bis sich wieder eine von unzähligen Rahmenbedingungen geändert hat.

In der Ökonomie ist daher das *Pareto-Optimum* an die Stelle eines (absoluten) Optimums getreten. Ein Pareto-Optimum liegt immer dann vor, wenn eine Verbesserung eines Aspektes nur möglich ist, wenn sich ein anderer verschlechtert (vgl. Schneider 2001, S. 289). Ein einfaches Beispiel: Wir können unseren Koffer für einen Urlaub aufgrund des begrenzten Platzes und aufgrund der viel-fältigen Situationen, die uns am Urlaubsort erwarten können, nicht optimal packen. Man kann ihn schlecht packen (nur Socken) oder man kann ihn pareto-optimal packen (eine sinnvolle Mischung aus Kleidungsstücken). Irgendwann ist der Koffer aber voll. Stellen wir fest, dass wir nun noch einen weiteren Pullover einpacken möchten, können wir diesen zusätzlichen Vorteil nur darüber erreichen, dass wir etwas anderes wieder auspacken, also an anderer Stelle einen Nachteil verursachen: ein Zu-stand des Pareto-Optimums. Nun gibt es wohl viele sinnvolle Kombinationen an Kleidungsstücken für den Urlaub. Aber wie immer wir den Koffer auch packen: Irgendetwas werden wir immer ver-gessen haben – es gibt nicht den perfekt (oder optimal) zusammengestellten Koffer – schon alleine deswegen nicht, weil das Wetter am Urlaubsort oder unsere tatsächlichen Unternehmungen nur sehr begrenzt vorhersagbar sind. In diesem Sinne ist auch in der Ökonomie das Pareto-Optimum als eine sinnvolle (in der Sprache der Ökonomen als eine *befriedigende*) Lösung an die Stelle der optimalen Lösung getreten: Es wird nicht mehr nach Optima, sondern nach guten Lösungen gesucht.

Eigentlich ist Äquifinalität eher eine Philosophie als ein Werkzeug. Allerdings wollen wir sie hier im Sinne eines Werkzeuges interpretieren, da mit äquifinalem Führungsver-halten der konkrete Nutzen der Reaktanzvermeidung einhergeht.

Werkzeug: Äquifinales Führungsverhalten

Wenn äquifinales Führungsverhalten das Ziel verfolgt, Reaktanz zu vermeiden, müs-sen wir uns zunächst die Frage stellen, was typische *Auslöser* von Reaktanz sind. Die Entstehung von Reaktanz beim Mitarbeiter kann wie folgt konkretisiert werden (vgl. Fischer und Wiswede 2009, S. 373 ff.; Dickenberger 2006, S. 97): Ein Mitarbeiter hat das Gefühl, von seiner Führungskraft zu einer bestimmten Entscheidung oder einer bestimmten Handlung gedrängt zu werden, wobei die Führungskraft hierbei Druck ausübt (sozialen Druck, Macht- oder Zeitdruck) und dem Mitarbeiter bezüglich der gewünschten Entscheidung oder Handlung nicht neutral erscheint. Die Gefahr der Re-aktanz steigt,

- wenn die gewünschte Entscheidung oder Handlung bestimmte *Normen bricht* (zum Beispiel maßlose Forderung nach Überstunden durch die Führungskraft),

- wenn ein Entscheidungs- oder Handlungsbereich betroffen ist, der dem Mitarbeiter *besonders wichtig* erscheint und der eintretende Kontrollverlust somit *besonders schmerzhaft* ist,
- wenn der ausgeübte Druck *besonders stark* ist und
- wenn der Mitarbeiter den Eindruck hat, es könnten *weitere Freiheitseinschränkungen* folgen, wenn er dem Entscheidungs- oder Handlungsdruck seiner Führungskraft folgt.

Die Gefahr der Reaktanz sinkt hingegen, wenn

- der Mitarbeiter die geforderte Entscheidung oder Handlung als *wenig wichtig* erachtet,
- die geforderte Entscheidung oder Handlung *relativ nah* bei der Entscheidung oder Handlung liegt, die der Mitarbeiter selbst getroffen hätte,
- ihm Entscheidungs- und Handlungsfreiheit per se *wenig wichtig* oder ihm sogar *bedrohlich* erscheint,
- es soziale Normen gibt, die eine Einschränkung der Entscheidungs- oder Handlungsfreiheit *legitimieren* (zum Beispiel, dass es im Unternehmen grundsätzlich legitim ist, seinen Mitarbeitern Anweisungen zu geben) oder
- er in einer spezifischen Situation einfach nur seine *Ruhe* haben möchte.

Die Einflussnahme einer Führungskraft auf die Entscheidungs- oder Handlungsfreiheit ihrer Mitarbeiter führt damit zu einem Spannungsfeld zweier Kräfte: erstens einer *Du-sollst-Kraft*, weil die Einflussnahme im Unternehmen sozial legitim ist. Zweitens einer *Ich-will-nicht-Kraft*, weil die Einflussnahme persönlich abgelehnt wird. Je nachdem, wie stark beide Kräfte sind, ergibt sich im Ergebnis also ein hoher oder geringer Widerstand – Konformität versus Reaktanz (vgl. Dickenberger 2006, S. 99).

Bei der Generation Y ist tendenziell mit einer hohen Freiheitsliebe zu rechnen, sodass die *Ich-will-nicht-Kraft* recht hoch ausgeprägt sein dürfte. Die Generation Y ist damit besonders reaktanzanfällig. Entsprechend sollte sich äquifinales Führungsverhalten an folgenden Punkten orientieren:

1. Die Führungskraft sollte nach Möglichkeit den Mitarbeiter entscheiden lassen, wie er arbeiten möchte. In der Regel ist eine Führungskraft nicht ganz neutral, wenn es um spezifische Entscheidungen oder Handlungen geht, die sie in der Vergangenheit geprägt oder mit gestaltet hat („Das haben wir schon immer so gemacht."). Diesen Umstand sollte sich die Führungskraft bewusst machen und sich für neue Wege öffnen, nach Möglichkeit ihre Mitarbeiter sogar dazu animieren, neue Wege zu gehen und entsprechende Freiräume zu nutzen.
2. Die Führungskraft sollte sich deutlich machen, welche Entscheidungs- und Handlungsbereiche ihren Mitarbeitern besonders wichtig sind, um vor allem in diesem Bereich möglichst wenig vorzuschreiben.

3. Die Führungskraft sollte sich deutlich machen, dass bereits die Formulierung von Arbeitsaufträgen Reaktanz hervorrufen kann, wobei unterschiedliche Formulierungen unterschiedlich starke Reaktanzen provozieren können (zum Beispiel „müssen" versus „sollen" versus „können").

4. Die Führungskraft sollte nur im Notfall Entscheidungs- oder Handlungsdruck auf ihre Mitarbeiter ausüben. Ist ein solcher Druck notwendig (etwa aufgrund einer fixen Deadline zur Erledigung von Aufgaben), sollte die Führungskraft dies nachvollziehbar machen.

5. Wenn eine Führungskraft eine spezifische Entscheidung oder Handlung durchzusetzen plant, sollte sie kritisch hinterfragen, ob diese bestimmten allgemeinen oder spezifischen Normen – zum Beispiel dem Leitbild oder der Führungskultur – widersprechen. Nur im größten Ausnahmefall sollten Normen kurzfristig durchbrochen werden, wobei die Verletzung einer Norm explizit angesprochen werden sollte.

6. Wenn eine Führungskraft eine spezifische Entscheidung oder Handlung durchsetzen muss, sollte sie deutlich machen, dass sie nicht grundsätzlich plant, die Entscheidungs- oder Handlungsspielräume einzuschränken, sondern nur für einen bestimmten Zeitraum, und zwar aus einem wichtigen Grund. Wenn sie dann wieder die alten Entscheidungs- oder Handlungsspielräume einräumt, sollte sie auch dies explizit hervorheben.

Mitunternehmertum als Werkzeug der Verantwortungsübergabe

Mitunternehmertum ist ein Konzept, das vor allem von Wunderer geprägt wurde (vgl. daher im Folgenden Wunderer 2011, S. 50 ff.). Er versteht darunter ein spezifisches Mitarbeiterverhalten zur aktiven und effizienten Unterstützung der Unternehmensstrategie. Mitunternehmerisches Verhalten ist durch problemlösendes, sozialkompetentes und umsetzendes Denken und Handeln gekennzeichnet. Zur Führung der Generation Y ist es besonders gut geeignet, da die Selbstständigkeit (und damit Freiheitsorientierung) von Mitarbeitern betont wird (vgl. Hurrelmann und Albrecht 2014, S. 79).

Damit sich ein Mitarbeiter mitunternehmerisch verhalten kann, muss ihm Verantwortung übertragen werden. Damit meinen wir allerdings *nicht* Verantwortung im ausschließlichen Sinne eines Tragens von Konsequenzen (bei Erfolgen oder Misserfolgen), sondern die Übertragung definierter Entscheidungs- und Handlungsfreiheiten. Mitunternehmertum stellt so eine Steigerung des Managements by Objectives dar: Während Letzteres Freiheiten speziell für die Art der Zielerreichung einräumt, sichert Mitunternehmertum *grundsätzliche* Freiheiten zu – in Bezug auf spezifische Ziele und darüber hinaus.

Nach Wunderer schlägt sich Mitunternehmertum in sechs personalen Gestaltungs- und Verhaltenszielen nieder, welche die aktive und effektive Unterstützung der Unternehmensstrategie bewirken sollen (vgl. Wunderer 2011, S. 52). Mitunternehmertum verfolgt demnach das Ziel, Mitarbeitern die Umsetzung der folgenden sechs Komponenten zu ermöglichen:

1. Mitwissen, Mitdenken,
2. Mitentscheiden, Mithandeln,
3. Mitverantworten,
4. Mitfühlen/Miterleben,
5. Mitentwickeln,
6. Mitverdienen, Beteiligen.

Um eine Umsetzung dieser Komponenten zu ermöglichen, müssen einer Führungskraft entsprechende Werkzeuge zur Verfügung stehen. Einige dazu passende Werkzeuge haben wir bereits angesprochen, andere werden im Folgenden konkretisiert:

- *Mitwissen* kann durch die in Abschn. 3.2.4 angesprochene *informationelle Gerechtigkeit* erreicht werden. Nur, wenn Informationen im Unternehmen gerecht verteilt sind – es also viele Mitwisser gibt – können Mitarbeiter aktiv und effizient entscheiden und handeln.
- *Mitdenken* kann dadurch erreicht werden, dass die Führungskraft ihre Mitarbeiter permanent auffordert, eigenständig Lösungen für spezifische Probleme zu entwickeln. Ein hierfür geeignetes Werkzeug ist die *sokratische Gesprächsführung* (vgl. das Werkzeug: sokratische Gesprächsführung). Über dieses Werkzeug kann eine proaktive Informationsaufnahme und -verarbeitung von Mitarbeitern gefördert werden.
- *Mitentscheiden* und *Mithandeln* kann über die in Abschn. 3.2.6 angesprochene *partizipative Führung* erreicht werden. Dabei wird der Mitarbeiter möglichst umfangreich in Entscheidungsprozesse und daraus resultierende Handlungen eingebunden.
- *Mitverantworten* betrifft dann die Frage, *wer* die Konsequenzen von Entscheidungen zu tragen hat. Hier geht es vor allem darum, dass der Mitarbeiter *sowohl* positive *als auch* negative Konsequenzen tragen muss: Erfolge wie Misserfolge müssen den Mitarbeitern (im Einzelnen oder in der Gruppe) zugeschrieben werden, die für sie verantwortlich sind. Optimalerweise – und da folgen wir Malik (2007, S. 144) – überlässt die Führungskraft Erfolge vollständig ihren Mitarbeitern (vgl. hierzu den Exkurs: Altruistisches Führungsverhalten), stellt sich bei Misserfolgen jedoch vor (oder hinter) sie und unterstützt sie aktiv bei der zukünftigen Vermeidung von Misserfolgen.
- *Mitfühlen/Miterleben* beschreibt die emotionale Bindung eines Mitarbeiters an das Unternehmen. Sie kann erreicht beziehungsweise gesteigert werden, wenn es einem Unternehmen gelingt, eine hohe intrinsische Motivation seiner Mitarbeiter durch attraktive Arbeit zu erreichen (vgl. Abschn. 3.1.2), das Unternehmen als Ort für Freundschaften zu positionieren (vgl. die Ausführungen zum Friedshipping in Abschn. 3.2.4) oder Freizeitkomponenten an den Arbeitsplatz zu verlegen (vgl. die folgenden Ausführungen zur Work-Life-Balance).
- *Mitentwickeln* stellt eine Erwartungshaltung gegenüber jedem Mitarbeiter dar, einen Beitrag zum erfolgreichen Fortbestehen eines Unternehmens zu leisten. Auch wenn wir im Rahmen unserer Tit-for-Tat-Strategie davon ausgehen, dass Mitarbeiter grundsätzlich motiviert und konstruktiv agieren, ist ein unmotiviertes und destruktives Verhalten

nie ganz auszuschließen. Mitarbeiter, die ein solches Verhalten zeigen, neigen oftmals dazu, nur das Schlechte zu sehen und sich zu beklagen, *ohne* einen Beitrag zur Verbesserung dessen zu leisten, was sie anprangern. Umgangssprachlich steht *Mitentwickeln* daher für: „Nur meckern gilt nicht. Sie dürfen nur meckern, wenn Sie auch einen Verbesserungsvorschlag liefern." Wir sehen genau hierin die Pflicht eines jeden Mitarbeiters, das eigene Unternehmen konstruktiv weiterzuentwickeln.

- *Mitverdienen/Beteiligen* bezieht sich auf leistungsbasierte Entlohnung von Mitarbeitern (vgl. Abschn. 3.2.7): Wenn Mitarbeiter über besondere Leistungen einen Beitrag zur Wertsteigerung des Unternehmens geliefert haben, sollen sie daran adäquat beteiligt werden.

Werkzeug: Sokratische Gesprächsführung

Sokrates lehrte seine Schüler, indem er ihnen Fragen stellte. Diese Fragen mussten seine Schüler selbstständig beantworten. Nur über weitere Fragen Sokrates' konnten sie Hinweise auf Antworten erhalten. So wollte Sokrates seine Schüler vor allem im systematischen Denken schulen. Er ging davon aus, dass seine eigenen Antworten auf Fragen ebenso gut oder schlecht waren wie die seiner Schüler – auch wenn diese noch gar keine Antworten kannten. Also wäre es von Nachteil, wenn seine Schüler seine Antworten unreflektiert übernähmen, da sie sich nicht wirklich weiterentwickeln würden. Sokrates war damit ein Anhänger von Äquifinalität und darüber hinaus davon überzeugt, dass Lernen nicht darin besteht, Antworten auswendig zu lernen, sondern eigene Lösungen zu entwickeln.

Sokratische Gesprächsführung kann im Sinne eines Managementwerkzeuges als *mit Fragen führen* beschrieben werden. Die Führungskraft übernimmt die Rolle des *Fragenden*. Für viele Führungskräfte dürfte diese Art der Gesprächsführung ungewohnt anspruchsvoll sein, denn

- Mitarbeiter erwarten oftmals, dass der Vorgesetzte die Antwort auf ihre Fragen kennt und sind der Meinung, dass die Führungskraft auch dafür bezahlt wird, die Fragen der Mitarbeiter zu beantworten.
- Mitarbeiter wehren sich teilweise gegen diese als verschult oder akademisch wahrgenommene Art der Gesprächsführung.
- sokratische Mitarbeitergespräche benötigen deutlich mehr Zeit und Konsequenz in der Gesprächsführung als normale Mitarbeitergespräche, da die Führungskraft nicht einfach eine Antwort gibt, sondern immer wieder über Fragen auf eine Antwort des Mitarbeiters hinarbeitet.
- Führungskräfte können dazu verleitet werden, eine ihnen als naheliegend oder einfach erscheinende Antwort auf eine Frage zu geben, um schnell zum Tagesgeschäft zurückzukommen.

Wenn Führungskräfte sich an diese Schwierigkeiten gewöhnen und sich – zumindest auf die planmäßig stattfindenden Mitarbeitergespräche – sorgfältig anhand von eigenen Fragenkatalogen vorbereiten, werden sie mittel- und langfristig dafür mit stärker selbstständig denkenden Mitarbeitern belohnt. Und wenn wir davon ausgehen, dass die Weiterentwicklung ihrer Mitarbeiter eine der wichtigsten Aufgaben einer Führungskraft ist, dann bildet die sokratische Gesprächsführung ein geeignetes Werkzeug, da sie eben dieses Ziel verfolgt: das selbstständige Denken des Mitarbeiters zu fördern.

Da jedes Mitarbeitergespräch unterschiedlich ist – mal geht es um operative Herausforderungen, mal geht es um die fachliche Entwicklung von Mitarbeitern, mal um Konflikte zwischen Mitarbeitern – können wir keinen allgemeingültigen Katalog an Fragen zur Konkretisierung der sokratischen Gesprächsführung liefern. Aber folgende Fragen helfen Führungskräften oftmals sehr gut weiter, weil sie in vielen potenziellen Gesprächssituationen angewandt werden können. Wir wollen uns dabei ganz generell an Problemen (welcher Art auch immer diese sein mögen) orientieren:

- Was ist ihr Problem und welches Ziel wollen Sie erreichen?
- Warum kommen Sie mit Ihrem Problem zu mir, warum lösen Sie es nicht selbst?
- Was brauchen Sie, um Ihr Problem zu lösen?
- Was erwarten Sie von mir, und warum glauben Sie, dass ich Ihnen dabei helfen kann?
- Wie würden Ihre Kollegen/unsere Kunden/der Vorstand das Problem lösen? Warum glauben Sie das?
- Wie sehen Ihre konkreten Lösungsvorschläge aus und wieso glauben Sie, dass Ihre Vorschläge das Problem lösen würden?
- Wie bewerten Sie die Eignung Ihrer/der Lösungsvorschläge anderer und wie kommen Sie zu Ihrer Einschätzung?
- Was spricht gegen Ihre Lösungsvorschläge/die Vorschläge anderer?
- Woran können wir messen, dass das Problem gelöst wurde?
- Was ist in einem Jahr anders, wenn wir Ihre Lösungsvorschläge/die Vorschläge anderer umgesetzt haben?

Exkurs: Altruistisches Führungsverhalten

Menschen handeln oftmals aus egoistischen Beweggründen, um den eigenen Nutzen oder die eigene Lust und Freude zu steigern. Damit hat Egoismus entweder einen utilitaristischen (nutzengetriebenen) oder einen hedonistischen (lust- oder freudegetriebenen) Hintergrund. Im Gegensatz hierzu stehen *altruistische* Beweggründe. Wenn Egoismus ein Verhalten beschreibt, das das Ziel der Steigerung des eigenen Nutzens oder der eigenen Lust verfolgt, beschreibt Altruismus ein Verhalten, das die Steigerung des Nutzens oder der Lust eines anderen verfolgt. Der *strenge Altruismus* geht sogar noch einen Schritt weiter. Er bezieht sich auf ein Verhalten, das *auch nicht indirekt* über die Steigerung des Nutzens oder die Lust eines anderen den eigenen Nutzen oder die eigene Lust steigert. Ein Beispiel: Wenn wir einem obdachlosen Menschen Geld geben, liegt auf den ersten Blick eine altruistische Handlung vor, denn die obdachlose Person hat einen Nutzen davon. Aber natürlich haben auch wir einen Nutzen, hauptsächlich das Gefühl, etwas Gutes getan zu haben. Und das beeinflusst unser Selbstwertgefühl in der Regel positiv. Damit erfüllt dieses Verhalten nicht die Anforderungen an einen strengen Altruismus, weil indirekt unser eigener Nutzen gesteigert wird.

Ob es streng altruistisches Verhalten überhaupt gibt, ist umstritten (vgl. Levitt und Dubner 2011, S. 182). Auch dort, wo wir altruistisches Verhalten am häufigsten finden (in sozialen Gruppen, vor allem in Familien bei der Versorgung und Erziehung von Kindern) gibt es gewichtige Argumente *gegen* die Existenz eines strengen Altruismus: Wir sorgen und kümmern uns vor allem deswegen so sorgsam und liebevoll um unserer Kinder, weil die Evolution uns diese Verantwortung tief in unseren genetischen Verhaltenscode gepflanzt hat. Wir kommen damit einer evolutionären Pflicht nach, deren Erfüllung als durchaus selbstbezogen betrachtet werden kann.

Wenn es streng altruistisches Verhalten nicht gibt und der klassische Altruismus immer auch eine egoistische Komponente enthält, ist dann dem Menschen nur der Egoismus wesenseigen? Diese Frage müssen wir gar nicht vollumfänglich beantworten, da eine solche Diskussion sehr philosophisch und umfangreich werden würde. Aber dass uns altruistisches Verhalten nicht immer leicht fällt, ist sicherlich nicht von der Hand zu weisen, insbesondere, wenn es sich um altruistisches *Führungsverhalten* handelt. Denn vor allem Führungskräfte wollen sich für Höheres beweisen, wären sie sonst Führungskräfte geworden? Viele sicherlich nicht. Wenn eine Führungskraft dann vor der Wahl steht, sich mit den Erfolgen ihrer Mitarbeiter zu schmücken (und damit der eigenen Karriere Vorschub zu leisten) oder dem Mitarbeiter den Erfolg zuzugestehen, der dafür verantwortlich ist, ist die Versuchung groß, Ersteres zu tun. Noch schwieriger ist es für eine Führungskraft, für Misserfolge ihrer Mitarbeiter die Verantwortung zu übernehmen, sich also vor die eigenen Mitarbeiter zu stellen und so die eigene Karriere zu gefährden. Der von Malik (2007, S. 144) geforderte moralische Anspruch an eine Führungskraft, nämlich Erfolge den Mitarbeitern zuzugestehen, die sie erreicht haben, und sich bei Misserfolgen vor ihre Mitarbeiter zu stellen, gerät in einen Konflikt mit tief in uns verwurzelten Tendenzen zu egoistischem Verhalten.

Altruistisches Führungsverhalten ist also schnell verlangt, aber nicht so schnell wirklich konsequent umgesetzt. Vor allem, wenn es in Unternehmen explizite oder implizite Anreize für egoistisches Verhalten gibt, zum Beispiel eine Beförderung von Einzelleistungen abhängig zu machen. Wenn dann die Frage aufkommt, wer für eine besondere Einzelleistung verantwortlich ist, kann der Imperativ altruistischen Führungsverhaltens schnell in Vergessenheit geraden. Wenn ein Unternehmen also wirklich altruistisches Führungsverhalten erreichen möchte, muss das Topmanagement

1. wertfrei anerkennen, dass Menschen mehrheitlich eher egoistisch als altruistisch motiviert sind,

2. explizite Anreize für altruistisches Verhalten schaffen, da Menschen sonst in egoistische Verhaltensmuster fallen können, und

3. selber konsequent nach altruistischen Grundsätzen agieren und dies auch zeigen.

Die reine Forderung nach altruistischem Führungsverhalten reicht nicht aus. Es bedarf expliziter Anreize,[31] zum Beispiel der Belohnung einer Führungskraft, wenn sie sich vor ihre Mitarbeiter stellt und die Verantwortung für Misserfolge übernimmt. Dazu braucht es aber eine Systematik, die solche Verhaltensweisen erkennt und honoriert. Ohne eine solche Systematik wird es schwer, altruistisches Führungsverhalten in einem Unternehmen flächendeckend zu leben. Die Forderung nach altruistischem Führungsverhalten ist damit eine Sache, die Rahmenbedingungen dafür zu schaffen, dass es auch gelebt wird, eine andere.

Die Will-Skill-Matrix und das Mitunternehmertum

Beim Mitunternehmertum wird dem Mitarbeiter Verantwortung in den genannten sechs Dimensionen übertragen. Die dadurch explizit gewährte Freiheit würdigt die hohe Freiheitsorientierung der Generation Y. Aber es gibt noch einen weiteren Anknüpfungspunkt

---

[31] Welche Triebkraft Anreize für das menschliche Verhalten haben können, zeigen Levitt und Dubner (2007, 2011) eindrucksvoll mit ihrer Freakonomics.

zwischen Unternehmertum und der Generation Y: Bei der Führung unter Berücksichtigung einer starken Leistungsorientierung haben wir die Will-Skill-Matrix kennengelernt (vgl. Abb. 3.8). Diese Matrix zeigt, dass eine besonders hohe Leistung nur erreicht werden kann, wenn sowohl Mitarbeitermotivation als auch Mitarbeiterkompetenzen (oder -qualifikationen) hoch ausgeprägt sind (vgl. Abschn. 3.2.2). Allerdings haben wir *Motivation* und *Kompetenzen* dort recht pauschal betrachtet. Wenn wir eine *spezifische* Motivation, nämlich die mitunternehmerische Motivation, und *spezifische* Kompetenzen, nämlich mitunternehmerische Kompetenzen, betrachten, ergibt sich der von Wunderer (2011) dargestellte Portfolio-Ansatz zu mitunternehmerischer Kompetenz (vgl. Abb. 3.25). Dort ist der Mitunternehmer in einem Feld oben rechts dargestellt, welches durch eine hohe Ausprägung mitunternehmerischer Motivation (Will) und mitunternehmerischer Qualifikation (Skill) gekennzeichnet ist. Diese liegt immer dann vor, wenn ein Mitarbeiter die sechs angesprochenen Komponenten (von Mitwissen bis Mitverdienen) sowohl umsetzen *will* (Motivation) als auch umsetzen *kann* (Qualifikation). Ein Mitarbeiter muss demnach aus zwei Perspektiven gefördert und gefordert werden: aus *fachlicher* und aus *mitunternehmerischer* Sicht.

Bezogen auf die Generation Y ist Fördern und Fordern somit aus *mitunternehmerischer* Sicht notwendig, weil sie von einem Unternehmen Freiheit erwartet. Damit diese Freiheit möglichst effizient mit Leben gefüllt werden kann und die Generation Y nicht überfordert, sollte sie nicht ohne konzeptionelle Basis übertragen werden. Und als konzeptionelle Basis

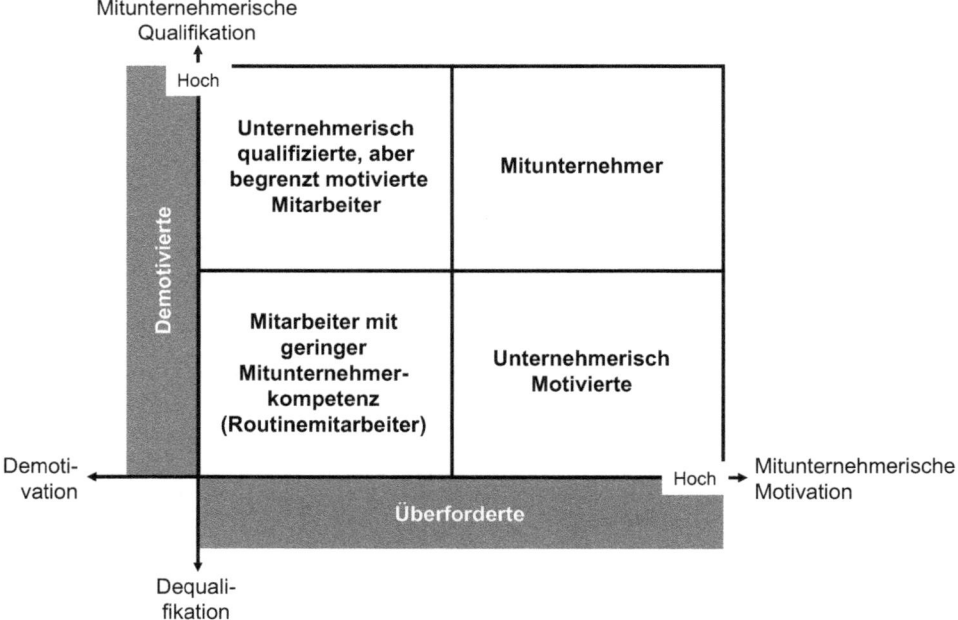

Abb. 3.25 Portfolio-Ansatz zum Mitunternehmertum. (Quelle: Wunderer 2011, S. 63)

können die dargestellten Komponenten (von Mitwissen bis Mitverdienen) dienen. Darüber hinaus ist Fördern und Fordern aus mitunternehmerischer Sicht *notwendig*, da zumindest einige Mitglieder der Generation Y irgendwann ins Topmanagement aufsteigen werden. Dort müssen sie als echte Unternehmer agieren. Ein früh gelerntes Mitunternehmertum erleichtert die Arbeit im Topmanagement. Zur langfristigen Existenz- und Erfolgssicherung eines Unternehmens ist mitunternehmerisches Fördern und Fordern somit eine gute Investition.

Gemeinsamkeiten und Unterschiede zwischen Äquifinalität und Mitunternehmertum

Äquifinalität und Mitunternehmertum unterscheiden sich aus zweierlei Hinsicht: Erstens ist Äquifinalität eine Geisteshaltung im Kleinen, also in Bezug auf den spezifischen Kontext zwischen Führungskraft und Mitarbeiter. Die Führungskraft lässt Entscheidungs- und Handlungsfreiheiten zu und lebt damit im direkten Verhältnis zu ihrem Mitarbeiter eine Überzeugung der Vielfalt vor. Damit ist Äquifinalität optimalerweise eine Überzeugung in den Köpfen jeder einzelnen Führungskraft, sie kann die Organisation nur von der untersten Führungsebene nach oben (*bottom-up*) durchdringen. Dazu sind Einsicht und der feste Glaube an dieses Konzept notwendig. Mitunternehmertum hingegen benötigt spezifische organisatorische Rahmenbedingungen (zum Beispiel eine Methodik, wie quasi-unternehmerische Freiheiten für Mitarbeiter ermittelt, bemessen und übertragen werden). Solche Rahmenbedingungen müssen aus Gerechtigkeitssicht für alle im Unternehmen gleich sein, können aber nur vom Topmanagement festgelegt werden (*top-down*). Mitunternehmertum ist also eine Geisteshaltung im Großen. Äquifinalität und Mitunternehmertum unterscheiden sich demnach in Bezug auf die Frage, über welchen Weg sie im Unternehmen lebendig werden können.

Zweitens ist Mitunternehmertum durch die organisationale Verankerung der umfassendere Ansatz. Er macht damit stärker als Äquifinalität deutlich, dass Mitarbeiter Freiheiten haben. Durch ein starkes Mitunternehmertum sind Entscheidungs- und Handlungsfreiheiten in der Unternehmenskultur fest verankert. Damit unterscheiden sich beide Ansätze auch in Bezug auf ihre flächendeckend explizite Verankerung in der Unternehmenskultur.

Die Einführung von Äquifinalität ist damit etwas einfacher und schneller möglich, weil sie weniger formell erfolgen kann. Sie bietet damit eine Möglichkeit der Freiheitsgewährung, wenn ein Unternehmen Mitunternehmertum als Globalkonzept (noch) nicht einführen kann oder möchte. Es geht also nicht um die Frage, ob Äquifinalität oder Mitunternehmertum an sich besser oder schlechter ist, sondern welcher Ansatz sich für ein Unternehmen besser eignet.

Freiheit als Auslöser von Widerständen

Bislang haben wir über Freiheit als Ansatzpunkt zur *Vermeidung* von Reaktanzen gesprochen. Dass Freiheit bei Mitarbeitern Reaktanzen *auslösen* kann, scheint daher zunächst widersinnig. Allerdings bringt vor allem das Mitunternehmertum Erwartungen an den Mitarbeiter bezüglich konkreter Verhaltensweisen (Mitdenken, Mitentscheiden etc.)

mit sich. Diese Erwartungen können sehr wohl Reaktanzen auslösen. Außerdem ist es schlichtweg denkbar, dass Mitarbeiter mit dem Ansatz des Mitunternehmertums überfordert sind, dass sie also Widerstände dagegen zeigen, weil sie mit den gewährten Freiheiten nicht umgehen können und wollen (Wunderer (2011) spricht hier von Routinemitarbeitern, vgl. Abb. 3.25). So wie wir die Generation Y sehen, ist beides zwar nicht sehr wahrscheinlich, jedoch auch keinesfalls ausgeschlossen, da nicht alle Mitglieder der Generation Y zwingend all ihre typischen Persönlichkeitsmerkmale aufweisen. Wie sollte eine Führungskraft also damit umgehen, wenn Freiheit überfordert?

Die Lösung liegt erneut in unserer Philosophie der *situativen Führung*: Führt Mitunternehmertum zur Überforderung, kann eine Führungskraft zunächst stärker auf Äquifinalität und weniger stark auf Mitunternehmertum setzen, da Äquifinalität als Werkzeug weniger stark auf konkrete Verhaltensweisen heruntergebrochen werden kann und insgesamt etwas weniger umfassend ist. Der *Freiheitsdruck* ist damit etwas geringer. Stellt sich heraus, dass ein Mitarbeiter auch mit Äquifinalität überfordert ist, kann die Führungskraft auf die konsequente transaktionale Führung zurückgreifen (vgl. Abschn. 3.2.7), kommt er mit der Äquifinalität gut zurecht, kann wieder mehr Mitunternehmertum eingefordert werden: Tit-for-Tat.

Work-Life-Balance als Werkzeug zur Wahrung der individuellen Freiheit
Neben der Wahrung von Freiheit bezüglich Entscheidung und Handlung sollte bei der Führung der Generation Y ebenfalls die Wahrung der Freiheit der *Motivrealisierung* berücksichtigt werden. *Motive* haben wir als menschliche Beweggründe oder psychologische Bedürfnisse kennengelernt und uns vor allem auf Lebensmotive fokussiert (vgl. Abschn. 3.1). Das Reiss-Profil der 16 Lebensmotive hat uns einen guten Zugang zu diesen Lebensmotiven eröffnet. Um der Generation Y die Erfüllung ihrer Motive zu ermöglichen, muss ihr der Wert der Freizeit zunächst einmal zugestanden werden, denn einige Lebensmotive können eben nur außerhalb der beruflichen Tätigkeit erfüllt werden (zum Beispiel das Familienmotiv). Dies ist vor allem eine Einstellungssache der Führungskräfte: Als wie legitim sehen sie es an, dass ihre Mitarbeiter private Ziele mit demselben Engagement verfolgen wie berufliche? Zur erfolgreichen Führung der Generation Y sollte die Antwort wie folgt lauten: Als sehr legitim, und eine Führungskraft unterstützt ihren Mitarbeiter dabei.

Aber wie schon beim Friendshipping (vgl. Abschn. 3.2.4) besteht eine zweite Herangehensweise darin, dem Mitarbeiter die Erfüllung tendenziell privater Motive während der Arbeit zu ermöglichen (zum Beispiel das Bedürfnis nach körperlicher Aktivität oder Ruhe). Vor allem wird damit der Zielkonflikt zwischen *entweder Freizeit oder Arbeit* entschärft: Beides geht an ein und demselben Ort, dem Arbeitsplatz. Die Generation Y wird dankbar ein Verwischen der Grenzen zwischen Arbeit und Privatem annehmen, da diese klare Grenzziehung ihr grundsätzlich eher künstlich erscheint.

Das Konzept oder – in seiner konkreten Ausprägung – Werkzeug ist die *Work-Life-Balance*. Dabei geht Work-Life-Balance über eine flexible Gestaltung von Arbeitszeiten und Arbeitsorten hinaus. Collatz und Gudat (2011, S. 7) betrachten sie als einen ganzheitlichen Ansatz, um die individuelle Leistungsfähigkeit von Mitarbeitern langfristig zu sichern. Die flexible Gestaltung von Arbeitszeit und Arbeitsort, die wir in Abschn. 3.2.5 schon angesprochen haben, ist nur ein Baustein einer Work-Life-Balance. Sie alleine ist allerdings nicht in der Lage, eine umfassende Erfüllung aller (beruflichen und privaten Motive) zu gewährleisten, weswegen hier ein umfassenderer Blick eingenommen werden soll. Und auch wenn der Nutzen von Work-Life-Balance in Unternehmen vielfach über bessere Chancen der Mitarbeitergewinnung, stärkere Mitarbeiterbindung, geringere Fehl- und Krankheitszeiten sowie ein verbessertes Arbeitsverhalten operationalisiert wird, geht es uns zunächst um die reine Steigerung der *Freiheit der Motivrealisierung*. Die positiven Nebeneffekte können als zusätzliches Argument für eine Work-Life-Balance gesehen werden.

Bevor wir konkrete Maßnahmen zur Schaffung einer Work-Life-Balance vorschlagen, sei der Begriff – oder besser das Phänomen – *Work-Life-Balance* einmal genauer betrachtet. Work-Life-Balance ist ein Zustand der Ausgewogenheit, also eine Situation, in der ein Mitarbeiter die subjektive Überzeugung vertritt, stetig einen Beitrag zur Erfüllung seiner beruflichen wie privaten Motive leisten zu können. Daher gibt es auch keine *starke* oder *gute* Work-Life-Balance – der Begriff ist nicht steigerbar. Die Work-Life-Balance ist dann *vorhanden*, wenn eine Ausgewogenheit zwischen Arbeit und Privatem besteht, was die Erfüllung beider Motivarten ermöglicht. Dabei ist der Teilbegriff *Balance* irreführend, denn es geht nicht darum, die Zeit zur Erfüllung beruflicher und privater Motive in Balance zu bringen, also anzugleichen. Es muss ausreichend Zeit (und Raum) für beides bestehen. Wie viel Zeit für das eine oder das andere notwendig ist, hängt von der Persönlichkeit des Mitarbeiters ab: Spielen für einen Mitarbeiter vor allem berufliche Motive (zum Beispiel Anerkennung oder Status) eine Rolle, braucht er eben mehr Zeit hierfür und vice versa.

Die Schaffung von Work-Life-Balance ist keine einfache Aufgabe für eine Führungskraft, weil sie sich sehr eng und immer wieder aufs Neue mit ihren Mitarbeitern abstimmen muss. Daher wollen wir es an dieser Stelle auch nicht wagen, aus den Merkmalen der Generation Y eine Tendenz abzuleiten. Schließlich sind diese Merkmale keineswegs bei jedem Mitglied der Generation Y vorhanden. Aber viel wichtiger ist noch, dass die *relative Ausprägung* eines Merkmals, also wie stark oder schwach es im Verhältnis zu einem anderen Merkmal die Persönlichkeit eines Mitarbeiters bestimmt, individuell ist. Außerdem sind Motive dynamisch, sie können sich im Laufe eines Lebens verändern. Führungskräfte sollten daher den aufwändigen Weg gehen, das heißt immer wieder den persönlichen Kontakt mit ihren Mitarbeitern suchen. Das Zeitrad kann hierbei ein gutes Werkzeug sein (vgl. Werkzeug: Das Zeitrad zur individuellen Bestimmung einer Work-Life-Balance).

Werkzeug: Das Zeitrad zur individuellen Bestimmung einer Work-Life-Balance

Das Zeitrad (vgl. Abb. 3.26) ist ein von Collatz und Gudat (2011) vorgeschlagenes Werkzeug, mit dem herausgefunden werden kann, ob und in welchen Lebensbereichen eine Ausgewogenheit beziehungsweise Unausgewogenheit herrscht. Das Zeitrad ist in sieben Sektionen unterteilt. Sie stellen die sieben Lebensbereiche dar, in denen wir Zeit

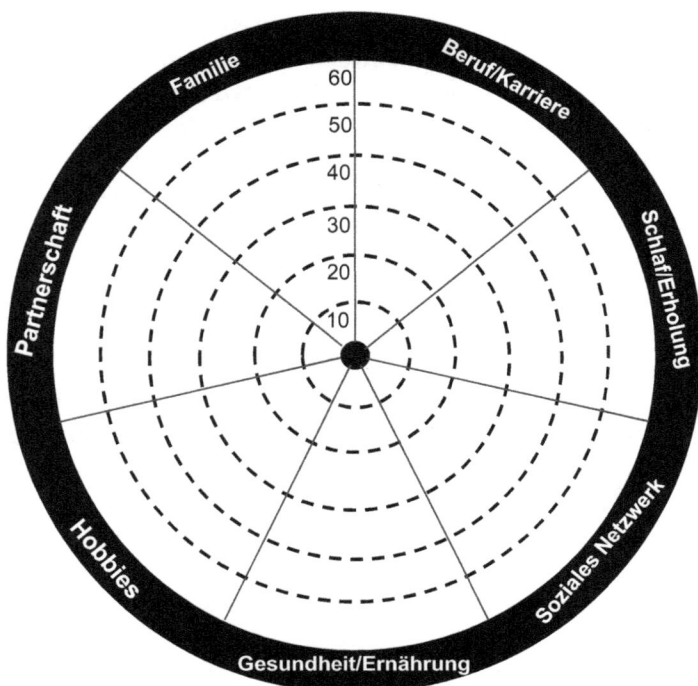

Abb. 3.26 Das Zeitrad. (Quelle: Collatz und Gudat 2011)

verbringen können. Für jeden dieser Lebensbereiche kann die hierfür aufgewendete Zeit in Stunden eingetragen werden.

Zur Anwendung des Zeitrades sollten dem Mitarbeiter einige Aufgaben beziehungsweise Fragen gestellt werden (vgl. Collatz und Gudat 2011):

- Bitte zeichnen Sie in das Zeitrad ein, wie viele Stunden Sie wöchentlich innerhalb der angegebenen Lebensbereiche verbringen (max. 168 Sunden).
- Wie zufrieden sind Sie mit Ihrer aktuellen Zeitverteilung?
- Wie sähe aus Ihrer Sicht eine ideale Zeitverteilung aus (bitte mit einer anderen Farbe ins Zeitrad eintragen)?
- Welche Bereiche sind aus Ihrer Sicht damit über-, welche unterrepräsentiert?
- In welchen Lebensbereichen ist der Unterschied zwischen tatsächlicher und gewünschter Zeitverwendung besonders auffällig?

Das Zeitrad und die zugehörigen Fragen ermöglichen es zwar nicht, zu bestimmen, welche *konkreten Motive* eines Mitarbeiters wie stark erfüllt sind. Aber es ist eine generelle Annäherung möglich, ob eine Work-Life-Balance vorherrscht. Im Falle eines Ungleichgewichtes ist dann über persönliche Gespräche zu konkretisieren, welche Motive zu wenig Berücksichtigung finden und ob beziehungsweise wie diese Situation verändert werden kann. Dazu sind dann gegebenenfalls ganz konkrete Maßnahmen zu ergreifen. Collatz und Gudat (2011, S. 55 ff.) unterscheiden hierbei zwischen organisationalen und individuellen Maßnahmen. Erstere können nur durch das Topmanagement beschlossen werden, weil sie das Unternehmen als Ganzes betreffen oder eine Anpassung der Aufbau- und Ablauforganisation erfordern (zum Beispiel Jobsharing). Letztere sind stark auf die einzelne Person zugeschnitten. Folgende Maßnahmen werden von den Autoren herausgestellt:

- Organisatorische Maßnahmen
  - Teilzeitarbeit,
  - Gleitzeit,
  - Arbeitszeitkonten,
  - Sabbatical,
  - Telearbeit,
  - Jobsharing,
  - Qualifizierungs- und Förderprogramme,
  - Mentoring,
  - Sensibilisierung der Führungskräfte,
  - Individualisierte Karriereplanung,
  - Kinderbetreuung,
  - Pflege von Angehörigen,
  - Haushaltsnaher Service,
- Individuelle Maßnahmen
  - Zeitmanagement,
  - Stressmanagement,
  - Sportangebote,
  - Gesundheitsmanagement.

Unternehmen verfügen hiermit über eine Bandbreite an Werkzeugen, die zur Schaffung einer Work-Life-Balance beitragen können. Einige davon (zum Beispiel die Arbeitszeit oder den Arbeitsort) haben wir bereits konkret betrachtet, die anderen sind selbsterklärend, sodass wir hier nicht weiter darauf eingehen müssen. Allerdings ist auch hier wieder herauszustellen, dass sicherlich keine einfache, direkte Zuordnung einer Maßnahme zu einem konkreten Motiv herzustellen ist. Die Erfüllung des Familienmotives etwa kann gleichzeitig durch mehrere Maßnahmen erreicht werden, zum Beispiel durch Teilzeitarbeit oder Gleitzeit, aber auch durch Stressmanagement. Ob sich eine bestimmte Maßnahme demnach wirklich auf die Work-Life-Balance auswirkt, muss demnach ausprobiert und regelmäßig überprüft werden.

Streng genommen stellen Work-Life-Balance-Maßnahmen *Anreize* dar. Denn sie sind in der Lage, zur Befriedigung menschlicher Bedürfnisse beizutragen und daraus ein Motivationspotenzial zu schöpfen. Und Anreize sollten – so haben wir es in Abschn. 3.2.7 dargelegt – *leistungsbasiert* gewährt werden, um zu starke Gewöhnungseffekte und Crowding-out zu vermeiden. Dazu haben wir ein leistungsbasiertes Cafeteria-System vorgeschlagen: Jedem Mitarbeiter wird, abhängig von der individuellen Leistung, ein Cafeteria-Budget in einer bestimmten Höhe zugesprochen. Dieses Budget kann er individuell auf die unterschiedlichen Anreize, die es im Unternehmen gibt, aufteilen. Bezüglich der Work-Life-Balance-Maßnahmen muss ein Unternehmen nun entscheiden, ob sie den Mitarbeitern pauschal gewährt werden oder wie ganz normale Anreize zu betrachten sind. Sicherlich ist es aus Sicht der Work-Life-Balance sinnvoll, Maßnahmen pauschal anzubieten. Allerdings geht damit die Gefahr von Gewöhnungseffekten und Crowding-out einher, sodass die Maßnahmen im Zeitablauf an Motivationspotenzial einbüßen können. Zwar betrachten wir Work-Life-Balance-Maßnahmen hier nicht in erster Linie als direkte Anreize mit den Zielen der Motivationssteigerung oder des Motivationserhalts, auch wenn sie durchaus das Potenzial dazu besitzen. Vielmehr betrachten wir eine Work-Life-Balance als grundsätzliche Anforderung der Generation Y an einen Arbeitgeber und damit als *Conditio sine qua non.* Aber es wäre aus betriebswirtschaftlicher Sicht wenig ökonomisch, das Motivationspotenzial von Work-Life-Balance-Maßnahmen zu verschenken. Daher schlagen wir einen Mittelweg vor: In Zusammenarbeit mit Topmanagement, Betriebsrat und gegebenenfalls einer entsprechenden Projektgruppe sollte ein Katalog expliziter Work-Life-Balance-Maßnahmen erarbeitet werden.[32] Diese Maßnahmen werden grundsätzlich ins Cafeteria-System aufgenommen, werden aber im Gegensatz zu anderen Maßnahmen *subventioniert*, sie sind also Bestandteile des angesprochenen *Gesundheitsplanes* (vgl. Abschn. 3.2.7). Gegenüber einer gleichwertigen anderen Maßnahme, die nicht als Work-Life-Balance-Maßnahme kategorisiert wurde, muss demnach ein bestimmter Prozentsatz weniger an Cafeteria-Budget aufgewendet werden, um sie zu erhalten. Damit kann ein Kompromiss zwischen der Selbstverständlichkeit von Work-Life-Balance-Maßnahmen und der Nutzung ihrer Motivationswirkung erreicht werden. Und wenn sich ein Arbeitgeber als besonders work-life-balance-freundlich positionieren möchte, kann die prozentuale Reduktion entsprechend höher ausfallen oder er nimmt mehr geeignete Maßnahmen in den Gesundheitsplan auf.

Die Aufnahme von Work-Life-Balance-Maßnahmen in das Cafeteria-System hat noch einen weiteren Vorteil: Immer, wenn es um die Gewährung von Anreizen im Unternehmen geht, kommt die Frage nach der *Gerechtigkeit* der verteilten Werte auf. Bereits in Abschn. 3.2.4 haben wir uns dafür ausgesprochen, mess- und nachvollziehbare Leistungskriterien festzulegen und die Berechnung zu verteilender Anreize transparent zu machen, also die Prämissen der prozeduralen Gerechtigkeit einzuhalten. Auch in Bezug auf Maßnahmen der Work-Life-Balance sollte dies gelten. Es müssen also folgende Fragen beantwortet werden:

---

[32] Vgl. zur Gestaltung eines entsprechenden Projektes die Ausführungen bei Collatz und Gudat 2011, S. 37 ff.

- Welche Anreize werden aus welchem Grund als Work-Life-Balance-Maßnahmen kategorisiert?
- Welche dieser Anreize werden im Rahmen des Cafeteria-Systems wie stark subventioniert?
- Bei unterschiedlich starker Subventionierung bestimmter Maßnahmen: *Warum* werden Maßnahmen unterschiedlich stark subventioniert und woraus ergibt sich die konkrete Subventionshöhe einzelner Maßnahmen?
- Welche Leistungen müssen erbracht werden, um das Cafeteria-Budget um einen bestimmten Anteil zu erhöhen?

Werden diese Fragen den Mitarbeitern gegenüber nachvollziehbar beantwortet, kann die Gefahr einer empfundenen Ungerechtigkeit bei Gewährung von Work-Life-Balance-Maßnahmen deutlich gesenkt werden. Und gemeinsam mit Äquifinalität und Mitunternehmertum bieten Work-Life-Balance-Maßnahmen eine gute Möglichkeit, der hohen Freiheitsorientierung der Generation Y zu entsprechen.

3.2.9 Führung unter Berücksichtigung einer starken Skepsis

Die starke Skepsis der Generation Y zeigt sich in einer für sie typischen kritischen Grundhaltung. Diese hat zwei Auswirkungen: erstens eine stete *Suche nach dem Sinn hinter den Dingen*, zweitens eine *relativistische Weltsicht* (vgl. Abb. 3.27). Die stete Sinnsuche ist das am meisten verbreitete Etikett der Generation Y (vgl. Hurrelmann und Albrecht 2014, S. 70), die relativistische Weltsicht und die Ablehnung alles Kategorischen ergeben sich

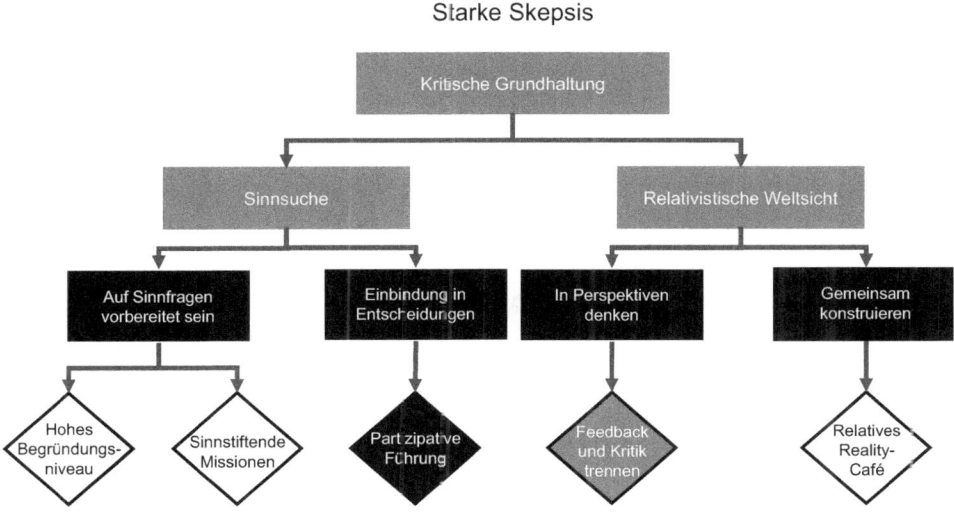

Abb. 3.27 Logik des Abschnittes „Führung unter Berücksichtigung einer starken Skepsis"

vor allem aus der Fähigkeit, verschiedene Perspektiven einzunehmen (vgl. die Ausführungen zum hohen Ausbildungsniveau in Abschn. 3.2.3). Beide Auswirkungen werden im Folgenden genauer betrachtet.

Sinnsuche

Die Suche nach dem Sinn hinter den Dingen macht den Umgang mit der Generation Y für eine Führungskraft anspruchsvoll. Die Mitglieder der Generation Y erwarten Gründe für Entscheidungen, bei denen die Führungskraft selber womöglich niemals über einen Grund nachgedacht hätte oder bei denen ihr der Grund, dass man es schon immer so gemacht hat, vollkommen ausreicht. Führungskräfte müssen also stets auf Sinnfragen vorbereitet sein, vor allem dort, wo sie selber die Sinnfrage niemals gestellt hätten.

Menschen sind grundsätzlich bestrebt, Gründe für ihr eigenes Verhalten, das Verhalten anderer oder für bestimmte Umweltereignisse zu finden (vgl. Wiswede 2012, S. 84). Diese Gründe geben uns Sicherheit, Orientierung und (gefühlt) Kontrolle über uns, unsere Mitmenschen und unsere Umwelt (vgl. hierzu auch den Exkurs: Plausibilität und Kontrollillusion). Der Wunsch nach Begründung geht so weit, dass wir menschlichem Verhalten oder bestimmten Umweltereignissen Gründe zuschreiben (die Psychologen sprechen hier von *Attribution*, vgl. Aronson et al. 2011, S. 104 ff.), auch wenn es womöglich gar keine Gründe gibt (oder nur der Zufall im Spiel war) oder die Gründe außerhalb dessen liegen, was unser Gehirn erfassen und verarbeiten kann. Grundsätzlich suchen wir Menschen also nach Gründen und – wenn es keine offensichtlichen Gründe gibt – erfinden wir sie notfalls selber. Daraus ergibt sich im Umkehrschluss eine hohe *Empfänglichkeit für Begründungen*, vor allem bei der Generation Y.

Exkurs: Plausibilität und Kontrollillusion
Wer in New York die Straße überqueren möchte, muss wie an vielen anderen Stellen in der Welt einen Knopf an der Ampel drücken. Das Besondere in New York, genauer: an einigen Stellen in Manhattan, ist, dass der Ampelknopf gar keine echte Funktion hat (vgl. Dobelli 2011, S. 67). Trotzdem gibt es ihn, und Menschen benutzen ihn unzählige Male am Tag. Kinder können mit Begeisterung eine gefühlte Ewigkeit an Computerspielautomaten spielen, auch wenn auf dem Display groß „game over" steht. Solange sie diese Begriffe nicht verstehen, haben sie den Eindruck, sie könnten wirklich das Raumschiff auf dem Display steuern. Es gibt unzählige weitere Beispiele, die uns zeigen, dass Menschen einer *Kontrollillusion* unterliegen: Wir möchten die Ereignisse um uns herum gerne kontrollieren (vgl. Wiswede 2012, S. 87), und dabei ist es uns einigermaßen egal, ob wir *wirklich* die Kontrolle haben oder ob nur ein Gefühl der Kontrolle besteht. Die Kontrollillusion besagt damit, dass allein der Anschein der Kontrolle ausreicht, uns ein sicheres Gefühl zu geben. Es muss also plausible Indizien dafür geben, dass wir die Kontrolle haben: ein Schalter an einer Ampel und die Tatsache, dass die Ampel (irgendwann) nach dem Betätigen des Schalters umspringt. Oder ein Raumschiff, das sich auf einem Display bewegt und ein Joystick, der (scheinbar) zum Steuern dieses Raumschiffs führt. Ob eine *kausale Beziehung* zwischen Betätigung des Schalters und dem Umspringen der Ampel oder dem Joystick und den Bewegungen des Raumschiffs besteht, ist unserem Gehirn egal, denn es kann kausale Beziehungen nur schlecht von (mehr oder weniger) gleichzeitig stattfindenden, aber eigentlich voneinander unabhängigen Ereignissen (Korrelationen) unterscheiden. Und so reichen plausible Beziehungen zwischen unserem eigenen Handeln und einem daraufhin eintretenden Ereignis sehr oft aus, um uns das Gefühl zu geben, wir hätten das Ereignis verursacht.

Wie können wir nun mit dem starken Wunsch nach Begründung der Generation Y umgehen? Es ist eigentlich ganz einfach: Zunächst sollte sich eine Führungskraft darauf einstellen, dass sie mit vielen Sinnfragen konfrontiert wird. Und dann sollte sie sowohl *symptomatisch* als auch *präventiv* auf diese Eigenschaft der Generation Y reagieren: symptomatisch, indem sie mehr oder weniger spontan aufkommende Sinnfragen über ein *hohes Begründungsniveau* mindestens auf Plausibilitätsniveau beantworten kann, präventiv, indem sie für ihren Bereich oder ihre Abteilung eine *sinnvolle Mission* erarbeitet.

Hohes Begründungsniveau zur symptomatischen Sinnstiftung

Experimente zeigen, dass es fast egal ist, *wie gut* ein genannter Grund ist, solange wir einen Grund dafür finden, warum wir uns wie verhalten. Die beiden an Menschen in einer Warteschlagen gerichteten Aussagen „Würden Sie mich bitte vorlassen" und „Würden Sie mich bitte vorlassen, weil ich es eilig habe" haben den gleichen Informationsgehalt. Die zweite Aussage ist zwar länger, der genannte Grund aber *tautologisch*. Es ist selbstverständlich, dass jemand in einer Schlange vorgelassen werden möchte, weil er es eilig hat. Warum sollte er sonst vorgelassen wollen werden? Damit sind tautologische Aussagen zwar inhaltsleer, haben aber Begründungspotenzial. Die zweite Aussage brachte signifikant mehr Menschen dazu, einen anderen Wartenden vorzulassen, als die erste (vgl. Dobelli 2012, S. 5 f.).

Bei der Wahl des Begründungsniveaus gibt es also die Möglichkeit, ein niedriges (tautologisches) oder ein hohes (und damit nicht tautologisches) Begründungsniveau zu wählen. Und obwohl ein niedriges Begründungsniveau bei vielen Menschen ausreichend Überzeugungskraft entfaltet, empfehlen wir im Umgang mit der Generation Y ein hohes Begründungsniveau: Die genannten Gründe sollten möglichst *wahr*, zumindest jedoch (wenn eine Führungskraft den wahren Grund nicht kennt oder nicht in Erfahrung bringen kann) *plausibel* sein. Wir wollen dazu einmal den Unterschied zwischen wahren und plausiblen Gründen betrachten.

Ein plausibler Grund ist ein *wahrheitsmöglicher* Grund. Damit sind alle wahren Gründe auch plausibel. Eine Beförderung könnte etwa begründet werden mit überdurchschnittlichen Leistungen, die zur Arbeit auf der höheren Stelle qualifizieren, *oder* mit unterdurchschnittlichen Leistungen, die zur weiteren Arbeit auf der aktuellen Stelle disqualifizieren, *oder* mit besonderen Beziehungen zum Vorgesetzten *oder* mit einer Regelbeförderung nach einer bestimmten Amtszeit – allesamt *plausible* Gründe. Was der *wahre* Grund für die Beförderung ist, kann nur die dafür verantwortliche Person selber sagen.

Manchmal ist es nicht einfach oder schlichtweg unmöglich, den wahren Grund für eine Sache zu finden, insbesondere wenn viele plausible Gründe existieren und diese sich auch noch gegenseitig beeinflussen. „Warum hatten wir im letzten Geschäftsjahr keinen Erfolg?" – diese Frage wahrheitsgemäß zu beantworten, ist fast unmöglich, weil Geschäftserfolg von einer Vielzahl einander bedingender Faktoren und nicht zuletzt von Zufall und Glück (als einer Form des Zufalls) abhängt. Trotzdem beantworten viele Topmanager diese Frage dennoch, und zwar systematisch, indem sie nicht in ihrer Macht stehende Gründe für den Misserfolg verantwortlich machen (wobei sie einen Erfolg immer mit ihrer eigenen Leistung begründen würden, vgl. Taleb 2014, S. 192). Ausschlaggebend hierfür sind systematische Attributionsfehler. Denn grundsätzlich haben wir bei einem Ereignis zwei Möglichkeiten der Ursachenzuschreibung: dass *unser Verhalten* dafür verantwortlich ist (interne Attribution) oder dass das *Verhalten eines anderen* oder *externe Umstände* dafür verantwortlich sind (externe Attribution, vgl. Aronson et al. 2011, S. 104). In der Regel wird die Attributionsform gewählt, die es uns am ehesten ermöglicht, ein positives Selbstbild zu wahren (vgl. Wiswede 2012, S. 96). Zum Problem der Bestimmung der wahren Ursache kommt damit die menschliche Tendenz der *selbstwertdienlichen Attribution* hinzu.

Um trotz dieser Schwierigkeiten und psychologischen Fallstricke ein hohes Begründungsniveau gegenüber der Generation Y zu gewährleisten, sollten sich Führungskräfte nach Möglichkeit an folgenden Punkten orientieren:

1. Wenn die Sinnfrage gestellt wird, sollten sich Führungskräfte darauf einlassen und ernsthaft nach einem Grund forschen.
2. Auch wenn tautologische Gründe manchmal Überzeugungskraft entfalten, sollten Führungskräfte versuchen, plausible oder wahre Gründe zu nennen.
3. Wenn sich eine Führungskraft nicht sicher ist, ob der genannte Grund nur plausibel oder wirklich wahr ist, sollte sie dies deutlich machen. Als plausibel bezeichnete Gründe sind besser als solche, die als wahr angepriesen werden, sich jedoch im Nachhinein als falsch herausstellen.
4. Bei der Suche nach den Gründen für Entscheidungen oder Ereignisse unterliegen wir psychologischen Verzerrungen. Führungskräfte sollten sich die eigene Anfälligkeit für solche Attributionsfehler deutlich machen und offensiv damit umgehen, dass auch sie solchen Fehlern unterliegen können.

Aber vor allem sollte eine Führungskraft keine Angst vor der Suche nach wahren Gründen haben. Denn der Generation Y ist vor allem wichtig, dass ernsthaft nach wahren Gründen gesucht wird. Begleitet eine Führungskraft ihre Mitarbeiter auf diesem Weg und betrachtet sie den Begründungswunsch der Generation Y nicht als psychische Abnormität, sondern als wertvollen Wesenszug, wird die Generation Y dieses Verhalten positiv würdigen.

Sinnstiftende Missionen
Beim strategischen Management von Unternehmen geht es auch darum, die Unternehmenspolitik zu gestalten. Es sollen Eckpfeiler des unternehmerischen Handelns festgelegt werden, damit gemeinsame Orientierung geschaffen werden kann. Die drei dabei am häufigsten genannten Werkzeuge der Unternehmenspolitik sind *Vision*, *Mission* und *Leitbild* (vgl. Müller-Stewens und Lechner 2005, S. 234 ff.). Unter *Vision* kann der langfristig gewünschte Zustand eines Unternehmens verstanden werden, so wie sich das Topmanagement und die Eigentümer das Unternehmen in der Zukunft wünschen. Damit stellt die Vision eine langfristige und grundsätzliche Zielvorstellung dar. Davon abzugrenzen ist die *Mission*, welche den Sinn und Zweck des eigenen unternehmerischen Handelns be-

schreibt. Die Mission beantwortet die Frage, warum ein Unternehmen überhaupt handelt. Das Leitbild soll schließlich Unternehmensziele, Strategien, gewünschte Verhaltensweisen der Mitarbeiter sowie grundsätzliche Unternehmenswerte sicht- und nachvollziehbar machen.

Rumelt (2013, S. 37) wirft vielen Unternehmensstrategen vor, Vision, Mission und Leitbild mit inhaltsleeren Worthülsen aufzuladen, sodass gar keine konkreten Hinweise für das Verhalten in Unternehmen ableitbar oder Formulierungen beinahe willkürlich zwischen Unternehmen austauschbar sind. Unter anderem prangert er etwas an, das er *Fluff* nennt: eine oberflächliche Umformulierung des Offensichtlichen gespickt mit einigen strahlenden Reizwörtern.

Rumelts Kritik ist durchaus berechtigt. Allerdings wollen wir an dieser Stelle nicht beschreiben, wie die Unternehmenspolitik mit Leben zu füllen ist, sondern wie *Missionen* dabei helfen können, dem Arbeiten der Generation Y Sinn zu geben. Dazu ist das, was eine Mission grundsätzlich soll, nämlich den Zweck unternehmerischen Handelns deutlich machen, unter Berücksichtigung der Kritik Rumelts, nämlich die Dinge konkret und ohne Fluff zu formulieren, auf Abteilungs- oder Bereichsebene herunterzubrechen. So entstehen spezifische Missionen, die deutlich machen, welchen Zweck Abteilungen oder Bereiche erfüllen, welchen Beitrag sie zum großen Ganzen leisten und wie sie damit ein hohes Maß an Motivation erzeugen können (vgl. Malik 2007, S. 104 f.).

Wie kann nun eine solche sinnstiftende Mission aussehen? Zunächst ist zu überlegen, welchem *Gesamtziel* das Unternehmen folgt. Danach ist die Frage zu beantworten, welchen *Beitrag* der eigene Bereich oder die eigene Abteilung zum Gesamtziel leistet und warum dieser Beitrag *wichtig* ist. Dabei kann durchaus differenziert werden zwischen einem formal-operativen Beitrag („Wir sichern den kontinuierlichen und rechtzeitigen Zugang hoch qualifizierter und motivierter Kollegen") und einem informell-motivatorischen Beitrag („Durch die positive Einstellung unserer Arbeit und all unseren Kollegen gegenüber wollen wir das gesamte Unternehmen inspirieren"). Schließlich muss die Mission regelmäßig überarbeitet werden, um sie an die jeweils aktuelle Unternehmensstrategie anzupassen. Wichtig ist dabei, dass Führungskräfte und Mitarbeiter *gemeinsam* an Formulierungen arbeiten, etwa im Rahmen eines einmal pro Jahr stattfindenden Strategieworkshops. Nur, wenn alle Mitarbeiter, und damit auch die Mitarbeiter der Generation Y, in die Entwicklung der Mission eingebunden werden, kann sich ihr sinnstiftender Charakter voll entfalten.

Partizipative Führung

Über die Natur partizipativer Führung haben wir bereits in Abschn. 3.2.6 gesprochen, daher wollen wir hier nur kurz darauf eingehen. Es geht darum, Mitarbeiter möglichst stark in Entscheidungsprozesse einzubinden, damit die getroffenen Entscheidungen zu den Entscheidungen *der Mitarbeiter* werden. Die Einbindung in den Entscheidungsprozess soll also dazu führen, dass der Besitztumseffekt greift. Dieser besagt, dass eine Sache oder Idee alleine dadurch an Wert gewinnt, dass sie uns gehört. Das gilt auch für Entscheidungen, bei denen sich ein Mitarbeiter in eine Entscheidung einbringen kann.

Aber wie bewirkt der Besitztumseffekt, dass Entscheidungen ein hoher Sinn zuge-schrieben wird? Wenn eine Entscheidung getroffen wurde, bedeutet das, dass eine Al-ternative gewählt und eine oder mehrere andere Alternativen verworfen wurden. Dadurch, dass bei Entscheidungen also immer bestimmte Alternativen verworfen werden müssen, kann leicht ein geistiger Zustand entstehen, den Psychologen als *Regret-Effekt* bezeich-nen: ein Bereuen, dass eine Alternative *nicht* gewählt wurde (vgl. Wiswede 2012, S. 83). Menschen versuchen daraufhin oftmals, Gründe zu finden (oder zu konstruieren), warum die getroffene Entscheidung doch gut war, damit das (negative) Gefühl des Bereuens ver-schwindet. Eine häufig herangezogene Begründung, die allerdings nur genutzt werden kann, wenn der Besitztumseffekt greift, ist: „Weil ich es so entschieden habe!" Und auf die Frage, warum ich so entschieden habe, lautet die Antwort: „Weil es sinnvoll war, sonst hätte ich es ja nicht so entschieden." Im Nachhinein wird eine Entscheidung also durch echte oder konstruierte Gründe gestärkt, die sogenannte *rückwärtige Plausibilisie-rung*. Bei der Einbindung der Generation Y in Entscheidungen sind diese rückwärtige Entscheidungsstärkung und die damit verbundene Sinnstiftung besonders wirksam, wes-wegen partizipative Führung und die damit verbundene Entscheidungseinbindung sehr geeignet sind, Sinn zu schaffen.

Relativistische Weltsicht der Generation Y
Grundsätzlich können zwei Arten unterschieden werden, wie die Welt zu betrachten ist: absolut und relativ. Eine absolutistische Weltsicht geht davon aus, dass es eine *objekti-ve* Realität gibt, die unabhängig von einem Beobachter existiert und die es zu verstehen und zu steuern gilt. Die relativistische Weltsicht geht davon aus, dass die Wirklichkeit erst dadurch entsteht, dass der Mensch sie wahrnimmt. In dieser relativistischen Weltsicht geht es also um die Frage, wie die Wahrnehmung der Wirklichkeit funktioniert und wie Menschen durch Prozesse der Wahrnehmung ein Abbild der Wirklichkeit in ihren Köp-fen *konstruieren* (deswegen wird diese Strömung auch als *Konstruktivismus* bezeichnet). Absolutistische und relativistische Weltsicht widersprechen sich dabei nicht zwangsläu-fig: Selbst wenn es eine objektive Wirklichkeit geben sollte, sind die Menschen durch ihre begrenzte Informationsverarbeitungskapazität lediglich in der Lage, Fragmente der Wirklichkeit zu erfahren. Das machen sie, indem sie ein für ihr Leben passendes und damit individuelles Abbild der Wirklichkeit in ihrem Kopf (genauer: im Gehirn) nachbau-en. Dieses individuelle Abbild haben wir bereits als *mentales Modell* kennengelernt. Aus absolutistischer Sicht geht es also um die Wirklichkeit an sich, aus relativistischer Sicht um die unterschiedlichen konstruierten mentalen Modelle und ihr Verhältnis zueinander (daher die Verwendung des Begriffs *relativistisch*).

Die Skepsis der *Generation Y* und die daraus resultierende kritische Grundhaltung las-sen sich besser verstehen und bewältigen, wenn Führungskräfte eine relativistische Welt-sicht einnehmen. Denn die Annahme der parallelen Existenz unterschiedlicher Wahrheiten bis zur Ablehnung alles Absoluten – typische Merkmale der Generation Y (vgl. Van Rooi 2011, S. 45) – kann nur auf Basis einer relativistischen Weltanschauung funktionieren. Dort werden *Perspektiven* gegenüber *Wahrheiten* vorgezogen. Es geht der Generation Y demnach um vielfältige Möglichkeiten, die Dinge zu sehen, nicht um die absolute Wahrheit. Demnach sollte auch eine Führungskraft *in Perspektiven denken*.

Durch die Trennung von Feedback und Kritik vielfältige Perspektiven ermöglichen
In Abschn. 3.2.7 sind wir auf den Unterschied zwischen Feedback und Kritik eingegangen: Um eine Leistung zu kritisieren, sind objektive Leistungskriterien notwendig (daher der Name). Fehlen diese oder sind sie nicht ermittelbar, weil bestimmte Leistungen nicht objektiv zu bewerten sind, kann eine Führungskraft eben nur Feedback üben. Dabei ist Feedback keineswegs schlechter (oder besser) als Kritik. Kritik und Feedback sind zwei unterschiedliche Werkzeuge, die verschiedene Einsatzzwecke haben und sich hinsichtlich ihrer Handhabung unterscheiden.

Um der relativistischen Weltsicht der Generation Y gerecht zu werden, sollten Führungskräfte zunächst sehr bewusst zwischen Feedback und Kritik unterscheiden. Tun sie dies nicht, kann es dazu kommen, dass eine Führungskraft eine Leistung nach (vermeintlich) objektiven Gesichtspunkten in einer der Kategorien *richtig, falsch, gut* oder *schlecht* verbucht, ohne dass sie diese Kategorisierung nachvollziehbar begründen kann. Eine solche Kategorisierung hat aber etwas sehr Absolutistisches, was von der Generation Y an sich schon abgelehnt wird. Diese Ablehnung wird um ein Vielfaches stärker, wenn die absolutistische Kategorisierung einer Leistung nicht begründbar ist oder nicht begründet wird. Also sollten Führungskräfte

- zunächst überlegen, ob Feedback oder Kritik das richtige Instrument zur Bewertung von Mitarbeiterleistungen darstellt,
- im Zweifel das Feedback der Kritik vorziehen, da sich Kritik in absolutistischen Dimensionen bewegt und von der Generation Y damit eher abgelehnt wird als Feedback,
- ein Kritikgespräch so gut vorbereiten, dass die Bewertung der Leistung über die explizite Verwendung von Bewertungskriterien nachvollziehbar gemacht wird und
- für den Fall, dass ein Feedbackgespräch geführt wird, die Mitarbeiterleistung aus möglichst vielen Perspektiven und explizit als subjektive Einschätzung gekennzeichnet bewerten.

Tendenziell scheinen Führungskräfte dazu zu neigen, die Kritik gegenüber dem Feedback vorzuziehen. Dafür gibt es sicherlich verschiedene Gründe, etwa, dass die Nutzung von Kritik deswegen verführerisch ist, weil sie verdeutlicht, wer *das Recht* hat, Leistungen in Kategorien wie richtig und falsch einzuordnen (nämlich die Führungskraft) und wer sich damit *abfinden* muss (nämlich der Mitarbeiter). Damit wird die Führungskraft *über* den Mitarbeiter gestellt, was deren Selbstbild natürlich positiv beeinflusst. Auch ist das Denken in Richtig oder Falsch leichter als das Denken in relativistischen Kategorien, denn für Letztere muss man sich deutlich machen, dass es in vielen Bereichen vielleicht gar kein Richtig oder Falsch gibt. Dazu ist ein besonderes Maß an sogenannter *Ambiguitätstoleranz* notwendig, also die Fähigkeit, mit Unklarheit oder Unsicherheit umzugehen (vgl. Dobelli 2012, S. 125 ff.). Darin sind die meisten Menschen allerdings nicht so geschickt, da sie Sicherheit und Kontrolle lieben (auch wenn sie teilweise nur vermeintlich ist, wie bei der angesprochenen *Kontrollillusion*).[33] In der Konsequenz kommt es oft zu einem Dilemma: Führungskräfte neigen dazu, Kritik statt Feedback zu verwenden, allerdings ist es gerade die Kritik, die für die Generation Y eher ungeeignet ist.

Gemeinsames Konstruieren von Wirklichkeiten

In einer relativistischen Welt spielen objektive Wirklichkeiten keine entscheidende Rolle, vielmehr geht es darum, *wie* die unterschiedlichen Wirklichkeiten in den Köpfen der Menschen, ihre mentalen Modelle also, konstruiert werden. Um in einer relativistischen Welt gemeinsam erfolgreich arbeiten zu können, ist die Existenz möglichst ähnlicher mentaler Modelle hilfreich, da – wie wir in Abschn. 3.2.4 erfahren haben – unterschiedliche mentale Modell die Entstehung von Konflikten verursachen können. Aber wie kann die Existenz ähnlicher mentaler Modelle erreicht werden, wenn – auch das haben wir bereits festgestellt – es keine identischen mentalen Modelle gibt?

Ein guter Schritt zur *Annäherung* mentaler Modelle, genauer: bestimmter arbeitsrelevanter Aspekte verschiedener mentaler Modelle, ist das gemeinsame *Konstruieren von Wirklichkeiten*. Das bedeutet, dass Führungskraft und Mitarbeiter in einem partnerschaftlichen Dialog versuchen, ihre Sicht auf die Welt zu beschreiben, Gemeinsamkeiten und Unterschiede zu ermitteln und vor allem versuchen, Brücken zwischen den Unterschieden in ihren mentalen Modellen zu schlagen. Ein Beispiel:

Eine Führungskraft und ein Mitarbeiter der Generation Y sind unterschiedlicher Auffassung darüber, wie ein Kundentermin vorzubereiten ist. Die Führungskraft legt besonderen Wert auf einwandfreie und sorgfältig vorbereitete Präsentationsunterlagen, der Mitarbeiter möchte seine Ideen eher frei präsentieren und während des Kundengespräches eine Mindmap entwickeln. Nun hat die Führungskraft zwei Möglichkeiten: Erstens *bestimmt* sie, dass eine Präsentation gehalten und die Unterlagen (im Sinne der Führungskraft) sorgfältig vorbereitet werden. Zweitens versucht sie einen gemeinsamen Standpunkt mit dem Mitarbeiter zu entwickeln, in den sowohl der Anspruch der Führungskraft als auch der des Mitarbeiters einfließen können. Mit der ersten Wahl dürfte sich die Führungskraft sicherer fühlen, weil sie sich auf etwas verlassen kann, mit dem sie schon gute Erfahrungen gesammelt hat. Allerdings wird sich diese Wahl negativ auf die Motivation des Mitarbeiters auswirken, weil die Führungskraft wahrscheinlich nicht nachvollziehbar darlegen kann, *warum* es gerade diese Herangehensweise sein muss. Die zweite Alternative ist für die Führungskraft ungewohnt und daher mühsamer, hat aber positive Auswirkungen auf die Motivation des Mitarbeiters, weil nicht in absolutistischen Dimensionen argumentiert wird. Entscheidet sich die Führungskraft für die zweite Möglichkeit, legt sie zunächst dar, was aus ihrer Sicht für die eigene Herangehensweise spricht (zum Beispiel, dass der

---

[33] Womöglich am schlimmsten ist der Fall, dass eine Führungskraft meint, sie übe Kritik, verwendet aber subjektive Bewertungsmaßstäbe statt objektiver Kriterien (und merkt dies nicht). Diese Falsch-Kritik ist für die Generation Y, aber auch für alle anderen Mitarbeiter, die wohl deprimierendste Art der Kritik, weil die Führungskraft für das *Richtig* oder *Falsch* ihrer Bewertung kämpft, *ohne zu verstehen*, dass diese Begriffe für die vorgenommene Bewertung ungeeignet sind.

Kunde den Eindruck hoher Qualität und Zuverlässigkeit bekommen soll). Dann fordert sie ihren Mitarbeiter auf, seine Gründe für dessen Herangehensweise darzulegen (zum Beispiel dass der Kunde den Eindruck bekommt, man könne sich sehr individuell auf seine Bedürfnisse einstellen); optimalerweise halten beide ihre Sichtweisen explizit auf einem Flipchart oder einem Whiteboard fest. Damit steht für unser Beispiel fest, dass sowohl Führungskraft als auch Mitarbeiter eigentlich das Gleiche wollen: einen *zufriedenen Kunden*. Nur der Weg dahin wird unterschiedlich bewertet. Da wir grundsätzlich von Äquifinalität (vgl. Abschn. 3.2.8) ausgehen und da sich die Herangehensweisen von Führungskraft und Mitarbeiter *nicht widersprechen*, sollte ein gemeinsamer Weg gefunden werden, der wie folgt aussehen könnte: Der Kunde erhält vorab sorgfältig vorbereitete Unterlagen mit wichtigen Informationen, die er im Anschluss an den Termin studieren kann, der Termin selber wird jedoch flexibel auf Basis einer Mindmap moderiert.[34]

Aber wieso ist diese Art der Problemlösung eine gemeinsame Konstruktion der Wirklichkeit? Nun, zunächst stellt sich doch die Frage, ob es ein richtiges oder falsches Kundengespräch überhaupt gibt. Hier ist sicherlich festzuhalten, dass es gute und schlechte Kundengespräche gibt und dass beide vielfältige Formen annehmen können. Wir sind bei Kundengesprächen also in einer relativistischen Welt, die von Äquifinalität geprägt ist. In dieser Welt entscheidet *der Kunde* letztlich, ob er mit einem Gespräch zufrieden war. Und dessen Zufriedenheit oder Unzufriedenheit kann viele Ursachen haben. Vielleicht ist der Kunde in unserem Beispiel deswegen besonders zufrieden mit dem Kundengespräch, weil er schon vorher aufgrund herausragender Quartalszahlen gute Laune hatte. Führungskraft und Mitarbeiter können *im Vorfeld* eines Gespräches allerdings nur darüber *spekulieren*, was den Kunden zufrieden macht. Und dieses Spekulieren kann als eine Entwicklung von Ursache-Wirkungs-Zusammenhängen in den Köpfen der Beteiligten und damit als gemeinsames Konstruieren gesehen werden: Wenn wir *X* machen, dann ist der Kunde zufrieden. Der Kunde, dessen Zufriedenheit und die möglichen Maßnahmen hierfür sind Teil der Wirklichkeit von Führungskraft und Mitarbeiter, und beide haben für sich einen (vermeintlichen) Weg gefunden, den Kunden zufriedenzustellen. Diesen Weg verankern sie in ihren mentalen Modellen. Optimalerweise tut das nicht jeder für sich, sondern sie tun es gemeinsam – sowohl vor als auch nach dem Gespräch, am besten mit einem expliziten Kundenfeedback, damit das *Spekulieren* im Vorfeld im Nachhinein durch triftige Gründe ersetzt wird, sodass Führungskraft und Mitarbeiter gemeinsam bestimmen können, wie realistisch ihre Spekulationen wirklich waren.

Die gemeinsame Konstruktion von Wirklichkeiten kann im Kleinen, wie in unserem Beispiel, und im Großen stattfinden. Vor allem die Einbindung vieler Mitarbeiter in die gemeinsame Konstruktion von Wirklichkeiten ist methodisch nicht ganz einfach, weswegen wir darauf noch einmal genauer eingehen. Ein mögliches Werkzeug hierfür ist das *relative Reality-Café* (vgl. das Werkzeug: Das relative Reality-Café).

---

[34] Bei dieser Herangehensweise spiegelt sich die Methodik des Harvard-Konzeptes von Fisher et al. (2000) wider, die dafür plädieren, sich in einem Konflikte nicht auf Positionen, sondern auf (gemeinsame) Interessen zu konzentrieren (vgl. Abschn. 3.2.4).

Werkzeug: Das relative Reality-Café

Das relative Reality-Café orientiert sich an der Idee des World Cafés von Brown und Isaaks (2007). In caféhausähnlicher, gemütlicher Atmosphäre kommen dabei verschiedene Menschen (zwischen 20 und 1000) in mehrfach wechselnden Kleingruppen zusammen und diskutieren frei und kreativ eine oder mehrere Fragen (vgl. Schiersmann und Thiel 2011, S 122 ff.).

Das relative Reality-Café ist von der Grundausrichtung her dem World Café sehr ähnlich, es verfolgt allerdings das Ziel, eine oder mehrere Fragen vor dem Hintergrund unterschiedlicher mentaler Modelle und daher unterschiedlicher Wirklichkeitskonstruktionen zu betrachten (daher *relative Reality*). Genauer: Gemeinsamkeiten und Unterschiede von mentalen Modellen sollen deutlich gemacht und durch die Konstruktion einer gemeinsamen Wirklichkeit sollen Unterschiede überwunden werden. Dabei halten wir eine maximale Gruppengröße von 100 Personen für angemessen.

Der Ablauf des relativen Reality-Cafés, der durch einen internen oder externen Moderator gesteuert wird, ist wie folgt:

1. In der *Einführungsphase* begrüßt der Moderator alle Teilnehmer des relativen Reality-Cafés und führt in das Konzept der mentalen Modelle und der Wirklichkeitskonstruktion ein. Dann stellt er das Thema und die Zielsetzung für das relative Reality-Café vor und geht auf einige Spielregeln ein. Die wichtigsten sind:
   - Es geht nicht um Richtig oder Falsch, es geht um subjektive Sichtweisen.
   - Alle Sichtweisen haben den gleichen Wert, daher ist es unnötig (und damit unerwünscht), dass Sichtweisen bewertet werden. Jede Sichtweise ist willkommen.
   - Um die Sichtweise der anderen zu verstehen, sollte man diesen aufmerksam zuhören und gegebenenfalls Verständnisfragen stellen.
2. In der *Gruppenbildungsphase* kommen die Mitarbeiter dann in Kleingruppen zusammen. Die Zusammensetzung der Kleingruppen sollte nach Möglichkeit gelost werden, damit möglichst viele nicht eng vertraute Kollegen zusammenkommen und so möglichst viele unterschiedliche Sichtweisen dargelegt werden. Die Kleingruppengröße ist von der Gesamtteilnehmerzahl abhängig, sollte aber zehn Personen nicht überschreiten, damit jeder Einzelne sich in die Gruppendiskussion einbringen kann. Auf den Tischen, an denen diskutiert wird, liegen ausreichend Arbeitsmittel aus (Flipchartpapier, Stifte unterschiedlicher Farben, Moderationskärtchen etc.).
3. In der *ersten Arbeitsphase* werden für die Dauer von 20 bis 30 Minuten verschiedene Fragen diskutiert. Das Spektrum möglicher Fragen ist breit, aber es sollten auf jeden Fall *offene Fragen* behandelt werden, die aus *unterschiedlichen Perspektiven* betrachtet werden können und die *nicht mit Faktenwissen* beantwortet werden können. Es geht also eher um Meinungs- und Einstellungsfragen, bei deren Beantwortung das eigene mentale Modell eine wichtige Rolle spielt. Auf jeden Fall sollen Fragen auf Basis des Dreiklangs *Was – Warum – Wie* beantwortet werden: Was glauben wir, warum glauben wir das und wie können wir das, was wir glauben, erreichen? Beispielsweise könnten diese Fragen wie folgt lauten:

- Was sind die wichtigsten Erfolgsfaktoren für unsere Abteilung/für unseren Bereich?
- Warum glauben wir, dass diese Faktoren uns zum Erfolg führen werden?
- Wie können wir diese Faktoren für uns nutzbar machen?

Die Antworten auf die Fragen werden auf Flipcharts oder Karten notiert. Wichtig ist, dass es *nicht* das Ziel ist, einen *Gruppenkonsens* zu erreichen, sondern dass jedes Mitglieder der Gruppe seine eigene Sicht (inklusive der Gründe und Umsetzungsvorschläge dafür) darstellen soll: Jede einzelne Perspektive ist wichtig. Und: Die Einbindung aller geht vor Schönheit und Präzision in der Darstellung.

4. In der *ersten Ergebnisphase* wird – auf separaten Flipcharts oder Karten – festgehalten, wo sich die Kollegen bei der Beantwortung der gestellten Fragen einig waren (was auf vergleichbare mentale Modelle hindeutet) und – dies ist besonders wichtig, weil damit weitergearbeitet wird – wo *nicht* (was auf unterschiedliche mentale Modelle hindeutet). Es geht also vor allem darum, *Widersprüche* in den einzelnen Sichtweisen zu finden (in unserem Beispiel etwa widersprüchliche Erfolgsfaktoren, widersprüchliche Begründungen oder widersprüchliche Umsetzungsvorschläge).

5. In der *zweiten Arbeitsphase* wird für die Dauer von 20 bis 30 Minuten gemeinsam überlegt, wie Brücken zwischen gegebenenfalls vorhandenen Widersprüchen geschlagen werden können. Dabei können persönliche Erfahrungen und vergleichbare Beispiele, Anekdoten oder das spielerische Einnehmen der Perspektive des Andersdenkenden helfen. Wichtig ist allerdings, dass eine Brücke nur dann geschlagen werden kann, wenn die davon betroffenen Teilnehmer auch einverstanden sind: Es geht nicht darum, Widersprüche mit Gewalt zu überwinden, sondern darum herauszufinden, ob sich Widersprüche durch einen Perspektivenwechsel (die Erweiterung des eigenen mentalen Modells) auflösen lassen.

6. In der *zweiten Ergebnisphase* wird dann notiert, welche Widersprüche sich wodurch haben auflösen lassen und welche Widersprüche weiterhin bestehen.

7. In der *Präsentations- und Diskussionsphase* stellt jede Kleingruppe ihre Ergebnisse vor: Welche Antworten gab es, wo gab es Konsens, wo Widersprüche, und welche Widersprüche konnten nach der zweiten Arbeitsphase in den Kleingruppen aufgelöst werden? Über die übrig gebliebenen Widersprüche soll dann vor großem Plenum diskutiert werden: Wie konnten diese Widersprüche in anderen Kleingruppen aufgelöst werden oder wie sehen mögliche Brücken zwischen den Widersprüchen aus? In der Diskussionsphase kommt der Rolle des Moderators besondere Bedeutung zu, da dieser für eine stringente und wertfreie Diskussion vor großem Plenum verantwortlich ist.

8. In der *Abschlussphase* sollten die wichtigsten Ergebnisse durch den Moderator noch einmal zusammengefasst werden. Vor allem sollte er allen Mitarbeitern noch einmal deutlich machen, inwiefern die Diskussionen in den Kleingruppen und vor großem Plenum zu einer gemeinsamen Wirklichkeitskonstruktion beigetragen haben.

Der starken Skepsis der Generation Y und der daraus entspringenden kritischen Grundhaltung kann eine Führungskraft also entsprechen: durch eine Vorbereitung auf Sinnfragen, durch die Einbindung in Entscheidungen, durch ein Denken in Perspektiven statt in absoluten Wahrheiten sowie durch ein gemeinsames Konstruieren von Wirklichkeiten. Und auch wenn die hiermit zusammenhängenden Maßnahmen für eine Führungskraft durchaus anspruchsvoll sind: Die Anwendung der hier vorgestellten Werkzeuge macht es möglich, auf eine der präsentesten und oftmals als besonders anspruchsvoll wahrgenommenen Wesenseigenschaften der Generation Y zu reagieren.

3.2.10   Führung unter Berücksichtigung einer hohen Globalität

Die hohe Globalität der Generation Y schlägt sich erstens in einem *gobalen Mindset* nieder (vgl. Abb. 3.28). Ganz generell ist ein *Mindset* eng verbunden mit einem mentalen Modell, allerdings betrifft Ersteres eher die Einstellungen und Wertvorstellungen von Menschen, während Letzteres darüber hinaus Erfahrungen und Annahmen (zum Beispiel Vorurteile) beinhaltet. Damit kann ein Mindset als eine Teilmenge eines mentalen Modells erachtet werden.

Das Mindset der Generation Y ist sehr global geprägt. Für Boyacigiller et al. (2006, S. 82) bedeutet ein globales Mindset, dass der Umgang mit Zeit und Raum den eigenen Lebensbereich überwindet und sehr stark nach außen gerichtet ist. Die Generation Y ist damit in Bezug auf ihr Mindset *extrovertiert* und also offen für Andersartigkeit und Unterschiede zwischen Menschen und Kulturen.

Zweitens ist die Generation Y aufgrund der hohen Globalität sehr stark kosmopolitisch orientiert, ebenfalls ein Persönlichkeitsmerkmal, das eine Außenorientierung mit

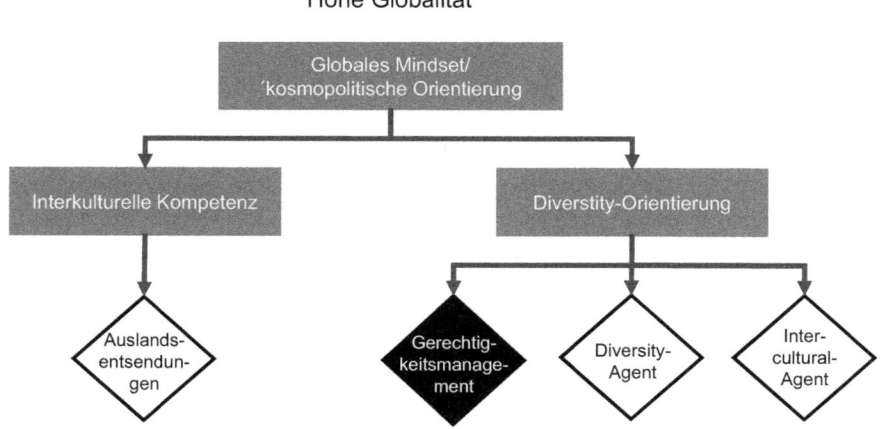

Abb. 3.28 Logik des Abschnittes „Führung unter Berücksichtigung einer hohen Globalität"

sich bringt (vgl. Boyacigiller et al. 2006, S. 82). Während das globale Mindset allerdings auf Einstellungen und Werte abstellt, schlägt sich die kosmopolitische Orientierung der Generation Y in konkreten Verhaltensweisen nieder: Kosmopoliten denken nicht nur über Grenzen hinaus, sie überschreiten auch Grenzen und versuchen, die Welt im direkten Kontakt und in ihrer Vielfältigkeit kennenzulernen.

Interkulturelle Kompetenz der Generation Y

Exkurs: Messung kultureller Unterschiede

Dass es neben einer persönlichen Vielfalt auch eine kulturelle Vielfalt gibt, also Unterschiede in Wahrnehmung und Verhalten aufgrund der Zugehörigkeit zu bestimmten regionalen oder länderspezifischen Kulturkreisen, ist unbestritten. Die Frage ist jedoch, ob beziehungsweise – wenn ja – wie sich diese Unterschiede messen lassen. Drei Ansätze und ihre jeweiligen Vertreter sind, obgleich nicht unumstritten, recht populär geworden und bieten einen guten Zugang zur Erfassung und Messung kultureller Unterschiedlichkeit: Hofstedes und Tropenaars Kulturdimensionen sowie die Kultureinteilung nach Hall (vgl. Blom und Meier 2004, S. 50 ff.). Wir werden uns im Folgenden auf Hofstedes Kulturdimensionen fokussieren, da er den wohl populärsten Ansatz liefert.

Hofstede (2001) konkretisiert kulturelle Unterschiede auf Basis von fünf Dimensionen:

- *Individualism* betrifft die Frage, ob eine Kultur eher *individualistisch* (hohe Bedeutung der Einzelperson, wie zum Beispiel in den USA) oder eher *kollektivistisch* (hohe Bedeutung der Gruppe, wie zum Beispiel in China) ausgerichtet ist.

- *Power Distance* betrifft die Frage, wie stark innerhalb einer Kultur *Machtunterschiede* akzeptiert werden. Eine hohe Ausprägung dieser Dimension steht dabei dafür, dass Machtunterschiede kulturell akzeptiert werden (wie zum Beispiel in Malaysia), eine geringe Ausprägung dafür, dass Machtunterschiede kulturell nicht akzeptiert werden (zum Beispiel in Österreich).

- *Uncertainty Avoidance* beschreibt, wie sehr eine Kultur bestrebt ist, *Unsicherheit ab- und Sicherheit und Verlässlichkeit aufzubauen*. Eine hohe Ausprägung dieser Dimension (eine hohe Unsicherheitsvermeidung) führt dazu, dass es viele formale und informelle Regeln und Normen für den Umgang miteinander gibt (zum Beispiel in Griechenland), eine geringe Ausprägung führt zu wenig Regeln und Normen und zu mehr Toleranz gegenüber abweichenden Meinungen (zum Beispiel in Singapur).

- *Masculinity* betrifft die Frage, inwiefern eher *typisch männliche Werte und Verhaltensweisen* (zum Beispiel Leistungsorientierung) oder *eher typisch weibliche* (zum Beispiel Familienorientierung) in einer Kultur dominant sind (zum Beispiel in Japan beziehungsweise Schweden).

- *Long Term Orientation* beschreibt, wie *langfristig* Menschen innerhalb einer Kultur denken, planen und handeln. Eine ausgeprägte Long Term Orientation resultiert in einem langen Planungs- und Handlungshorizont (zum Beispiel in China) eine ausgeprägte Short Term Orientation in einem kurzen (zum Beispiel in Pakistan).

Ebenso, wie die hier beschriebenen Persönlichkeitsmerkmale der Generation Y nicht auf jedes ihrer Mitglieder zutreffen, sind auch Hofstedes Kulturdimensionen nur Näherungen. Bei der Betrachtung von Menschen – ob in Generationen oder Kulturen – besteht immer die Herausforderung, den Grenzgang zwischen hilfreicher und objektiver Operationalisierung und dogmatischem Schubladendenken zu schaffen. Hofstede hat für das erste einen wichtigen Beitrag geleistet.

Durch das global Mindset und die kosmopolitische Orientierung verfügt die Generation Y über eine hohe interkulturelle Kompetenz (vgl. hierzu auch den Exkurs: Messung kultureller Unterschiede). Unter *interkultureller Kompetenz* verstehen wir die Fähigkeit von Menschen, unterschiedliche länder- oder regionenspezifische Werte und Normen sowie hieraus entstammende typische Verhaltensweisen zu erkennen, zu akzeptieren und daraus womöglich entstehende Hemmungen oder Blockaden zu überwinden. Die Generation Y betrachtet unterschiedliche kulturelle Ausprägungen also relativ wertfrei und ist ihnen gegenüber relativ tolerant: Sie verfügt über eine hohe interkulturelle Selbstwirksamkeitsüberzeugung. Damit eignet sie sich sehr gut für Einsätze im Ausland (vgl. das Werkzeug: Sinnvolle Auslandsentsendungen zur Führung der Generation Y).

Werkzeug: Sinnvolle Auslandsentsendungen zur Führung der Generation Y

Für einen Großteil aller Unternehmen kommt eine Auslandsentsendung von Mitarbeitern gar nicht infrage, weil sie nur regional oder national aktiv sind. Aber auch eine internationale Ausrichtung führt noch nicht zwingend dazu, dass eine Auslandsentsendung möglich wird, etwa wenn ein Unternehmen mit einem ausländischen Kooperationspartner sein Auslandsgeschäft abwickelt. Die Auslandsentsendung ist damit eher etwas für Großunternehmen und Konzerne, die dann wiederum spezialisierte Abteilungen oder Dienstleister mit der Auslandsentsendung inklusive der Vor- und Nachbereitung beauftragen. Wir wollen an dieser Stelle dennoch auf einige Aspekte der Auslandsentsendung eingehen, die speziell für die Generation Y eine besondere Rolle spielen dürften. Damit geht es uns hier nicht so sehr um die operative Planung und Umsetzung einer Auslandsentsendung, sondern eher um die strategische.

Es gibt unterschiedliche Ziele einer Auslandsentsendung. Fischlmayr und Kopecek (2012, S. 22 f.) unterscheiden aus Unternehmenssicht das Füllen von vakanten Stellen, das Schulen von lokalem Personal, die Kontrolle und Koordination des lokalen Personals, die Organisationsentwicklung sowie die Entwicklung des internationalen Denkens im Unternehmen. Aus Sicht des Mitarbeiters können finanzielle Anreize, Karriereziele, Autonomie und sozialer/gesellschaftlicher Status im Ausland und die persönliche Weiterentwicklung eine Rolle spielen.

Wenn wir nun davon ausgehen, dass die Mitglieder der Generation Y nicht als Führungskräfte, sondern als Mitarbeiter ins Ausland gehen (schließlich betrachten wir die Mitglieder der Generation Y in diesem Abschnitt als Mitarbeiter), kommen einige Ziele einer Auslandsentsendung gar nicht infrage (etwa die Kontrolle und Koordination des lokalen Personals). Unter Berücksichtigung der Persönlichkeitsstruktur der Generation Y fallen weitere Ziele weg (zum Beispiel der Status, der für die Generation Y keine übergeordnete Rolle spielt). Schließlich betrachten wir die Auslandsentsendung als *Führungsinstrument*, also als ein Mittel der Verhaltenssteuerung. Damit ist ein Auslandseinsatz nur dann ein Führungsinstrument, wenn dadurch ein spezifisches Verhalten gefördert wird, das einen konkreten (zumindest mittelbaren) Nutzen für das Unternehmen mit sich bringt. Aus dieser Perspektive bietet sich eine Auslandsentsendung eines Mitarbeiters der Generation Y dann an, wenn

- eine vakante Stelle im Ausland zu füllen ist oder es einen Bedarf an der Schulung lokalen Personals gibt,
- der Mitarbeiter die notwendigen Fachkompetenzen der Stelle oder Schulung weitestgehend beherrscht oder sich schnell aneignen kann,
- das internationale Denken im Unternehmen gefördert werden soll,
- die Auslandsentsendung eher einen Karrierebeitrag für den Mitarbeiter leistet als durch operative Notwendigkeiten bedingt ist,
- eine persönliche Weiterentwicklung des Mitarbeiters erreicht werden kann.

Eine Auslandsentsendung sollte also eher im Sinne eines Personalentwicklungsinstrumentes eingesetzt werden, nicht vornehmlich aus Sicht der Personaleinsatzplanung. Bei der Wahl der Art der Auslandsentsendung bietet sich daher die Kurzzeitentsendung (bis zu einem Jahr) an, weil innerhalb eines Jahres bestimmte Kompetenzen entwickelt und nutzenstiftend im Ausland eingesetzt werden können, ohne dass der Kontakt zum entsendenden Unternehmen und der dortigen Führungskraft verloren geht. Immer mehr Unternehmen nutzen bereits Auslandsentsendungen, um der hohen Globalität der Generation Y Rechnung zu tragen (vgl. Hurrelmann und Albrecht 2014, S. 62).

Diversity-Orientierung der Generation Y

Das globale Mindset und die kosmopolitische Orientierung der Generation Y führen dazu, dass sie relativ offen gegenüber Unterschieden zwischen Menschen ist. *Diversity* stellt exakt auf diese Unterschiede ab. Sie steht für die Akzeptanz von Vielfalt und für den wertschätzenden Umgang mit Abweichungen vom Durchschnitt (und aus Sicht der Generation Y auch von der Durchschnittlichkeit).

Diversity wird oftmals über den europaweit gültigen Gleichbehandlungsgrundsatz operationalisiert. Dieser – in Deutschland im Allgemeinen Gleichbehandlungsgesetzt niedergeschriebene – Grundsatz verbietet eine Diskriminierung von Menschen aufgrund ihrer Rasse, Herkunft, Religion, ihres Alters und Geschlechts, ihrer sexuellen Orientierung oder einer Behinderung. Und auch wenn diese sieben Diskriminierungstatbestände einen großen Teil gesellschaftlich verbreiteter Diskriminierungen adressieren, geht der Diversity-Gedanke über diese sieben konkreten Punkte hinaus. Er betrifft jegliche Art von Unterschieden zwischen Menschen, die Anlässe für eine Diskriminierung sein könnten.

Wir können also davon ausgehen, dass die Generation Y tendenziell positiv, zumindest jedoch indifferent, gegenüber Menschen eingestellt ist, die anders sind als sie selber oder der gesellschaftliche Durchschnitt. Andersartigkeit stellt für sie also per se keinen Grund dar, andere Menschen zu diskriminieren. Daraus resultiert eine Erwartungshaltung an Führungskräfte in Bezug auf das Gerechtigkeitsmanagement.

Angepasstes Gerechtigkeitsmanagement

Wir haben bereits verschiedene Dimensionen eines Gerechtigkeitsmanagements als Führungsinstrumente kennengelernt. Dies waren die distributive, die prozedurale, die informationelle und die interpersonelle Gerechtigkeit (vgl. hierzu die Ausführungen in Abschn. 3.2.4). Ein diversity-orientiertes Gerechtigkeitsmanagement stellt auf die letzte Dimension, die interpersonelle Gerechtigkeit, ab. Streng genommen beinhaltet diese Gerechtigkeitsdimension schon ein Diskriminierungsverbot, denn wenn interpersonelle Gerechtigkeit für die gleichermaßen gerechte Behandlung aller Mitarbeiter steht und Diskriminierung die ungerechtfertigte Benachteiligung eines Menschen bedeutet, muss interpersonelle Gerechtigkeit dazu führen, dass nicht ungerechtfertigt benachteiligt wird, egal aus welchen Gründen.

Nun kann eine Führungskraft entscheiden, ob sie ein diversity-orientiertes Gerechtigkeitsmanagement implizit praktiziert, weil es für sie selbstverständlich ist, nicht ungerechtfertigt zu benachteiligen – egal aus welchem Grund – und die explizite Fokussierung auf etwaige Diskriminierungstatbestände damit redundant wäre. Oder ob sie explizit etwaige Diskriminierungsaspekte aufnimmt, um das eigene (an Gerechtigkeit orientierte) Handeln besser reflektieren zu können. Die zweite Möglichkeit würde verlangen, dass eine Führungskraft im Dialog mit ihren Mitarbeitern überlegt, welche potenziellen Diskriminierungstatbestände vorliegen könnten (Sprachbarrieren, unterschiedliche Religionen etc.) und wie man damit umgehen möchte – allerdings ohne die Persönlichkeitsrechte möglicherweise Betroffener zu verletzen.

Je größer der Anteil an Mitgliedern der Generation Y in einem Team oder in einer Abteilung ist, desto geringer dürfte aus den genannten Gründen die Notwendigkeit eines expliziten diversity-orientierten Gerechtigkeitsmanagements sein. Das heißt jedoch im Umkehrschluss nicht, dass ein hoher Anteil von Mitgliedern anderer Generationen ein explizites diversity-orientiertes Gerechtigkeitsmanagement erfordern würde, weil die anderen Generationen der Vielfalt von Menschen gegenüber per se weniger aufgeschlossen sind. Die Entscheidung einer Führungskraft über Art und Ausmaß interpersonellen Gerechtigkeitsmanagements ist damit situations- und vor allem team- oder abteilungsabhängig. Der genaue Blick auf die Einstellung der eigenen Mitarbeiter ist – wieder einmal – unumgänglich.

Diversity- und Intercultural-Agent
Aufgrund des globalen Mindsets und der kosmopolitischen Ausrichtung ist der Einsatz eines Mitarbeiters der Generation Y als Diversity- oder Intercultural-Agent denkbar. Die Aufgaben des Diversity- und des Intercultural-Agents sind ähnlich, wenn auch nicht identisch. Ziel der Arbeit des Diversity-Agents ist es, über Schulungen, Workshops, Dialoge etc. den Diversity-Gedanken im Unternehmen zu verbreiten. Diese Rolle ist nicht zu verwechseln mit der – teilweise als Stabsfunktion angelegten – Stelle eines Diversity-Managers. Ein Diversity-Manager verfolgt das Ziel, die Unterschiedlichkeit von Mitarbeitern für das Unternehmen produktiv zu nutzen (oder zumindest die Auswirkungen von ohne Zweifel vorhandenen potenziellen Nachteilen von Heterogenität, etwa von Kommunikationsproblemen, zu minimieren). Ein Diversity-Agent ist ein *Botschafter für die Vielfalt*. Insbesondere die Mitglieder der Generation Y sind aufgrund ihrer hohen Globalität hierfür tendenziell gut geeignet.

Der Intercultural-Agent sorgt ebenfalls über Schulungen, Workshops und Dialoge für mehr Sensibilität – allerdings nicht für die Vielfalt an sich, sondern für konkrete kulturelle Unterschiede, etwa wenn ein Unternehmen die Zusammenarbeit mit einem bestimmten Land intensivieren möchte. Die Offenheit für kulturelle Besonderheiten anderer Länder oder Regionen ermöglicht es der Generation Y, innerhalb des Unternehmens als Botschafter aufzutreten, um etwaige kulturelle Barrieren oder Hemmungen präventiv abzubauen.

Die hohe Globalität der Generation Y birgt ein enormes Potenzial für Unternehmen, Vielfalt, Offenheit und Toleranz zu einem Teil der Unternehmenskultur werden zu lassen und damit ihre Zukunftsfähigkeit in einer zunehmend globalisierten Welt zu stärken.

3.3   Die Werkzeuge zur Führung der Generation Y im Überblick

Die bis dato hergeleiteten Werkzeuge ergeben sich aus den Merkmalen der Generation Y: Passend zu den jeweiligen Eigenschaften wurden entsprechende Werkzeuge hergeleitet. Diese Vorgehensweise hat den Vorteil, dass die zur Führung der Generation Y vorgestellten Werkzeuge auch wirklich zu ihr passen. Allerdings geht damit auch der Nachteil möglicher doppelter Herleitungen (wie zum Beispiel beim Management der Work-Life-Balance) einher. Wichtiger noch: Ein Management-Werkzeugkoffer sollte anwendungsorientiert aufgebaut sein. Es geht nicht so sehr darum, wo und wie die darin enthaltenen Werkzeuge entwickelt wurden, sondern wie sie sich in Bezug auf ihren Einsatz bestmöglich kategorisieren lassen. Daher soll an dieser Stelle eine Neusortierung der vorgestellten Werkzeuge erfolgen. Diese Neusortierung verfolgt das Ziel, eine redundanzfreie und anwendungsorientiert sinnvolle Klassifizierung der Werkzeuge zur Führung der Generation Y zu erreichen.[35]

3.3.1   Herleitung eines Führungsrades zur Führung der Generation Y

Zunächst wollen wir die Werkzeuge in drei Oberkategorien unterteilen: Rollen, Verhalten und Rahmen. Unter *Rollen* kategorisieren wir alle jene Werkzeuge, die die Rollenwahrnehmung der Führungskraft (Teilkategorie *Rollenwahrnehmung*), die Zuordnung einer Rolle an einen Mitarbeiter (Teilkategorie *Rollenzuweisung)* oder die Weiterentwicklung des Mitarbeiters in seiner Rolle (Teilkategorie *Rollenentwicklung)* betreffen. Insgesamt können wir damit zehn rollenbezogene Werkzeuge zusammenfassen (vgl. Tab. 3.3 – auf die vorgestellten Ordnungsnummern werden wir im weiteren Verlauf unserer Ausführungen noch zurückgreifen).

---

[35] Wir versuchen mit unserer Kategorisierung, eine logisch-korrekte und gleichzeitig für die Praxis nützliche Einteilung vorzunehmen. Insbesondere die Orientierung an der praktischen Nützlichkeit führt dazu, dass unsere Einteilung nicht hundertprozentig widerspruchsfrei ist, was wir allerdings bewusst in Kauf nehmen.

Tab. 3.3 Übersicht aller die Führungs- und Mitarbeiter*rollen* betreffenden Werkzeuge

Werkzeug	Teilkategorie	Zugrunde liegendes Merkmal	Ordnungs-Nr.
Positive Autorität	Rollenwahrnehmung	Geringe Machtdistanz	1.1.
Change Agent	Rollenzuweisung	Hohes Maß an Flexibilität	1.2.1.
Vermittler	Rollenzuweisung	Hohes Maß an Flexibilität	1.2.2.
Gegengewicht	Rollenzuweisung	Hohes Maß an Flexibilität	1.2.3.
Diversity-Agent	Rollenzuweisung	Hohe Globalität	1.2.4.
Intercultural-Agent	Rollenzuweisung	Hohe Globalität	1.2.5.
Job Enlargement	Rollenentwicklung	Starke Leistungsorientierung	1.3.1.
Job Enrichment	Rollenentwicklung	Starke Leistungsorientierung	1.3.2.
Job Rotation	Rollenentwicklung	Starke Leistungsorientierung	1.3.3.
Auslandsentsendung	Rollenentwicklung	Hohe Globalität	1.3.4.

Rollen betreffen relativ konstante Verhaltenserwartungen an Führungskräfte und Mitarbeiter (vgl. Fisch 2010, S. 998). Von diesen Verhaltens*erwartungen* wollen wir ein *konkretes* Führungs*verhalten* abgrenzen, welches Führungskräfte im Zuge ihrer Rollenwahrnehmung zeigen (sollten). Dabei sei diese Kategorie des Verhaltens weiter untergliedert, im Rahmen einer ersten Teilkategorie in eher *philosophische*, weil nicht beweisbare, Aspekte (zum Beispiel Äquifinalität, vgl. Abschn. 3.2.8). Diese Aspekte bilden gewissermaßen *Prämissen* – nicht beweisbare, aber doch gültige Grundlagen für das Führungsverhalten. Auf diesen Grundlagen bauen dann die weiteren Verhaltensweisen einer Führungskraft derart auf, dass sie im Einklang mit den Grundlagen stehen (beziehungsweise ihnen zumindest nicht widersprechen) sollten.

Die zweite Teilkategorie des Führungsverhaltens bildet das Führungs*modell*. Grundsätzlich kann ein *Modell* als ein in Bezug auf seine Merkmalskomplexität reduziertes Abbild der Wirklichkeit verstanden werden. Wir verwenden diesen Begriff konkret für in sich mehr oder weniger geschlossene und in Theorie und Praxis etablierte *Ansätze der Mitarbeiterführung*. Diese setzen bestimmte Schwerpunkte in der Führung (etwa die Beteiligung von Mitarbeitern im Rahmen von Partizipation, vgl. Abschn. 3.2.7), womit sie andere potenzielle Ansatzpunkte der Führung eher ausblenden. Es findet eine Reduktion mit dem Zweck der Fokussierung statt, so wie es für Modelle typisch ist.

Einzelne, konkrete, teilweise standardisierte Verhaltensweisen fassen wir dann in der dritten Teilkategorie *Maßnahmen* zusammen. Sie beschreiben relativ klar umrissene und abgrenzbare Handlungen einer Führungskraft (zum Beispiel Kritik und Feedback): das konkrete Tun. Diese Maßnahmen bieten ob ihrer sehr konkreten Natur damit im Rahmen einer Führungskräfteausbildung einen möglichen ersten Ansatzpunkt.

Die letzte Teilkategorie *Systematik* beinhaltet ebenfalls relativ konkrete Verhaltensweisen. Allerdings stellen die hier enthaltenen Werkzeuge nicht so sehr auf den kommunikativen Prozess der Einflussnahme einer Führungskraft auf den Mitarbeiter, also die Führung im engeren Sinne, ab, sondern eher auf eine *Systematisierung von Informationen und Wissen*. Es sind eher methodisch ausgerichtete Werkzeuge, die einer Führungskraft die Zusammenarbeit mit ihrem Mitarbeiter beziehungsweise die Arbeit des Mitarbeiters selber erleichtern sollen. Sie schaffen damit auf einer konkreten Verhaltensebene einen Rahmen für effektive Führungsarbeit. Insgesamt lassen sich damit 17 verhaltensbezogene Werkzeuge herausstellen (vgl. Tab. 3.4).

Schließlich gibt es noch Werkzeuge, die in die Kategorie *Rahmen* einsortiert werden können. Ähnlich wie die Werkzeuge aus der Teilkategorie *Systematik* der verhaltensbezogenen Werkzeuge betreffen auch die hier aufgeführten Werkzeuge nicht Führung im engeren Sinne, also den direkten kommunikativen Kontakt zwischen Führungskraft und Mitarbeiter, sondern die *Gestaltung von Voraussetzungen* für effektive Führung. Die Schaffung einer eigenen Kategorie für die hier genannten Werkzeuge resultiert daraus, dass die Entscheidung über ihren Einsatz nicht allein bei der Führungskraft liegt. Leistungsbasierte Anreizsysteme, die flexible Gestaltung von Arbeitszeit und -ort oder die Durchführung von Veranstaltungen mit dem Topmanagement benötigen in der Regel die Zustimmung des Topmanagements, die aktive Unterstützung der Personalabteilung, die Einbindung der Mitbestimmungsgremien und/oder mehr oder weniger umfangreiche organisatorische Vorarbeiten. Diese Werkzeuge tangieren damit sehr stark die Unternehmenspolitik und können so nicht in einem Zuge mit solchen Werkzeugen betrachtet werden,

Tab. 3.4 Übersicht aller das Führungs*verhalten* betreffenden Werkzeuge

Werkzeug	Teilkategorie	Zugrunde liegendes Merkmal	Ordnungs-Nr.
Äquifinalität	Philosophie	Hohe Freiheitsorientierung	2.1.1.
Selbstorganisation	Philosophie	Starke Gemeinschaftsorientierung	2.1.2.
Hohes Begründungsniveau	Philosophie	Starke Skepsis	2.1.3.
Partizipative Führung	Modell	Starke Skepsis	2.2.1.
Teammanagement	Modell	Geringe Machtdistanz	2.2.2.
Mitunternehmertum	Modell	Hohe Freiheitsorientierung	2.2.3.
Konsequente transaktionale Führung	Modell	Hohes Selbstwertgefühl	2.2.4.
Super-Leadership	Modell	Hohes Selbstwertgetion	2.2.5.
Zielvereinbarungen	Maßnahmen	Starke Leistungsorientierung	2.3.1.
Nicht demotivieren	Maßnahmen	Starke Leistungsorientierung	2.3.2.
Regulieren	Maßnahmen	Starke Leistungsorientierung	2.3.3.
Kritik und Feedback	Maßnahmen	Starke Skepsis	2.3.4.
Gerechtigkeitsmanagement	Maßnahmen	Hohe Globalität	2.3.5.
Konfliktmanagement	Maßnahmen	Starke Gemeinschaftsorientierung	2.3.6.
Mindmapping	Systematik	Hohe Informationalisierung	2.4.1.
Faktenbasiertes Informationsmanagement	Systematik	Hohe Informationalisierung	2.4.2.
Eisenhower-Prinzip und Paarvergleich	Systematik	Hohe Informationalisierung	2.4.3.

die eher im Verantwortungsbereich einer einzelnen Führungskraft liegen. Sie bilden den systematischen Rahmen für die an der Generation Y ausgerichtete Führungsarbeit im Unternehmen.

Die erste Teilkategorie des Führungsrahmens bildet die *Leistung*. Hier werden solche Werkzeuge subsumiert, die eine hohe direkte Motivationswirkung und damit einen hohen direkten Einfluss auf die Mitarbeiterleistung haben (zum Beispiel die leistungsbasierten Anreizsysteme). *Interaktion* betrifft dann solche Werkzeuge, die den kommunikativen Austausch zwischen Mitarbeitern untereinander oder zwischen Mitarbeitern und Führungskräften unterstützen sollen (zum Beispiel der Captain's-Lunch). Schließlich sind in der Teilkategorie *Organisation* solche Werkzeuge einsortiert, die den organisatorischen Rahmen der Führung aus zeitlicher, räumlicher, struktureller und prozessualer Sicht betreffen (zum Beispiel flexible Arbeitsorte). Insgesamt beinhaltet der Führungsrahmen damit zehn Werkzeuge (vgl. Tab. 3.5).

Die so kategorisierten Werkzeuge können – nach Malik'schem Vorbild – im Sinne eines Führungsrades interpretiert werden (vgl. Malik 2007, S. 377 f.): Ein Führungsrad bildet eine Art Steuerrad für die Führungskraft, da es die für Führung notwendigen Steuerungselemente enthält (vgl. Abb. 3.29). Mit diesem Führungsrad lässt sich die Qualität der Führung gegenüber der Generation Y maßgeblich steigern, da es anwendungsorientiert kategorisierte und auf Basis wesenseigener Merkmale der Generation Y hergeleitete Führungswerkzeuge zusammenfasst.

Tab. 3.5 Übersicht aller den Führungsrahmen betreffenden Werkzeuge

Werkzeug	Teilkategorie	Zugrunde liegendes Merkmal	Ordnungs-Nr.
Leistungsbasierte Anreizsysteme	Leistung	Hohes Selbstwertgefühl	3.1.1
Work-Life-Balance	Leistung	Hohe Freiheitsorientierung	3.1.2.
Sinnstiftende Missionen	Leistung	Starke Skepsis	3.1.3.
Friendshipping	Interaktion	Starke Gemeinschaftsorientierung	3.2.1.
Networking	Interaktion	Starke Gemeinschaftsorientierung	3.2.2.
Captain's-Lunch	Interaktion	Geringe Machtdistanz	3.2.3.
Relative Reality-Café	Interaktion	Starke Skepsis	3.2.4.
Flexible Arbeitszeiten	Organisation	Hohes Maß an Flexibilität	3.3.1.
Flexible Arbeitsorte	Organisation	Hohes Maß an Flexibilität	3.3.2.
Flexible Strukturen und Prozesse	Organisation	Hohes Maß an Flexibilität	3.3.3.

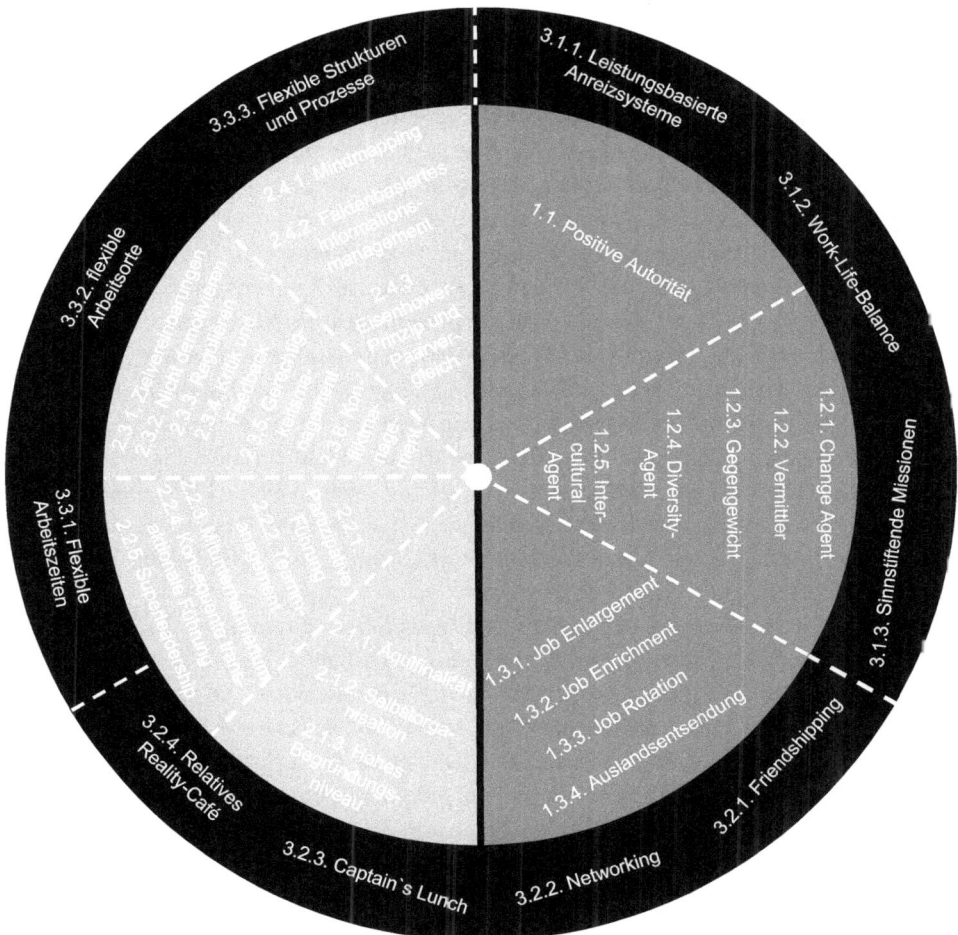

Abb. 3.29 Das Führungsrad für die Generation Y als Mitarbeiter

3.3.2   Einsatzmöglichkeiten und -grenzen des Führungsrades

Unser Ziel war es bis zu diesem Punkt, passende Werkzeuge zur Führung der Generation Y zu entwickeln. Dieses Ziel wurde mit der Darstellung des Führungsrades erreicht. Allerdings kann in der Praxis nicht davon ausgegangen werden, dass eine Führungskraft *ausschließlich* Mitglieder der Generation Y zu führen hat. Vielmehr haben die meisten Führungskräfte eine Mischung von älteren und jüngeren Mitarbeitern in ihren Teams. Außerdem haben wir festgestellt, dass es keineswegs sicher ist, dass jedes Mitglied der Generation Y auch alle hier dargestellten Merkmale aufweist – es handelt sich bei Menschen stets um Individuen (vgl. Abschn. 2.1.3). Damit ist die Wahrscheinlichkeit groß, dass selbst ein Mitglied der Generation Y nicht alle Merkmale aufweist. Und wenn dem so ist, ist der Einsatz von merkmalsorientiert hergeleiteten Werkzeugen dann nicht nutzlos oder gar kontraproduktiv (bis potenziell schädlich)?

Vergegenwärtigen wir uns noch einmal zwei zentrale Prämissen guter Führung: Erstens muss Führung stets *am Individuum ausgerichtet* sein. Dazu muss sich eine Führungskraft intensiv mit ihren Mitarbeitern auseinandersetzen: bei formalen und informellen Mitarbeitergesprächen, im Rahmen gemeinsamer Projekte oder auch außerhalb der Arbeitszeit bei geselligen Veranstaltungen. Eine Führungskraft, die hieran kein Interesse hat, sollte überlegen, ob Mitarbeiterführung für sie das Richtige ist. Zweitens folgt gute Führung unserer Basisstrategie *Tit for Tat*. Abhängig vom Verhalten des Mitarbeiters hat die Führungskraft ihr Verhalten anzupassen. Mitarbeiterführung ist damit nicht nur individuell, sondern auch *flexibel*. Und ebenso individuell und flexibel sollte das Führungsrad Anwendung finden. Eine unreflektierte Übernahme von Werkzeugen zur Mitarbeiterführung ist nicht zu empfehlen. Und für den Fall, dass eine Passung zwischen Führungswerkzeugen und Mitarbeitereigenschaften festgestellt werden kann, ist es in vielen Fällen dennoch zunächst notwendig, Führungskräfte in der richtigen Anwendung der Werkzeuge zu schulen. Nutzlos oder kontraproduktiv wird das Führungsrad dann, wenn diese beiden Voraussetzungen nicht erfüllt sind.

Wird das Führungsrad im Sinne eines Werkzeugkoffers interpretiert, ist dieser recht umfangreich bestückt: insgesamt 37 Werkzeuge sind enthalten. Damit kann es gar nicht das Ziel sein, dass eine Führungskraft *alle* Werkzeuge anwendet. Sie muss sich die für ihre Zwecke *passenden* heraussuchen. Und je mehr Werkzeuge zur Verfügung stehen und effektiv eingesetzt werden können, desto höher ist die Führungsflexibilität. Allerdings kann bereits durch den bewussten und reflektierten Einsatz weniger Werkzeuge eine Steigerung der Führungsqualität erreicht werden, ohne dass die Führungskraft überfordert wird – schließlich haben die meisten Führungskräfte noch ein Tagesgeschäft zu bestreiten, das nichts mit Mitarbeiterführung zu tun hat. Beim Einsatz des Führungsrades sollte also nicht der Grundsatz gelten: so viel wie *möglich*, sondern eher so viel wie *nötig*.

Insgesamt haben solche Werkzeuge für eine Führungskraft einen *besonders hohen Wert*, die eine besonders starke Merkmalsausprägung bei einem Mitarbeiter adressieren: Ist etwa bei einem Mitarbeiter die Machtdistanz besonders gering ausgeprägt, kommt eher der Einsatz der partizipativen Führung (Werkzeug der geringen Machtdistanz) als die Job Rotation (Werkzeug der starken Leistungsorientierung) in Betracht. Damit kann nicht per se gesagt werden, welche Werkzeuge bei der Führung der Generation Y einen besonders hohen Nutzen haben, weswegen auch die Führungskräfteentwicklung individuell und flexibel gestaltet werden sollte.

Die hier dargestellten Werkzeuge eröffnen zusätzlich die Chance, Mitarbeiter zu führen, die *nicht* zur Generation Y gehören: Bringt ein solcher Mitarbeiter individuelle Eigenschaften mit, die denen der Generation Y ähneln, kann ein passendes Werkzeug aus dem Führungsrad ausgewählt werden. Weist ein Mitarbeiter solche Eigenschaften nicht auf, ist auf das entsprechende Werkzeug zu verzichten. Und weist ein Mitarbeiter eine im Vergleich zur Generation Y entgegengesetzte Ausprägung bestimmter Eigenschaften auf (etwa eine hohe Machtdistanz), müssen auch hierfür passende Werkzeuge eingesetzt werden (auch wenn diese naturgemäß hier keine Berücksichtigung gefunden haben). Voraussetzung für die effektive Führung von Mitarbeitern, die nicht der Generation Y angehören, ist erneut die individuelle Prüfung der Eignung eines Werkzeuges und die Offenheit für einen flexiblen Werkzeugeinsatz im Zeitablauf.

Literatur

Aronson, E., Wilson, T. D., & Akert, R. M. (2011). *Sozialpsychologie*. München: Pearson Studium.

Baillod, J. (Hrsg.). (2002). *Chance Teilzeitarbeit*. Zürich: vdf Hochschulverlag.

Becker, M. (2013). *Personalentwicklung*. Stuttgart: Schäffer-Poeschel.

Berner, W. (2012). *Culture Change*. Stuttgart: Schäffer-Poeschel.

Berthel, J., & Becker, F. G. (2010). *Personal-Management*. Stuttgart: Schäffer-Poeschel.

Blake, R. R., & Mouton, J. S. (1994). *Besser f.j: Schäffer-P*. Düsseldorf: Econ.

Blom, H., & Meier, H. (2004). *Interkulturelles Management*. Herne: nwb.

Boyacigiller, N., Beechler, S., Taylor, S., & Levy, O. (2006). The crucial yet elusive global mindset. In H. W. Lane, M. L. Maznevski, M. E. Mendenhall, & J. McNett (Hrsg.), *Handbook of Global Management – A Guide to Managing Complexity* (S. 81–93). Malden: Blackwell.

Brown, J., & Isaaks, D. (2007). *Das Word Café. Kreative Zukunftsgestaltung in Organisationen und Gesellschaft*. Heidelberg: Carl Auer.

Büssing, A., & Aumann, S. (1996). Telearbeit im Spannungsfeld der Interessen betrieblicher Akteure. *Zeitschrift f Spannungsfeld der I, 10*(3), 223–239.

Collatz, A., & Gudat, K. (2011). *Work-Life-Balance*. Göttingen: Hogrefe.

Comelli, G., & von Rosenstiel, L. (2009). *Führung durch Motivation*. München: Vahlen.

Csikszentmihalyi, M. (2010). *Flow – der Weg zum Glück*. Freiburg i. Br.: Herder.

Dickenberger, D. (2006). Reaktanz. In H.-W. Bierhoff (Hrsg.), *Handbuch der Sozialpsychologie und Kommunikationspsychologie* (S. 96–102). Göttingen: Hogrefe.

Dobelli, R. (2011). *Die Kunst des klaren Denkens*. München: Hanser.

Dobelli, R. (2012). *Die Kunst des klugen Handelns – 52 Irrwege, die Sie besser anderen überlassen*. München: Hanser.

Drucker, P. F. (2009). *The practice of management*. New York: HarperCollins.

Dycke, A., & Schulte, C. (1986). Cafeteria-Systeme. *Die Betriebswirtschaft, 5*(46), 577–589.

Festinger, L. (1957). *A Theory of Cognitive Dissonance*. Stanford: Stanford University Press.

Fisch, J. H. (2010). Rollentheorie. In C. Scholz (Hrsg.), *Vahlens Großes Personallexikon* (S. 998). München: Vahlen.

Fischer, L., & Wiswede, G. (2009). *Grundlagen der Sozialpsychologie*. München: Oldenbourg.

Fischlmayr, I. C., & Kopecek, A. (2012). *Die professionelle Auslandsentsendung*. Wien: Linde.

Fisher, R., & Shapiro, D. (2006). *Beyond Reason*. New York: Penguin.

Fisher, R., Ury, W., & Patton, B. M. (2000). *Das Harvard-Konzept*. Frankfurt a.M.: Campus.

Freeman, R. E. (1984). *Strategic Management*. Boston: Pitman.

Furtner, M., & Baldegger, U. (2013). *Self-Leadership und Führung*. Wiesbaden: Springer Gabler.

Gerrig, R. J., & Zimbardo, P. G. (2008). *Psychologie*. München: Pearson Studium.

Gloger, A. (2012). *Über_Morgen*. Wien: Linde.

Gordon, T. (2011). *Managerkonferenz*. München: Heyne.

Hofstede, G. (2001). *Culture's Consequences*. Thousand Oaks: Sage.

Hurrelmann, K., & Albrecht, E. (2014). *Die heimlichen Revolutionäre*. Weinheim: Beltz.

Jäncke, L. (2013). *Lehrbuch Kognitive Neurowissenschaften*. Bern: Huber.

Kahneman, D. (2012). *Schnelles Denken, langsames Denken*. München: Siedler.

Kasten, E. (2009). *Einführung Neuropsychologie*. München: Reinhard UTB.

Kitz, V., & Tusch, M. (2013). *Psycho? Logisch!* München: Heyne.

Kreuser, K., & Robrecht, T. (2010). *Führung und Erfolg*. Wiesbaden: Gabler.

Lau, V. (2013) *Schwarzbuch Personalentwicklung – Spinner in Nadelstreifen*. Stuttgart: Steinbeis-Edition.

Levitt, S. D., & Dubner, S. J. (2007). *Freakonomics*. München: Goldmann.

Levitt, S. D., & Dubner, S. J. (2011). *SuperFreakonomics*. München: Goldmann.

Locke, E. A. (1968). Toward a theory of task motivation and incentives. *Organizational Behavior and Human Performance*, *3*(2), 157–189.

Malik, F. (2007). *Führen, Leisten, Leben*. Frankfurt a. M.: Campus.

Méro, L. (2007). *Die Logik der Unvernunft*. Reinbek bei Hamburg: Rowohlt.

Müller, K.-D. (2013). *Erfolgreich Denken und Arbeiten in Netzwerken*. Wiesbaden: Springer.

Müller-Stewens, G., & Lechner, C. (2005). *Strategisches Management*. Stuttgart: Schäffer-Poeschel.

Popper, K. R. (1973). *Objektive Erkenntnis*. Hamburg: Hoffmann und Campe.

Reiss, S. (2010). *Das Reiss Profile*. Offenbach: Gabal.

Reiß, M. (1997). Instrumente der Implementierung. In M. Reiß, L. v. Rosenstiel & A. Lanz (Hrsg.), *Change Management – Programme, Projekte und Prozesse* (S. 91–108). Stuttgart: Schäffer-Poeschel.

Rensmann, J. H., & Gröpler, K. (1998). *Telearbeit*. Berlin: Springer.

Richter, M. (1999). *Personalführung im Betrieb*. München: Hanser.

Ringlstetter, M., & Kaiser, S. (2008). *Humanressourcen-Management*. München: Oldenbourg.

Rohrschneider, U. (2011). *Macht, Neugier, Team a*. Wiesbaden: Gabler.

von Rosenstiel, L., & Nerdinger, F. W. (2011). *Grundlagen der Organisationspsychologie*. Stuttgart: Schäffer-Poeschel.

Roth, G. (2014). *Persönlichkeit, Entscheidung und Verhalten*. Stuttgart: Klett-Cotta.

Rumelt, R. P. (2013). *Good strategy, bad strategy*. London: Profile Books.

Schiersmann, C., & Thiel, H.-U. (2011). *Organisationsentwicklung*. Wiesbaden: VS Verlag für Sozialwissenschaften.

Schmidt, C. E., Möller, J., Schmidt, K., Gerbershagen, M. U., Wappler, F., Limmroth, V., Padosch, S. A., & Bauer, M. (2011). Generation Y – Rekrutierung, Entwicklung und Bindung. *Der Anästhesist*, *6*, 517–524.

Schneider, D. (2001). *Geschichte und Methoden der Wirtschaftswissenschaft*. München: Oldenbourg.

Scholz, C. (2014). *Personalmanagement*. München: Vahlen.

Sheahan, P. (2010). *Generation Y*. Prahran: Hardie Grant Books.

Simon, H. A. (1999). Bounded Rationality and Organizational Learning. *Organization Science*, *2*(1), 125–134.

Spitzer, M. (2011). *Dopamin und Käsekuchen*. Stuttgart: Schattauer.

Sprenger, R. K. (1999). *Mythos Motivation*. Frankfurt: Campus.

Steinmann, H., & Schreyögg, G. (2005). *Management*. Wiesbaden: Gabler.

Stock-Homburg, R. (2010). *Personalmanagement*. Wiesbaden: Gabler.

Taleb, N. N. (2014). *Der Schwarze Schwan*. München: dtv.

Tannenbaum, R., & Schmidt, W. H. (1958). How to choose a leadership pattern. *Harvard business review*, *36*(2), 95–101.

Taylor, F. W. (2011). *The Principles of Scientific Management*. New York: Harper & Brothers.

Tetlock, P. P. E. (2005). *Expert Political Judgment*. Princeton: Princeton University Press.

Tuckman, B. W. (1965). Development sequence in small groups. *Psychological Bulletin*, *63*(6), 384–399.

Van Rooi, L. (2011). Generation Y and the concept of family. *NGTT*, *52*(1), 43–51.

Vahs, D. (1997) *Organisation – Einführung in die Organisationstheorie und -praxis*. Stuttgart: Schäffer-Poeschel.

Vroom, V. H. (1964). *Work and Motivation*. New York: Wiley.

Walter-Busch, E. (2008). *Arbeits- und Organisationspsychologie im Überblick*. Wien: UTB.

Watzlawick, P. (2012). *Anleitung zum Unglücklichsein – Vom Schlechten des Guten*. München: Piper.

Weckmüller, H. (Hrsg.). (2013). *Exzellenz im Personalmanagement*. Freiburg i. Br.: Haufe.

Wiswede, G. (2012). *Einführung in die Wirtschaftspsychologie*. München: Reinhardt.

Wolf, J. (2003). *Organisation, Management, Unternehmensführung*. Wiesbaden: Gabler.

Wunderer, R. (2011). *Führung und Zusammenarbeit*. Köln: Luchterhand.

Die Generation Y als effektive Führungskraft

4

4.1 Die Generation Y in einer neuen Rolle

Im Jahr 2015 sind die Mitglieder der Generation Y zwischen 15 und 35 Jahre alt. Damit haben heute bereits viele von ihnen Führungsverantwortung übernommen, und in den nächsten Jahren wird ihre Anzahl stetig weiter steigen. Einem großen Teil der Generation Y wird in diesem Zusammenhang nachgesagt, dass sie möglichst schnell Einfluss in Unternehmen gewinnen und diese aktiv mitgestalten will (vgl. Hurrelmann und Albrecht 2014, S. 71), woraus sich zumindest implizit eine hohe Bereitschaft zur Übernahme von Führungsverantwortung ergibt.

Der Übergang vom Mitarbeiter zur Führungskraft ist mit vielen Herausforderungen verbunden. Eine der wichtigsten ist wohl, dass eine Führungskraft eine sehr viel komplexere Rolle übernehmen muss als ein Mitarbeiter. Als Rolle haben wir eine relativ konstante Verhaltenserwartung einer Person gegenüber bezeichnet. Von einer Führungskraft wird neben einer operativen Arbeitsleistung und -einstellung zusätzlich effektives Führungsverhalten erwartet – und zwar von verschiedenen Anspruchsgruppen: von ihren Mitarbeitern, von ihren direkten Vorgesetzten, vom Topmanagement, von den Mitbestimmungsgremien und nicht zuletzt von sich selber. Diese Erwartungshaltung hat zwei Dimensionen: eine *objektive*, also die tatsächlichen Erwartungen an eine Führungskraft, und eine *subjektive*, also die von einer Führungskraft vermuteten Erwartungen ihr gegenüber. Damit sind es nicht nur die *tatsächlichen* Erwartungen der unterschiedlichen Anspruchsgruppen, die die Führungsrolle komplexer machen als die Mitarbeiterrolle, sondern auch die *empfundenen*.

Für die Generation Y bedeutet der Rollenwechsel eine Zäsur. Nicht, weil sie mit der zusätzlichen Belastung aus der Führungsverantwortung nicht zurechtkäme – ihre hohe Leistungsorientierung wappnet sie recht gut. Vielmehr ist es die Tatsache, dass ihr mentales Modell in vielen Fällen auf die neue Rolle nicht vorbereitet ist. Und zwar vor allem in Bezug auf die Frage: Wer darf Erwartungen haben und wer erfüllt diese? Bislang war es häufig die Generation Y, die Ansprüche gegenüber Eltern und Unternehmen formulieren konnte und deren Ansprüche auch erfüllt wurden. Vor allem der hohe Anteil an

© Springer Fachmedien Wiesbaden 2016

N. Schulenburg, *Führung einer neuen Generation*, FOM-Edition,
DOI 10.1007/978-3-658-07204-9_4

Wunschkindern und der insbesondere in den letzten Jahren aufkommende Fachkräftemangel haben ihre Verhandlungsposition gestärkt, und sie konnten viele ihrer Erwartungen realisieren (wodurch sich letztlich auch ihr starkes Selbstbewusstsein erklären lässt). Je häufiger auf eine formulierte Erwartungshaltung auch eine Erfüllung dieser folgt, desto eher resultiert daraus das, was die Psychologen als *Kontingenz* bezeichnen: ein erlebter Zusammenhang (vgl. Wiswede 2012, S. 68 sowie Abschn. 3.2.7).

Mit dem Rollenwechsel zur Führungskraft verändert sich zunächst die Verhandlungsposition der Generation Y. Aufgrund der begrenzten Anzahl an Führungspositionen und der relativ hohen Neigung der Generation Y, verantwortliche Positionen in Unternehmen zu übernehmen, verlagert sich die *Verhandlungsmacht* in Richtung der Unternehmen: Es gibt relativ viele Personen, die Führungsverantwortung übernehmen wollen, und relativ wenige Führungspositionen, sodass nun das Unternehmen aussuchen darf, wer diese Positionen übernimmt. Die Arbeits- und Lebensrealität der Generation Y muss sich daraufhin von einem *Ansprüchestellen* zu einem *Ansprücheerfüllen* wandeln. Die ursprüngliche Kontingenz muss aufgebrochen werden, was – wie bei allen Veränderungen – seine Zeit dauert. Dabei sind wir gar nicht der Auffassung, die Generation Y könnte diese Transformation ihres mentalen Modells nicht meistern. Ganz im Gegenteil: Aufgrund des hohen Ausbildungsniveaus und der starken Leistungsorientierung sind in der Regel das Wissen darüber, was legitime Ansprüche an eine Führungskraft sind, sowie die Motivation, diesen Ansprüchen auch gerecht zu werden, vorhanden.

Mit einem Rollenwechsel vom Mitarbeiter zur Führungskraft sind natürlich weitere Herausforderungen verbunden. Vor allem dürfte hier zu nennen sein, dass nicht mehr spezifische *Fachkompetenzen* einen substanziellen Erfolgseinfluss haben, sondern *Führungskompetenzen*, also methodische, soziale, persönliche und aktivierende Kompetenzen. Letztere müssen im Zuge der Übernahme einer Führungsfunktion und daraufhin fortlaufend entwickelt oder geschärft werden. Daher muss sich ein Mitglied der Generation Y vor allem die Frage stellen, ob es eine Führungsfunktion übernehmen *möchte* – nebst den damit einhergehenden Konsequenzen. Ist das der Fall, muss es sich als erstes mit einer veränderten Rolle anfreunden. Dabei wird die Arbeit als Führungskraft unter Umständen nicht sofort Spaß machen, obgleich *Spaß* eine Anforderung ist, die die Generation Y kontinuierlich an ihre Arbeit stellt (vgl. Hurrelmann und Albrecht 2014, S. 71). Aber dass Mitarbeiterführung Spaß machen kann, weil der intensive Kontakt mit Menschen etwas sehr Erfüllendes mit sich bringt, sofern man über die richtigen Ansatzpunkte verfügt, ist für viele erfahrene Führungskräfte offensichtlich.

Aber kann die Generation Y auch an diesen Punkt gelangen und Spaß bei der Mitarbeiterführung empfinden? Einige ihrer Persönlichkeitsmerkmale dürften es ihr relativ einfach machen, eine effektive Führungskraft zu werden, die Befriedigung in ihrer Arbeit findet, andere wiederum nicht. Wir werden im Folgenden untersuchen, welche Merkmale die Führungsstärke der Generation Y unterstützen und wie darauf aufbauende Werkzeuge aussehen können. Und wir analysieren, welche Merkmale einem Führungserfolg tendenziell im Wege stehen und wie Werkzeuge aussehen können, um diese potenziellen Schwächen in den Griff zu bekommen. Wir setzen damit nicht nur auf den Ausbau der Stärken der Generation Y, sondern auch auf das systematische Management ihrer Schwächen – jeweils aus Führungssicht.

4.1.1 Merkmale einer effektiven Führungskraft

Der Begriff der *effektiven Führungskraft* wurde von Drucker (1993) geprägt. Er legt besonderen Wert darauf, dass eine Führungskraft *das Richtige* machen (also effektiv sein) muss. Der Effizienz, also dem *Richtigmachen* spricht er eine untergeordnete Bedeutung zu (1993). Er stellt folgende fünf Merkmale einer effektiven Führungskraft heraus (vgl. Drucker 1993, S. 23 f.):

1. *Zeitmanagement*: Eine Führungskraft muss systematisch arbeiten, um die ihr gegebene Zeit optimal zu nutzen.
2. *Ergebnisorientierung*: Eine Führungskraft darf sich nicht vornehmlich auf das Arbeiten (im Sinne eines Input-Leistens) konzentrieren, sondern muss das Erzielen von Ergebnissen (also den Output) in den Vordergrund stellen.
3. *Stärkenorientierung*: Die Arbeit einer Führungskraft muss bei ihr selber und bei anderen auf den jeweiligen Stärken aufbauen.
4. *Prioritätensetzung*: Eine Führungskraft muss die eigene Energie in den Bereichen einsetzen, in denen sie einen überproportional großen Ergebnisbetrag leistet.
5. *Entscheidungsstärke*: Eine Führungskraft muss entschlossen und vor allem systematisch Entscheidungen treffen.

Sind diese fünf Merkmale nach Drucker auf die Führungsarbeit der Generation Y übertragbar? Oder müssen sie angepasst werden? Es ist festzuhalten, dass Drucker (1993) sich mit seinen fünf Merkmalen zwar auf effektive Führungskräfte bezieht, dabei jedoch die Arbeit einer Führungskraft insgesamt betrachtet: Tagesgeschäft *und* Personalführung. Wir wollen hier aber auf den zweiten Aufgabenbereich eingehen, sodass die fünf Merkmale auf die Personalführung zugeschnitten werden müssen. Wenn wir diesen Schritt gehen, ergeben sich fünf angepasste Merkmale der effektiven Personalführung einer Führungskraft:

1. *Systematische Führung*: Einer Führungskraft steht für die Personalarbeit nur ein begrenztes Maß an Zeit zur Verfügung. Um diese Zeit optimal zu nutzen, sollte sie ihre Führungsarbeit auf ein *begrenztes Repertoire* an Führungswerkzeugen, deren Anwendung sie gut beherrscht und in deren Anwendung sie sich permanent fortbildet, beschränken.
2. *Individuelle Führung*: Betrachten wir Führung als einen kommunikativen Prozess der Einflussnahme mit dem Zweck der zielgerichteten Verhaltenssteuerung, muss eine Führungskraft jeden Mitarbeiter derart *individuell* führen, dass das zielgerichtete Verhalten des Mitarbeiters unterstützt wird. Nicht die starre Nutzung von Führungswerk-

zeugen steht im Vordergrund, sondern die Frage, welches Werkzeug dabei helfen kann, dass ein Mitarbeiter bestmöglich seine Ziele erreicht.

3. *Stärken- und Schwächenorientierung*: Wenn eine Schwäche, sei es eine fachliche oder eine charakterliche, eklatant ist, kann sie dazu führen, dass sich andere Stärken nicht frei entfalten können. Eine Führungskraft, die nicht bereit ist, ihren Mitarbeitern Vertrauen entgegenzubringen oder ihnen Freiheiten zuzugestehen, kann das Potenzial eines möglicherweise vorhandenen besonderen Charismas oder einer sehr strukturierten Gesprächsführung im Zuge von Kritik- und Feedbackgesprächen nicht vollständig ausschöpfen. Kurzum: Schwächen können die Entfaltung von Stärken behindern. Damit reicht unseres Erachtens eine reine Orientierung an den eigenen Stärken nicht aus: Stärken *und* Schwächen müssen gleichermaßen berücksichtigt werden. Richtig ist allerdings, dass ein *besonderer Fokus* auf den Stärken eines Menschen liegen sollte, ohne aber die Schwächen aus den Augen zu verlieren und diese kritisch zu hinterfragen und gegebenenfalls zu bearbeiten.

4. *Nutzenorientierung*: Die von Drucker (1993) geforderte Prioritätensetzung führt – auf die Personalführung bezogen – dazu, dass Führungswerkzeuge ihrer Wirksamkeit, also ihrem Nutzen nach, unterschieden werden. Effektive Personalführung bedeutet dann die Konzentration auf solche Werkzeuge, die einen *besonders hohen Nutzen* stiften. Nicht der Einsatz möglichst vieler Führungswerkzeuge, sondern der *wohlbedachte* Einsatz solcher Werkzeuge mit einem hohen Nutzen bringt Führungserfolg.[1]

5. *Planvolle Führung*: Druckers letzter Punkt ist die Entscheidungsstärke. Er erwartet von einer effektiven Führungskraft entschlossene und systematische Entscheidungen. Dazu sei ein *Plan* notwendig. Dieser Aspekt ist der Kern der von Drucker (1993) geforderten Entscheidungsstärke: planvolle, systematische Entscheidungsfindung vor Geschwindigkeit. Daher wollen wir diesen Aspekt in die Personalführung transportieren: Personalführung folgt einem Plan. Sie ist nicht willkürlich oder zufällig. Das bedeutet, dass eine Führungskraft *vorbereitet* in Mitarbeitergespräche geht und zuvor die zum Mitarbeiter und zum Zweck des Gespräches passenden Werkzeuge auswählt und dass sie an sich den Anspruch stellt, bei der Anwendung ihrer wirksamsten Führungswerkzeuge immer besser zu werden.

Die fünf Merkmale effektiver Personalführung sind als Einheit zu verstehen (vgl. Abb. 4.1): Es ist eine Führungssystematik notwendig, also ein gut ausgestatteter Werk-

---

[1] Aus theoretischer Sicht sollte eine Führungskraft so lange auf weitere Führungswerkzeuge zurückgreifen, bis der Grenznutzen des zuletzt eingesetzten Werkzeuges null ist oder negativ wird. Allerdings ist eine solche Betrachtungsweise recht akademisch: In der Praxis lässt sich der Grenznutzen eines Werkzeuges kaum exakt bestimmen. Deshalb sprechen wir uns dafür aus, dass eine Führungskraft mit unterschiedlichen Werkzeugen Erfahrungen sammeln sollte, um ein Gefühl dafür zu bekommen, welches Werkzeug bei welchem Mitarbeiter den größten Nutzen stiftet. Mit dem Hinweis der erfahrungsbasierten Nutzeneinschätzung wollen wir auch dem Vorwurf begegnen, die Forderung nach *nützlichen* Werkzeugen im Rahmen effektiver Personalführung sei tautologisch. Sie ist es dann nicht, wenn wir davon ausgehen, dass Personalführung individuell erfolgen muss und daher auch individuell der Nutzen eines Werkzeuges im Zeitablauf zu bestimmen ist.

Abb. 4.1 Grundsätze effektiver Personalführung

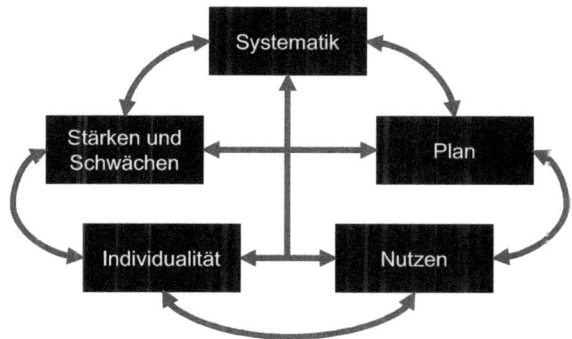

zeugkoffer mit Führungswerkzeugen. Der Einsatz dieser Werkzeuge muss einem Plan folgen, wobei solche Werkzeuge zu nutzen sind, die (erfahrungsgemäß) einen hohen Nutzen stiften und zum jeweiligen Mitarbeiter passen. Dabei sollen die eingesetzten Werkzeuge die Stärken der Mitarbeiter fördern und die Schwächen ausreichend würdigen oder abbauen. Betrachten wir effektive Führung aus dieser Perspektive, werden die dargestellten Merkmale effektiver Führung zu *Führungsgrundsätzen*, an die sich eine Führungskraft halten sollte, um eine hohe Führungsqualität zu gewährleisten.

4.1.2 Vom Egotaktiker zur effektiven Führungskraft

Die Mitglieder der Generation Y werden von Hurrelmann und Albrecht (2014) als *Egotaktiker* bezeichnet (vgl. Abschn. 2.2.7). Sie verhielten sich stets so, dass ihr eigener Nutzen maximiert werde. Wie kann ein Egotaktiker eine effektive Führungskraft sein?

Führungsarbeit als Investition
Wir sehen im egotaktischen Verhalten der Generation Y nichts Verwerfliches oder grundsätzlich Problematisches. Im Gegenteil: Wie wir bereits gezeigt haben, ist es umstritten, ob es streng altruistisches Verhalten, also ein Verhalten, das rein auf die Steigerung des Nutzens für Dritte abstellt, ohne dass dieses Verhalten den eigenen Nutzen tangiert, überhaupt gibt (vgl. die Ausführungen zum altruistischen Führungsverhalten in Abschn. 3.2.8). Sicherlich gibt es altruistisches Verhalten, das *zunächst* auf eine Nutzensteigerung für einen Dritten ausgerichtet ist, über erwartete oder potenzielle Rückwirkungen zu einem bestimmten Zeitpunkt dann aber ebenfalls den eigenen Nutzen steigert: Die Förderung der Karriere eines Mitarbeiters durch eine Führungskraft hat zunächst nur einen Nutzen für den Mitarbeiter. Erreicht dieser eine bestimmte Position, verfügt die fördernde Führungskraft über einen womöglich sehr nützlichen Netzwerkkontakt. Damit kann ein Großteil altruistischen Verhaltens im Sinne einer Investition in die Zukunft gesehen werden: heutiger Verzicht, der zukünftigen Erfolg steigert.

Das größte Problem für die Generation Y als Egotaktiker könnte darin bestehen, dieses Investitionsprinzip für sich nutzenstiftend zu interpretieren. Wenn die Mitglieder der Generation Y es schaffen, sich klarzumachen, dass sich die Investition in ihre Mitarbeiter auszahlt, kann ein Egotaktiker hervorragende Führungsarbeit leisten. Moralisch wäre gegen ein solches utilitaristisches Verhalten nichts einzuwenden, wenn wir davon ausgehen, dass es streng altruistisches Verhalten in einem ökonomischen Umfeld sowieso nicht gibt und auch gar nicht geben muss und dass ein solches utilitaristisches Verhalten authentisch und nicht manipulativ ist. Die Egotaktiker – und wir möchten im weiteren Verlauf auf diesen negativ konnotierten Begriff verzichten, weil seine Verwendung die Generation Y zu Unrecht in ein schlechtes Licht rückt – müssen sich verdeutlichen, dass die Einhaltung der Grundsätze effektiver Personalführung einen direkten Beitrag zu ihrem individuellen Führungserfolg leistet und damit einen konkreten Nutzen für sie hat. Wenn der Generation Y dieser gedankliche Schritt gelingt, steht ihrer Arbeit als effektiver Führungskraft nichts im Wege.

Mit Motivation und Volition
Bislang haben wir die Generation Y stets in der Rolle des Mitarbeiters betrachtet. Bei der Führung der Generation Y haben wir auf das Prinzip *Motivation* gesetzt. Grundlage war das VIE-Modell von Vroom (vgl. Abschn. 3.1.3). Dabei haben wir argumentiert, dass ein Mitarbeiter vor allem dann ein hohes Maß an Leistungsbereitschaft zeigen wird, wenn ihm Belohnungen in Aussicht gestellt werden, die generell zu den Merkmalen der Generation Y und darüber hinaus zu der jeweils individuellen Motivstruktur passen. Die Leistungsbereitschaft kann mit einer Ausschüttung von Dopamin, also jenem Neurotransmitter, der Handlungsabsichten in Handlungen kanalisiert, im Gehirn gleichgesetzt werden. Je besser die Passung zwischen Anreizen und Motiven, desto höher die Dopaminausschüttung und damit die Motivation.

Wenn wir bei der Führung der Generation Y bislang sehr stark auf ihre Motivation gesetzt haben, stellt sich die Frage, wie wir sie für Führungsarbeit, also die Übernahme von Führungsverantwortung und darauf folgend die Einhaltung der Grundsätze effektiver Personalführung, motivieren wollen. Die Antwort ist einfach: *gar nicht*, zumindest nicht extrinsisch! Den Grund für diese rigorose Haltung sowie einen Vorschlag dafür, wie die Einhaltung der Grundsätze effektiver Führung trotzdem gelingen kann, werden wir im Folgenden näher erläutern.

Zunächst sind auch Führungskräfte in der Regel Mitarbeiter, denn sie haben wiederum einen Vorgesetzten. Ob ein Beschäftigter im mittleren Management eines Unternehmens als Führungskraft oder als Mitarbeiter angesehen wird, hängt ausschließlich vom Zuschnitt der Betrachtung ab. Betrachten wir die Führungskräfte der Generation Y einmal in der Konstellation mit ihren jeweiligen Vorgesetzten: Neben ihrer Arbeit als Führungskräfte haben sie wahrscheinlich einen hohen Anteil an einem eigenen operativen Tagesgeschäft. Schließlich sind die ältesten Mitglieder der Generation Y heute 35 Jahre alt, die meisten deutlich jünger. Wenn sie eine Führungsposition innehaben, dann wahrscheinlich eine erste, also eine Teamleitungs- oder Abteilungsleitungsfunktion.[2] Der Anteil an operativer Arbeit auf dieser Ebene ist in der Regel relativ hoch. Für diese *operative Arbeit* sollen die Mitarbeiter natürlich nach den in Abschn. 3.1 dargestellten Grundsätzen motiviert werden – solange das operative Geschäft zu ihrem Tagesgeschäft gehört. Nur eben *nicht* für die Personalführung. Die Mitglieder der Generation Y sollen also nach wie vor motiviert werden, aber ausschließlich für ihre operative Tätigkeit und nicht für die Führungsarbeit.

Keine extrinsische Motivierung heißt allerdings nicht, dass wir den Aufstieg in eine Führungsposition nicht angemessen honorieren wollen. Ein Mehr an Verantwortung sollte auf jeden Fall mit einem Mehr an Entlohnung (oder anderen Faktoren, die für ein Mitglied der Generation Y einen hohen individuellen Wert haben) einhergehen. Die Entscheidung, ob ein Mitarbeiter eine erste Führungsfunktion übernehmen möchte, sollte jedoch nicht durch extrinsische Anreize, zum Beispiel eine in Aussicht gestellte Gehaltserhöhung, beeinflusst werden. Der Mitarbeiter sollte Spaß und Freude, also intrinsische Motivation, an der Personalführung verspüren, sodass die Übertragung von Personalverantwortung Anreiz und gleichzeitig Belohnung ist. Wird die Entscheidung, ob eine Führungsaufgabe übernommen werden soll oder nicht, durch den Einsatz extrinsischer Anreize berührt, besteht die Gefahr, dass die Generation Y durch den *zusätzlichen Anreiz* und nicht durch die in Aussicht gestellte Führungsverantwortung der neuen Herausforderung zustimmt. Durch solche falschen Anreize kommen immer wieder Personen in Führungsverantwortung, die weder Lust auf Personalführung haben noch dazu geeignet sind.

Wenn keine extrinsischen Anreize zur Übernahme von Führungsverantwortung gesetzt werden, laufen Unternehmen dann nicht Gefahr, neben einem Fachkräftemangel auf einen Führungskräftemangel zuzusteuern? Sicherlich nicht, denn die Generation Y möchte gerne Verantwortung und damit zu einem erheblichen Teil auch Führungsverantwortung übernehmen (vgl. Hurrelmann und Albrecht 2014, S. 71). Ein erheblicher Mangel an Führungskräften ist damit nicht absehbar. Darüber hinaus stellt sich die Frage, ob ein möglicherweise anstehender Mangel an Führungskräften Grund genug dafür wäre, über extrinsische Anreize Mitarbeiter zu motivieren, Führungsverantwortung zu übernehmen. Eine solche Anreizgestaltung könnte eigentlich nicht an Führungsaufgaben interessierte Mitarbeiter zu Führungskräften machen. Die Wahrscheinlichkeit wäre groß, dass diese Führungskräfte eher schlechte Führungsarbeit leisten, was sich wiederum negativ auf die Motivation ihrer Mitarbeiter auswirken könnte. Und Kündigungen oder innere Kündigungen durch Demotivation verursachen jährlich Kosten in zweistelliger Milliardenhöhe, wie die Gallup-Studie verdeutlicht (vgl. Nink 2015)

Aber insgesamt geht es uns nicht nur um die Frage, wie die Generation Y zur Übernahme von Führungsverantwortung motiviert werden soll (rein intrinsisch, wie wir festgestellt haben), sondern auch darum, wie sie – wenn sie einmal eine Führungsfunktion übernom-

---

[2] Der 2015 amtierende Außenminister Österreichs, Sebastian Kurz, ist Jahrgang 1986. Dass ein Mitglied der Generation Y eine solch exponierte Position innehat, ist in Wirtschaft und Verwaltung aktuell (noch) die große Ausnahme.

men hat – motiviert werden kann, die *fünf Grundsätze effektiver Führung* einzuhalten. Die Beantwortung dieser zweiten Frage ist nicht ganz trivial. Denn während wir bei der Übernahme von Führungsverantwortung noch auf intrinsische Motivation setzen konnten, weil viele Menschen bei der Mitarbeiterführung aufgrund zwischenmenschlicher Erfahrungen Freude empfinden, ist die Beachtung und Einhaltung von Führungsgrundsätzen in der Regel nicht mit intrinsischer Motivation verbunden: Es macht Menschen normalerweise keine große Freude, sich an Regeln zu halten, geschweige denn, dass die Beachtung von Regeln zu einem Gefühl der Euphorie und damit zu einem Flow führt (vgl. Abschn. 3.1.2). Eine Führungskraft muss sich damit permanent selbst verdeutlichen, dass die Einhaltung der Grundsätze effektiver Mitarbeiterführung notwendig und sinnvoll ist. Psychologen sprechen hier von einer willentlichen Einhaltung oder Umsetzung bestimmter Anforderungen – oder auch von *Volition* (vgl. Wiswede 2012, S. 94). Volitionsbasierte Handlungen fallen dann besonders schwer, wenn Umsetzungsbarrieren relativ hoch sind, und relativ leicht, wenn sie niedrig sind. Um die fünf Grundsätze effektiver Mitarbeiterführung permanent einzuhalten, ist also eine systematische Vorbereitung von Mitarbeitern auf ihre Führungsaufgaben durch anwendungs- und umsetzungsorientierte Trainings und nicht der Schubser ins kalte Wasser eine wichtige Voraussetzung, da durch Trainings Umsetzungsbarrieren abgebaut werden können.

Die Übernahme von Führungsaufgaben durch die Generation Y sollte also *intrinsisch motiviert* erfolgen, die Einhaltung der Grundsätze effektiver Mitarbeiterführung dürfte in den meisten Fällen lediglich *volitionsbasiert* erfolgen. Da bei einer willentlichen Handlung ohne Anreiz und Belohnung kein Dopamin freigesetzt wird, ist die Einhaltung von Führungsgrundsätzen eine unbefriedigendere Aufgabe als die Führung selber. Die Mitglieder der Generation Y werden damit allerdings nur begrenzt Probleme haben: Wer an ein Leben mit permanentem Lernen gewöhnt ist (vgl. Hurrelmann und Albrecht 2014, S. 83), wird die fünf Grundsätze effektiver Mitarbeiterführung innerhalb kürzester Zeit verinnerlichen.

4.1.3 Drei Kontexte effektiver Führung

Wenn wir über effektive Führung sprechen, stellt sich auch die Frage nach dem Führungs*kontext*, also: *Wer* führt *wen*? Klar ist, dass wir hier über die Generation Y in der Rolle der Führungskraft schreiben. Damit ist aber noch nicht geklärt, wen sie führt. Hier gibt es zwei Möglichkeiten: Entweder führt sie eine Person, die ebenfalls der Generation Y angehört, oder sie führt ein Mitglied einer anderen Generation, also der Generation X (geboren zwischen 1966 und 1980), der Babyboomer (geboren zwischen 1956 und 1965) oder der Wirtschaftswundergeneration (geboren zwischen 1946 und 1955; vgl. Bruch et al. 2010, S. 97).[3] Heute sind nur noch vergleichsweise wenige Mitglieder der Wirtschafts-

---

[3] Die Generation X wird in der angegebenen Quelle als *Generation Golf* bezeichnet. Unserer Ansicht nach ist die Bezeichnung *Generation X* weiter verbreitet und passt besser zu den folgenden Generationen Y und Z.

wundergeneration in Unternehmen aktiv, ihre jüngsten Mitglieder sind aktuell 60 Jahre alt. Je älter die Generation Y wird und je mehr sie damit in Führungspositionen vordringt, desto geringer wird der Anteil der Wirtschaftswundergeneration in der Arbeitswelt. Die Personen, die sie dann führen, gehören größtenteils der Generation der Babyboomer und der Generation X an.

Streng genommen müssten wir im Folgenden damit drei Kontexte unterscheiden: Die Generation Y führt ein Mitglied der Generation Y, ein Mitglied der Generation X oder ein Mitglied der Babyboomer-Generation. Dazu müssten wir erstens prüfen, ob die Eigenschaften der Generation Y bei der Wahrnehmung ihrer Führungsaufgaben *im Allgemeinen* bestimmte Probleme verursachen können (zum Beispiel die geringe Machtdistanz der Generation Y, die dann mit einer formalen Höherstellung in einer Hierarchie und den damit verbundenen Machtinstrumentarien kollidiert). Zweitens wäre jeweils zu untersuchen, ob in der *speziellen Führungskonstellation* mit den Mitgliedern der Generation X beziehungsweise mit den Babyboomern und deren jeweils spezifischen Eigenschaften ganz konkrete Probleme zu erwarten sind.

Den ersten Schritt werden wir unternehmen. Wir werden prüfen, inwiefern die Merkmale der Generation Y an sich Führung positiv oder negativ beeinflussen. Den zweiten Schritt werden wir ebenfalls unternehmen, aber nicht differenziert, sondern pauschal. Ein Abgleich der Eigenschaften der Generation Y mit jeder Eigenschaft der Generation X und der Generation der Babyboomer würde sehr kleinteilig werden: Zunächst müssten die Eigenschaften der jeweiligen Generationen exakt bestimmt und operationalisiert werden, dann müsste jedes Eigenschaftspaar auf potenzielle Chancen oder Gefahren hin untersucht werden. Da die Herleitung der Eigenschaften der Generation Y hier schon einen maßgeblichen Umfang eingenommen hat und da sie hier im Fokus steht, verzichten wir auf einen detaillierteren Eigenschaftsvergleich. Damit geht es uns im Weiteren um die Betrachtung von Stärken und Schwächen der Generation Y als Führungskräfte per se, in der Interaktion mit ihresgleichen sowie in der Interaktion mit Mitgliedern anderer Generationen.

Abschließend noch eine Bemerkung zu etwaigen Konflikten zwischen der Generation Y und den anderen, losgelöst von spezifischen Eigenschaften beider: Hurrelmann und Albrecht legen (2014, S. 209) dar, dass die Generation Y grundsätzlich keine Probleme mit anderen Generationen habe. Damit scheint es zwar Ressentiments der anderen Generationen gegenüber der Generation Y zu geben, weil ihr Wesen, ihr Verhalten und ihre Einstellungen in vielen Situationen nicht nachvollziehbar sind, nicht aber umgekehrt. In Bezug auf eine Führungsrolle bildet diese Einstellung der Generation Y den anderen Generationen gegenüber eine günstige Voraussetzung für Führungserfolg.

4.2   Eigenschaftsorientierte Führung durch die Generation Y

Verständnis eigenschaftsorientierter Führung

In Abschn. 3.2 haben wir vier Gruppen von Führungsansätzen, also theoretisch-konzeptionelle Strömungen der Führungsforschung, kennengelernt: die *eigenschaftsorientier-*

ten Ansätze, die *verhaltensorientierten* Ansätze, die *situativen* Ansätze und die *neueren* Ansätze. Unsere Ausführungen in Kap. [2] haben sich dann an einer *verhaltensorientiert-situativen* Sichtweise orientiert, weil Führungserfolg unserer Einschätzung nach vom Führungsverhalten und dem situativ angemessenen Einsatz von Führungswerkzeugen abhängt. Dieser Einschätzung bleiben wir auch im Weiteren treu, allerdings wollen wir noch stärker als bislang die Eigenschaften der Generation Y in den Mittelpunkt unserer Überlegungen stellen: Inwiefern beeinflussen diese Eigenschaften den Führungserfolg positiv und wo stehen sie diesem tendenziell im Wege?

Diese Sichtweise auf und der Umgang mit Eigenschaften im Führungskontext ist eigentlich nicht mehr zeitgemäß. Denn klassischerweise ging es in der eigenschaftsorientierten Führungsforschung darum herauszufinden, welche Eigenschaften aus der Gesamtheit aller menschlichen Eigenschaften besonderen Führungserfolg bewirken (zum Beispiel Charisma) und welche nicht. Diese Forschung hat sich jedoch aus verschiedenen Gründen als Sackgasse erweisen (vgl. Bartscher et al. 2012, S. 93 f.). Wir passen die eigenschaftsorientierte Sichtweise auf Führung daher im Folgenden an den Zweck unserer Ausführungen – Ansatzpunkte zur erfolgreichen Mitarbeiterführung zu liefern – an, indem wir eine zuvor fest umrissene Menge an Eigenschaften – die zehn Merkmale der Generation Y– vor dem Hintergrund ihrer Führungseignung analysieren und darauf aufbauend Handlungsempfehlungen geben. Eigenschaftsorientierte Führung heißt für uns demnach: Eine Führungskraft – hier: ein Mitglied der Generation Y – muss ihre Eigenschaften kennen und ihr Führungsverhalten und den Einsatz ihrer Werkzeuge daran anpassen. Damit heben wir uns von der klassischen eigenschaftsorientierten Sichtweise ab.

Wege zur Identifikation eigener Eigenschaften
Die Psychologen Luft und Ingham (1955) haben mit dem Johari-Fenster[4] eine Systematik entwickelt, um zwischen bekannten und unbekannten Persönlichkeitseigenschaften zu unterscheiden. Dabei differenzieren sie zwischen der eigenen Sicht und der Sicht anderer auf sich selber (vgl. Tab. 4.1).

Das Johari-Fenster an sich eröffnet noch nicht den Blick auf bestimmte Eigenschaften einer Person. Aber es macht deutlich, dass Menschen Eigenschaften haben, die ihnen bekannt sind (Bereich des freien Handelns oder des Verbergens), und dass es andere gibt, die ihnen nicht bekannt sind (blinder Fleck, Bereich des Unbewussten). Wenn wir der Auffassung sind, dass die Kenntnis der eigenen Eigenschaften für effektive Führung not-

Tab. 4.1 Das Johari-Fenster

	Mir bekannt	Mir unbekannt
Anderen bekannt	Bereich des freien Handelns	Blinder Fleck
Anderen unbekannt	Bereich des Verbergens	Bereich des Unbewussten

---

[4] Die Bezeichnung Johari leitet sich aus den vollständigen Namen der Autoren, Joseph Luft und Harry Ingham, ab.

wendige Voraussetzung ist (vgl. Rohrschneider 2011, S. 41), und wenn es darüber hinaus Eigenschaften gibt, die Menschen unbekannt sind, muss eine angehende Führungskraft sich zunächst mit ihrem *blinden Fleck* befassen. Der *Bereich des Unbewussten* ist zwar grundsätzlich ebenfalls von Bedeutung, da auch Unbewusstes das eigene Verhalten beeinflussen kann, allerdings ist das Vordringen ins Unbewusste mit erheblich höherem Aufwand verbunden und sollte in der Regel psychologisch begleitet werden. Die Tiefen der menschlichen Seele sind sehr persönlich und ihre Ergründung gehört nicht ins Arbeitsumfeld (vgl. Lau 2013, S. 12 f.). Sie ist in der Regel auch nicht nötig, denn bereits die Beleuchtung des blinden Fleckes bietet eine gute Möglichkeit, das Bild über die eigenen Eigenschaften zu erweitern. Dabei stellt sich die Frage, inwiefern die Beleuchtung des blinden Fleckes für die Generation Y überhaupt eine Option ist, und wenn ja, wie sie erfolgen könnte.

Wenden wir uns zunächst der ersten Frage zu: Kann und will die Generation Y ihren blinden Fleck überhaupt erhellen? Ihr wird vorgehalten, sie sei übertrieben selbstbewusst bis narzisstisch (vgl. Hurrelmann und Albrecht 2014, S. 43), sie pflege also ein übertrieben positives Selbstbild. Nun wissen wir aus der Psychologie, dass Menschen generell bestrebt sind, ein positives Selbstbild aufrechtzuerhalten (vgl. Wiswede 2012, S. 96 f.), auch wenn dazu eine Vergrößerung des blinden Fleckes und die Verdrängung persönlicher Schwächen notwendig sind. Bei einem besonders (teilweise übertriebenen) positiven Selbstbild dürfte die Tendenz zur Vergrößerung beziehungsweise der Aufrechterhaltung eines relativ großen blinden Fleckes sehr hoch sein, da jeder Mensch sowohl über eine Vielzahl an Stärken als auch an Schwächen verfügt beziehungsweise mit jeder persönlichen Stärke auch eine Schwäche auf der anderen Seite verbunden ist. Aus dieser Perspektive betrachtet wäre die Generation Y sehr anfällig für *Eigen-Fremdbild-Diskrepanzen* und dürfte zur umfassenden Selbsterforschung über die Beleuchtung des eigenen blinden Fleckes wenig motiviert sein.

Auf der anderen Seite ist eine permanente kritische Selbstbeobachtung durchaus typisch für die Generation Y (vgl. Hurrelmann und Albrecht 2014, S. 36) – ein Umstand, der der Entstehung eines zu großen blinden Fleckes tendenziell entgegenläuft. Darüber hinaus will die Generation Y konstant Feedback erhalten – allerdings vornehmlich auf ihre Arbeit bezogen (vgl. Hurrelmann und Albrecht 2014, S. 76). Sie ist es also durchaus gewohnt, Rückmeldungen zu bekommen. Gelingt es dann noch, die (potenzielle) Selbstüberschätzung der Generation Y über Eigenbildkorrektur und Steigerung der Kritikfähigkeit (vgl. hierzu unsere Ausführungen in Abschn. 3.2.7) einzudämmen, sind die Voraussetzungen für eine Beleuchtung des blinden Fleckes durchaus gut. Schließlich dürfen wir nicht vergessen, dass die Generation Y Spitzenleistungen erbringen will (vgl. Hurrelmann und Albrecht 2014, S. 53). Dazu gehört auch der klare Blick auf sich selber, auf Stärken und Schwächen.

Reflexion mit Wingman

Wenn trotz aller selbstreflexionsförderlichen Rahmenbedingungen der Blick auf eigene Stärken und Schwächen schwerfällt, gibt es trotzdem eine gute Möglichkeit für die Generation Y, diesen Schritt zu meistern. Sie sollte sich einen *Wingman* suchen. Der Begriff *Wingman* (übersetzt: Flügelmann) stammt aus der amerikanischen Militärluftfahrt und bezeichnet den Piloten, der sein Kampfflugzeug versetzt hinter dem Kampfflugzeug eines anderen Piloten hält, um diesen zu decken, oder in einem zweisitzigen Kampfflugzeug den zweiten Piloten, der den ersten unterstützt.[5] Damit ist ein Wingman eine Person, der der Frontmann womöglich sein Leben anvertrauen muss. Im unternehmerischen Umfeld ist der Wingman die für die Generation Y passende (moderne) Interpretation eines Mentors.

Ein Mentor zeichnet sich normalerweise dadurch aus, dass er in der Regel eine höhere hierarchische Position als die Mentee innehat, über deutlich mehr Berufs- und Führungserfahrung verfügt und den Mentee daher fachlich berät. Er soll damit Ansprechpartner und Ratgeber bei bestimmten erfolgskritischen Fragen sein (vgl. Berthel und Becker 2010, S. 358). Für die Generation Y passt dieses Konzept nicht wirklich gut, da sie das *Senioritäts- und Erfahrungsprinzip* des Mentorings aufgrund der geringen Machtdistanz und der hohen Skepsis tendenziell ablehnt. Besser ist ein selbstgewählter Partner auf Augenhöhe, der ebenfalls Teil der Generation Y ist. Dieser Person kann mehr Vertrauen entgegengebracht werden, weil sie in gleichen Maßstäben und Dimensionen denkt und arbeitet.

Die Aufgabe des Wingmans, optimalerweise ein Kollege, sollte es dann sein, in bestimmten Situationen (etwa bei wichtigen Präsentationen, Mitarbeiter- oder Kundengesprächen) anwesend zu sein und aufmerksam zuzusehen und zuzuhören. So kann sich der Wingman ein umfassendes Bild von den Eigenschaften seines Frontmannes machen und ihm dazu und darüber hinaus ein konkretes Feedback geben, um so den blinden Fleck des Frontmannes zu erhellen. Wichtig dabei ist allerdings eine konkrete vorherige Abstimmung zwischen beiden: Worauf, also auf welche Eigenschaften, soll geachtet werden und wie können Ausprägungen innerhalb dieser Eigenschaften beobachtet oder gemessen werden? Das Ergebnis einer solchen Begleitung ist sicherlich keine reliable multidimensionale Persönlichkeitsbestimmung. Sie kann aber Grundlage eines stetigen kommunikativen und auf Vergrößerung der Selbsterkenntnis gerichteten Prozesses sein, in dem der Frontmann immer mehr über sich lernt und so ein immer besseres Gefühl bezüglich der für effektive Führung relevanten eigenen Eigenschaften bekommt.

Die Generation Y ist also durchaus willens und – womöglich durch Unterstützung eines Wingmans – in der Lage, die eigenen führungsrelevanten Eigenschaften und deren Ausprägungen zu ergründen und darauf aufbauend konkrete Führungsmaßnahmen zu ergreifen. Welche genau das sein können und sollten, betrachten wir im weiteren Verlauf.

---

[5] Der berühmteste Wingman der Fernsehgeschichte ist vielleicht Nick „Goose" Bradshaw (gespielt von Anthony Edwards), der im Film *Top Gun* der Co-Pilot von Pete „Maverick" Mitchell (gespielt von Tom Cruise) ist und ihm bei Flugeinsätzen (und im Leben insgesamt) den Rücken stärkt.

4.2.1 Führung auf Basis einer hoher Informationalisierung

Chancen der Führung auf Basis einer hohen Informationalisierung

Die hohe Informationalisierung (vgl. Abb. 4.2) der Generation Y führt zu einem besonderen Informationsaufnahme- und -verarbeitungsverhalten: Sie verfügt nicht nur flächendeckend über mobile Endgeräte zur Informationsbeschaffung und -verarbeitung, sie nutzt sie auch ständig. Dabei hat sich in letzter Zeit ein Trend entwickelt, das eigene Verhalten über mobile Endgeräte in Kombination mit spezifischen Apps oder separaten Geräten, etwa Uhren oder Armbänder, zu *vermessen*. Insbesondere das Ess- und Sportverhalten wird gemessen, aber auch der Schlafrhythmus oder bestimmte Körperfunktionen wie etwa der Puls. Die Tendenz zur Selbstvermessung resultiere aus einem Drang zum „Quantified Self", zum *berechenbaren Selbst*, wie Hurrelmann und Albrecht (2014, S. 189) darlegen.

Von der Vermessung des eigenen Verhaltens zur kennzahlenbasierten Führung

Die Tendenz zur Vermessung bringt für die Mitarbeiterführung Chancen mit sich. Aus unseren bisherigen Ausführungen wurde mehrfach deutlich, dass aus unserer Sicht vor allem dann *gutes Führungsverhalten* vorliegt, wenn Führungsentscheidungen (und dazu gehört auch die Bewertung von Mitarbeiterleistungen) *nachvollziehbar* sind. Nachvollziehbarkeit ist allerdings nur dann gegeben, wenn es eine objektive Grundlage gibt, auf der Entscheidungen oder Bewertungen aufbauen. In diesem Zusammenhang sind wir auch zu der Erkenntnis gekommen, dass der Unterschied zwischen Feedback und Kritik vor allem in einer Nichtexistenz (beziehungsweise Existenz) einer solchen Grundlage in Form von Kriterien besteht (vgl. Abschn. 3.2.7): Nur wenn objektive Kriterien vorliegen, ist eine Entscheidung oder Bewertung losgelöst vom individuellen Geschmack (oder Bauchgefühl) möglich. Will die Generation Y gute Führungsarbeit leisten, müssen ihre

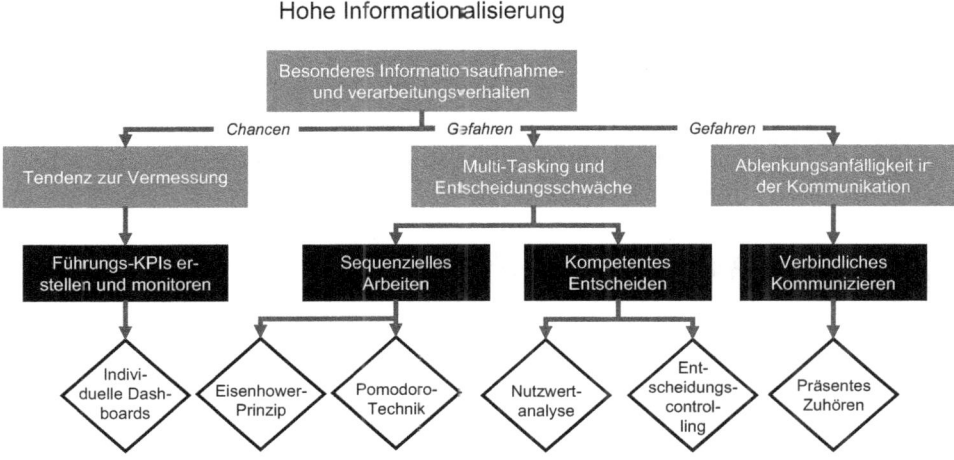

Abb. 4.2 Logik des Abschnittes „Führung auf Basis einer hohen Informationalisierung"

Entscheidungen und Bewertungen von Leistungen für ihre Mitarbeiter nachvollziehbar sein. *Kennzahlen* können hier einen wichtigen Beitrag leisten: Sie quantifizieren Zusammenhänge und machen diese bei regelmäßiger Pflege auch über einen längeren Zeitraum hinweg nachvollziehbar. Daher empfehlen wir der Generation Y – ganz generell –, im Rahmen ihrer Führungsarbeit auf Kennzahlen zurückzugreifen. Welche Kennzahlen infrage kommen, wollen wir nicht allgemeingültig festlegen (auch wenn wir im Folgenden einige Beispiele geben), das hängt von der entsprechenden Führungssituation ab. Eher wollen wir den Blick auf Anwendungsmöglichkeiten und -grenzen von Kennzahlen im Führungsprozess per se richten. Denn so sinnvoll der Einsatz von Kennzahlen auch ist, bei ihrem Einsatz sollten einige Aspekte berücksichtigt werden:

1. Grundsätzlich unterliegt die Erhebung von Daten als Basis etwaiger Kennzahlen dann der *Mitbestimmung*, wenn dazu technische Einrichtungen zur Überwachung des Verhaltens oder der Leistung (zum Beispiel Kameras oder Daten der Zeiterfassung) eingesetzt werden (vgl. § 78 Abs. 1 S. 6 Betriebsverfassungsgesetz). Werden Daten ohne solche Einrichtungen erhoben, ist dies so lange legitim, wie es der Zweckbestimmung eines Vertragsverhältnisses dient und solange die schutzwürdigen Interessen des Betroffenen nicht schwerer wiegen als die des Datenerhebers (vgl. § 28 Abs. 1 S. 1 und 2 Datenschutzgesetz). Mitbestimmungspflichtig sind auch allgemeine Grundsätze zur Bewertung der Leistung von Mitarbeiter (vgl. § 94 Abs. 2 Betriebsverfassungsgesetz), auch wenn die eigentliche Beurteilung des einzelnen Mitarbeiters davon nicht tangiert wird. Insgesamt muss die Erhebung und Anwendung von Kennzahlen mit geltendem Recht (Gesetzen, Tarifverträgen, Betriebsvereinbarungen) harmonieren.
2. Kennzahlen haben den Vorteil, Informationen zu verdichten und damit die Aufmerksamkeit auf spezifische Aspekte zu richten. Damit geht gleichzeitig der Nachteil einher, andere potenziell ebenfalls erfolgskritische Aspekte *systematisch auszublenden* (vgl. Bechtel 2010, S. 581). Eine Führungskraft sollte daher nicht ausschließlich auf Kennzahlen setzen, sondern sie als sinnvolle *Ergänzung* betrachten und ihre Aussagen stets einem kritischen Plausibilitätscheck unterziehen.
3. Kennzahlen sollten nicht willkürlich zusammengestellt, sondern *systematisch* aus den Bereichs- und Abteilungszielen abgeleitet werden. Solche systematisch ermittelten Kennzahlen werden dann als KPIs, als *Key Performance Indicators*, bezeichnet (vgl. Bechtel 2010, S. 581). Dabei geht es uns hier jedoch nicht um die Bereichs- oder Abteilungsziele per se, sondern um *führungsspezifische* Bereichs- oder Abteilungsziele, etwa die Steigerung der Mitarbeiterzufriedenheit, die Senkung der Fluktuation oder des Krankenstandes, die Steigerung der Wirtschaftlichkeit von Fortbildungen etc. Solche Führungs-KPIs ermöglichen eine inhaltliche Schwerpunktbildung der Führung zum Beispiel im Rahmen von Ein- oder Mehrjahresplänen.[6]
4. Grundsätzlich sollen Kennzahlen das Ergebnis einer Messung widerspiegeln (zum Beispiel die Messung der Mitarbeiterzufriedenheit beziehungsweise deren Veränderung).

---

[6] Zu potenziellen KPIs vgl. Schübbe 2011.

Damit ist eine Kennzahl nur so gut wie das ihr zugrunde liegende Messverfahren. Dieses sollte *valide, reliabel, objektiv* und *ökonomisch* sein.

- *Validität*: Eine Messung ist dann *valide*, wenn das das Messobjekt (etwa die Mitarbeiterzufriedenheit) auch wirklich korrekt erfasst (vgl. Sedlmeier und Renkewitz 2013, S. 75). Die Anzahl der Krankentage zur Messung der Mitarbeiterzufriedenheit heranzuziehen, ist damit nicht valide (die Anzahl der Krankentage ist nicht einmal dazu geeignet herauszufinden, wie oft Mitarbeiter wirklich krank sind, da Absentismus und Präsentismus die Ergebnisse verfälschen können). Der Aspekt der Validität ist besonders wichtig, um nicht einer *Messillusion* zu erliegen: Darunter verstehen wir die subjektive Überzeugung, durch eine Messung einen Erkenntnisgewinn zu erlangen, obwohl eine geringe Validität der Messung dazu geführt hat, dass die Messergebnisse keinen echten praktischen Nutzen haben. Damit hängen Mess- und Kontrollillusion eng zusammen, da auf Basis von Kennzahlen häufig der Einsatz bestimmter Maßnahmen legitimiert wird und durch den Einsatz dieser Maßnahmen dann der Eindruck entsteht, man könne Einfluss nehmen oder eine Sache kontrollieren (vgl. auch den Exkurs Plausibilität und Kontrollillusion in Abschn. 3.2.9).
- *Reliabilität*: Neben der Validität einer Messung spielt die *Reliabilität* des Messverfahrens eine entscheidende Rolle für die Qualität der aus den Messergebnissen abgeleiteten Kennzahlen: Bei wiederholten Messungen eines sich nicht verändernden Messobjektes sollten sich die Messergebnisse ebenfalls nicht verändern – hierfür steht die Reliabilität einer Messung (vgl. Sedlmeier und Renkewitz 2013, S. 71). Soll etwa die generelle Mitarbeiterzufriedenheit ermittelt werden, spielt der Zeitpunkt der Erhebung eine Rolle: Vor einem Mitarbeitergespräch könnte das Ergebnis anders ausfallen als danach, obwohl ein einziges Mitarbeitergespräch auf die generelle Zufriedenheit eines Mitarbeiters keinen substanziellen Einfluss haben dürfte.
- *Objektivität*: Bei der *Objektivität* einer Messung geht es um die Frage, ob sich das Messergebnis bei einer Veränderung der messenden Person verändert, ob etwa die Frage nach der Zufriedenheit in einem persönlichen Gespräch anders ausfällt, wenn der direkte Vorgesetzte oder ein Mitglied des Topmanagements fragt (vgl. Sedlmeier und Renkewitz 2013, S. 70).
- *Ökonomie*: Schließlich sollte der Aufwand einer Messung in einem sinnvollen Verhältnis zum Nutzen der daraus abgeleiteten Kennzahlen stehen, also *ökonomisch* sein. Eine monatliche Bestimmung der Mitarbeiterzufriedenheit wäre wahrscheinlich zu aufwändig, da Maßnahmen zu ihrer Verbesserung zumeist mehrere Monate, wenn nicht gar Jahre in Anspruch nehmen.

5. Wichtig ist auch die Erkenntnis, dass Kennzahlen als *Symptome* zu verstehen sind und zunächst keine Information darüber geben, wie ihre Ausprägung zu verändern ist, wo also die Ursachen für bestimmte Ergebnisse liegen. Kommt bei einer Befragung der Mitarbeiter heraus, dass ihre Zufriedenheit nur gering ausgeprägt ist, können daraus noch keine Maßnahmen zu deren Steigerung abgeleitet werden. Es ist strikt zu trennen

zwischen Kennzahl und Messung auf der einen und der Ableitung geeigneter Maßnahmen zur Veränderung einer Kennzahlenausprägung auf der anderen Seite.

6. Um sinnvolle Maßnahmen abzuleiten, reicht es häufig nicht aus, die Ausprägung einer Kennzahl zu nur einem Zeitpunkt zu betrachten. Vielmehr sollten Daten *kontinuierlich* gesammelt und immer wieder analysiert und interpretiert werden.

7. Werden Maßnahmen zur Veränderung der Ausprägung einer Kennzahl ergriffen und ändert sich daraufhin die Kennzahl tatsächlich in die gewünschte Richtung, leiten verantwortliche Führungskräfte daraus häufig einen *Beweis* für die Wirksamkeit ihrer Maßnahmen ab, weil sie dazu neigen, nach *Bestätigungen* für die Wirksamkeit ihrer Handlungen zu suchen (vgl. Kahneman 2012, S. 106 f.). Allerdings ist grundsätzlich zwischen einer Korrelation (zwei Sachen passieren gleichzeitig) und einer Kausalität (eine Sache verändert sich, *weil* eine andere Sache verändert wurde) zu unterscheiden: Ändert sich die Mitarbeiterzufriedenheit, *weil* auf Initiative der Führungskraft hin intensivere Mitarbeitergespräche geführt wurden (Kausalität zwischen Mitarbeitergesprächen und -zufriedenheit) oder weil zeitlich mit den intensiveren Mitarbeitergesprächen einhergehend eine neue Kantine eingerichtet wurde (Korrelation zwischen Mitarbeitergesprächen und -zufriedenheit)? Zunächst sollte eine Führungskraft von einer *Korrelation* ausgehen und gleichzeitig versuchen herauszufinden, welche anderen Maßnahmen womöglich die Ausprägung der fraglichen Kennzahl beeinflussen könnten. Wenn solche anderen Maßnahmen systematisch ausgeschlossen werden können, steigt die Wahrscheinlichkeit, dass eine Kausalität zwischen der eigenen Handlung und der Kennzahlenausprägung vorliegt. An die Stelle der Bestätigung sollte damit der Versuch treten, den vermuteten Zusammenhang zwischen Maßnahme und Kennzahlenausprägung zu *widerlegen*.

8. Häufig entsteht der Eindruck, man könne gesammelte Daten einfach in die Zukunft extrapolieren, also einen Trend fortschreiben. Wenn sich etwa die Mitarbeiterzufriedenheit in den letzten Jahren stetig verbessert hat, bedeute dies, dass für die Zukunft eine weitere Verbesserung zu erwarten sei. Dabei wird implizit unterstellt, die *Zeit* hätte einen kausalen Einfluss auf die Mitarbeiterzufriedenheit. Das ist in der Regel jedoch nicht der Fall, vielmehr wurden bestimmte Maßnahmen zur Steigerung der Mitarbeiterzufriedenheit ergriffen, die im Zeitablauf ihre Wirkung entfalten. Fallen diese Maßnahmen weg, wird wahrscheinlich auch die Mitarbeiterzufriedenheit wieder zurückgehen oder zumindest nicht weiter ansteigen. Bei der Verwendung von Kennzahlen ist also darauf zu achten, ob der Zeit unbewusst eine Einflusswirkung zugeschrieben wird.

Die Berücksichtigung der geschilderten Aspekte scheint auf den ersten Blick eine hohe methodische Kompetenz von einer Führungskraft abzuverlangen und schmälert damit die Attraktivität des Einsatzes von Führungs-KPIs. Richtig ist sicherlich, dass sich eine Führungskraft – je nach Ausbildungshintergrund – zunächst an den richtigen Einsatz von Kennzahlen gewöhnen muss. Die Berücksichtigung dieser Aspekte ist allerdings unverzichtbar, denn es geht uns nicht um das Messen beziehungsweise die Erstellung und

Überwachung von Kennzahlen um ihrer selbst willen, sondern um den nutzenstiften-
den Einsatz von Kennzahlen. Dieser ist nur möglich, wenn einige methodische Aspekte
berücksichtigt werden, schließlich haben Zahlen per se einen hohen Glaubwürdigkeit-
scharakter (vgl. Krämer 2008, S. 15 ff.) und damit einen hohes *Verführungspotenzial*.
Werden Zahlen dann noch hochwertig aufbereitet, verstärkt dies allein ihre Glaubwürdigkeit (vgl. Krämer 2008, S. 37 ff.). Daher plädieren wir für einen methodisch fundierten
und konstruktiv-kritischen Umgang mit Kennzahlen – dann bilden sie ein wirksames Managementwerkzeug.

Werkzeug: Individuelle Dashboards

Zur Verwendung von Kennzahlen im Tagesgeschäft müssen diese handhabbar gemacht
werden. Dabei geht es nicht nur um die Erhebung der Kennzahlen, sondern vor allem
auch um ihre Systematisierung, Visualisierung und Nutzbarkeit zur Mitarbeiterführung. Schübbe (2011, S. 159) schlägt daher eine Erstellung und Nutzung von *Dashboards* vor. Für ihn ist ein Dashboard eine themenorientierte Zusammenstellung von
Kennzahlen mit besonderem Fokus auf eine übersichtliche Darstellung. Beispielsweise
könnten in einem Dashboard *Personalrisikomanagement* Informationen zum Austritts-
risiko von Mitarbeitern, zum Personalengpassrisiko, zum Anpassungsrisiko (dabei geht
es um die Frage, wie flexibel sich die Mitarbeiter an veränderte Rahmenbedingungen
anpassen können), zum Motivationsrisiko und zum Loyalitätsrisiko zusammengeführt
werden (vgl. Schübbe 2011, S. 160 ff.). Das Dashboard bildet dabei eine übersichtsar-
tige Zusammenfassung von einzelnen Fact-Sheets.

Technisch bietet sich zur Erstellung und Pflege eines Dashboards die Verwendung
eines Tabellenkalkulationsprogramms (zum Beispiel Excel) an, wobei das Dashboard
das Hauptarbeitsblatt ist (vgl. Abb. 4.3), das mit verschiedenen anderen Arbeitsblät-
tern – den Fact-Sheets – verknüpft ist. Aktuelle Kennzahlenausprägungen werden in
den Fact-Sheets eingetragen, die Auswertung und Interpretation der Daten erfolgen
dann automatisch auf den Dash-Board, optimalerweise visualisiert durch *bedingte Formatierungen*, sodass kritische Kennzahlenausprägungen direkt auffallen. In Abb. 4.3
etwa, die ein exemplarisches Dashboard zu Personalkosten beinhaltet, sind zwei bedingte Formatierungen enthalten: In den Zellen, die die Kostensituationen der jeweiligen Teams beschreiben, wird der Hintergrund automatisch grau hinterlegt, wenn die
Ist-Kosten zehn Prozent oder mehr über dem Plan liegen. Bei einer grauen Hinterle-
gung ändert sich der Status auf *Achtung*, bei zwei oder mehr auf *Kritisch*. Die jeweiligen Prozentzahlen in den Zellen ergeben sich aus den Verknüpfungen mit den Fact-
Sheets.

Gefahren der Führung auf Basis einer hohen Informationalisierung

In Abschn. 2.2.1 haben wir festgehalten, dass die Generation Y sich auch dadurch aus-
zeichnet, dass sie versucht, Aufgaben unterschiedlicher Art *parallel* abzuarbeiten. Dieser
Hang zum Multitasking resultiert nicht zuletzt aus dem intuitiven Umgang mit Computern
oder mobilen Endgeräten, die das Multitasking populär gemacht haben: Am PC oder auf

Kosten Plan/Ist	Team A	Team B	Team C	Team D
Löhne und Gehälter	-2%	-3%	-2%	+10%
Personalzusatz-kosten	+1%	-2%	-1%	+8%
Zeitarbeitskräfte	-3%	+10%	+4%	-
Reisekosten	+1%	+2%	+3%	+17%
Status	**OK**	**Achtung**	**Achtung**	**Kritisch**

Abb. 4.3 Dashboard Personalkosten. (Quelle: in Anlehnung an Schübbe 2011, S. 177)

dem Smartphone sind stets mehrere Programme beziehungsweise Apps geöffnet, ständig kann zwischen diesen hin- und hergeschaltet werden, sodass beim Warten auf eine Chat-Antwort ein Kalendereintrag aktualisiert werden kann.

Vom Multitasking zum sequenziellen Arbeiten
Der Versuch des parallelen Abarbeitens von Aufgaben ist mit Gefahren verbunden, vor allem mit Produktivitätsproblemen (vgl. Stenger 2014). Es ist strittig, ob die zentrale Steuereinheit des Gehirns, die Aufgaben an unterschiedliche Areale verteilt, überhaupt mehrere Aufgaben gleichzeitig verteilen oder dies nur nacheinander erledigen kann. Einigkeit besteht jedoch dahingehend, dass der Versuch der gleichzeitigen Bearbeitung von Aufgaben fehleranfälliger ist als der Ansatz, Aufgaben sukzessive zu erledigen (vgl. Baethge und Rigotti 2010, S. 30). Darüber hinaus ist Multitasking immer mit Unterbrechungen verbunden, die dadurch entstehen, dass von einer Aufgabe zu einer anderen gewechselt werden und sich in diese eingedacht werden muss.

Die Empfehlung von Arbeitsforschern in Bezug auf Multitasking lautet: Arbeitsunterbrechungen nach Möglichkeit minimieren (vgl. Bundesanstalt für Arbeitsschutz und Arbeitsmedizin 2012), Aufgaben nach Möglichkeit in Blöcken nacheinander abarbeiten. Dazu empfiehlt es sich, Aufgaben zunächst nach dem Eisenhower-Prinzip zu priorisieren. Dieses Prinzip haben wir bereits in Abschn. 3.2.1 kennengelernt, dort allerdings Informationen und nicht Aufgaben priorisiert. Das Prinzip bei der Priorisierung von Aufgaben ist dasselbe, allerdings ergeben sich infolge der Unterscheidung in wichtige und dringliche Aufgaben verschiedene Empfehlungen, wie mit Aufgaben umzugehen ist (vgl. Abb. 4.4).

Aufgaben priorisieren und richtig abarbeiten
Das klassische Eisenhower-Prinzip unterscheidet je nach Wichtigkeit und Dringlichkeit von Aufgaben:

- Aufgaben sofort erledigen (wichtig und dringlich),
- Aufgaben delegieren (dringlich, aber nicht wichtig),
- Aufgaben auf Termin legen (wichtig, aber nicht dringlich),
- Aufgaben streichen.

Abb. 4.4 Das Eisenhower-Prinzip zur Aufgabenpriorisierung

	Dringlich	**Nicht dringlich**
Wichtig	In Fokusblöcken zeitnah erledigen	Auf Termin legen
Nicht wichtig	Außerhalb von Fokusblöcken erledigen	Streichen

Wir interpretieren das Eisenhower-Prinzip im Folgenden etwas anders: Wichtige und dringende Aufgaben sollten *zeitnah* (und konzentriert) abgearbeitet werden, da sowohl die Qualität als auch die *zeitliche Nähe* ihrer Erfüllung entscheidend sind. Dringliche Aufgaben müssen aber in der Regel *nicht sofort* (etwa innerhalb der nächsten 30 Minuten) erledigt werden, so dringlich sind die wenigsten Aufgaben. *Dringlich* beschreibt in der Praxis eher Zeithorizonte von einem bis drei Tagen. Daher haben wichtige und dringliche Aufgaben zumindest einige Stunden bis zu ihrer Erledigung Zeit. Wir empfehlen daher, dass diese Aufgaben stets im Rahmen eines – wie wir es nennen wollen – *Fokusblockes* abgearbeitet werden. Ein Fokusblock stellt einen Zeitraum dar, in dem besonders konzentriertes Arbeiten möglich ist (dazu gleich mehr).

Dringliche, aber nicht wichtige Aufgaben sollten aus verschiedenen Gründen *nicht* delegiert, sondern *außerhalb eines Fokusblockes* abgearbeitet werden. Erstens ist unser hier vertretener Managementansatz nicht der des *Managements by Delegation*, bei dem Einzelaufgaben von einer Führungskraft an einen Mitarbeiter delegiert werden. Vielmehr setzen wir auf *Management by Objectives*, bei dem zwischen Führungskraft und Mitarbeiter Ziele vereinbart werden und der Mitarbeiter entscheidet, auf welchem Weg er seine Ziele am besten erreichen kann. Das gilt für die Führung der Generation Y sowohl, wenn sie Mitarbeiter (vgl. Abschn. 3.2.2), als auch, wenn sie Führungskraft ist. Eine Führungskraft kann dieser Sichtweise folgend also nicht einfach Aufgaben *abwälzen*, nur weil sie nicht besonders wichtig sind (was allerdings Teil des klassischen Eisenhower-Prinzips ist). Zweitens ist es wohl keinem Menschen möglich, den ganzen Tag vollständig konzentriert zu arbeiten, es gibt immer auch Phasen *eingeschränkter* Aufmerksamkeit. Eben diese Phasen bieten sich für die Erledigung von Aufgaben mit hoher Dringlichkeit, aber geringer Wichtigkeit an, sodass gar keine Notwendigkeit besteht, unwichtige Aufgaben zu delegieren (was sollte man in den Phasen eingeschränkter Aufmerksamkeit sonst machen).

Aufgaben mit hoher Wichtigkeit, aber geringer Dringlichkeit sollten auf Termin gelegt und Aufgaben mit geringer Wichtigkeit und Dringlichkeit sollten gestrichen werden – hier folgen wir dem klassischen Eisenhower-Prinzip.

Kommen wir nun auf den angesprochenen *Fokusblock* zu sprechen: Hinter dem Denken in Fokusblöcken steht die *Pomodoro-Technik*. Sie beschreibt eine Zeitmanagement-

Technik, bei der für einen bestimmten Zeitraum – den Fokusblock – zum Beispiel 45 Minuten ohne Unterbrechung und nach Möglichkeit ohne Störung durch E-Mails, Telefon oder Besucher konzentriert gearbeitet wird. Nach einem Fokusblock wird eine bewusste Pause eingelegt (wobei diese Pause zum Beantworten von E-Mails oder Telefonaten genutzt werden kann – es geht vor allem um eine geistige Pause), um nach dieser bewussten Pause einen erneuten Fokusblock zu setzen. Dieses Vorgehen kann mehrere Male wiederholt werden, je nach persönlicher Konzentrationsfähigkeit (vgl. Stenger 2014, S. 124).[7]

Wichtig ist, dass die Fokusblöcke in eine Phase des Arbeitstages gelegt werden, in der die individuelle Leistungskurve ein konzentriertes Arbeiten zulässt, sodass solche Aufgaben erledigt werden können, die wichtig *und* dringlich sind. Vor und nach die Fokusblöcke können dann Aufgaben gelegt werden, die dringlich, aber nicht wichtig sind, deren Bearbeitung also mit einem geringeren Konzentrationsniveau möglich ist.

Entscheidungen richtig vorbereiten und überprüfen

Eine *Entscheidung* haben wir definiert als eine *Auswahl aus mindestens zwei Alternativen*. Dass Führungskräfte viele Entscheidungen treffen müssen, ist unzweifelhaft – sie bestimmen ihre tägliche operative Tätigkeit und ihre Führungsarbeit gleichermaßen. Wir haben in diesem Zusammenhang bereits die partizipative Führung kennengelernt, die auf eine möglichst starke Einbindung der Mitarbeiter in Entscheidungsprozesse setzt (vgl. Abschn. 3.2.6).

Aufgrund der hohen Informationalisierung hat es die Generation Y tendenziell relativ schwer, Entscheidungen zu treffen, weil sie mit einer Vielzahl an Informationen konfrontiert wird, die entscheidungsrelevant sein können. Das Prinzip des *WYSIATI* (What you see is all there is) von Kahneman greift hier: Kahneman (2012, S. 112 f.) legt dar, dass nur die *verfügbaren*, nicht die *wirklich vorhandenen* Informationen Entscheidungen beeinflussen. Tendenziell verfügt die Generation Y aufgrund ihres besonderen Informationsaufnahme- und Verarbeitungsverhaltens über mehr Informationen als andere Generation (vgl. Hurrelmann und Albrecht 2014, S. 152), sodass eine Entscheidungsfindung komplexer wird, weil mehr Informationen berücksichtigt werden müssen. Typisch ist dann oft eine Entscheidungsfindung aus dem Bauch heraus, also wenig rational (vgl. Hurrelmann und Albrecht 2014, S. 33), was für eine Führungskraft ein schlechtes Konzept darstellt, da die Nachvollziehbarkeit von Bauchentscheidungen problematisch ist. Die Generation Y benötigt folglich einen Ansatz zur Bewertung von Entscheidungsalternativen, der auch mit einer hohen Zahl an Informationen umzugehen vermag. Besonders geeignet hierfür ist die *Nutzwertanalyse* (auch Scoring-Modell) genannt (vgl. das Werkzeug: Die Nutzwertanalyse).

---

[7] Stenger (2014) bezeichnet dieses Prinzip als Pomodoro-Technik, weil es so einfach sei, wie eine Tomate aus dem Kühlschrank zu holen.

Werkzeug: Die Nutzwertanalyse

Als Nutzwertanalyse wird ein Verfahren bezeichnet, das verschiedene Entscheidungsalternativen priorisieren, also auf Basis von Nutzwerten der einzelnen Alternativen in eine Reihenfolge bringen soll. Dazu müssen verschiedenen Schritte durchlaufen werden, damit die Nutzwerte der einzelnen Alternativen ermittelt werden können (vgl. hierzu auch Schmidt 2009, S. 364):[8]

1. Ermittlung von Entscheidungskriterien,
2. Bestimmung einer passenden Skala pro Entscheidungskriterium, Festlegung von Maximal- und Minimalausprägungen der Skala sowie Unterteilung der Skala in Punktbereiche,
3. Gewichtung der Entscheidungskriterien,
4. Bewertung der einzelnen Kriterien,
5. Multiplikation von Gewichten und Einzelbewertungen,
6. Bestimmung der Nutzwerte pro Alternative,
7. Durchführung einer Sensitivitätsanalyse.

Gehen wir einmal exemplarisch von der *Vergabe eines Managementtrainings* (vgl. Abb. 4.5) an einen externen Anbieter aus, können als Entscheidungskriterien zum Beispiel die Erfahrungen der Trainer, die Kosten für das Training pro Tag sowie Art und Umfang der überlassenen Unterlagen herangezogen werden (Schritt 1). Für jedes dieser Kriterien muss nun eine *Skala* mit einem Maximal- und einem Minimalwert bestimmt werden (Schritt 2). Dazu gibt es zwei Möglichkeiten: Entweder werden die Extremwerte festgelegt, *bevor* genaue Informationen der unterschiedlichen Anbieter vorliegen, oder sie werden erst bestimmt, *nachdem* die Angebote eingetroffen sind. Der zweite Fall eröffnet die Möglichkeit, die extremen Skalenwerte so zu bestimmen, dass sich mit Sicherheit unterschiedliche Bewertungen der Anbieter ergeben, was eine Entscheidungsfindung manchmal pointieren kann (auch wenn sie dadurch nicht objektiver wird, aber dazu später mehr).

Die Herausforderung besteht nun in einer Skalentransformation: Für reale Werte (Tagessätze) müssen passende Punktbereiche ermittelt werden (exemplarisch auf einer 3er-Skala: Tagessatz des Trainers über 1500 Euro = 1 Punkt; Tagessatz zwischen 1200 und 1500 Euro = 2 Punkte, Tagessatz unter 1200 Euro = 3 Punkte). Dabei ist diese Transformation so zu wählen, dass für jedes Kriterium die gleiche Zielskala (hier: eine 3er-Skala) gewählt wird und dass die Punktbereiche so festgelegt werden, dass die vorteilhafteste Ausprägung (hier: der geringste Preis) den höchsten Punktwert bekommt und die unvorteilhafteste (hier: der höchste Preis) den geringsten.

Eine Gewichtung der Entscheidungskriterien (Schritt 3) bietet die Möglichkeit, bestimmten Kriterien eine höhere Bedeutung beizumessen als anderen. In Bezug auf die

---

[8] Schmidt (2009) geht nicht explizit auf die Frage der Skalenermittlung ein, eine für uns in Bezug auf den Nutzen dieses Werkzeuges jedoch essenzielle Frage.

Kriterien	Skala				Gewich-tung	Alternative 1			Alternative 2			Alternative 3		
	Einheit	Extremwerte	Skalenart	Stufen		Aus-prägung	Skalen-wert	Teil-nutzwert	Aus-prägung	Skalen-wert	Teil-nutzwert	Aus-prägung	Skalen-wert	Teil-nutzwert
Erfahrung der Trainer	Jahre	0 bis 20	3er-Skala	0 bis 7, über 7 bis 14, über 14 bis 20	50	15	3	1,5	18	3	1,5	4	1	0,5
Tagessatz	Euro	Über 1.500, unter 1.200		Über 1.500, 1.500 bis 1.200, unter 1.200	30	1.100	3	0,9	1.600	1	0,3	800	3	0,9
Art und Umfang der Unterlagen	Qualitative Bewertung auf Basis eingegangener Angebote	Pauschal-trainings-bezogen, individuell-übergreifend		Pauschal-trainings-bezogen, weder/noch, individuell-übergreifend	20	pauschal-tranings-bez.	1	0,2	Indivi-duell-trainings-bezogen	2	0,4	Indivi-duell-übergrei-fend	3	0,6
Nutzwert								**2,6**			**2,2**			**2**
Rang								**1**			**2**			**3**

Abb. 4.5 Die Nutzwertanalyse

hier gewählten Kriterien könnte die Erfahrung der Trainer mit einem Wert von 50, der Preis mit 30 und Art und Umfang der Unterlagen mit 20 festgelegt werden (als praktisch hat sich eine Gewichtung auf der Basis eines Gesamtwertes von 100, wie auch in unserem Beispiel, erwiesen). Gegebenenfalls kann der *Paarvergleich* (vgl. Abschn. 3.2.1) bei der Ermittlung der Gewichte helfen. Für diesen Fall sollte in Bezug auf jedes Kriterium die Frage gestellt werden: Wie viel wichtiger ist dieses Kriterium als ein anderes? Diese Frage ist für jedes mögliche Kriterienpaar zu wiederholen. Auch so lässt sich eine Gewichtung von Entscheidungskriterien ermitteln.

Bei der Bewertung der einzelnen Kriterien werden dann die realen Ausprägungen (zum Beispiel Tagessätze der einzelnen Anbieter) bestimmt und der Wert der entsprechenden Zielskala wird festgehalten (Schritt 4). Dieser Wert wird im nächsten Schritt mit der Gewichtung des Kriteriums multipliziert, sodass sich ein Teilnutzwert ergibt (Schritt 5). Die Teilnutzwerte werden summiert, woraus sich die Nutzwerte pro Alternative ergeben (Schritt 6), die dann in absteigender Reihenfolge geordnet werden können (Schritt 7).

Eine Nutzwertanalyse ist grundsätzlich kein Werkzeug zur vollständig rationalen Entscheidungsfindung, da etwa die Bestimmung von Gewichten oder Skalenextremwerten von subjektiven Aspekten beeinflusst wird. Aber die Nutzwertanalyse ist sehr gut geeignet, um Entscheidungen *zu objektivieren*, auch wenn sie durch ihren Einsatz nicht vollständig objektiv werden.

Um die Entscheidungsfindung auf Basis der Nutzwertanalyse weiter zu verbessern, können einzelne Kriterienausprägungen (insbesondere, wenn diese geschätzt werden mussten) oder Gewichte *variiert* werden. So kann herausgefunden werden, wie stark eine Veränderung einzelner Werte ausfallen muss, damit sich die Ergebnisreihenfolge der Alternativen verändert. Eine solche Variation wird als *Sensitivitätsanalyse* bezeichnet. Führt schon eine leichte Variation an Ausprägungen oder Gewichten zu einer Veränderung der Ergebnisreihenfolge, liegt keine eindeutige Entscheidungsgrundlage vor, es sollten gegebenenfalls weitere Entscheidungskriterien aufgenommen werden. Wenn auch eine deutliche Variation von Ausprägungen und Gewichten nichts am Ranking ändert, ist die Entscheidungsgrundlage relativ stabil.

Ähnlich wie bei Kennzahlen bringen auch Nutzwerte die Gefahr mit sich, dass der Wahrheitswert ihrer Ergebnisse überschätzt wird. Auch eine Sensitivitätsanalyse vermag nichts daran zu ändern, dass bei einer Nutzwertanalyse immer auch subjektive Aspekte Berücksichtigung finden. Die Logik der Nutzwertanalyse macht jedoch alle Entscheidungstreiber *explizit sichtbar*, sodass diese besprochen werden können, wodurch nicht nur die Entscheidungsfindung erleichtert wird, sondern auch ihre Nachvollziehbarkeit.

Die Fähigkeit zur Entscheidungsfindung kann durch den Einsatz der Nutzwertanalyse gestärkt werden. Aber eine einmal getroffene Entscheidung muss auch *durchgehalten* werden. Diese Feststellung klingt trivial, ist sie aber nicht. Denn aus der Psychologie ist der sogenannte *Regret-Effekt* bekannt (Bereuenseffekt). Er besagt, dass *nach* getroffener

Entscheidung die Alternativen besonders reizvoll erscheinen, die verworfen wurden, man also gewissermaßen *bereut*, entschieden zu haben, wie man entschieden hat (vgl. Wiswede 2012, S. 83). Die Generation Y dürfte für diesen Regret-Effekt besonders anfällig sein, da ihr *Entscheidungsfreiheit* und damit jederzeit mehrere *Optionen zu besitzen* besonders wertvoll ist (vgl. Hurrelmann und Albrecht 2014, S. 35). Das Typische an einer Entscheidung ist aber, dass durch sie Optionen verfallen: Die gewählte Alternative wird umgesetzt, die alternativen Optionen damit per Definition nicht. Der Wert aller nicht gewählten Optionen geht damit verloren. Dieses subjektive Verlustempfinden kann zum Regret-Effekt bei der Generation Y führen.

Der Regret-Effekt stellt ein *subjektives* Negativempfinden dar. Ihm kann auf einem *objektiven* Weg entgegengewirkt werden, indem sich eine Führungskraft klar macht, dass ihr Entscheidungsverhalten gut und richtig ist. Um dieses Ziel zu erreichen, müssten sowohl die Auswirkungen der gewählten Entscheidungsalternative als auch die der verworfenen nachverfolgt werden. Wie sich allerdings, um das Beispiel aus der Nutzwertanalyse heranzuziehen, ein Training ausgewirkt hätte, das *nicht gewählt* wurde, ist schlichtweg nicht bestimmbar. Also ist es nicht möglich, die Auswirkungen der verworfenen Alternativen nachzuhalten. Allerdings ist es möglich herauszufinden, ob die gewählte Alternative das Ziel, das sie erreichen sollte, auch wirklich erreichen konnte. Eine Entscheidung ist dann eine gute und richtige Entscheidung, wenn sie dieser Anforderung entspricht – sie ist *effektiv*,[9] sie hat ihr Ziel erreicht.

Zu *Bewertung der Effektivität* einer Entscheidung dient der allgemeine Controlling-Prozess (vgl. Abb. 4.6). Er unterscheidet einerseits *Aufgaben* und andererseits *Ergebnisse*. Die Funktionsweise des allgemeinen Controlling-Prozesses erläutern wir im Folgenden:

- Zunächst wird ein bestimmtes Ziel formuliert und anschließend messbar gemacht, also operationalisiert, und die gewünschte Zielhöhe wird entsprechend vorgegeben. Aus diesen Schritten ergibt sich ein erstes Ergebnis des Controlling-Prozesses: die *Soll-Größe 1*.
- Die Auswirkungen einer (ausgeführten) Entscheidung bilden im Controlling-Prozess die *Ist-Größe*. Sie wird erfasst und mit der Soll-Größe 1 abgeglichen.
- Ergibt sich eine Abweichung, ist zunächst die Natur der Abweichung zu bestimmen (positive oder negative Abweichung) und die Ursachen für die Abweichung sind nach Möglichkeit zu erfassen. Gegebenenfalls ist eine Plananpassung notwendig, sodass die Soll-Größe 1 zu verändern ist. Auf jeden Fall aber sind die Ursachen für zukünftige Planungen, dargestellt durch die *Soll-Größe 2*, zu berücksichtigen.

Wir wollen diesen Prozess an einem Beispiel verdeutlichen: Eine Führungskraft der Generation Y hat sich entschieden, ein zusätzliches Projekt in ihrem Arbeitsgebiet zu vergeben. Gemeinsam mit ihren Mitarbeitern hat sie dafür Kriterien hergeleitet und auf Basis dieser Kriterien eine Nutzwertanalyse erstellt, in der drei potenzielle Kandidaten, die

---

[9] Sie ist damit allerdings noch nicht *effizient*, weil dazu die Zielerreichungsgrade der alternativen Entscheidungsmöglichkeiten bewertet werden müssten.

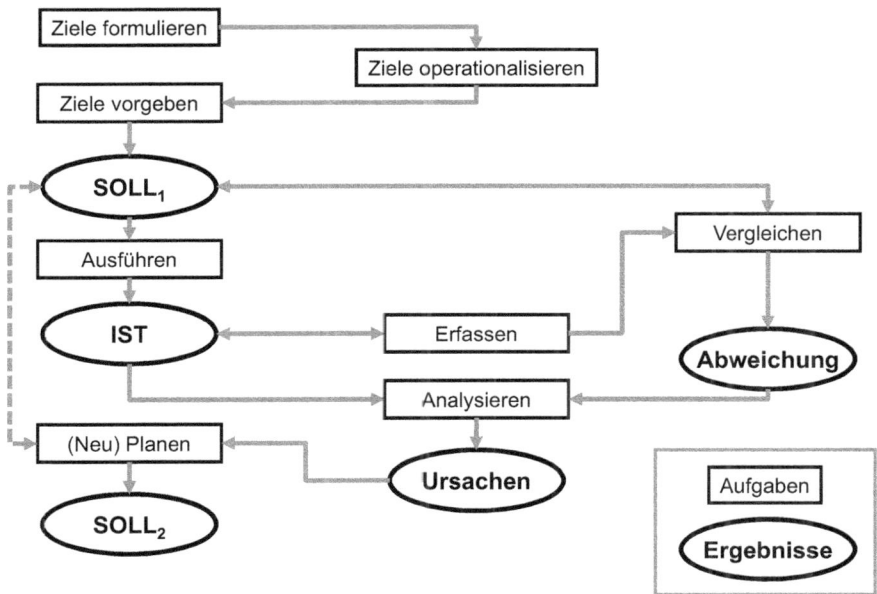

Abb. 4.6 Der Personalcontrolling-Prozess. (Quelle: in Anlehnung an Jansen 2008, S. 15)

für die Übernahme des Projektes infrage kommen, einander gegenübergestellt wurden. Ein Mitarbeiter hat auf Basis dieser Nutzwertanalyse den Zuschlag für das Projekt bekommen, die anderen beiden führen ihr Tagesgeschäft wie gewohnt fort. Die Führungskraft ist nun daran interessiert zu erfahren, ob die Entscheidung für den entsprechenden Mitarbeiter richtig war, ob er die Projektziele also zeitlich, qualitativ und kostenseitig erreicht:

- Die Soll-Größe aus dem Controlling-Prozess ergibt sich aus den Projektzielen. Hierbei können Meilensteine festgelegt werden, sodass die Führungskraft schon nach einiger Zeit feststellen kann, wie gut der Mitarbeiter mit dem Projekt zurechtkommt.
- Zu den Zeitpunkten dieser Meilensteine wird die bisherige Projektleistung des Mitarbeiters bewertet (Soll-Ist-Vergleich).
- Bei negativen Abweichungen (zeitliche, qualitative oder kostenseitige Rückstände) zwischen Soll- und Ist-Größe sollte die Führungskraft sich die Frage nach den Ursachen stellen: Liegen externe Ursachen vor, hätte wahrscheinlich auch jeder andere der im Rahmen der Nutzwertanalyse betrachteten Mitarbeiter mit Verzögerungen zu kämpfen gehabt. Liegen jedoch interne Ursachen vor, ist der Mitarbeiter etwa mit der Projektsteuerung überfordert, ist zu prüfen, ob diese Information zum Zeitpunkt der Nutzwertanalyse bereits vorhanden war oder nicht. Gegebenenfalls ist dann eine Schulung des Mitarbeiters erforderlich oder die Planung (Soll-Größe 1) ist anzupassen. Auf jeden Fall können bei einer Abweichung, egal ob positiver oder negativer Natur, Rückschlüsse auf die durchgeführte Nutzwertanalyse gezogen und damit Erkenntnisse für zukünftige Analysen gewonnen werden.

Der Einsatz der Nutzwertanalyse und das Entscheidungscontrolling bieten einer Führungskraft der Generation Y die Möglichkeit, die Vielzahl an Informationen, mit denen sie umgehen muss, zu strukturieren und ihre tendenzielle Entscheidungsschwäche in den Griff zu bekommen.

Verbindlich kommunizieren

Durch das besondere Informationsaufnahme- und -verarbeitungsverhalten der Generation Y steigt ihre Ablenkungsanfälligkeit in der Kommunikation mit ihren Mitarbeitern. Dabei ist es nicht nur die *Menge* an Informationen, die auf sie einwirkt, sondern auch die *permanente Nutzung* mobiler Endgeräte (etwa Smartphones), die sie ablenkt. Und da wir Führung als *kommunikativen* Prozess der Einflussnahme betrachten, sollte die Kommunikation zwischen Führungskräften und ihren Mitarbeitern möglichst ungestört und ohne Ablenkungen erfolgen, damit sie überhaupt erfolgreich sein kann.

Exkurs: Das Abhängigkeitspotenzial von Smartphones

Warum fällt es Mitgliedern der Generation Y so schwer, längere Zeit *ohne Smartphone* auszukommen? Die Vermutung hierzu ist folgende: Die Nutzung von Smartphones bringt ein enormes *Abhängigkeitspotenzial* mit sich. Der Grund ist, dass viel Apps auf dem Smartphone unser Belohnungszentrum aktivieren: Eine Nachricht bei Facebook, eine WhatsApp, die neuesten Posts bei Instagram oder spannende Pins bei Pinterest – immer, wenn hier etwas passiert, dankt unser Belohnungszentrum im Gehirn es uns mit einem kleinen bisschen Endorphin. Und da es viele Apps gibt, die potenzielle Endorphinquellen darstellen, ist das Smartphone quasi eine *Superdroge*. Da das Gehirn allerdings ohne Grund kein Endorphin ausschütten kann, Menschen aber nach positiven Gefühlen und damit eben auch nach einer Endorphinausschüttung streben (vgl. Kasten 2009, S. 43), hilft der Neurotransmitter Dopamin, der dafür verantwortlich ist, Handlungsabsichten in Handlungen umzuwandeln.[10] Wenn also eine bestimmte Zeit lang kein Endorphin ausgeschüttet wird, uns aber eine omnipräsente Endorphinquelle zur Verfügung steht, schüttet das Gehirn Dopamin aus, um zum Beispiel die Handlung *Facebook checken* auszulösen – in der Hoffnung, dass eine Nachricht und damit ein bisschen Endorphin auf uns warten. Untersuchungen zeigen, dass im Schnitt alle zwölf Minuten auf das Smartphone zugegriffen wird (vgl. Uni Bonn 2014), teilweise sogar doppelt so oft.

Unter den im Exkurs: Das Abhängigkeitspotenzial von Smartphones gezeigten Voraussetzungen ist verbindliche Kommunikation nicht möglich. Sie kann nur dann erfolgen, wenn das Smartphone und sonstige potenzielle Ablenkungen konsequent ferngehalten werden. Ratsam ist dann eine Kommunikationshaltung, die wir als *präsentes Zuhören* bezeichnen. Unterscheiden wir gemäß dem klassischen signaltheoretischen Kommunikationsverständnis, sind die Teilnehmer eines Gespräches entweder *Sender* oder *Empfänger*, je nachdem, wer gerade das Wort führt. Das Verhalten des Empfängers kann über das Konzept des *präsenten Zuhörens* konkretisiert werden – es orientiert sich am Konzept des *aktiven Zuhörens*.

Weisbach und Sonne-Neubacher (2008, S. 48 ff.) sehen das Ziel des *aktiven Zuhörens* darin, das Gegenüber umfassend, also sprachlich und körperlich, wahrzunehmen, um so

---

[10] Zur Rolle von Dopamin bei Abhängigkeiten, etwa bei der Internetsucht, vgl. Montag et al. (2012).

nicht nur das Gesagte, sondern auch das über Körpersprache Ausgedrückte zu erfassen. So könnten nicht nur Sachinformationen, sondern auch Empfindungen erfasst und in der Kommunikation berücksichtigt werden. Beim aktiven Zuhören achtet der Empfänger auf folgende Verhaltensweisen:

- Dem Sender explizit zeigen, dass man versucht, aufmerksam zuzuhören und das Gesagte aufzunehmen (zum Beispiel über eine offene, dem Sender zugewandte Körperhaltung oder über ein Nicken beim Zuhören).
- Mit den eigenen Worten wiedergeben, was der Sender (wahrscheinlich) gemeint hat, um ihm zu zeigen, dass man verstanden hat.
- Inhaltliche Unklarheiten neutral (also nicht suggestiv) erfragen.
- Bei Unklarheiten bezüglich der Körpersprache (etwa bei verschränkten Armen) diese ebenfalls neutral ansprechen und die Gründe hierfür erfragen.

Das *präsente Zuhören* ergänzt diese Aspekte um den Punkt *Störungen und Ablenkungen vermeiden*, um Verbindlichkeit in der Kommunikation zu garantieren. Dabei ist es grundsätzlich egal, um welche Störung oder Ablenkung es geht. Allerdings kann eine Führungskraft einige Stör- und Ablenkungsfaktoren besser steuern als andere – die Nutzung (oder besser: Nicht-Nutzung) des eigenen Smartphones gehört definitiv dazu.

Die hohe Informationalisierung der Generation Y bringt im Rahmen der Mitarbeiterführung also tendenziell mehr Gefahren als Chancen mit sich. Allerdings bestehen ganz konkrete Ansatzpunkte dafür, diesen Gefahren entgegenzutreten, sodass die hohe Informationalisierung einem Führungserfolg nicht grundsätzlich im Wege steht.

4.2.2 Führung auf Basis einer starken Leistungsorientierung

Chancen der Führung auf Basis einer starken Leistungsorientierung
Die Generation Y zeichnet sich durch eine starke Leistungsorientierung aus, wie wir festgestellt haben. Sie schlägt sich zum einen in einer besonderen Leistungs*bereitschaft*, zum anderen in einer besonderen Leistungs*erwartung* – in Bezug auf die eigene und in Bezug auf die Leistungen ihrer Mitarbeiter – nieder. Mit dieser besonderen Leistungsbereitschaft und -erwartung sind Chancen und Risiken verbunden (vgl. Abb. 4.7). Sie hängen eng mit der Frage zusammen, *wie stark* die Leistungsorientierung der Mitarbeiter einer Führungskraft aus der Generation Y ausgeprägt ist. Hierbei unterscheiden wir drei Fälle: *hohe*, *durchschnittliche* und *geringe* Leistungsorientierung, die wir gleichsetzen mit *hoher*, *durchschnittlicher* und *geringer* (tatsächlicher) Leistung. Natürlich ist es denkbar, dass trotz hoher Leistungs*orientierung* keine hohe, sondern nur eine durchschnittliche oder gar niedrige *Leistung* erbracht werden kann, etwa wenn einer hohen Motivation (also Leistungsorientierung) nur geringe Kompetenzen (als Schlüssel zu einer tatsächlichen Leistung) gegenüberstehen (vgl. hierzu auch das Will-Skill-Konzept in Abschn. 3.2.2). Eine derart strenge Differenzierung zwischen Leistungsorientierung und Leistung scheint

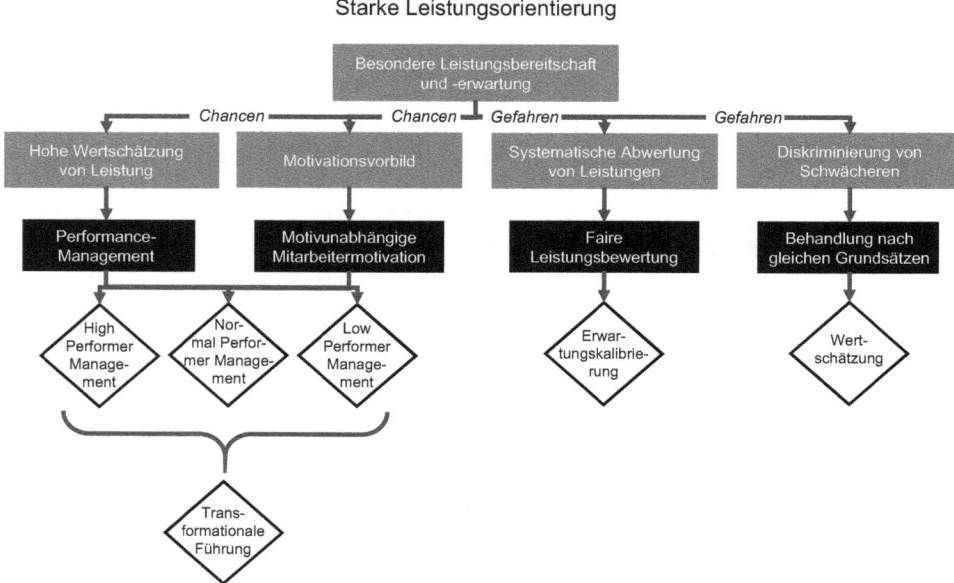

Abb. 4.7 Logik des Abschnittes „Führung auf Basis einer starken Leistungsorientierung"

uns jedoch zu kleinteilig, sodass wir im Folgenden von einer engen Korrelation zwischen Leistungsorientierung und Leistung ausgehen.

Übrig bleibt dann die Frage, wann eine Leistung überhaupt als eine hohe, wann als normale und wann als geringe Leistung bezeichnet werden kann. Arbeitsgerichte nutzen regelmäßig die *durchschnittlich erbrachte Leistung* in einer Abteilung oder einem Betrieb als *Referenzgröße* (vgl. Schauf und Cinar 2011, S. 13). Im Gegensatz dazu stellen wir jedoch auf das *Maß der Zielerreichung* ab: Zielerfüllung sehen wir als Normalleistung an, Zielübererfüllung als hohe und Zieluntererfüllung als niedrige Leistung, wobei eine Zielerfüllung nicht punktuell betrachtet, sondern mit einem bestimmten Toleranzbereich versehen werden sollte.[11]

Führung unterschiedlicher Performer

Als besonders chancenreich erachten wir die hohe *Wertschätzung von Leistung* durch die Generation Y, die aus der besonderen Leistungsbereitschaft und -erwartung resultiert: Ein

---

[11] Sowohl die Orientierung an einer durchschnittlichen Leistung als auch am Zielerreichungsgrad ist mit Problemen verbunden. So steigt die Leistung eines Mitarbeiters im ersten Fall unter anderem dann, wenn die durchschnittliche Leistung sinkt – womöglich ohne dass der Mitarbeiter de facto an seiner Arbeit etwas geändert hat. Im zweiten Fall kann eine Festlegung von unerreichbaren Zielen dazu führen, dass gar keine hohen Leistungen erbracht werden können. Dennoch favorisieren wir die Orientierung an Zielen, weil das Konzept des Führens mit Zielen für uns von besonderer Bedeutung ist (vgl. Abschn. 3.2.2).

Unternehmen kann sich glücklich schätzen, wenn seine Führungskräfte und Mitarbeiter leistungsorientiert arbeiten. Gleichzeit ist die Generation Y durch die hohe Leistungsbereitschaft ein besonderes Motivationsvorbild – sie kann ihre hohe Grundmotivation an ihre Mitarbeiter weitergeben. Daraus ergeben zwei aus der Leistungsorientierung resultierende Führungsaufgaben der Generation Y: *Performance-Management* und *motivunabhängige Mitarbeitermotivation*.

Betrachten wir zunächst das Performance-Management. Es kann als ein *differenzierter* Führungsansatz verstanden werden, der High-, Normal- und Low-Performer individuell betrachtet, wodurch das Performance-Management einen situativen Charakter bekommt: High-Performer sollen in ihrer herausragenden Leistungserbringung, operationalisiert durch eine Übererfüllung vereinbarter Ziele, bestärkt und unterstützt werden, Normal-Performer sollen zu einer Zielübererfüllung gebracht und Low-Performer bei der Zielerreichung unterstützt werden. Damit besteht das Ziel eines Performance-Managements darin, Mitarbeiter auf ein höheres Leistungsniveau zu bringen (in Bezug auf Low- und Normal-Performer) beziehungsweise auf einem hohen Leistungsniveau zu halten (in Bezug auf High-Performer). Das Performance-Management als Führungsaufgabe ist dabei sehr stark an der Arbeitsleistung der Mitarbeiter orientiert und setzt sehr stark auf leistungsunterstützende Maßnahmen. Beispiele hierfür sind der Austausch von potenziellen Herangehensweisen und Lösungsansätzen im operativen Geschäft und das gemeinsame Abwägen von Vor- und Nachteilen bestimmter Entscheidungsalternativen im direkten Austausch zwischen Führungskraft und Mitarbeiter.

Damit kann das Performance-Management als eine Art fachlich-methodisches *Counselling* betrachtet werden. Hierunter ist eine systematische Beratung (während eines Counselling-Gesprächs) eines Counsellees (hier: Mitarbeiter) durch einen Counsellor (hier: Führungskraft) zu verstehen. Allerdings hat ein Counselling-Gespräch keinen verbindlichen Charakter, sondern setzt auf einen fachlich anregenden Austausch zwischen Führungskraft und Mitarbeiter, bei dem der Mitarbeiter entscheidet, welche Aspekte des Gespräches für seine Tätigkeit leistungsförderlich sein könnten und welche er daher übernehmen möchte. Dabei geht es explizit nicht ausschließlich darum, dass die Führungskraft *Vorschläge* zur Leistungsoptimierung unterbreitet. Das wäre in vielen Fällen auch gar nicht möglich, da die Mitglieder der Generation Y in ihrer Rolle als Führungskräfte nicht notwendigerweise über so viel fachlich-methodische Erfahrung verfügen, dass sie ihren Mitarbeitern Hinweise zur Leistungsoptimierung geben könnten. Vielmehr geht es um das *gemeinsame Beraten*, wie eine Leistungsoptimierung erreicht werden könnte, wobei die Führungskraft dafür verantwortlich ist, regelmäßig derartige Beratungsgespräche zu führen.

Vom Performance-Management abzugrenzen ist die *motivunabhängige Mitarbeitermotivation*. Sie soll die grundsätzliche Leistungs*bereitschaft* von Mitarbeitern steigern, unabhängig davon, welche Motive einen Mitarbeiter konkret motivieren (zur motivorientierten Mitarbeitermotivation dient auch bei der Führung durch die Generation Y die Vereinbarung von Motivationszielen, vgl. Abschn. 3.2.2). Bei der motivunabhängigen Mitarbeitermotivation ist es also Aufgabe der Generation Y, im Sinne eines Motivationsvorbildes *leistungsinspirierend* zu wirken. Dabei ist die besondere Leistungsbereitschaft der Generation Y eine gute persönliche Voraussetzung für diese Aufgabe.

Aber wie sollte eine Führungskraft der Generation Y nun im Rahmen des Performance-Managements mit den unterschiedlichen Performern umgehen? Der Umgang mit *High-Performern* liegt ihr tendenziell im Blut, gehört sie doch selber in der Regel zu dieser Kategorie. Der Schwerpunkt im Umgang mit High-Performern sollte allerdings darauf gesetzt werden, sich klar zu machen, dass eine Überfüllung von Zielen (oder gar eine *regelmäßige* Übererfüllung von Zielen) *nicht* selbstverständlich und dass eine solche Performance stets *angemessen zu würdigen* ist. Lob und Anerkennung für gute Leistungen sollten stets zeitnah und mit einem konkreten Bezug zu den Leistungen, die zur Zielübererfüllung geführt haben, ausgesprochen werden, damit eine Kontingenz, ein konkreter kausaler Zusammenhang zwischen Leistung und Zielübererfüllung, hergestellt werden kann.

Gegenüber *Normal-Performern* tendiert die Generation Y tendenziell dazu, ihre (Normal-)Leistung als eher *negativ* einzustufen, da für sie selber kontinuierlich *überdurchschnittliche Leistungen*, sofern sie einem lohnenswerten Ziel dienen, normal sind. Eine Führungskraft muss sich also immer wieder klar machen, dass eine Ziel*erreichung* etwas Gutes ist. Ist sie der Auffassung, dass die hinter der Zielerreichung stehende Leistung nicht gut war, muss *die Führungskraft* überlegen, ob das mit ihrem Mitarbeiter vereinbarte Ziel wirklich SMART war (vgl. Abschn. 3.2.2), insbesondere in Bezug auf den Aspekt *anspruchsvoll*. Ist dies nicht der Fall, liegt ein Versäumnis der Führungskraft vor, das sie nicht ihrem Mitarbeiter anlasten kann. Denn grundsätzlich ist es in Unternehmen absolut legitim, Ziele erfüllen zu wollen. Das stete Streben nach Übererfüllung von Zielen darf von der Generation Y bei ihren Mitarbeitern nicht als selbstverständlich angenommen werden – dies muss sie sich immer wieder klar machen.

Besonders herausfordernd für eine Führungskraft der Generation Y ist der Umgang mit *Low-Performern*. Zum einen besteht die Gefahr, dass eine (wiederholte) Zielverfehlung – ein im Watzlawik'schen Sinne *sachliches* Problem – auf eine *persönliche* Ebene übertragen wird. Die Führungskraft könnte dazu neigen, den Mitarbeiter als Menschen aufgrund einer (wiederholten) Zielverfehlung weniger wertzuschätzen (bis hin zur Ablehnung). Was dann entstehen kann, ist ein Teufelskreis: Aufgrund der persönlichen Ablehnung zeigt die Führungskraft eine geringe oder gar keine Bereitschaft des Förderns und Forderns ihres Mitarbeiters, weswegen dieser – insbesondere im Vergleich mit seinen Kollegen, die sehr wohl gefördert und gefordert werden, weil sie bessere Leistungen erbracht haben und die Führungskraft daher dazu neigt, sie auch persönlich stärker wertzuschätzen – auch in Zukunft wahrscheinlich schlecht performen wird, wodurch die Gefahr der persönlichen Abneigung weiter steigt, was erneut zu einem geringeren Fördern und Fordern führt (vgl. hierzu auch das im Folgenden vorgestellte *Versager-Syndrom*). Diesen potenziellen Teufelskreis gilt es, gar nicht erst entstehen zu lassen oder zu durchbrechen. Hilfreich dabei kann der Leitfaden zum Umgang mit Low-Performern sein (vgl. das Werkzeug: Leitfaden zum Umgang mit Low-Performern).

Werkzeug: Leitfaden zum Umgang mit Low-Performern

1. Handelt es sich um eine *erstmalige/ausnahmsweise* oder um eine *wiederhol-te/regelmäßige* Low-Performance?

   Im Fall einer erstmaligen beziehungsweise ausnahmsweisen Low-Performance sollte die Führungskraft diese nicht überbewerten. Sie sollte lediglich die aufmerksame Betrachtung der Mitarbeiterleistung in der Zukunft verstärkt in ihrer Führungsarbeit berücksichtigen.

   Für den Fall einer wiederholten/regelmäßigen Low-Performance sollte die Führungskraft sich die Frage nach der beziehungsweise den wahrscheinlichsten Ursachen für die Low-Performance stellen.

2. Liegen die Gründe für die Low-Performance in der Person selber, im Verhalten der Person, in externen Umständen oder in einem Mischtatbestand?

   Die Differenzierung nach verhaltens- und personenbedingten Ursachen ist insofern sinnvoll, als eine etwaige spätere Trennung vom Mitarbeiter in Bezug auf diese Ursachen unterschiedlich zu begründen beziehungsweise zu belegen ist, etwa wenn später eine personen- oder eine verhaltensbedingte Kündigung ausgesprochen werden soll (vgl. Schauf und Cinar 2011, S. 16 f.). Personenbedingte Ursachen liegen dabei eher in den Fähigkeiten eines Mitarbeiters begründet – es liegen in der Regel bestimmte *Kompetenz*defizite vor. Verhaltensbedingte Ursachen betreffen eher die Arbeitseinstellung des Mitarbeiters – es liegen *Motivations*defizite vor.

   Sowohl personen- als auch verhaltensbedingte Ursachen sind den *internen* Low-Performance-Ursachen zuzuordnen, weil sie in direkter Beziehung zum Mitarbeiter selbst stehen. Denkbar sind allerdings auch *externe* Ursachen, wie verschlechterte Marktbedingungen, Lieferengpässe oder schlicht Pech. Die Trennung zwischen internen und externen Ursachen ist aus psychologischer Sicht sinnvoll, da Menschen bei der Suche nach Gründen für Ereignisse (hier: eine Zielverfehlung) oftmals *fälschlicherweise* interne Ursachen (also etwa das Verhalten einer Person, hier: die Mitarbeiterleistung) gegenüber externen Ursachen (äußere Rahmenbedingungen, hier: zum Beispiel Lieferengpässe) in ihren eigenen Erklärungsvermutungen überschätzen (vgl. Dobelli 2011, S. 149). Die Führungskraft sollte also sehr genau überlegen, ob sie bei ihrer Einschätzung diesem sogenannten *fundamentalen Attributionsfehler* unterliegt und damit zu Unrecht ihrem Mitarbeiter die Schuld für eine Zielverfehlung zuschreibt.

   In der Regel wird bei einer Low-Performance wohl ein *Mischtatbestand* vorliegen, also werden interne und externe Gründe zusammenkommen. Hier sollte im Mitarbeitergespräch versucht werden herauszufinden, worin die *Haupt*ursache für die Low-Performance liegt. Ist diese externer Natur, sollte die Low-Performance akzeptiert werden, schließlich sind externe Ursachen schwer oder kaum zu beeinflussen. Dies gilt auch bei wiederholter Low-Performance, selbst wenn sich bei einer Führungskraft bei wiederholter extern bedingter Low-Performance die Tendenz zu einer internen Ursachenzuschreibung und damit die Neigung zum fundamentalen

Attributionsfehler stetig steigern dürfte – diesem Impuls zur falschen Ursachenzuschreibung sollte die Führungskraft nicht nachgeben.

3. Sollte eher auf *Fördern* oder auf *Fordern* gesetzt werden?

Beim Umgang mit den internen Ursachen für Low-Performance ist es die Aufgabe
der Führungskraft, über *Fördern* und *Fordern* die Mitarbeiterleistung zu steigern
(vgl. Abschn. 3.2.2). Liegen die Ursachen vornehmlich in der Person selber, liegen
also *Kompetenzdefizite* vor, sollte eine Führungskraft eher auf das *Fördern* durch
spezifische Maßnahmen setzen: Es ist ein individueller Personalentwicklungsplan
festzulegen und umzusetzen. Liegen die Ursachen vornehmlich im *Verhalten* begründet, sollte zunächst über eine *Zielrevision* herausgefunden werden, ob der Anspruch des Ziels zu hoch und das Ziel damit demotivierend war. Diese Art des
Forderns versucht damit zunächst herauszufinden, ob eine objektive *Überforderung*
vorlag, die einer Zielerfüllung im Wege stand. Hierbei sollte sich die Führungskraft
allerdings vor Augen halten, dass ein Teil ihrer Mitarbeiter dazu neigen wird, Ziele grundsätzlich als zu anspruchsvoll zu kategorisieren. Organisationspsychologen
bezeichnen solche Mitarbeiter als Personen mit *dominanter Misserfolgsvermeidung*
(vgl. Wiswede 2012, S. 65). Sie bevorzugen im Gegensatz zu Menschen mit dominanter Erfolgssuche besonders einfache *oder besonders schwierige* Aufgaben
und Ziele (Menschen mit dominantem Erfolgsstreben bevorzugen mittelschwere
Aufgaben und Ziele, damit Wahrscheinlichkeit und die Attraktivität eines Erfolges
hoch sind). Während sofort einleuchtet, warum Menschen mit dominanter Misserfolgsvermeidung *einfache* Ziele attraktiv finden, leuchtet dies für *besonders anspruchsvolle* Ziele nicht sofort ein. Die Vermutung dahinter ist, dass Menschen mit
dominanter Misserfolgsvermeidung die Ursachen für eine Nichterfüllung besonders
anspruchsvoller Ziele nicht sich selber zuschreiben müssen (weil das Ziel sowieso nicht zu erreichen war). Damit ist denkbar, dass ein Low-Performer ein Ziel
nicht erreicht, das er selber mit festgelegt hat und das für ihn deshalb besonders
attraktiv ist, weil er es wahrscheinlich *nicht* erreichen wird – eigentlich ein Widerspruch, aber wahrscheinlich eher eine seltsame menschliche Eigenschaft. Die
Aufgabe für die Führungskraft müsste es dann eigentlich sein herauszufinden, ob
ein Low-Performer eher ein Mitarbeiter mit dominantem *Erfolgsstreben* oder dominanter *Misserfolgsvermeidung* ist und inwiefern diese Eigenschaft den Mitarbeiter
bei Zielvereinbarungsgesprächen dahingehend beeinflusst hat, besonders schwierige Ziele zu bevorzugen. Allerdings handelt es sich hierbei um eine (anspruchsvolle)
psychologisch-analysierende Aufgabe, die eher einem Experten überlassen werden
sollte. Einer Führungskraft empfehlen wir daher eher,

• die festgelegten Ziele im Rahmen ihrer Revision zu *vereinfachen*,
• den Grad der Zielerreichung in *kürzeren Abständen* zu überprüfen,
• den Mitarbeiter bei Identifikation geeigneter Maßnahmen zur Zielerreichung *zu
  beraten* oder
• dem Mitarbeiter *konkrete Vorschläge* zur Zielerreichung zu unterbreiten sowie

- die Arbeitsbedingungen des Mitarbeiters gegebenenfalls *zu verbessern* (vgl. Schauf und Cinar 2011, S. 93).

4. Führen Fördern und Fordern nicht zu besserer Performance?
   Bei anhaltender Low-Performance sind disziplinarische bis hin zu arbeitsrechtlichen Maßnahmen zu prüfen. Ob eine Versetzung mit neuer Aufgabenzuordnung, eine Abmahnung oder eine Kündigung die richtigen Maßnahmen sind, sollte mit Bedacht und optimalerweise von der Führungskraft und ihrem Vorgesetzten *gemeinsam* beraten und entschieden werden, denn die Einleitung disziplinarischer beziehungsweise arbeitsrechtlicher Schritte und der daraus resultierende Druck auf die Führungskraft durch die Auseinandersetzung mit dem betroffenen Mitarbeiter, den sich betroffen fühlenden Kollegen, dem Betriebs- oder Personalrat etc. dürfte insbesondere für die Generation Y als junge und relativ unerfahrene Führungskräfte eine hohe psychische Belastung darstellen.

Der Leitfaden zum Umgang mit Low-Performern ist im Sinne einer Checkliste zu verstehen, die für den Fall einer Low-Performance systematisch abzuarbeiten ist. Führen die im Leitfaden vorgeschlagenen Maßnahmen zu einem Erfolg, ist dieser erst wieder im Fall einer Zielverfehlung anzuwenden.

Transformationale Führung als übergeordnetes Führungskonzept für die Generation Y

Die *transaktionale* Führung als Ansatz zur Führung der Generation Y (in ihrer Rolle als Mitarbeiter) haben wir bereits thematisiert (vgl. Abschn. 3.2.7). Sie wird oft in einem Atemzug mit der *transformationalen* Führung genannt.

Während die transaktionale Führung auf Anreize und Belohnungen sowie auf Management by Exception setzt, fokussiert die *transformationale* Führung vier Aspekte: idealisierter Einfluss, inspirierende Motivation, intellektuelle Stimulierung und individuelle Zuwendung (vgl. Furtner und Baldegger 2013, S. 138). Diese vier Aspekte zusammen bilden einen Führungsansatz, der für die Mitglieder der Generation Y in ihrer Rolle als Führungskräfte und zur *differenzierten Führung* von Low-, Normal- und High-Performern besonders geeignet ist. Ziel der transformationalen Führung ist es, grundlegende Überzeugungen von Mitarbeitern derart zu beeinflussen (*zu transformieren*), dass ihre Leistung steigt (vgl. Stock-Homburg 2010, S. 487 f.).

Zunächst wollen wir den Aspekt des *idealisierten Einflusses* betrachten. Da wir Führung stets als kommunikativen Prozess der *Einflussnahme* verstehen, liegt mit diesem Aspekt der transformationalen Führung ein enger Bezug zu unserer originären Führungsdefinition vor. Aber inwiefern kann Einfluss *idealisierend* sein? Er ist es vor allem dann, wenn der Einfluss einer Führungskraft nicht dazu führt, dass der Mitarbeiter bewusst oder unbewusst *gegen den eigenen Willen* handelt. Er ist es vor allem dann, wenn *Einflussnahme* streng abgegrenzt wird von *Manipulation*. Ein idealisierender Einfluss stellt damit Überzeugung durch *Vertrauen und Respekt* in den Vordergrund, nicht Überzeugung durch Ausnutzung einer Machtgrundlage oder psychologischer Kniffe. Furtner und Baldegger

(2013, S. 140 f.) operationalisieren den idealisierten Einfluss in Anlehnung an Sosik und Jung über sechs Imperative, die eine transformational agierende Führungskraft befolgen sollte. Eine Führungskraft sollte

1. ihre wichtigsten Werte und Überzeugungen explizit kommunizieren,
2. die hohe Bedeutung von gegenseitigem Vertrauen explizit kommunizieren,
3. ein hohes Zielbewusstsein vermitteln,
4. die moralisch-ethischen Konsequenzen der eigenen Entscheidungen berücksichtigen,
5. die hohe Bedeutung von Teamarbeit betonen und
6. die positiven Synergieeffekte, die aus Teamarbeit resultieren, betonen.

Idealisierter Einfluss repräsentiert also eine werte-, ziel- und teamorientierte Führung. Das Denken in Werten als moralischen Imperativen ist zunächst keine Eigenschaft der Generation Y, die sie von anderen Generationen besonders unterscheidet. Die hohe Skepsis der Generation Y dürfte eher dazu führen, dass sie Werte als absolutistische Konstrukte (also zum Selbstzweck) eher ablehnt. Erfüllen sie jedoch einen *nachvollziehbaren Zweck*, etwa die Verbesserung der Zusammenarbeit in Unternehmen, dürften sie für die Generation Y durchaus attraktiv sein. Außerdem geht es Sosik und Jung um die *spezifischen* Werte und Überzeugungen einer Führungskraft und nicht um Werte per se. Solche spezifischen Werte dürften auch die Mitglieder der Generation Y für sich finden und kommunizieren können (vgl. Furtner und Baldegger 2013).

Eine Orientierung an Zielen passt ebenfalls zur Generation Y, da sie vor allem Gründe für ihr Handeln braucht, welche durch Ziele geliefert werden. Darüber hinaus impliziert das Denken in Zielen im Sinne eines Managements by Objectives in der Regel die *Freiheit der Wahl* bestimmter Zielerreichungsmethoden – eine Denkweise, die der hohen Freiheitsorientierung entgegenkommt. Schließlich passt eine *teamorientierte Haltung* zur starken Gemeinschaftsorientierung der Generation Y, sodass sie den idealisierten Einfluss als ersten Baustein der transformationalen Führung im Führungsalltag überzeugend leben kann.

Der zweite Aspekt der transformationalen Führung ist die inspirierende Motivation. Motivation soll dabei von der Führungskraft vorgelebt werden, sie soll ihre Mitarbeiter anstecken. Zu Beginn dieses Abschnittes sind wir bereits auf die Generation Y als Motivationsvorbild ausgehend von ihrer hohen Leistungsbereitschaft eingegangen. Damit stellt sich nunmehr lediglich die Frage, wie inspirierende Motivation operationalisiert werden kann. Dazu wollen wir uns erneut an Sosik und Jung orientieren (vgl. Furtner und Baldegger 2013, S. 144 ff.). Eine Führungskraft sollte

1. positiv über die Zukunft sprechen,
2. Begeisterung für die Bewältigung ihrer Aufgaben zeigen,
3. fesselnde Zukunftsvisionen formulieren und artikulieren,
4. ein beeindruckendes Bild dessen schaffen, was erreicht werden soll und
5. in Bezug auf die zu erreichenden Ziele zuversichtlich sein.

Inspirierende Motivation hat damit im Kern zwei Aspekte: *Begeisterung* und *Zuversicht*. Begeisterung betrifft die subjektive Bewertung aktueller und zukünftiger Aufgaben. Eine inspirierende Führungskraft stellt hierbei eher die positiven Aspekte in den Vordergrund, auch wenn unzweifelhaft ist, dass jede aktuelle und zukünftige Aufgabe sowohl durch positive wie auch negative Aspekte geprägt ist. Allerdings geht es hier im Sinne eines Re-Framings darum, sich auf die positiven Aspekte zu fokussieren und die immer auch vorhanden negativen Aspekte zu akzeptieren.[12]

Zuversicht betrifft die Frage, inwiefern sich die Zukunft positiv entwickeln wird. Da die Zukunft immer auch durch Veränderungen oder zumindest die Möglichkeit von Veränderungen gekennzeichnet ist, Menschen jedoch Veränderungen gegenüber per se nicht sehr aufgeschlossen sind, ist eine positive Bewertung der Zukunft, ohne diese zu kennen, durchaus eine mentale Herausforderung, die im Zuge der inspirierenden Motivation an die Generation Y gestellt wird. Schließlich wird es immer wieder Mitarbeiter geben, die für die Zukunft negative Szenarien zeichnen: „Das wird hier eh nicht funktionieren" oder „Das schaffen wir niemals". Eine inspirierende Führungskraft lässt sich durch solche Aussagen nicht beeinflussen und stellt die Chancen, die mit allem Zukünftigen verbunden sind, in ihren Fokus.

Hurrelmann und Albrecht (2014, S. 24 f.) sehen die Generation Y in einer Zeit aufwachsen, die mit einem hohen Maß an Ungewissheit verbunden ist: Kriege, Terrorismus, Wirtschaftskrisen, Arbeitslosigkeit usw. – ein nicht sonderlich positiver Blick auf Vergangenheit und Gegenwart. Entsprechend teilen wir diese Einschätzung nicht zur Gänze: In der die Generation Y prägenden Zeit gab es sicherlich viele negative Ereignisse, die ihren Glauben an eine positive Zukunft hätten erschüttern können. Was die Generation Y dann aber maßgeblich erlebt hat, ist etwas anderes: zunehmender Wohlstand, Freizügigkeit und Demokratisierung in Europa bis hin zur Europäischen Einigung, ein immer breiter werdendes Bildungsangebot, das die Menschen fit für die Zukunft machen soll, und viele andere eine positive Zukunft implizierende Ereignisse und Umstände. Damit unterscheiden sich das, was die Generation Y vor allem über Medien wahrgenommen, und das, was sie tatsächlich erlebt hat, voneinander. Letzteres bestimmt ihre Einstellung gegenüber der Zukunft, es kann eher als positiv denn als negativ betrachtet werden. Damit dürfte es Führungskräften der Generation Y nicht schwerfallen, das Positive in aktuellen und zukünftigen Aufgaben zu sehen und zuversichtlich in die Zukunft zu schauen und von ihr ein positives Bild zu zeichnen.

Der dritte Aspekt der transformationalen Führung ist die *intellektuelle Stimulierung*. Intellektuelle Stimulierung bedeutet nicht, dass eine Führungskraft besonders *intellektuell* sein muss, vielmehr soll sie ihr eigenes Denken stets kritisch hinterfragen und vor allem ihre Mitarbeiter hierzu anregen: „Das Ziel liegt darin, den Geführten neue Sichtweisen

---

[12] *Framing* bezeichnet das Phänomen, dass menschliche Entscheidungen maßgeblich von den Rahmenbedingungen (daher *Frame*) einer Entscheidung beeinflusst werden (vgl. Kahneman 2012, S. 447 ff.). *Re-Framing* bezeichnet darauf aufbauend die aktive mentale Konstruktion von (in der Regel) positiven Rahmenbedingungen.

zu bestehenden Problemen aufzuzeigen." (Furtner und Baldegger 2013, S. 147). Hierzu schlagen Sosik und Jung die folgenden Maßgaben vor (vgl. Furtner und Baldegger 2013, S. 147 f.). Eine Führungskraft sollte

1. die Eignung ihrer eigenen Annahmen stets kritisch hinterfragen,
2. bei der Problemlösung stets versuchen, verschiedene Perspektiven einzunehmen,
3. auch ihre Mitarbeiter dazu bringen, Probleme aus verschiedenen Perspektiven zu betrachten,
4. stets neue Wege aufzeigen, um Arbeitsaufträge erfolgreich abzuschließen,
5. ihre Mitarbeiter zu unkonventionellem Denken bei der Problemlösung ermutigen und
6. ihre Mitarbeiter motivieren, verfestigte Ideen und Annahmen zu überdenken.

Vor allem geht es bei der intellektuellen Stimulierung also um eine *kritische Reflexion* bestehender Ideen, Annahmen, Arbeitsweisen und Problemlösungsstrategien. Diese kritische Grundhaltung ist der Generation Y wesenseigen, sie manifestiert sich im Merkmal *starke Skepsis*. In Kombination mit der hohen Flexibilität der Generation Y entsteht eine Grundhaltung, die ihr die intellektuelle Stimulierung ihrer Mitarbeiter nicht nur ermöglicht, sondern *authentisch* ermöglicht.

Der vierte und letzte Aspekt der transformationalen Führung ist die *individuelle Zuwendung*. Diese Anforderung entspricht unserer verhaltensorientiert-situativen Sichtweise von Führung: Nur durch eine individuelle Wahrnehmung und Interaktion mit dem Mitarbeiter ist erfolgreiche Führung überhaupt möglich. Allerdings wollen wir an dieser Stelle gar nicht untersuchen, ob die Generation Y zur individuellen Zuwendung besonders geeignet ist, weil dieser Aspekt die Conditio sine qua non guter Führung darstellt. Vielmehr wollen wir darlegen, *wie* sich individuelle Zuwendung operationalisieren lässt und greifen dazu ein weiteres Mal auf die Ausführungen von Sosik und Jung in der Version von Furtner und Baldegger (2013, S. 149 f.) zurück.[13] Eine Führungskraft sollte

1. sich klar machen, dass Individuen unterschiedliche Bedürfnisse, Fähigkeiten und Sehnsüchte haben,
2. ihre Mitarbeiter als Individuen und nicht nur als Teil einer Gruppe betrachten,
3. auf die individuellen Anliegen ihrer Mitarbeiter achten und ihnen genau zuhören,
4. ihre Mitarbeiter bei der Entwicklung ihrer individuellen Stärken unterstützen und
5. die individuelle Selbstentwicklung ihrer Mitarbeiter fördern.

---

[13] Eine Maßgabe Sosiks und Jungs haben wir in dieser Aufzählung *nicht* übernommen: Eine Führungskraft sollte ihre Mitarbeiter lehren und unterrichten (vgl. Furtner und Baldegger 2013, S. 149 f.). Dieser Aspekt orientiert sich unserer Auffassung nach sehr stark an einem Lehrer-Schüler-Bild. Dies scheint uns aus zwei Perspektiven problematisch: Erstens belehrt eine gute Führungskraft ihre Mitarbeiter nicht, sondern lebt vor und inspiriert. Zweitens sind die Voraussetzungen für Lehren und Unterrichten in der Regel stark ausgeprägte fachlich-methodische Erfahrungen, über welche die Generation Y aufgrund ihres Alters oftmals (noch) nicht verfügt.

Werden die vier Aspekte *idealisierter Einfluss*, *inspirierende Motivation*, *intellektuel-le Stimulierung* und *individuelle Zuwendung* von der Generation Y konsequent gelebt, kann sie ihre Mitarbeiter zu höherer Leistung bringen; sie kann eine *Transformation zur Leistungssteigerung* anstoßen. Vor allem vor dem Hintergrund des Performance-Managements, bei dem die Leistung der High-Performer möglichst stabilisiert und die der Normal- und Low-Performer möglichst gesteigert werden soll, bildet die transformationale Führung einen zur Generation Y passenden und leistungsstarken Führungsansatz.

Gefahren der Führung auf Basis einer starken Leistungsorientierung

Die starke Leistungsorientierung bringt nicht nur Chancen, sondern in der Mitarbeiterführung auch Gefahren mit sich. So besteht die Gefahr, dass die Generation Y alle Personen, die nicht eine ähnlich starke Leistungsorientierung wie sie zeigen, systematisch *abwertet* – Organisationspsychologen bezeichnen dies auch als *Strengeeffekt* (vgl. Stock-Homburg 2010, S. 384). So kann es dazu kommen, dass eine Zielübererfüllung als *normal*, eine Zielerfüllung als *befriedigend bis unterdurchschnittlich* und eine Zielverfehlung als *inakzeptabel schlecht* bewertet werden. Im schlimmsten Fall kann es zum sogenannten Versager-Syndrom kommen (vgl. Schauf und Cinar 2011, S. 20 ff.). Dieses Syndrom beschreibt eine Self-fulfilling Prophecy: Eine Führungskraft kategorisiert einen Mitarbeiter, ob zu Recht oder Unrecht spielt zunächst keine Rolle, mental als Low-Performer. Anschließend wird die Führungskraft diese Kategorisierung durch ihr Verhalten rechtfertigen, also (in der Regel unbewusst) nach Gründen suchen, warum der Mitarbeiter schlecht performt. Oder sie wird diese Kategorisierung durch ihr Verhalten sogar noch verstärken, etwa indem sie dem Mitarbeiter bestimmte Hilfestellungen oder Beratungen verweigert, die sie anderen Mitarbeitern gewährt. So kann dann die tatsächliche Leistung des Mitarbeiters sinken, wodurch dessen Selbstbewusstsein und Motivation leiden. Es entsteht ein Teufelskreis, bei dem sich der Mitarbeiter immer mehr als Versager fühlt und im schlimmsten Fall innerlich kündigt.

Erwartungskalibrierung

Das Versager-Syndrom tritt natürlich nicht nur in Führungskonstellationen auf, in denen die Generation Y Führungskraft ist – diese Gefahr besteht in allen Generationen. Allerdings ist sie für die Generation Y größer, denn sie bewertet aufgrund ihrer eigenen hohen Leistungsorientierung und dem damit verbundenen Anspruch Mitarbeiterleistungen tendenziell zu schlecht beziehungsweise erkennt das besondere Verdienst einer Zielübererfüllung durch ihre Mitarbeiter weniger stark an. Damit ist die Generation Y besonders anfällig für das Versager-Syndrom und sollte sich ganz explizit auf eine faire Leistungsbewertung fokussieren. Diese kann sie durch eine *Erwartungskalibrierung* erreichen: Zunächst sollte die Führungskraft dabei herausfinden, ob sie für den Strengeeffekt besonders anfällig ist. Dies kann sie etwa über eine gemeinsame Reflexion mit ihrer eigenen Führungskraft, über die Diskussion mit Kollegen auf gleicher Stufe und mit vergleichbarer Verantwortung oder über das direkte Gespräch mit ihren Mitarbeitern erreichen. Wird dabei deutlich, dass tatsächlich ein mehr oder weniger ausgeprägter Strengeeffekt vorliegt, muss sich die Führungskraft dies immer wieder vor Augen halten: „Ich neige dazu, Leistungen meiner Mitarbeiter zu schlecht zu bewerten." Damit kann sie ihre Erwartungen herunterschrauben. Einhergehen sollte diese Reflexion immer mit der Frage, warum die Führungskraft eine *besonders hohe Leistung* erwartet beziehungsweise warum sie eine erbrachte Leistung emotional als schlecht einstuft (vgl. Lohaus 2009, S. 44). Lautet die ehrliche Antwort: „Weil ich besonders gute Leistungen als normal erachte", kann die Führungskraft erkennen, dass sie zum Strengeeffekt tendiert und aktiv dagegen vorgehen.

Die Erwartungskalibrierung ergibt sich also aus der Notwendigkeit einer *fairen* Leistungsbewertung, die der Generation Y ob ihrer eigenen starken Leistungsorientierung nicht immer leicht fällt. Allerdings bringt diese starke Leistungsorientierung nicht nur Gefahren auf der *Leistungs-*, also auf der Sachebene mit sich, sondern auch auf der *persönlichen Ebene* im Verhältnis zwischen ihr und ihren Mitarbeitern. Es besteht die Möglichkeit, dass solche Mitarbeiter, die keine herausragenden Leistungen erbringen können oder wollen, gegenüber Normal- oder High-Performern diskriminiert werden. Dabei findet, wie auch schon beim Versorger-Syndrom, eine mentale Einordnung statt, es werden zwei Gruppen gebildet: eine *In-Group* und eine *Out-Group* (vgl. Schauf und Cinar 2011, S. 20 f.). Zur In-Group gehören die Normal- und High-Performer, zur Out-Group die Low-Performer. Die Führungskraft fühlt sich den Mitgliedern der In-Group emotional stärker verbunden als denen der Out-Group, weil sie selber eher High-Performer ist. In der Konsequenz kann eine emotionale Ablehnung der Mitglieder der Out-Group entstehen (vgl. Walter-Busch 2008, S. 81).

Wertschätzung

Wie sollte eine Führungskraft mit dieser Gefahr des Schubladendenkens umgehen? Sie sollte sich zunächst klar machen, dass Menschen und Leistungen *getrennt voneinander* zu betrachten sind und dass jeder Mitarbeiter nach den gleichen Grundsätzen behandelt werden sollte.[14] Malik (2007, S. 149) bezeichnet dies als charakterliche Integrität, die eine Führungskraft haben müsse, um Vertrauen und damit ein leistungsförderliches Umfeld zu schaffen. Und die Schaffung von Vertrauen beginnt mit der persönlichen Wertschätzung jedes Mitarbeiters, unabhängig von dessen Leistung.

Grundsätzlich kann Wertschätzung auf drei Ebenen ausgedrückt werden: auf einer *Verhaltensebene*, auf einer *Sprachebene* und auf einer *körperlichen Ebene*. Die Verhaltensebene betrifft etwa das Erinnern von Geburtstagen der eigenen Mitarbeiter oder ihrer engsten Verwandten. Es kann sich aber auch durch die Köpersprache der Führungskraft ausdrücken, etwa durch präsentes Zuhören (vgl. Abschn. 4.2.1). Die Sprachebene betrifft gesprochene Wertschätzung durch höfliche Umgangsformen sowie explizites Loben und Anerkennen. Die körperliche Ebene betrifft in Bezug auf die Führungskraft eine freundliche und offene Gestik und Mimik, in der Interaktion zwischen Führungskraft und

---

[14] Eine Behandlung nach den gleichen Grundsätzen widerspricht einer situativ-verhaltensorientierten (und damit individuellen) Führung nicht. Denn es geht um die Behandlung nach gleichen *Grundsätzen*, und einer dieser Grundsätze ist die Beachtung der Individualität der Mitarbeiter.

Mitarbeiter aber auch ein Händeschütteln oder – wo angemessen – ein Schulterklopfen. Und auch wenn es eher für einen patriarchischen Führungsstil typisch ist, jeden Mitarbeiter morgens mit Handschlag zu begrüßen, ist dieses wertschätzende Element auch für die Führung der Generation Y geeignet, um ihren Mitarbeitern Wertschätzung entgegenzubringen.

Insgesamt bildet also die transformationale Führung den Schlüssel zu Führung unterschiedlich leistungsstarker Mitarbeiter. Dabei sollte eine Führungskraft der Generation Y allerdings sehr genau darauf achten, die Leistungen *aller Mitarbeiter* fair zu bewerten und *alle Mitarbeiter* nach den gleichen Grundsätzen zu behandeln. So kann sich ihre starke Leistungsorientierung positiv auf Leistung und Zufriedenheit ihrer Mitarbeiter auswirken.

4.2.3 Führung auf Basis eines hohen Ausbildungsniveaus

In diesem Abschnitt befassen wir uns mit der Frage, welche Auswirkungen das hohe Ausbildungsniveau der Generation Y auf die Führung ihrer Mitarbeiter hat und mit welchen Werkzeugen sie die führungsspezifischen Chancen, die mit diesem hohen Ausbildungsniveau einhergehen, nutzen beziehungsweise die damit verbundenen Risiken kontrollieren kann (vgl. Abb. 4.8). Allerdings wollen wir zunächst das hohe Ausbildungsniveau inhaltlich etwas konkreter fassen.

Absolute und relative Betrachtung des Ausbildungsniveaus
Das hohe Ausbildungsniveau ergibt sich *eigentlich* im Vergleich mit anderen Generationen *im gleichen Alter*. Das bedeutet, dass eine 25-jährige Person der Generation Y durchschnittlich über ein höheres Ausbildungsniveau verfügt als eine 25-jährige Person der Generation X oder der Babyboomer *verfügte*. In diesem Abschnitt geht es allerdings

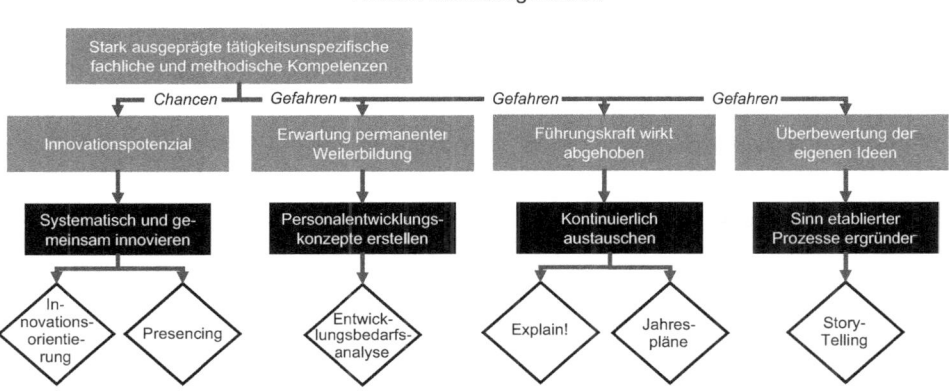

Abb. 4.8 Logik des Abschnittes „Führung auf Basis eines hohen Ausbildungsniveaus"

um die Implikationen eines hohen Ausbildungsniveaus im Vergleich zwischen einer *Führungskraft* der Generation Y und *ihren Mitarbeitern*. In dieser Relation können wir nicht mehr per se von einem höheren Ausbildungsniveau der Generation Y sprechen, da ihre Mitarbeiter tendenziell über ein höheres Ausbildungsniveau verfügen dürften als sie selber. Wie kann das sein?

Die Wahrscheinlichkeit, dass eine Führungskraft aus der Generation Y Mitarbeiter hat, die älter sind als sie selber, ist relativ hoch. Zwar wird es immer wieder Konstellationen geben, in denen ein relativ altes Mitglied der Generation Y (zum Beispiel Geburtsjahr 1980) ein relativ junges Mitglied derselben Generation (zum Beispiel Geburtsjahr 2000) führt. Gehen wir allerdings davon aus, dass die Generationen X und Babyboomer geburtenstärker waren als die Generation Y, ist die Chance hoch, dass eine junge Führungskraft der Generation Y einen älteren Mitarbeiter hat. Nun hat ein relativ alter Mitarbeiter natürlich mehr Zeit, um Wissen zu sammeln und Kompetenzen aufzubauen als ein junger, sodass es leicht möglich ist, dass eine langjährige Berufserfahrung zu einem höheren Wissens- und Kompetenzniveau führt als eine im Vergleich zu anderen Generationen umfangreichere Ausbildung. Im direkten Vergleich ist es also nicht unwahrscheinlich, dass ein Mitarbeiter über mehr Wissen und höherwertige Kompetenzen verfügt als seine Führungskraft aus der Generation Y.

Außerdem müssen wir zwischen tätigkeits*spezifischen* und tätigkeits*unspezifischen* Kompetenzen unterscheiden: Die Generation Y wurde in ihrer Ausbildung vor allem in Bezug auf tätigkeits*unspezifische* fachliche und methodische Kompetenzen geschult, schließlich stellen diese Arten von Kompetenzen generalistische Voraussetzungen für die zu ergreifenden Berufe dar, auf die eine Ausbildung vorbereiten soll. Im Vergleich zur Generation Y ältere Mitarbeiter dürften vor allem über mehr tätigkeits*spezifische* Fachkompetenzen verfügen, da diese mit jedem Arbeitstag stetig anwachsen. Daher gehen wir in Bezug auf die Generation Y vor allem von stark ausgeprägten *tätigkeitsunspezifischen* fachlichen und methodischen Kompetenzen aus, die sie ihrem hohen Ausbildungsniveau zu verdanken hat.

Chancen der Führung auf Basis eines hohen Ausbildungsniveaus
Welche Chancen gehen nun mit diesen stark ausgeprägten tätigkeitsunspezifischen Kompetenzen einher? Vor allem eröffnet sich darüber ein besonderes *Innovationspotenzial*, da Innovationen immer auch mit dem Blick über den Tellerrand verbunden sind. Stark ausgeprägte tätigkeitsspezifische Kompetenzen können innovationshinderlich sein, da sich unser Denken und Handeln zu stark am bereits vorhanden spezifischen Wissen orientiert und wir für neue Einsichten blind werden können (vgl. Taleb 2014, S. 156 ff.). Richtig angegangen, ergibt sich aus dem hohen Ausbildungsniveau der Generation Y also ein substanzielles *Innovationspotenzial*. Um dieses zu heben, sollten zwei Aspekte beachtet werden: erstens die *systematische* Schaffung, aber vor allem Implementierung von Innovationen, zweitens die Schaffung und Implementierung von Innovationen *gemeinsam* mit den Mitarbeitern.

Innovationsorientierung

Die Orientierung an einem standardisierten Innovationsprozess (vgl. Abb. 4.9) bildet die Grundlage für eine systematische Schaffung und Implementierung von Innovationen. Der hier verwendete standardisierte Innovationsprozess enthält nicht nur die wichtigsten *Innovationsphasen* (vgl. Corsten et al. 2006, S. 34), sondern beinhaltet darüber hinaus *typische Fragen*, die die zu erledigenden Aufgaben im Rahmen von Innovationsprojekten charakterisieren. Allerdings, so der Hinweis von Corsten, Gössinger und Schneider, darf ein solcher Prozess nicht als linear abzuarbeitender Fahrplan verstanden werden. Vielmehr sind zeitliche Überlappungen der einzelnen Prozessphasen normal, ebenso wie Rück-

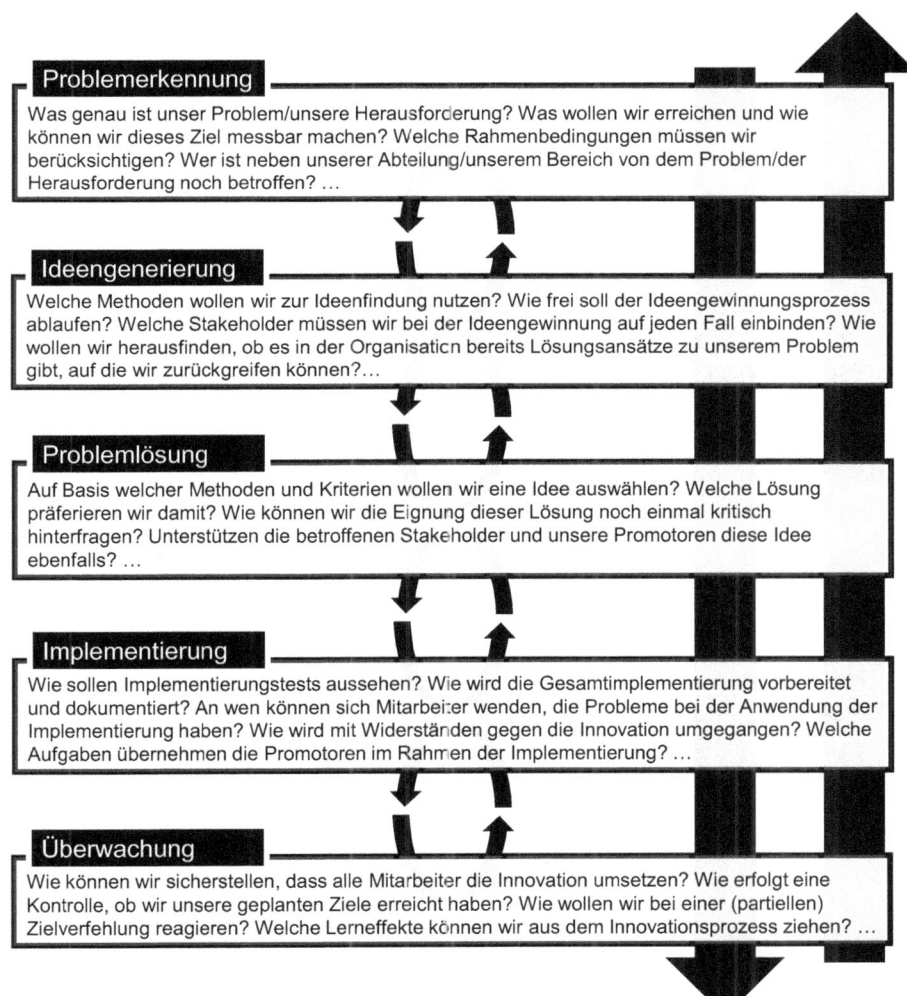

Abb. 4.9 Der standardisierte Innovationsprozess

sprünge oder Vorarbeiten (2006, S. 32), weswegen ein standardisierter Innovationsprozess immer nur als Leitfaden verstanden werden kann. Daher sollte dieser Prozess an die typischen Innovationsabläufe innerhalb eines Unternehmens, eines Bereichs oder einer Abteilung in der Form angepasst werden, dass weitere relevante Fragen sukzessive ergänzt werden. Am Ende einer Innovation steht damit nicht nur die Überwachung des Innovationserfolges, sondern auch die stetige Reflexion des standardisierten Innovationsprozesses und damit die Ergänzung beziehungsweise Eliminierung typischer Fragestellungen.

Ein wichtige Rolle im Innovationsprozess spielen *Stakeholder* und *Promotoren*: Erstere sind alle Gruppen, die von der Innovation direkt betroffen sind und deren Arbeit durch die Innovation tangiert wird. Letztere sind solche Personen im Unternehmen, die „Neuerungsvorgänge frühzeitig erkennen, Aktivitäten anregen, entfalten und vorantreiben, um ein ‚Versanden‘ der Innovation zu vermeiden" (Corsten et al. 2006, S. 65). Neben der Führungskraft, welche sich als Hauptpromotor verstehen sollte, sind dies weitere Personen inner- und außerhalb des betroffenen Bereichs oder der betroffenen Abteilung, klassischerweise

- *Fachpromotoren*, die für die Innovation relevantes Fachwissen in den Innovationsprozess einbringen,
- *Prozesspromotoren*, die Kommunikations- und Organisationsvermögen beitragen sowie
- *Machtpromotoren*, die aufgrund ihrer hierarchischen Position die organisationsweite Durchsetzung einer Innovation unterstützen (vgl. Corsten et al. 2006, S. 67 ff.; Hauschildt und Salomo 2011, S. 127).

Neben einem systematischen Vorgehen zur Schaffung und Umsetzung von Innovationen sollte eine Führungskraft Wert darauf legen, dass Innovationen im *Schulterschluss* zwischen ihr und ihren Mitarbeitern erarbeitet werden. Diese Notwendigkeit ergibt sich schon alleine aus dem Synergiepotenzial, das mit stark ausgeprägten tätigkeitsunspezifischen Kompetenzen der Generation Y in Kombination mit stark ausgeprägten tätigkeitsspezifischen Kompetenzen ihrer Mitarbeiter verbunden ist (vgl. Senge 1998, S. 284 ff.). Beispiele für relevante tätigkeitsunspezifische Kompetenzen im Innovationsprozess sind etwa Methoden zur Ideengewinnung (zum Beispiel *richtig* angewendetes Brainstorming und Brainwriting; vgl. dazu auch den folgenden Exkurs), Methoden zur Ideenumsetzung (zum Beispiel Planungs- oder Projektmanagementmethoden) sowie generelle Muster aus anderen Fachdisziplinen.[15]

---

[15] Paradedisziplin für die Übertragung genereller Muster von einer Disziplin auf eine andere ist die *Bionik*, bei der biologische Prinzipien oder Problemlösungsansätze technisch nutzbar gemacht werden sollen. Beispiele sind etwa die Lotusblüte (Abperleffekt) oder die besondere Oberflächenstruktur der Haihaut (geringer Strömungswiderstand).

Exkurs: Brainstorming und Brainwriting

Die Methode des Brainstormings oder die damit eng verwandte Methode des Brainwritings, bei der Ideen nicht genannt, sondern aufgeschrieben werden, sind recht populär und weit verbreitet. Allerdings werden sie oftmals falsch eingesetzt beziehungsweise es wird etwas Falsches unter ihnen verstanden.

Der dominierende Hinweis beim Brainstorming oder -writing ist, man dürfe die Ideen seiner Kollegen *nicht bewerten*, keine Idee sei so schlecht oder abwegig, dass man sie nicht ansprechen dürfe. Es sollten also möglichst viele Ideen produziert werden. Bei dieser Alles-ist-erlaubt-Mentalität kommt ein Aspekt zu kurz: Brainstorming und -writing brauchen *viel Zeit*.

Oftmals wird Brainstorming mit *scharfem Nachdenken* verwechselt. Beide Ansätze verfolgen das Ziel der Ideengewinnung. Allerdings ist der Unterschied zwischen beiden, dass nur das Brainstorming wirklich innovative Ideen hervorbringt. Grund dafür ist unsere Art des Denkens: Bekommen wir eine Aufgabe gestellt, in der es darum geht, eine neuartige Problemlösung zu finden, bewegen wir uns gedanklich zunächst im Nahliegenden, also in solchen Ansätzen, die wir tagtäglich nutzen und die uns daher sehr präsent sind. Kahneman (2012, S. 113) weist mit seinem *What-you-see-is-all-there-is-Prinzip* genau auf diesen Umstand hin: Wir orientieren uns immer zunächst am Verfügbaren. Das Verfügbare ist in der Regel aber nicht innovativ (denn wenn es neu wäre, wäre es noch nicht verfügbar). Also muss das Verfügbare zunächst abgearbeitet und beiseite geschafft werden. Das ist die erste Phase des Brainstormings, das scharfe Nachdenken: Alles Naheliegende und gedanklich schnell Aufkommende muss raus. Diese Phase ist notwendige Voraussetzung für die Ideenfindung, aber sie ist nicht mit ihr gleichzusetzen.

Erst, wenn das Verfügbare abgearbeitet wurde, kann das Neue aufkeimen. Dazu ist der Einsatz dessen nötig, was Kahneman als *System 2* bezeichnet: das relativ langsame, energieintensive Denken, welches in der Lage ist, „in einer geordneten Folge von Schritten Gedanken [zu] konstruieren" (Kahneman 2012, S. 33).[16] Bis dieses System 2 anspringt und Ergebnisse, also Ideen liefert, braucht es Zeit. Insbesondere kann es dazu kommen, dass nach der Phase des scharfen Nachdenkens eine ganze Weile gar keine Ideen kommen, weil das System 2 eine bestimmte Vorlaufzeit braucht, bis es Gedanken konstruieren kann. Wird das Brainstorming in dieser Phase abgebrochen, weil den Teilnehmern nichts mehr einfällt, ist der eigentliche Zweck dieses Ansatzes verfehlt. Die Durststrecke *nach* dem *scharfen Nachdenken* und *vor* der Ideenfindung durch System 2 muss überwunden werden, erst dann kommen innovative Ideen. Und dieses Durchhalten, obwohl vermeintlich nichts mehr kommt, ist anstrengend – wird aber belohnt, wenn System 2 anspringt und Ideen produziert.

Presencing

Ein für das gemeinsame Innovationsmanagement geeignetes Werkzeug ist das sogenannte *Presencing* nach Scharmer (2009, S. 172; vgl. das Werkzeug: Presencing zur Schaffung gemeinsamer Innovationen). Dabei handelt es sich um eine soziale Kreativitätstechnik, die ihren Wortursprung in den Begriffen *sensing* (Fühlen) und *presence* (Gegenwart) hat. Sie verfolgt das Ziel, sich mit der Quelle der *höchsten Zukunftsmöglichkeit* zu verbinden und diese in die Gegenwart zu bringen. Dabei geht Scharmer davon aus, dass Zukunft immer abhängig von individuellen Entscheidungen und damit *gestaltbar* ist. Wird die *höchste Zukunftsmöglichkeit*, also die für alle Beteiligten wünschenswerteste Zukunft, als Orientierungspunkt genommen und gedanklich ins Jetzt verlegt, kann die Zukunft so gestaltet werden, wie wir sie uns wünschen. Dieses Vorgehen ist der Kern des Presencings.

---

[16] Dagegen ist das System 1 für das schnelle, assoziative, aber relativ fehleranfällige Denken zuständig.

Werkzeug: Presencing zur Schaffung gemeinsamer Innovationen

Scharmer (2009, S. 384 ff.) teilt den Prozess des Presencings in fünf Schritte auf:

1. *Gemeinsame Intentionsbildung*: In diesem ersten Schritt besteht das Ziel darin, gemeinsam ein Bild der höchsten Zukunftsmöglichkeit zu entwickeln. Führungskräfte und Mitarbeiter überlegen, wie eine für alle wünschenswerte Zukunft aussehen müsste, ohne dabei zunächst zu stark auf Restriktionen zu achten (etwa „Das geht bei uns sowieso nicht" oder „Das haben wir alles schon mal versucht"). Scharmer betont für diese Phase vor allem die Wichtigkeit des *In-sich-hinein-Hörens* und des *Den-anderen-Zuhörens*. Nur, wenn ehrlich erkannt wird, was für einen selber die höchste Zukunftsmöglichkeit darstellt, nur wenn diese Überlegungen losgelöst von Denkverboten oder Zwängen erdacht erfolgen und nur, wenn alle Beteiligten gleichermaßen diesen Grundsätzen folgen, kann ein wirklich innovatives Zukunftsbild erdacht werden.

2. *Gemeinsame Wahrnehmung*: Aus allen von der Innovation Betroffenen wird ein hoch engagiertes Kernteam zusammengestellt, das die Projektarbeit der Innovation übernimmt. Ziel der Projektarbeit ist die Entwicklung eines *Prototypen*, eine Art Modell der höchsten Zukunftsmöglichkeit (zum Beispiel eine Prozessbeschreibung oder die Aufstellung von Regeln der Zusammenarbeit), welches mit allen relevanten Stakeholdern abzustimmen ist. Dabei empfiehlt Scharmer diesem Kernteam, physisch aus der gewohnten Arbeitsumgebung auszubrechen und sich auf „eine Entdeckungsreise zu den Orten der größten Möglichkeit" (Scharmer 2009, S. 397) zu begeben, um sich für die Gestaltung des Prototypen inspirieren zu lassen. Vor allem aber ist die Phase der gemeinsamen Wahrnehmung ein *In-sich-Aufnehmen* von Ideen und Inspirationen, wobei eine vorschnelle Urteilsbildung über das, was möglich und das, was nicht möglich ist, unbedingt verhindert werden müsse. Damit spielt auch in dieser Phase die Offenheit für ungewöhnliches Neues eine entscheidende Rolle.

3. *Gemeinsame Willensbildung*: In dieser Phase entscheiden sich die an der Innovation Beteiligten für eine gemeinsame Zukunft, die sie erreichen wollen. Scharmer empfiehlt wie bei einer Trennung im Privaten, die Vergangenheit *aktiv* loszulassen und dem Neuen angstfrei eine Chance zu geben. Er rät zu mentalen Übungen, welche helfen sollen, die gemeinsame Zukunft bereits vor ihrem Eintreten geistig zu verankern (wiederholte gedankliche Fokussierung, Konzentrationsübungen). Dabei solle sich jeder Beteiligte vorstellen, was er zur Entstehung der gemeinsamen Zukunft beitragen wird. Hierüber solle immer wieder ein gemeinsamer Austausch erfolgen, um die Beiträge aller konkret und präsent zu machen.

4. *Gemeinsames Erproben*: Beim gemeinsamen Erproben erfolgt die Anwendung des entwickelten Prototypen. Der Prototyp ist immer wieder zu durchlaufen und zu testen (sowohl von den an der Innovation Beteiligten als auch von ihren Stakeholdern), seine Stärken sind in den Vordergrund zu stellen, nicht das, was womöglich noch nicht reibungslos funktioniert, wobei Letzteres zu würdigen und für die stetige Op-

timierung des Prototypen zu berücksichtigen ist. Alle Widerstände, die in dieser Phase auftreten, sind Folgen der Gewöhnung an etabliertes Vergangenes. Diese Widerstände sollten als solche erkannt und überwunden werden, sie sind ein Kennzeichen dafür, dass die Beteiligten die Vergangenheit hinter sich lassen und auf dem Weg in die Zukunft sind.

5. *Gemeinsames Gestalten*: Wenn ein Prototyp so weit optimiert ist, dass er alltagstauglich ist, muss er in die Gesamtorganisation integriert werden. Aus systemischer Sicht führt jede Veränderung in einem Bereich unweigerlich auch zu einer Veränderung in anderen Bereichen. Die Umsetzung einer Innovation in einer spezifischen Abteilung hat damit Auswirkungen auf andere Abteilungen. Die hiervon betroffenen Stakeholder sind bei der Entwicklung des Prototypen zwar eingebunden worden, sobald die Innovation aber lebendig wird, können unvorhergesehene Ereignisse oder Reibungen eintreten. Daher ist die Innovation im aktiven Dialog mit allen Stakeholdern in die Organisation einzuführen, um Reibungsverluste zu vermeiden. In diesem Dialog sollte dann nicht die Innovation an sich, sondern deren (positiver) Einfluss auf die Gesamtorganisation im Fokus stehen. Diskutiert werden sollte dieser Einfluss an speziellen Orten, die über einfache Besprechungsräume hinausgehen. Sie sollten das große Ganze der Organisation symbolisieren und deutlich machen, *wofür* die Innovation einen Beitrag leistet.

Scharmers Ansatz betrachtet das klassische Projektmanagement aus einer systemisch-nicht-deterministischen Sicht und setzt stark auf die Gestaltbarkeit der Zukunft im Unternehmenskontext, solange Glaube, Überzeugung und Wille der Beteiligten stimmen. Für ihn stellt dies die einzige Möglichkeit echter Innovationen dar, und seine Herangehensweise ist aufgrund der Kombination verschiedener Techniken und Perspektiven äußerst innovativ. Sie ist geeignet, das Innovationspotenzial der Generation Y für eine positive Zukunftsgestaltung zu nutzen.

Auch wenn die Ausführungen von Scharmer (2009) zuweilen etwas esoterisch anmuten, stellt das Presencing aus mehreren Gründen eine geeignete Innovationsmethode dar: Erstens verteilt es die Verantwortung für Innovationen auf mehrere Schultern, geht aufgrund der systemischen Verortung sogar davon aus, dass von einem Einzelnen entwickelte Innovationen wenig hilfreich sind, weil Individuen im systemischen Kontext in einer engen Wechselwirkung zueinander stehen und damit auch Innovationen unter Berücksichtigung dieser Wechselwirkung zu entwickeln sind. Damit passt es zu unserer Vorstellung des *gemeinsamen* Innovationsmanagements zwischen Führungskraft und Mitarbeitern. Zweitens geht das Presencing nicht nur davon aus, dass die Zukunft gestaltbar ist, sondern auch davon, dass sie *zum höchsten Nutzen* für alle Beteiligten hin gestaltbar ist. Damit werden solche Innovationen möglich, von denen alle Beteiligten profitieren können. Und da Presencing eine soziale Technik darstellt und die Rolle der involvierten Personen im Innovationsprozess in den Fokus rückt, ist es nicht alleine für *spezifische* Innovationen, etwa Produktinnovationen, geeignet. Auch die Verbesserung von *unternehmensinternen Abläufen* und damit nicht zuletzt die Verbesserung der *abteilungs- oder bereichsinternen Zusammenarbeit* sind über das Presencing möglich. Damit ist das Presencing zur Verbesserung der sozialen Interaktion zwischen Führungskräften und Mitarbeitern sowie zwischen den Mitarbeitern untereinander prädestiniert.

Gefahren der Führung auf Basis eines hohen Ausbildungsniveaus

Die Gefahren, die mit dem hohen Ausbildungsniveau der Generation Y einhergehen, sind mannigfaltig (auch wenn daraus nicht geschlossen werden kann, dass das hohe Ausbildungsniveau per se Risiken mit sich bringt). Wir wollen uns mit drei spezifischen Gefahren befassen: der *Erwartung permanenter Weiterbildung*, der Gefahr, dass Mitarbeiter den *Anschluss verlieren* und der *Überbewertung eigener Ideen* durch die Generation Y.

Entwicklungsbedarfsanalyse

Die Generation Y hat „so viel in Schule, Ausbildung und Studium investiert, dass sie mit dem Lernen gar nicht mehr aufhören will" (Hurrelmann und Albrecht 2014, S. 83). Lebenslanges Lernen ist für keine andere Generation so selbstverständlich, für die Generation Y ist es schlichtweg *normal*. Folgt ein Mitarbeiter diesem Selbstverständnis nicht, können Probleme entstehen, vor allem weil die Generation Y nicht nachvollziehen kann, warum ein *Immer-lernen-Wollen* bei anderen nicht ebenso stark ausgeprägt ist wie bei ihr.

Die Erwartung einer *permanenten Weiterbildung* ist oftmals zunächst einmal nicht ökonomisch: Weiterbildung muss aus Unternehmenssicht einen Sinn ergeben, nämlich den, dass tatsächliche Kompetenzen und Kompetenzanforderungen in Einklang gebracht werden. Die Generation Y muss sich also verdeutlichen, dass ihr tief verwurzelter Wunsch nach permanenter Weiterbildung sowohl in Bezug auf sie selber als auch in Bezug auf ihre Mitarbeiter einer Relativierung bedarf – und zwar einer ökonomischen: Weiterbildung ist sinnvoll, wenn ein Weiterbildungsbedarf besteht, sonst nicht.

Um einen etwaigen Weiterbildungsbedarf zu erkennen und zu decken, ist es Aufgabe einer Führungskraft, ein Personalentwicklungskonzept zu erstellen (gegebenenfalls in Zusammenarbeit mit der Personalabteilung). Ein geeignetes Instrument hierfür ist die Entwicklungsbedarfsanalyse (vgl. das Werkzeug: Entwicklungsbedarfsanalyse).

Werkzeug: Entwicklungsbedarfsanalyse

Wir wollen fünf Untersuchungsfelder unterscheiden, die im Rahmen einer Entwicklungsbedarfsanalyse zu betrachten sind (vgl. hierzu größtenteils Berthel und Becker 2010, S. 412 ff.): die *Organisationsanalyse*, die *subjektive Bildungsbedarfsanalyse*, die *Anforderungsanalyse*, die *Personenanalyse* sowie die *Leistungsanalyse* (siehe auch Abb. 4.10). Alle fünf Teilanalysen sind im Rahmen der Entwicklungsbedarfsanalyse zur berücksichtigen, weil sie Hinweise auf den Personalentwicklungsbedarf geben können. Sie sind wie eine Checkliste abzuarbeiten:

- Die *Organisationsanalyse* verfolgt das Ziel, übergeordnete Imperative, etwa die Unternehmensvision, die Strategie, kulturelle Aspekte und Führungsphilosophie sowie

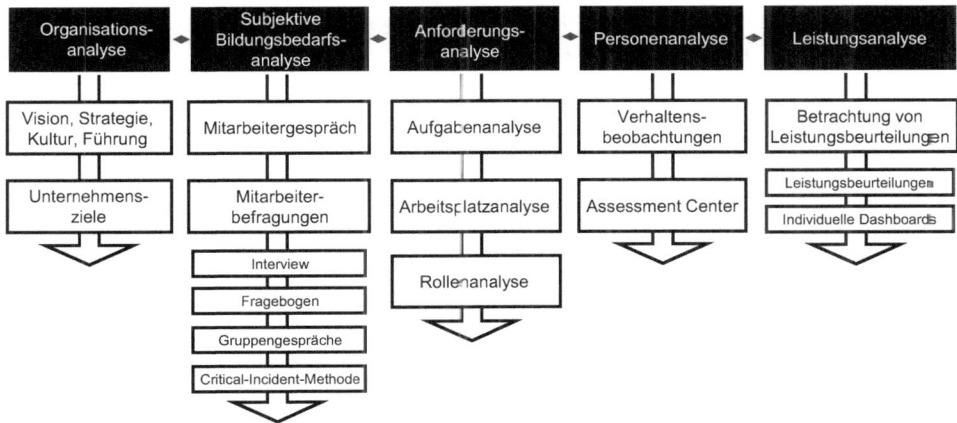

Abb. 4.10 Aspekte einer Entwicklungsbedarfsanalyse

die jeweils aktuellen oder anstehenden Unternehmensziele hinsichtlich ihrer Auswirkungen auf einen etwaigen individuellen Entwicklungsbedarf zu untersuchen. Fehlen einem Mitarbeiter also spezifische Kompetenzen, um sich in der Kultur eines Unternehmens zurechtzufinden oder um einen Beitrag zu den Unternehmenszielen zu leisten, ergibt sich ein konkreter Entwicklungsbedarf.

- Die *subjektive Bildungsbedarfsanalyse* fokussiert den empfundenen Entwicklungsbedarf durch Mitarbeiter. Dazu müssen sie ihren empfundenen Bedarf artikulieren und konkretisieren können. Als Werkzeuge hierfür können das Mitarbeitergespräch (initiiert und durchgeführt durch die Führungskraft) sowie die Mitarbeiterbefragung (initiiert durch die Führungskraft oder die Personalabteilung, durchgeführt in der Regel durch die Personalabteilung) dienen. Als Methoden der Mitarbeiterbefragung sehen Berthel und Becker (2010, S. 413 f.) die Befragung anhand von Interviews, die Fragebogenmethode, Gruppengespräche oder die sogenannte Critical-Incident-Methode. Besonders die Critical-Incident-Methode ist wenig verbreitet, allerdings sehr gut geeignet, um einen konkreten aufgabenbezogenen Entwicklungsbedarf zu ermitteln. Der Mitarbeiter hat dabei die Aufgabe, *kritische Vorfälle* oder *Probleme* bei der Aufgabenerfüllung unstrukturiert (tagebuchartig) oder strukturiert (vgl. Abb. 4.11) zu dokumentieren.
- Die *Anforderungsanalyse* setzt sich mit den zu erledigenden Aufgaben, dem Arbeitsplatz im engeren Sinne sowie der Rollenerwartung an den Mitarbeiter auseinander. Bei der Betrachtung der zu erledigenden Aufgaben können Stellen- und Prozessbeschreibungen wichtige Anhaltspunkte geben. Da die offiziellen Aufgaben aus einer Stellenbeschreibung jedoch nicht zwingend etwas mit den wirklichen Aufgaben einer Stelle zu tun haben (und viele Unternehmen gar nicht über Stellen- oder Prozessbeschreibungen verfügen), sollten in Zusammenarbeit mit dem Mitarbeiter die tatsächlichen Aufgaben einer Stelle gesammelt, strukturiert und hinsichtlich et-

Wann ist der Vorfall passiert?	Wie kann die Art des Vorfalls bezeichnet werden?	Welche Stichpunkte stellen den Vorfall prägnant dar?	Wie oft ist es in der Vergangenheit bereits zu diesem Vorfall gekommen? Wann?	Welche Ursache für den Vorfall vermuten Sie?	Welche Lösungsvorschläge haben Sie? Welcher Fortbildungsbedarf ergibt sich daraus?
16.03.2015	Kunden-beschwerde beschäftigt mich den ganzen Tag.	Ein Kunde ist am Telefon wegen einer angeblichen Falschberatung laut und persönlich beleidigend geworden. Diese Art der Ansprache hat mich immer wieder von meiner Arbeit abgelenkt.	Einmal, im Juni 2014.	Ich schaffe es noch nicht, Kunden-beschwerden nicht persönlich zu nehmen.	Teilnahme an einem Seminar *Stressmanagement*.

Abb. 4.11 Tabellarische Dokumentation von Critical Incidents

waiger Entwicklungsimplikationen untersucht werden. Auch der Arbeitsplatz im engeren Sinne (also der Arbeitsort) kann Rückschlüsse auf einen Entwicklungsbedarf zulassen: Wie gut ist er strukturiert? Wie viel Ruhe und Rückzugsmöglichkeiten hat der Mitarbeiter am Arbeitsplatz? Wie findet Kommunikation mit Kollegen und Vorgesetzten statt? Schließlich gilt es, die Rolle des Mitarbeiters zu betrachten. Wir haben eine *Rolle* als eine relativ konstante Verhaltenserwartung an eine Person, hier: von der Führungskraft an ihren Mitarbeiter, kennengelernt (vgl. Abschn. 3.3.1). Im Rahmen der Rollenanalyse ist also zu bestimmen, welche Verhaltensanforderungen die Führungskraft (legitimerweise) an ihren Mitarbeiter richtet und inwiefern dieser die Anforderungen erfüllen kann oder diesbezüglich Entwicklungsbedarf vorliegt.

- Die *Personenanalyse* dient der Identifikation von Verhaltensdefiziten. Hierbei können auf der einen Seite Verhaltensbeobachtungen, entweder durch die Führungskraft, einen Mitarbeiter der Personalabteilung oder einen externen Coach, nützlich sein. Auf der anderen Seite wird das Assessment Center empfohlen, um Aspekte zukünftiger Arbeitsanforderungen in Form von aufgabenspezifischen Übungen oder Simulationen beobachtbar zu machen und dem Mitarbeiter durch den Beobachter (die verantwortliche Führungskraft oder einen Mitarbeiter der Personalabteilung) ein strukturiertes Feedback zur Problemlösung zu geben (vgl. Berthel und Becker 2010, S. 417). Zwar besteht die Gefahr, dass sich die Teilnehmer am Assessment Center wenig authentisch verhalten. Dennoch bietet es eine sinnvolle Ergänzung zur Verhaltensbeobachtung am Arbeitsplatz, wenn die Beobachter entsprechend geschult sind. Insgesamt ist das Assessment Center im Vergleich zur Verhaltensbeobachtung durch die Teilnahme mehrerer (geschulter) Beobachter tendenziell objektiver, wenn auch von der Anlage her weniger natürlich als die Beobachtung am Arbeitsplatz durch die Führungskraft.
- Im Rahmen der *Leistungsanalyse* empfehlen Berthel und Becker (2010, S. 414) die Verwendung von sinnvoll durchgeführten Leistungsbeurteilungen. *Sinnvoll* ist eine

Leistungsbeurteilung für sie dann, wenn sorgfältig analysiert wird, ob eine etwaige Schlechtleistung an der Person oder den Rahmenbedingungen gelegen hat (vgl. hierzu auch Abschn. 4.2.2). Rückschlüsse lassen dabei auch die in Dashboards zusammengeführten Kennzahlen zu, wenn es sich um Leistungskennzahlen handelt. Sie können oftmals Ausgangspunkt für die eine gemeinsame Diskussion des Entwicklungsbedarfs zwischen Führungskraft und Mitarbeiter bilden.

Eine weitere Gefahr, die mit dem hohen Ausbildungsniveau der Generation Y einhergeht, besteht darin, dass die Führungskraft abgehoben wirkt: Sie zeigt *Bildungsarroganz*. Im Wettbewerb mit Mitschülern und Kommilitonen hat die Generation Y gelernt, zu den Bildungsgewinnern gehören zu *müssen*, um Karrierechancen zu haben. Die Verlierer in diesem Wettstreit wurden von ihr mit Missachtung gestraft (vgl. Hurrelmann und Albrecht 2014, S. 57). Nun muss sie aufpassen, dass sie ihren Mitarbeitern, die womöglich über ein geringeres (schulisches oder akademisches) Ausbildungsniveau verfügen, nicht mit derselben Arroganz begegnet.

Explain!

Dem *Abgehoben-Wirken* kann eine Führungskraft der Generation Y entgegentreten, indem sie sich kontinuierlich mit ihren Mitarbeitern austauscht, fachliche und persönliche Nähe aufbaut und ihren Mitarbeitern damit die Chance gibt, ihr Denken nachzuvollziehen und zu zeigen, dass ihr Rückgriff auf das in Schule, Ausbildung und Studium Gelernte nicht *gegen* ihre Mitarbeiter eingesetzt wird, sondern *gemeinsam mit ihnen* zum Wohl des Unternehmens genutzt werden soll. Dazu kann sie auf zwei Werkzeuge zurückgreifen: Das für die Generation Y typische *Why?* wird zu einem *Explain!* – aus dem Erfragen von Gründen und Hintergründen wird ein initiatives *Erklären* und *Begründen* von Überlegungen und Entscheidungen. Dies betrifft dann vor allem solche Überlegungen und Entscheidungen, die keine enge Verbindung zu einem betrieblich-operativen Kontext aufweisen, denn diese wären für die Mitarbeiter aufgrund ihrer Facherfahrung per se relativ gut nachvollziehbar. Vielmehr geht es um Überlegungen und Entscheidungen, die auf Erfahrungswerte und Wissen zurückgehen, die außerhalb des betrieblichen Kontexts liegen und eher aus Ausbildung und Studium stammen. Beispielsweise dürfte die Verwendung von Mindmaps – ihre Verwendung ist im Rahmen der Erstellung einer Abschlussarbeit am Ende eines Studiums typisch – zur Strukturierung von Projektideen befremdlich für Mitarbeiter wirken, die nie mit diesem Instrument gearbeitet haben. Das initiative *Explain!* kann helfen, der Ablehnung des Unbekannten durch die Mitarbeiter entgegenzuwirken.

Jahrespläne

Eine weitere Möglichkeit, die eigenen Ideen und Vorhaben transparent und nachvollziehbar zu machen, liegt in der Erstellung von *Jahresplänen*: Zu Beginn eines jeden Jahres erarbeitet die Führungskraft gemeinsam mit ihren Mitarbeitern Jahrespläne mit den wichtigsten Aufgaben und Projekten für das laufende Jahr. So steigt die Nachvollziehbarkeit der jährlichen Vorhaben. Außerdem sind die Jahrespläne, wenn sie in Bezug auf den Aufgaben- oder Projektfortschritt regelmäßig gepflegt werden, eine geeignete Grundlage für den kontinuierlichen Austausch zwischen Führungskraft und Mitarbeitern.

Story Telling

Letztlich bringt das hohe Ausbildungsniveau die Gefahr der Überbewertung eigener *Reformideen* (zum Beispiel Ideen zur Veränderung etablierter Prozesse) mit sich, insbesondere dann, wenn eine Führungskraft aus der Generation Y eine Abteilung oder einen Bereich neu übernimmt. Diese Überbewertung liegt nicht am hohen Ausbildungsniveau alleine, sondern entsteht in Kombination mit dem starken Selbstbewusstsein der Generation Y. Ihre Mitglieder sind in einem solchen Fall der Auffassung, das von ihnen Gelernte sei das einzig Richtige und die daraus abgeleiteten Reformideen seien mehr wert als etabliert Arbeitsabläufe. In der Konsequenz machen sich die Mitglieder der Generation Y dann nicht „die Mühe, erst einmal sorgfältig die bisherigen eingefahrenen Arbeitsabläufe zu verstehen, bevor sie mit kühnen Reformideen in den Ring steigen" (Hurrelmann und Albrecht 2014, S. 75). Hier greift dann erneut das Kahneman'sche WYSIATI(What you see is all there is)-Prinzip (vgl. Abschn. 4.2.1): In den mentalen Modellen der Generation Y hat das aus der Ausbildung stammende Wissen eine herausragende Bedeutung und beeinflusst ihre Entscheidungen damit besonders stark – viel stärker als Wissen und Erfahrung ihrer Mitarbeiter.

Die Überbewertung eigener Reformideen kann Konsequenzen auf einer sachlichen und auf einer zwischenmenschlichen Ebene haben. Auf der Sachebene kann sie dazu führen, dass objektiv sinnvolle Ansätze, zum Beispiel etablierte Arbeitsabläufe, durch eigene, *objektiv weniger sinnvolle*, Ansätze ersetzt werden. Problematischer für die langfristig vertrauensvolle Zusammenarbeit zwischen Führungskraft und Mitarbeiter ist jedoch die Konsequenz auf der zwischenmenschlichen Ebene: Wenn eine Führungskraft Etabliertes über den Haufen wirft, um die eigenen Ideen durchzusetzen, dann geht damit oft der Eindruck der *Geringschätzung* des Etablierten und vor allem der am Etablierten *Beteiligten* einher. Statt sich mit diesen Beteiligten abzustimmen, wird einfach gehandelt, und es werden Prozesse geändert (vgl. Hurrelmann und Albrecht 2014, S. 75). Diese von Mitarbeitern dann möglicherweise empfundene Geringschätzung kann die Zusammenarbeit mit ihrer Führungskraft derart stören, dass sie die Vorteile etwaiger Optimierungsprozesse aufzehrt. Damit entsteht für die Generation Y vor allem die Notwendigkeit, denn Sinn etablierter Prozesse zu ergründen, sodass diese gegenüber den eigenen Reformideen nicht mehr systematisch abgewertet werden. Wie kann das gelingen?

Taleb weist uns darauf hin, dass Menschen *Geschichten* gegenüber Zahlen, Daten und Fakten bevorzugen: „Wir mögen Geschichten, wir mögen Zusammenfassungen und Vereinfachungen" (Taleb 2014, S. 88). Geschichten sind wie Bilder: Sie sind für uns leichter vorstellbar und erinnerbarer als Zahlen, Daten und Fakten. Und auch wenn das Denken und Erinnern in Geschichten mit Problemen verbunden ist – Taleb (2014, S. 87 ff.) spricht hier von der *narrativen Verzerrung* – können wir diese Tendenz zum Positiven hin nutzen: Wenn es der Generation Y gelingt, etablierte Prozesse nicht als etwas Abstraktes aufzufassen, sondern einen konkreten (bildhaften) Vorstellungsinhalt dazu zu entwickeln, fällt es ihr nicht mehr so leicht, das Etablierte systematisch abzuwerten und ihre eigenen Reformideen konsequent zu bevorzugen. Der Schlüssel hierfür ist das *Story Telling*.

Stories – Geschichten – sind *narratives Wissen* (vgl. Steinmann und Schreyögg 2005, S. 521). Sie bekommen damit die Funktion, Wissen zu verpacken und für das menschliche Gehirn gut vorstell- und damit nachvollziehbar aufzubereiten. Der Austausch zwischen Führungskraft und Mitarbeiter über etablierte Prozesse sollte daher nicht (nur) in Form von Zahlen, Daten und Fakten, sondern auch über Geschichte erfolgen. Die Führungskraft sollte ihre Mitarbeiter aktiv auffordern, die Stories zu erzählen, die ihnen zu diesen Prozessen einfallen – je bildhafter, desto besser. Dabei geht es nicht um das Story Telling als Kommunikationstechnik, welches besondere Anforderungen mit sich bringt,[17] sondern als Werkzeug eines informellen Wissensaustauschs. Bevor eine Führungskraft ihre Reformideen durchsetzt, sollte sie Zahlen, Daten und Fakten sammeln *und* ihre Mitarbeiter in einem geeigneten Umfeld (optimalerweise beim geselligen Zusammensein *nach* der Arbeit) dazu einladen, ihre Erfahrungen darzulegen: „Erzählen Sie mir Ihre Geschichte dazu." So entsteht ein positiver Nebeneffekt: Es wird nicht nur Wissen in eine Form transportiert, die es der Führungskraft aus der Generation Y einfacher macht, den Sinn etablierter Prozesse zu ergründen, sondern darüber hinaus steigt die soziale Bindung zwischen Führungskräften und Mitarbeitern. Denn Geschichten hatten und haben noch immer die Funktion, Menschen zusammenzubringen und zusammenzuhalten.

Auch wenn die Gefahren, die mit dem hohen Ausbildungsniveau der Generation Y einhergehen, auf den ersten Blick zu überwiegen scheinen, gewinnt ein Unternehmen mit einer Führungskraft aus der Generation Y in der Regel *substanzielles* Innovationspotenzial. Gelingt es der Führungskraft dann noch, über die Nutzung der hier dargestellten Werkzeuge ihre Mitarbeiter systematisch in Innovationen einzubinden und diese gemeinsam mit ihnen umzusetzen, kann das individuelle Innovationspotenzial der Generation Y unternehmensweite Wirkung entfalten.

4.2.4 Führung auf Basis einer starken Gemeinschaftsorientierung

Die starke Gemeinschaftsorientierung der Generation Y führt unter anderem zu einer zunehmenden Bedeutung des Arbeitens in Gruppen (vgl. Abb. 4.12 sowie unsere Ausführungen in Abschn. 3.2.4). Betrachten wir die Generation Y als Führungskräfte, folgt daraus, dass sie Teamarbeit tendenziell stärker präferiert als Führungskräfte aus anderen Generationen. Teamarbeit bringt grundsätzlich besondere *Effizienz- und Erfolgspotenziale* mit sich (vgl. Comelli und Rosenstiel 2009, S. 153), auch wenn Teamarbeit nicht immer effizient sein muss. Daher sind mit der Vorliebe für Teamarbeit durch die Gene-

---

[17] Um eine Story überzeugend zu transportieren, sollte der Erzähler die PPP-Regel beachten: Protagonist, Power, Point. Jede Geschichte sollte einen Protagonisten haben, mit dem sich der Zuhörer identifizieren kann. Außerdem sollte die Geschichte mit Power, also Schwung, erzählt werden, damit sie nicht langweilig wird. Schließen sollte die Geschichte mit einer Pointe.

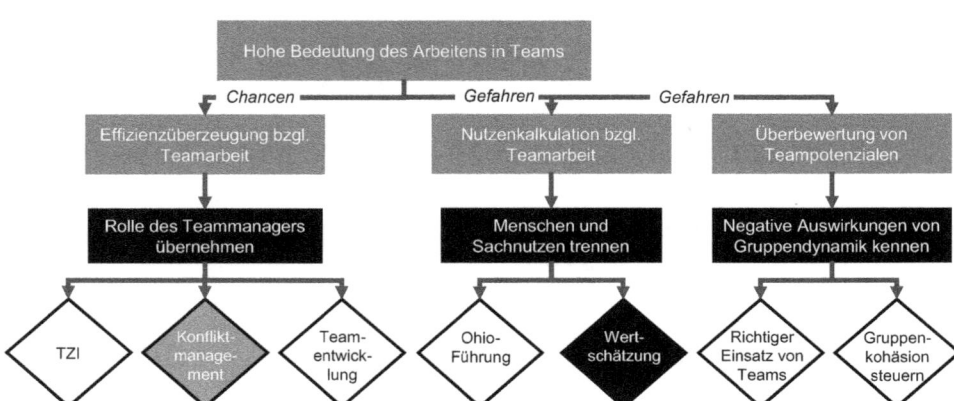

Abb. 4.12 Logik des Abschnittes „Führung auf Basis einer starken Gemeinschaftsorientierung"

ration Y Chancen und Risiken verbunden: Chancen vor allem dann, wenn Teamarbeit richtig organisiert wird und die Führungskraft sich als *Teammanager* versteht. Risiken bestehen dadurch, dass Teamarbeit durch die Generation Y oftmals aus einer rein utilitaristischen Perspektive betrachtet wird und die Potenziale von Teamarbeit teilweise überschätzt werden (hierzu später mehr). Wie mit den Chancen und Risiken, die aus der starken Gemeinschaftsorientierung und damit der hohen Bedeutung des Arbeitens in Teams einhergeht, umgegangen werden sollte, betrachten wir im Folgenden genauer.

Chancen der Führung auf Basis einer starken Gemeinschaftsorientierung
Die größte Chance der Führung auf Basis einer starken Gemeinschaftsorientierung ergibt sich aus der hohen Effizienzüberzeugung bezüglich Teamarbeit: Für die Generation Y ist es selbstverständlich, dass herausragende Leistungen oder die Lösung komplexer Probleme alleine nicht zu schaffen sind, sondern dass erst eine Zusammenführung von Kompetenzen mehrerer Personen echten Erfolg schaffen kann. Und auch wenn die Arbeit in Teams nicht per se mit höheren Erfolgen verbunden ist als die Arbeit einer Einzelperson, so sind insbesondere *umfangreiche Aufgaben mit Problemlösungscharakter* (im Gegensatz zu simplen Routineaufgaben) für die Bearbeitung durch Teams prädestiniert (vgl. Comelli und Rosenstiel 2009, S. 198 ff.). Die Führungskraft aus der Generation Y kann in einem solchen Team grundsätzlich zwei Funktionen übernehmen: die Rolle eines Teammitgliedes, um ihren Beitrag zur Teamarbeit zu leisten, sowie die Rolle des *Teammanagers*, resultierend aus ihrer Verantwortung als Führungskraft. Wir fokussieren im Folgenden die Rolle des Teammanagers, da diese eng mit der Führungsverantwortung verbunden ist: Welche Aufgaben hat ein Teammanager und wie kann er diese Aufgaben steuern?

Themenzentrierte Interaktion (TZI)

Die themenzentrierte Interaktion verfolgt das Ziel, das Arbeiten in Gruppen durch die Einhaltung bestimmter *Regeln* effizient zu gestalten (vgl. Comelli und Rosenstiel 2009, S. 205). Die Aufgabe der Führungskraft als Teammanager liegt bei der Anwendung dieses Werkzeuges dann darin, die TZI-Regeln gegenüber den Teammitgliedern zu kommunizieren und ihre Einhaltung zu überwachen. Dabei verfolgen TZI-Regeln die Absicht, individuelle Interessen *(Ich)*, die Interessen der Gesamtgruppe *(Wir)* und das Gruppenziel *(Thema)* zu integrieren: „Bei der Themen-zentrierten Interaktion wird [. . .] versucht, mit Hilfe bestimmter Kommunikationsregeln (TZI-Regeln) die drei Elemente Thema, Ich und Wir möglichst optimal auszubalancieren" (Comelli und Rosenstiel 2009, S. 206). Das Steuern der Gruppe über diese Kommunikationsregeln stellt damit das konkrete Werkzeug der TZI dar (vgl. dazu das Werkzeug: Kommunikationsregeln der TZI).

Werkzeug: Kommunikationsregeln der TZI

Comelli und Rosenstiel (2009, S. 206 ff.) schlagen insgesamt elf Regeln vor, deren Einhaltung das effiziente Arbeiten von Teams unterstützen soll:

1. *Arbeiten im Hier und Jetzt*: Teamarbeit soll sich nicht an Ereignissen oder verpassten Chancen aus der Vergangenheit, sondern an der Gegenwart und den aktuell existenten Chancen orientieren. Auch soll nicht auf die Zukunft gehofft werden, sondern es muss mit den aktuell vorhandenen Ressourcen und Rahmenbedingungen möglichst gut gearbeitet werden.

2. *Jeder ist für sich selbst verantwortlich*: Von jedem Gruppenmitglied wird aktive Mitarbeit in der Gruppe erwartet. Dabei ist jedes Gruppenmitglied für die eigene Leistung und ihre Konsequenzen selbst verantwortlich. Vor allem aber muss jeder Gruppenteilnehmer etwaige Bedenken oder Kritikpunkte von sich aus aktiv äußern. Ein späteres Beklagen, dass die Interessen und Bedürfnisse eines Einzelnen nicht erfragt wurden, zählt nicht, der Einzelne selber trägt die Verantwortung dafür, diese vorzubringen.

3. *Jeder ist sein eigener Chairman*: Jedes Gruppenmitglied soll seine eigenen Standpunkte selber vertreten und darlegen. Das führt auch dazu, dass kein Gruppenmitglied (ungebeten) den Standpunkt eines anderen darlegt und ihn damit quasi entmündigt.

4. *Wünsche muss man aussprechen*: Bei dieser Regel geht es zum einen darum, Wünsche und Bedürfnisse *aktiv* anzusprechen und nicht zu hoffen, dass andere diese Wünsche und Bedürfnisse irgendwie erkennen und dann berücksichtigen. Zum anderen sind Teammitglieder immer gleichberechtigt, sodass keine Forderungen gestellt, sondern lediglich *Wünsche geäußert* werden können. Es liegt in der Natur eines Wunsches, dass dieser nicht in Erfüllung gehen muss, also abgelehnt werden kann. Eine solche Ablehnung sollte dann auf der Sachebene akzeptiert werden und nicht zu einer persönlichen Verletztheit führen.

5. *Jeder kann jederzeit „Nein" sagen*: Bei der Arbeit in Gruppen ergeben sich ganz eigene Dynamiken, sogenannte gruppendynamische Prozesse. Diese können unter anderem zu Gruppendruck führen, der eine einzelne Person stark belasten kann. Ein solcher Gruppendruck entsteht unter anderem dann, wenn die Ziele eines einzelnen Gruppenmitgliedes (Ich-Ziele) mit den Zielen der Gesamtgruppe (Wir-Ziele) im Konflikt stehen. Um jedem Gruppenmitglied einen Schutzmechanismus vor Gruppendruck zu bieten, sollte jeder Einzelne die Möglichkeit haben, *Nein* zu sagen, wenn er bestimmte Ziele oder Vorgehensweisen nicht vertreten kann. Die Gruppe hat sich vorher zu einigen, welche Konsequenzen mit einem solchen *Nein* einhergehen, zum Beispiel die Entbindung von einer spezifischen Aufgabe, der Austritt aus der Gruppe oder die Möglichkeit, dass ein einzelnes *Nein* im Sinne eines Vetos dazu führt, dass sich die gesamte Gruppe umorientieren muss. Egal, welche Variante vereinbart wird: Die Konsequenzen eines *Neins* (zum Beispiel Gruppenaustritt) sind von demjenigen zu tragen, der es geäußert hat, und sollten vor dem *Nein* genauso bedacht werden wie die Tatsache, dass ein wiederholtes *Nein* die Gruppenproduktivität und damit die eigene Akzeptanz nachhaltig stören kann.

6. *Störungen haben Vorrang*: Eine *Störung* bezeichnet solche Umstände, die dazu führen, dass ein oder mehrere Gruppenmitglieder nicht aktiv an der Gruppenarbeit teilnehmen (zum Beispiel durch die Nutzung des Smartphones, mangelnde Konzentration oder persönliche Verärgerung über eine Entscheidung). Auf solche Störungen ist dann sofort einzugehen, wobei *Vorrang* nicht bedeutet, dass die Verhaltensweisen, die zur Störung geführt haben, legitim oder positiv sind. Allerdings ist es oberste Prämisse der Gruppenarbeit, dass *alle* aktiv mitarbeiten, sodass jede Einschränkung dieser Prämisse sofort abgestellt werden muss (im Zweifel durch eine Pause).

7. *Keine Seitengespräche*: Ein Seitengespräch ist eine besondere Form der Störung. Das Problem bei solchen Seitengesprächen ist, dass der Gesprächsführer nicht beurteilen kann, ob das Seitengespräch zum eigentlichen Thema beiträgt (dann wäre es für alle relevant, egal ob es eine Position stützt oder kritisiert) oder nicht (dann gehört es nicht in die Gruppenarbeit). Somit sind Seitengespräche zu unterlassen.

8. *Ich- statt Man-, Wir- oder Es-Formulierungen verwenden*: Die Verwendung von Man-, Wir- oder Es-Formulierungen zielt in der Regel darauf ab, Statements eine größere (empirische oder logische) Bedeutung zu geben, als sie wirklich haben. Sie werden oft als rhetorisches Stilmittel verwendet, um die eigene Überzeugungskraft zu steigern. Allerdings geht es bei der Gruppenarbeit nicht um Überzeugung durch Rhetorik, sondern um Sachentscheidungen, weswegen persönliche Einschätzungen durch Ich-Formulierungen deutlich gemacht werden sollten. Außerdem bringen Ich-Formulierungen klarere Verantwortungen mit sich, sodass die Gruppenteilnehmer Anmerkungen zu ihren Inhalten konkret adressieren können.

9. *Meinungen als Aussagen formulieren und nicht hinter Fragen verstecken*: Auch Fragen können als rhetorisches Mittel eingesetzt werden. Oft wird sachliche Kri-

tik durch eine Frage verschleiert: „Ihren Vorschlag finde ich gut, aber wie sollen wir ihn umsetzen?" Besser wäre die klare Aussage: „Ich kann mir eine Umsetzung des Vorschlages noch nicht vorstellen." „Sehr oft entdeckt man erst auf den zweiten oder dritten Blick, dass sich hinter der Fassade einer scheinbaren Sachfrage ganz andere Ziele oder Motive verbergen: Vermutungen, Hypothesen, subtile Unterstellungen, kontroverse Meinungen, Ablenkungsversuche, Materialbeschaffung zu Gegenangriff oder auch das Bedürfnis zu Selbstdarstellung." (Comelli und Rosenstiel 2009, S. 210). Meinungen, Positionen oder Motive sollten daher klar und nachvollziehbar durch eine Ich-Formulierung kommuniziert werden.

10. *So weit wie möglich offen, echt und ehrlich sein*: Grundlage für effiziente Teamarbeit ist Vertrauen, das nur über eine offene Kommunikation erreicht werden kann. Das gilt nicht nur für die eigene Meinung, sondern insbesondere auch für Uneinigkeiten oder Konflikte, welche die Teamarbeit behindern könnten. Allerdings erfährt diese Regel eine Einschränkung durch die sogenannte Zwei-T-Regel (Takt und Timing): „Jeder muss für sich den Grad seiner Offenheit definieren. Dies wird er abhängig machen von seiner subjektiven Situationswahrnehmung, von seiner Einschätzung der persönlichen Tragfähigkeit des/der anderen sowie von der vermuteten Vertrauensbasis." (Comelli und Rosenstiel 2009, S. 211). Es geht also bei dieser Regel nicht darum, alles zu sagen, was man denkt, sondern es steht die Verlässlichkeit des Gesagten im Vordergrund.

11. *Vertraulichkeit zusichern*: Vor allem geht es bei dieser Regel darum, im Vertrauen oder durch spontane Äußerungen erlangte Informationen später nicht gegen den Urheber dieser Informationen zu verwenden. *Vertrauen* impliziert an dieser Stelle, sich durch Preisgabe bestimmter Informationen verletz- oder angreifbar zu machen, diese Informationen aber dennoch weiterzugeben, weil sie bei der Erreichung der Teamziele direkt oder indirekt helfen können, schließlich ist man sich sicher, dass eine Verletzung oder ein Angriff nicht stattfinden wird.

Schafft es die Führungskraft in ihrer Rolle als Teammanager, die Regeln zur themenzentrierten Interaktion nachhaltig durchzusetzen, wird sie dadurch einen essenziellen Beitrag zur effizienten Arbeit ihrer Teams leisten. Aber selbst durch die konsequente Einhaltung dieser Regeln kann nicht ausgeschlossen werden, dass es im Rahmen von Teamarbeit zu Auseinandersetzungen oder Konflikten kommt – auch wenn die TZI-Regeln die Wahrscheinlichkeit von Konflikten verringern. Kommt es dann tatsächlich zu einem Konflikt, ist es Aufgabe der Führungskraft, möglichst schnell eine Konfliktlösung herbeizuführen beziehungsweise die Teammitglieder dazu zu bringen, dies selbst zu tun, damit das Team zur effizienten Arbeit zurückkehren kann.

Konfliktmanagement
Über Konfliktmanagement als Führungswerkzeug haben wir in Abschn. 3.2.4 bereits gesprochen (vgl. die Ausführungen zur *Intervention bei leichten Konflikten*). Das dort geschilderte Vorgehen ist unabhängig davon, ob ein Mitglied der Generation Y Mitarbeiter

oder Führungskraft ist. Das gilt auch in Bezug auf die Frage, wie gut eine Führungskraft selber einen Beitrag zur Konfliktlösung leisten kann: Bei leichten Konflikten ist dies
durchaus und sehr gut möglich, eskaliert der Konflikt und wird er zu einem schweren, ist
die Hilfe speziell ausgebildeter Mediatoren notwendig.

Die Jeder-gewinnt-Methode im Konfliktmanagement

An dieser Stelle wollen wir die Ausführungen aus Abschn. 3.2.4 dahingehend ergänzen, dass wir das Werkzeug *Konfliktmanagement* für den Einsatz im Teamkontext
schärfen. Dabei beziehen wir uns speziell auf *persönliche* (zwischenmenschliche) Konflikte zwischen zwei oder mehr Teammitgliedern. Denn es sind vor allem solche Konflikte, die das effiziente Arbeiten von Teams besonders stark beeinträchtigen. Im Fokus
stehen also nicht *Sach*konflikte, für deren Lösung ein Team selber verantwortlich und
auch in der Lage ist, sofern die persönliche Beziehung nicht gestört ist.

Zur Lösung persönlicher (zwischenmenschlicher) Konflikte orientieren wir uns an
den Ausführungen von Gordon (2011, S. 228 ff.), der die *Jeder-gewinnt-Methode* empfiehlt, deren struktureller Aufbau sich stark am allgemeinen Problemlösungsprozess
orientiert:

1. *Probleme erkennen und definieren*: Die Konfliktparteien sollen das oder die von
   ihnen jeweils wahrgenommenen Problem/e anhand von *Ich-Botschaften* formulieren (Schilderung der eigenen Wahrnehmung des Problems sowie der Auswirkung
   des Wahrgenommenen auf die eigenen Gefühle und die eigene Arbeit, vgl. Abschn. 3.2.4). Diese Ich-Botschaften werden schriftlich festgehalten (zum Beispiel
   an einem Flipchart). Die Führungskraft als Moderator dieses Konfliktgespräches
   sollte dabei darauf achten, dass jede Partei gleichermaßen die Gelegenheit bekommt, ihren Gefühlen Luft zu machen, ohne dabei die andere Partei zu verletzen
   oder zu beleidigen, sodass aufgestaute Emotionen den weiteren Konfliktlösungsprozess nicht behindern. Aus den Ich-Botschaften muss dann (schriftlich) eine
   Problemdefinition abgeleitet werden, deren Formulierung beide Parteien zustimmen können. Wichtig ist, dass diese Problemdefinition *bedürfnisorientiert*
   formuliert wird: Die Konfliktparteien sollen darstellen, woran es ihnen aufgrund
   des Konfliktes *mangelt* beziehungsweise welchen *Mangel* der Konflikt ausgelöst
   hat oder wahrscheinlich auslösen wird, zum Beispiel „Mitarbeiter A bevorzugt
   schnelle Entscheidungen zulasten einer intensiven Abstimmung mit Mitarbeiter
   B, auch wenn dieser von den Auswirkungen vieler Entscheidungen von A mit
   betroffen ist. Daher *mangelt* es Mitarbeiter B an *rechtzeitigen Informationen* über
   getroffene Entscheidungen und deren Auswirkungen. Außerdem entsteht bei B der
   Eindruck, A würde ihn nicht ernst nehmen, weil er ihn bei Entscheidungen nicht
   einbezieht – es *mangelt* B an *Respekt* durch A."
2. *Alternative Lösungen entwickeln*: Beide Konfliktparteien sollen nun separat Lösungen entwickeln und sich diese anschließend gegenseitig vorstellen. Dabei sollten
   die Lösungsvorschläge so angelegt sein, dass sie die Interessen aller beteiligten

Konfliktparteien ausreichend berücksichtigen. Bei der Präsentation der Lösungsvorschläge ist darauf zu achten, dass zunächst keine Wertung der Vorschläge erfolgt – lediglich inhaltliche Unklarheiten dürfen thematisiert werden.

3. *Alternative Lösungen bewerten*: Die Konfliktparteien müssen zunächst darüber befinden, ob sich unter den Lösungsvorschlägen ein Ansatz befindet, der den Interessen aller gerecht wird. Ist dies nicht der Fall, müssen weitere Lösungen gesucht werden. Dazu ist es unter Umständen möglich, Lösungsvorschläge so zu kombinieren, dass sich eine geeignete Lösung entwickeln lässt. Liegen mehrere geeignete Lösungsvorschläge vor, sind diese zu priorisieren. Hierfür sind objektive Kriterien (zum Beispiel Kosten der Lösung, Nachhaltigkeit des Lösungsansatzes, Fristigkeit der Umsetzung) heranzuziehen (gegebenenfalls muss die Führungskraft diese Kriterien entwickeln und mit den Konfliktparteien abstimmen).

4. *Entscheidungen treffen*: Auch wenn sich am Ende der Bewertungsphase ein geeigneter Lösungsansatz abzeichnet, müssen sich die beteiligten Konfliktparteien noch einmal klar zu diesem Ansatz bekennen: Jede Partei muss sich offiziell zur Einhaltung der gefundenen Lösung bekennen.

5. *Entscheidung ausführen*: Es muss zwischen den Konfliktparteien verabredet werden,
   - wer,
   - was,
   - bis wann

6. erledigt. Nicht im Fokus der Diskussion sollte die Frage stehen, was passiert, wenn sich eine Konfliktpartei *nicht* an einen Lösungsvorschlag hält. Das Konfliktgespräch sollte mit dem positiven Gefühl enden, eine Lösung gefunden zu haben, nicht mit der negativen Aussicht darauf, dass etwas nicht umgesetzt werden könnte.

7. *Einhaltung überwachen*: Es liegt in der Verantwortung der Führungskraft, im Nachgang des Konfliktlösungsgespräches zu überwachen, ob sich alle Parteien an die verabredete Lösung halten. Dazu kann sie die Konfliktparteien regelmäßig zu sich einladen, sodass jeder aus seiner Perspektive hierüber berichten kann. Gegebenenfalls muss die Konfliktlösung nachjustiert werden, sodass einzelne Schritte aus diesem Konfliktlösungsprozess wieder aufgegriffen werden.

Zur Sicherung effizienter Teamarbeit stehen dem Teammanager also die themenzentrierte Interaktion und das Konfliktmanagement als Werkzeuge zur Verfügung. Während Ersteres dabei die reibungslose Teamarbeit sicherstellen soll, ist Letzteres dafür geeignet, durch Konflikte ins Stocken geratene Teamarbeit wieder zu beleben. Damit liegen Ansätze für die Gestaltung positiver wie negativer Ausprägungen von Teamarbeit vor. Es fehlt allerdings noch ein Ansatz, um die Leistungsfähigkeit eines Teams zu steigern und das Team zu einem höheren Leistungsniveau zu führen. Auch das sollte Aufgabe eines Teammanagers sein.

Teamentwicklung

Während die in Abschn. 4.2.2 vorgestellte transformationale Führung das Ziel verfolgt, den einzelnen Mitarbeiter in individuellem Führungskontext auf eine höhere Leistungsstufe zu bringen, soll dies im Rahmen der Teamarbeit in diesem Abschnitt durch *Teamentwicklung* erreicht werden. Comelli und Rosenstiel verstehen unter Teamentwicklung „das, was im Bereich des Sports eine unbestrittene Selbstverständlichkeit ist: Will dort eine Mannschaft Höchstleistungen erzielen, erfordert dies, dass alle Teammitglieder zusammen mit ihrem bzw. einem Trainer hart, intensiv und regelmäßig daran arbeiten, das Zusammenspiel zu verbessern, erkannte Fehler auszumerzen, den Mannschaftsgeist zu festigen und die Leistungsmotivation zu fördern." (2009, S. 219 f.). Sie verstehen Teamentwicklung dabei als einen *moderierten Prozess* des *gemeinsamen Lernens* auf Basis *aktueller, konkreter Probleme*, um von diesen Problemen ausgehend die aktuelle und zukünftige Zusammenarbeit des Teams zu verbessern (vgl. Comelli und Rosenstiel 2009, S. 229). Es geht also nicht um eher theorieorientierte Schulungen, sondern um das gemeinsame Arbeiten an Problemen im Rahmen von Workshops (vgl. Tab. 4.2). Und auch wenn aktuelle, konkrete Probleme im Fokus der Teamentwicklung stehen, sind sie doch nur *ein* Aspekt einer Teamentwicklung: Im Zuge einer konkreten Problemlösung werden nämlich nicht nur die *fachlich-methodischen* Kompetenzen der Teammitglieder adressiert und gestärkt, sondern auch die *persönlich-soziale* Kompetenzebene findet implizit oder über explizite Übungen, etwa weil bei der fachlichen Problemlösung Defizite in den sozialen Teamkompetenzen deutlich werden, Berücksichtigung.

Auch wenn das Konfliktmanagement und die Teamentwicklung durchaus Parallelen aufweisen (beide zielen auf die Verbesserung der Zusammenarbeit von Teams ab), hat das Konfliktmanagement eher einen *kurzfristig-vergangenheitsorientierten* Charakter (latente oder akute Konflikte aus der Vergangenheit sollen gelöst werden), die Teamentwicklung eher einen *mittelfristig-zukunftsorientierten* Charakter (Teamkompetenzen sollen ausgehend von aktuellen Problemen verbessert werden, um die zukünftige Effizienz eines Teams zu steigern). Bei der Teamentwicklung liegt die Verantwortung der Führungskraft vor allem darin festzustellen, *wann* eine Teamentwicklungsmaßnahme notwendig wird, und diese dann sowohl zu *planen* (in Bezug auf die Ziele und Methoden der Maßnahme sowie in Bezug auf ihre Organisation) als auch *durchzuführen*. Normalerweise sollte die Führungskraft dabei die Rolle des *Moderators* der Teamentwicklungsmaßnahme übernehmen. Ist sie allerdings selber stark in die Teamarbeit involviert oder sind besondere methodische Fähigkeiten zur Moderation der Maßnahme nötig, kann auf einen anderen Moderator, entweder aus dem Unternehmen (in der Regel aus der Personalabteilung) oder von extern, zurückgegriffen werden.

Gefahren der starken Gemeinschaftsorientierung

Auf der Seite der Gefahren, die mit der hohen Bedeutung des Arbeitens in Teams für die Generation Y einhergehen, sind vor allem zwei Aspekte zu nennen: erstens die von Hurrelmann und Albrecht (2014, S. 196) ins Feld geführte starke *Ich-Bezogenheit* der Generation Y in Bezug auf ihre berufliche Position. Diese Ich-Bezogenheit könne zuweilen

Tab. 4.2 Differenzierende Merkmale von Teamentwicklung im Vergleich zur traditionellen Schulung. (Quelle: Comelli und Rosenstiel 2009, S. 221)

	Teamentwicklung (TE)	Traditionelle Schulung
Wer?	Echte „Organisationsfamilien" (organizational families), also kleine Organisationseinheiten wie (a) Arbeitsgruppen (b) Projektgruppen	Teilnehmer aus verschiedenen Bereichen einer Organisation (oder sogar aus mehreren Organisationen), die in der Regel nicht ständig und nicht unmittelbar miteinander zu tun haben
Was?	Konkrete Probleme der täglichen und auch zukünftigen Zusammenarbeit in und/oder zwischen Gruppen (a) Sachprobleme (b) Kommunikationsprobleme (c) Kooperationsprobleme	Ein bestimmter, vorgegebener Lernstoff; Schwerpunkt: Vermittlung von theoretischem Wissen
Wie?	Aktive und transparente Aktivierung der unmittelbar Beteiligten/Betroffenen für einen moderierten Problemlösungs- beziehungsweise Optimierungsprozess	Absolvieren eines vorstrukturierten Lehrplanes bestehend aus verschiedenen Fachlektionen und aus (je nach verfügbarer Zeit) einzelnen Übungen, Fallbeispielen, evtl. auch Simulationen
Wann?	Mehrere Durchgänge: rollierender Prozess experimentellen Lernens	Punktuell, oft nur einmalige Maßnahme oder aber eine Kette von mehreren Veranstaltungen, bis der gesamte Stoff vermittelt ist
Wo?	Beginnend am Arbeitsplatz, danach auch extern als Klausur (Workshop)	Extern in einem Seminarhotel oder in einer Bildungseinrichtung
Warum?	(a) Zur Steigerung der Leistungsfähigkeit von Gruppen bei der Erreichung ihrer Ziele und bei der Bewältigung ihrer Probleme und (b) zur Verbesserung der Arbeitsqualität für die Gruppenmitglieder	Aufbau von notwendigem Wissen und Kenntnissen; in begrenztem Maße auch Erwerb und erstes Einüben von bestimmten Fertigkeiten

sogar narzisstische Züge annehmen. Dann erfolgt die Bewertung der Arbeit von Teams aus einer individuell-utilitaristischen Perspektive: Nicht der Nutzen der Teamarbeit für die Teammitglieder, die Abteilung beziehungsweise den eigenen Bereich oder gar das Gesamtunternehmen steht im Vordergrund, sondern lediglich der Nutzen für die Karriere der Führungskraft. Zweitens besteht die Gefahr, dass die Generation Y die Potenziale von Teams systematisch überbewertet, weil sie mit dem Arbeiten in Teams aufgewachsen ist und sich aufgrund ihrer starken Gemeinschaftsorientierung weniger als Einzelkämpfer, sondern eher als Teamplayer begreift. Eine solche systematische Überbewertung führt dann dazu, dass eine Führungskraft davon ausgeht, dass Teams bessere Ergebnisse erzielen als Einzelpersonen, auch wenn es spezifische Aufgaben gibt, für deren Bearbeitung Einzelpersonen deutlich besser geeignet sind als Teams (zum Beispiel stark strukturierte und standardisierte Aufgaben, vgl. Comelli und Rosenstiel 2009, S. 199). Es besteht also die Gefahr, dass Teampotenziale tendenziell *überbewertet* werden.

Die von Hurrelmann und Albrecht (2014) thematisierte Gefahr, die Generation Y könnte den Nutzen von Teams ausschließlich in Bezug auf ihren Beitrag für die eigene Karriere bewerten, erachten wir als weniger dramatisch. Der Grund: Die Vorliebe der Generation Y für Teamarbeit dürfte schwerer wiegen als ihre Ich-Bezogenheit und ihr Karrierekalkül. Schließlich haben wir kein persönliches Wesensmerkmal der Generation Y identifizieren können, das als *hohes Maß an Egoismus* oder *hohes Maß an Opportunismus* zu bezeichnen wäre und aus dem eine Instrumentalisierung der Teamarbeit rein für die eigenen Zwecke resultieren würde. Wohl aber haben wir eine *starke Gemeinschaftsorientierung* als wesenseigen identifiziert, aus der sich eine Vorliebe für Teamarbeit schlüssig ableiten lässt. Warum befassen wir uns dann dennoch mit den Auswirkungen einer relativ unwahrscheinlichen Bedrohung, nämlich der Möglichkeit, die Generation Y könnte Teamarbeit rein für egoistische und opportunistische Zwecke missbrauchen?

Der Erfolg der Arbeit als Führungskraft hat in hohem Maße auch damit zu tun, wie gut ihr *Rückhalt bei ihren Mitarbeitern* ist. Haben Mitarbeiter den Eindruck, dass sich ihre Führungskraft grundsätzlich loyal und solidarisch vor oder hinter sie stellt, führt dies zu einem hohen Maß an Vertrauen – nach Malik (2007, S. 144 f.) eine der wichtigsten Grundlagen für erfolgreiche Führung. Die Instrumentalisierung von Teams zugunsten der eigenen Karriere zerstört Vertrauen und steht guter Führung damit diametral entgegen. Und da es uns darum geht, einen Beitrag zu *guter Führung* zu leisten, müssen wir die potenzielle, wenn auch unwahrscheinliche, Gefahr der Instrumentalisierung von Teams betrachten.

Die Tendenz zur Instrumentalisierung von Teams ist dann besonders groß, wenn eine Führungskraft vor allem die Sachergebnisse eines Teams vor Augen hat und diese Sachergebnisse sich zum persönlichen Nutzen der Führungskraft auswirken können (zum Beispiel die wiederholte Übererfüllung von Abteilungs- oder Bereichszielen und damit

Abb. 4.13 Führungsstile des Ohio-State-Leadership-Quadranten

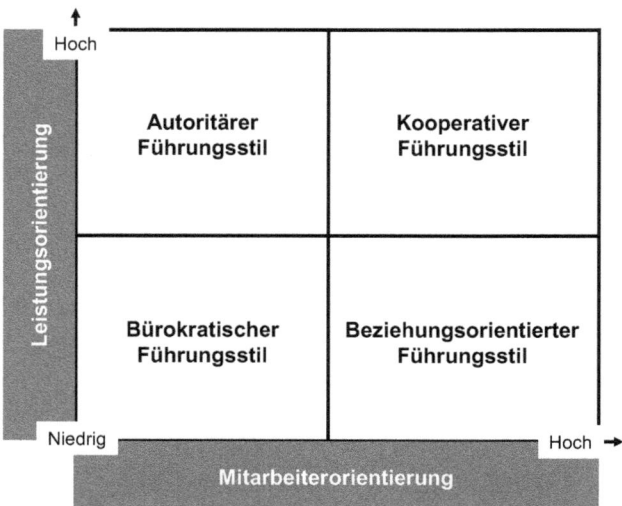

verbundene Karriereaussichten). Schafft eine Führungskraft es allerdings, Sachnutzen und Menschen voneinander zu trennen, fällt es ihr schwerer, in der Arbeit von Teammitgliedern ausschließlich den eigenen Nutzen zu sehen: Wird der Mensch gesehen und als solcher gewürdigt und wertgeschätzt, sinkt die Gefahr, in Egoismus und Opportunismus zu verfallen. Wie dies gelingen kann, zeigt uns die *Ohio-Führung* (vgl. Abb. 4.13).

Ohio-Führung

Die *Ohio-Führung* baut auf den in den 1950er-Jahren durchgeführten *Ohio-Studien* zur Führung auf. Bei einer Vielzahl empirischer Untersuchungen wurde versucht, erfolgreiche von weniger erfolgreicher Führungsarbeit zu unterscheiden, wobei zwei für erfolgreiche Führung relevante Dimensionen identifiziert wurden: Leistungsorientierung und Mitarbeiterorientierung. Letztere betrifft die positive Gestaltung der individuellen Beziehung zwischen Führungskraft und Mitarbeiter (zur Leistungsorientierung vgl. unsere Ausführungen in Abschn. 4.2.2).

Der Ohio-State-Leadership-Quadrant unterscheidet insgesamt vier Führungsstile, je nachdem, ob Leistungs- und Mitarbeiterorientierung hoch oder niedrig ausgeprägt sind:

- den *bürokratischen* Führungsstil bei gering ausgeprägter Leistungs- und Mitarbeiterorientierung,
- den *autoritären* Führungsstil bei hoch ausgeprägter Leistungs-, aber gering ausgeprägter Mitarbeiterorientierung,
- den *beziehungsorientierten* Führungsstil bei gering ausgeprägter Leistungs-, aber hoher Mitarbeiterorientierung sowie
- den *kooperativen* Führungsstil bei stark ausgeprägter Leistungs- und Mitarbeiterorientierung.[18]

Sowohl Leistungs- als auch Mitarbeiterorientierung sollten, so der aktuelle Erkenntnisstand, stark ausgeprägt sein, damit Führung erfolgreich sein kann (vgl. Stock-Homburg 2010, S. 507 f.), es sollte also nach dem kooperativen Stil geführt werden. Allerdings steht im Folgenden nicht dieser Stil im Fokus unserer Ausführungen, sondern ein Ansatz, den wir den Ohio-Studien folgend als *Ohio-Führung* bezeichnen. Dieser Führungsstil differenziert konsequent zwischen *Leistung* und der *Person, die eine Leistung erbringt*, sodass eine gute oder schlechte Leistung den Blick der Führungskraft auf den Mitarbeiter als Menschen nicht beeinflusst und umgekehrt. Die *Ohio-Führung* repräsentiert also eine Führungsüberzeugung, die Menschen und Sachnutzen (also die Leistung eines Mitarbeiters) differenziert betrachtet. Und *Grundlage* dieser Überzeugung sollte ein stets wertschätzender Umgang zwischen Führungskraft und Mitarbeiter sein – nur so kann nachhaltig eine hohe Mitarbeiterorientierung gewährleistet werden (vgl. hierzu unsere

---

[18] Große Parallelen zu diesem Ansatz weist das Führungsverhaltensgitter von Blake und Mouton auf (vgl. Abb. 3.21 sowie Stock-Homburg 2010, S. 513).

Ausführungen zum Werkzeug *Wertschätzung* in Abschn. 4.2.2).[19] Gute Führung heißt für uns also Führung nach dem Ohio-Prinzip und damit Trennung von Mensch und Sachnutzen. Dieser Prämisse sollte eine Führungskraft der Generation Y stets folgen.

Richtiger Einsatz von Teams

Die Generation Y neigt aufgrund ihrer Vorliebe für Teamarbeit dazu, *Teampotenziale überzubewerten*. Tendenziell wird eine Führungskraft aus der Generation Y daher eine Aufgabe eher an ein Team als an eine Einzelperson vergeben, weil sie sich dadurch eine effizientere Aufgabenbearbeitung erhofft. Allerdings müssen einige Voraussetzungen erfüllt sein, damit eine Gruppe eine Aufgabe besser erfüllt als Einzelpersonen. Comelli und Rosenstiel (2009, S. 197 ff.) schlagen hierzu einige Kriterien vor, um die Angemessenheit des Einsatzes von Teams zu reflektieren.

1. Generell, so die Einschätzung von Comelli und Rosenstiel (2009), ist der Einsatz von Teams dann sinnvoll, wenn es sich bei der zu bewältigenden Aufgabe um eine *Schätzaufgabe*, eine *größere Problemlöseaufgabe* oder die *Kontrolle von Spezialisten* handelt. Eine Schätzaufgabe zeichnet sich dadurch aus, dass keine exakten Berechnungsmuster oder Formeln zur Verfügung stehen und dass man sich einem Ergebnis daher mit Erfahrungswissen nähern muss. Eine Gruppe verfügt zum einem über mehr Erfahrungswissen als eine Einzelperson und bietet zum anderen die Möglichkeit, Erfahrungswissen zu kombinieren und in Bezug auf das zu lösende Problem weiterzuentwickeln. Dieser Grund, die zielgerichtete Kombination von Wissen, führt auch dazu, dass größere Problemlöseaufgaben von Gruppen erledigt werden sollten. Schließlich ist auch die Kontrolle von (einem oder mehreren) Spezialisten besonders für Gruppenarbeit geeignet, da die unterschiedlichen Gruppenmitglieder die von Spezialisten vorgeschlagenen Lösungen aus verschiedenen Perspektiven kritisch hinterfragen können – vielfältiger, als eine Einzelperson dies könnte.

2. Neben der Aufgabeneignung sind auch *passende Rahmenbedingungen* Voraussetzung für Gruppenarbeit. Hier geht es vor allem um zeitliche, räumliche sowie materielle Voraussetzungen, die ein effektives Arbeiten in Gruppen ermöglichen beziehungsweise befördern müssen. In der Regel ist Gruppenarbeit zeitaufwändiger als Einzelarbeit. Außerdem ist sie weniger flexibel, da alle Gruppenmitglieder zur selben Zeit arbeiten müssen. Geeignete Räumlichkeiten für ungestörtes Arbeiten sind ebenso notwendig wie eine passende Infrastruktur und materielle Ausrüstung.

3. Damit Gruppen überhaupt effektiv arbeiten können, müssen sich die Gruppenmitglieder koordinieren. Die Komplexität einer Gruppe nimmt mit der Zahl ihrer Mitglieder exponentiell zu, sodass mit zunehmender Gruppengröße immer ausgeprägtere *Kommunikations- und Arbeitstechniken* notwendig sind. Zumindest ein, bestenfalls mehrere oder alle Gruppenmitglieder sollten in diesen Techniken geschult sein.

---

[19] Auf die Notwendigkeit einer hohen Leistungsorientierung sei an dieser Stelle nicht weiter eingegangen, da diese der Generation Y wesenseigen und damit für sie selbstverständlich ist.

4. Schließlich müssen die Gruppenmitglieder professionell zusammenarbeiten können. Latente oder manifeste Konflikte zwischen einzelnen Mitgliedern hemmen deren Zusammenarbeit, sodass Konfliktfreiheit sowohl Voraussetzung als auch fortlaufende Bedingung für effektive Gruppenarbeit ist (vgl. hierzu auch unsere Ausführungen zum Konfliktmanagement in Abschn. 3.2.4).

Diese vier Aspekte können als *notwendige Voraussetzungen* für den Einsatz von Gruppenarbeit erachtet werden: Sie sollten auf jeden Fall erfüllt sein. Als *hinreichende Voraussetzungen* sollten folgende Bedingungen möglichst gut erfüllt sein:

1. Eine bestimmte Gruppengröße sollte nicht überschritten werden (oft ist eine Gruppengröße von fünf bis sieben Personen optimal).
2. Die Gruppenmitglieder sollten ein möglichst großes individuelles Interesse an der zu bearbeitenden Aufgabe haben und in der Lage sein, die Aufgabe aus möglichst vielen Perspektiven zu betrachten (fachliche oder methodische Heterogenität der Gruppe).
3. Die Gruppenmitglieder sollten eine möglichst einheitliche und allgemein verständliche Sprache nutzen.
4. Die Arbeit der Gruppe sollte sich nach möglichst expliziten, konkreten und vor Beginn der Gruppenarbeit verabschiedeten Regeln richten (vgl. hierzu auch unsere Ausführungen zur themenzentrierten Interaktion in diesem Abschnitt).
5. Möglichst viele Gruppenmitglieder sollten zur Moderation der Gruppenarbeit in der Lage sein (und die Gruppenmitglieder sollten sich dann bei dieser Aufgabe abwechseln).

Sind diese notwendigen und hinreichenden Bedingungen erfüllt, liegen eine hohe Eignung und ein hohes Leistungspotenzial von Gruppenarbeit vor.

Gruppenkohäsion steuern

Eine bedeutendere Gefahr, die aus der starken Gemeinschaftsorientierung der Generation Y resultiert, ist die bereits angesprochene *Überbewertung von Teampotenzialen*: Nicht jede Aufgabe wird besser im Team erledigt, sondern eine Vielzahl an Aufgaben eignet sich eher zur Erledigung durch eine Einzelperson (vgl. Comelli und Rosenstiel 2009, S. 197). Um ein Gegengewicht zu der tendenziell positiven Sicht auf Teamarbeit zu bekommen, sollte sich eine Führungskraft aus der Generation Y daher deutlich machen, welche negativen Auswirkungen gruppendynamische Prozesse, die immer ein Bestandteil von Teamarbeit sind, haben können. Hierzu haben wir in Abschn. 3.2.4 bereits folgende fünf Auswirkungen gruppendynamischer Prozesse kennengelernt:

1. *Gruppendruck*: mit der Folge der Unterordnung Einzelner unter die Mehrheitsmeinung,
2. *Groupthink*: Entwicklung einer homogenen Meinung innerhalb einer Gruppe und systematische Überschätzung der Fähigkeiten der Gruppe,

3. *Risikoverschiebung*: Unterschätzung von Risiken,
4. *Nivellierungseffekt*: Angleichung von Leistungen an eine mittlere Leistungsausprägung sowie die
5. *In-Group-Out-Group-Problematik*: Diskriminierung von Personen außerhalb der eigenen Gruppe auf Basis vorgeschobener Gründe.

Allen diesen Aspekten gemein ist, dass die Gruppen, in denen sie auftreten, über eine hoch ausgeprägte *Gruppenkohäsion* verfügen. Darunter ist das Ausmaß des Zusammenhaltes oder Wir-Gefühls einer Gruppe zu verstehen (vgl. Wiswede 2012, S. 106). Je höher die Gruppenkohäsion, desto eher neigt eine Gruppe dazu,

- Leistungen zu nivellieren,
- rigide Erwartungen an das Verhalten der Gruppenmitglieder zu entwickeln,
- sich intolerant gegenüber Abweichlern zu verhalten,
- Innovationen abzulehnen und Kreativität zu verringern sowie
- sich gegenüber Außenstehenden abzuschotten, wobei diese Abschottung sogar zu einer Diskriminierung anderer Gruppen, insbesondere, wenn diese ähnliche Merkmale haben, führen kann (vgl. Wiswede 2012, S. 107).

Dreh- und Angelpunkt negativer Gruppendynamiken ist also das Ausmaß an Gruppenkohäsion. Die Schwierigkeit für eine Führungskraft ist es nun, diese Gruppenkohäsion so zu steuern, dass Gruppen zwar ihre positiven Leistungspotenziale entfalten können, negative gruppendynamische Prozesse jedoch limitiert werden, sodass insgesamt die Chancen der Gruppenarbeit ihre Nachteile überwiegen. Hierzu sollte eine Führungskraft konkrete Maßnahmen ergreifen (vgl. das Werkzeug: Maßnahmen gegen negative Auswirkungen von Gruppenkohäsion).

Werkzeug: Maßnahmen gegen negative Auswirkungen von Gruppenkohäsion

Um die negativen Auswirkungen von Gruppenkohäsion zu minimieren, sollte eine Führungskraft zunächst auf *Aufklärung* setzen: Gruppendynamische Prozesse und ihre Auswirkungen auf Zusammenhalt und Produktivität sind in der Regel keine von den Gruppenmitgliedern bewusst herbeigeführten Entwicklungen, sondern sie sind sogenannte *Emergenzen*. Als Emergenz kann generell eine Eigenschaft oder Verhaltensweise eines Systems betrachtet werden, die aufgrund des Zusammenwirkens der Systemmitglieder entsteht, ohne dass die Systemmitglieder diese Eigenschaft oder Verhaltensweise herbeiführen wollten. In Bezug auf Gruppen kann etwa die systematische Unterschätzung von Risiken als Emergenz angesehen werden: Sie entsteht nicht, weil die Gruppenmitglieder Risiken unterschätzen wollen, sondern weil sie sich im Gruppenkontext besonders sicher fühlen, was auf ihre Risikobewertung abstrahlt. Die erste Aufgabe einer Führungskraft muss es also sein, Gruppenmitglieder generell darüber zu informieren, dass Gruppen ein guter Nährboden für (nicht immer positive) Emergenzen sind und mit welchen spezifischen Emergenzen (Gruppendruck, Groupthink,

Risikoverschiebung, Nivellierungseffekt, In-Group-Out-Group-Problematik) zu rechnen ist. Die Aufklärung von Gruppen hat damit eine *präventive Funktion*.

Zweitens sollte eine Führungskraft das Verhalten einer Gruppe genau beobachten und reagieren, wenn die Gruppe eine *Subkultur* herausbildet. Eine Subkultur unterscheidet sich dahingehend merkbar von der Unternehmens-, Bereichs- oder Abteilungskultur, dass sie eine andere Sprache (bis hin zu Insider-Sprüchen) verwendet, die nur sie versteht und zunehmend solche Verhaltensweisen im Umgang miteinander oder mit anderen zeigt, die von der restlichen Kultur abweichen. In einem solchen Fall sollte die Führungskraft darüber nachdenken,

- entweder die Aufgaben- und Verantwortungsverteilung innerhalb der Gruppe zu verändern oder
- die Gruppenzusammensetzung zu ändern oder
- die Gruppe ganz aufzulösen,

je nachdem, wie stark die Subkultur ausgeprägt ist. Eine solche bewusst herbeigeführte *Störung* der Gruppenstruktur führt in der Regel zu einer Abschwächung der Subkultur. Eine Neuordnung beziehungsweise Auflösung von Gruppen hat damit eine *reaktive Funktion* bei der Kohäsionssteuerung.

Insgesamt sollte den Mitarbeitern einer Abteilung oder eines Bereiches klar sein, dass eine Führungskraft konsequent auf negative Auswirkungen von Gruppendynamik reagieren wird und dass sie feste Gruppenstrukturen nur so lange akzeptiert, wie diese keine negativen Auswirkungen auf die Produktivität oder Motivation der Gruppe als Ganzes oder einzelner Mitglieder haben wird.

Insgesamt bringt die starke Gemeinschaftsorientierung der Generation Y große Chancen mit sich, weil sie Teamarbeit besonders betont und sich daraus enorme Produktivitäts- und Synergiepotenziale ergeben. Diese Chancen können sich allerdings nur dann voll entfalten, wenn die Gefahren – die Ausnutzung von Teampotenzialen rein für eigene Zwecke sowie eine potenzielle Überbewertung von Teampotenzialen – gesehen und kontrolliert werden.

4.2.5 Führung auf Basis eines hohen Maßes an Flexibilität

Typisch für die Generation Y ist neben den bisher angeführten Eigenschaften auch ein hohes Maß an *Flexibilität* (vgl. Abb. 4.14). Sie ist in einer Zeit aufgewachsen, in der politische, wirtschaftliche und soziale Umbrüche an der Tagesordnung waren (vgl. Abschn. 2.2.5). Die Mitglieder der Generation Y haben gelernt, mit diesen Umbrüchen zu leben und aktiv mit ihnen umzugehen, woraus ihr hohes Maß an Flexibilität resultiert: Sie ist in der Lage, sich an neue Rahmenbedingungen schnell und zielgerichtet anzupassen.

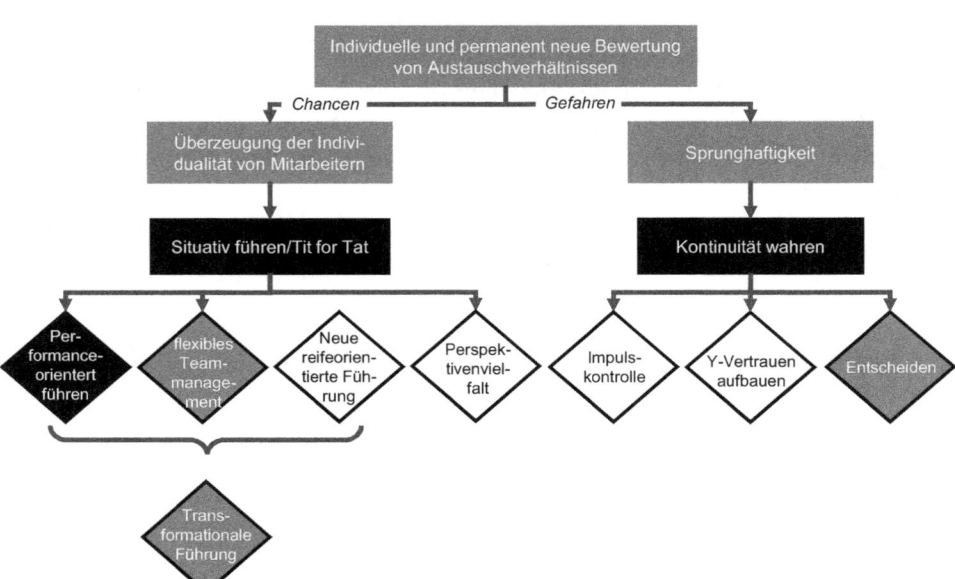

Abb. 4.14 Logik des Abschnittes „Führung auf Basis eines hohen Maßes an Flexibilität"

Das hohe Maß an Flexibilität wirkt sich insofern auf die Arbeit einer Führungskraft aus der Generation Y aus, als sie Austauschverhältnisse *individuell* und *permanent neu* bewertet. Eine Führungskraft-Mitarbeiter-Beziehung als *Austauschverhältnis* zu verstehen, geht auf einen Forschungszweig der Betriebswirtschaftslehre zurück, der seinen Ursprung mit den Arbeiten von March, Simon, Bernard oder Homans in den späten 1950er-Jahren hat (vgl. Stock-Homburg 2010, S. 57 ff.). Die Forscher betrachten Arbeitsverhältnisse generell als Austauschbeziehungen: ein gegenseitiges *Geben und Nehmen*. Der Arbeitgeber gibt bestimmte *Anreize* an den Mitarbeiter (etwa die Zahlung eines Gehalts oder das Loben besonderer Leistungen), welche dieser mit einer bestimmten Ausprägung an Arbeitsleistung und Arbeitseinstellung *honoriert*. Die Stabilität eines Austauschverhältnisses hängt davon ab, wie stark die vom Arbeitgeber geleisteten Anreize den Erwartungen des Arbeitnehmers entsprechen und welche alternativen Möglichkeiten dieser hat, Anreize effizienter zu erlangen (etwa indem er ein Austauschverhältnis mit einem anderen Arbeitgeber eingeht).

Die Schwierigkeit, Erkenntnisse der austauschtheoretischen Forschung in der Praxis umzusetzen, besteht einerseits darin, dass jeder Mitarbeiter die Qualität eines Austauschverhältnisses *unterschiedlich* bewertet. Denn wie zufrieden ein Mitarbeiter ist, hängt von seinen individuellen Erwartungen und seinen spezifischen alternativen Jobchancen ab. Das Problem einer Führungskraft besteht nun darin, jedes Austauschverhältnis ebenfalls individuell zu bewerten, das heißt, jeden Mitarbeiter in der Führungskraft-Mitarbeiter-

Beziehung als *einzigartig* zu betrachten. Damit ist nicht nur die Schwierigkeit verbunden zu *erkennen*, wie ein Mitarbeiter sein Verhältnis zum Arbeitgeber bewertet, sondern auch die *Vielzahl* an unterschiedlichen Verhältnissen (nämlich so viele, wie eine Führungskraft Mitarbeiter hat) zu überblicken. Hinzu kommt eine hohe Wahrscheinlichkeit, dass sich die Bewertung eines Austauschverhältnisses durch den Arbeitnehmer *verändert*: Gewöhnungseffekte oder autonom steigende Bedürfnisse können dazu führen, dass ein Mitarbeiter ein und dasselbe Austauschverhältnis in einem Jahr als positiv, zwei Jahre später als negativ bewertet. Andererseits besteht damit eine Schwierigkeit darin, die *Dynamik* in der Bewertung von Austauschverhältnissen nachzuverfolgen.

Wie bereits angesprochen, bringt die Generation Y durch ihr hohes Maß an Flexibilität gute Voraussetzungen mit, mit den genannten Schwierigkeiten umzugehen: Sie ist in der Lage, Austauschverhältnisse individuell und permanent neu zu bewerten. Allerdings sind mit dieser Fähigkeit nicht nur Chancen verbunden, sondern mit ihr gehen auch Risiken einher, die wir im Folgenden betrachten und für deren Umgang wir passende Werkzeuge vorschlagen.

Chancen des hohen Maßes an Flexibilität

Die wohl bedeutendste Chance, die aus dem hohen Maß an Flexibilität resultiert, ist die Überzeugung der Generation Y, dass jeder Mensch und damit jeder ihrer Mitarbeiter *einzigartig* ist. Diese Überzeugung der Individualität von Mitarbeitern ist notwendige Voraussetzung für zwei grundsätzliche Führungsprinzipien, die wir schon kennengelernt und als essenziell für gute Führung befunden haben: das Prinzip *Tit for Tat* sowie die situative Führung – beides Aspekte, die wir bei der Betrachtung der Generation Y als Mitarbeiter kennengelernt haben, aber gleichermaßen empfehlen, wenn die Generation Y Führungskraft ist.[20]

Tit for Tat haben wir als ein Führungsprinzip kennengelernt, welches das Verhalten der Führungskraft vom Verhalten des Mitarbeiters abhängig macht: Konstruktives Mitarbeiterverhalten, also ein Verhalten im Sinne der Abteilungs-, Bereichs- oder Unternehmensziele, führt dazu, dass die Führungskraft dem Mitarbeiter viele Freiräume gewährt, die dieser selbstständig füllen kann. Auf ein Mitarbeiterverhalten, das den Abteilungs-, Bereichs- oder Unternehmenszielen widerspricht, reagiert die Führungskraft mit einer strikteren Führung in Form von stärkerer Delegation und Überwachung von Einzelaufgaben (vgl. Abschn. 3.1.1). Als *situative Führung* haben wir ein Führungsprinzip kennengelernt, das das Führungsverhalten, insbesondere den Einsatz spezifischer Führungswerkzeuge, flexibel von der jeweiligen Konstellation aus Eigenschaften von Führungskraft und Mitarbeiter sowie Führungssituation (Aufgabe, Zielsetzung, Rahmenbedingungen etc.) abhängig macht (vgl. Abschn. 3.2). Die im Folgenden vorgestellten Werkzeuge basieren auf den

---

[20] Bislang haben wir diese Prinzipien bei der Führung der Generation Y (als Mitarbeiter) kennengelernt, halten sie allerdings in einem dynamischen und flexiblen Kontext wie dem Führen von Mitarbeitern für so leistungsstark, dass wir sie auch hier, bei der Führung durch die Generation Y, anwenden. Diese Prinzipien stellen damit für uns *universelle Führungsprinzipien* dar.

Prinzipien des Tit for Tat und der situativen Führung: In welcher Form sie anzuwenden sind, hängt vom Mitarbeiterverhalten (konstruktiv oder nicht) sowie von den situativen Rahmenbedingungen ab. Nur so können diese Werkzeuge ihre maximale Wirkung entfalten. Und die Generation Y ist aufgrund ihres hohen Maßes an Flexibilität für diese flexible Handhabung der Führungswerkzeuge prädestiniert.

Performanceorientiertes Führen

Die performanceorientierte Führung haben wir als Werkzeug bereits in Abschn. 4.2.2 vorgestellt, als die hohe Leistungsorientierung der Generation Y im Fokus stand. Dabei haben wir differenziert zwischen der Führung von High-, Normal- und Low-Performern nach unterschiedlichen Grundsätzen, wobei das einheitliche Ziel darin bestand, alle Performer auf eine *höhere Leistungsstufe* zu bringen – ein Ansatz, den wir als *transformationale* Führung bezeichnet haben. Die in Abschn. 4.2.2 gemachten Aussagen gelten für die Führung auf Basis eines hohen Maßes an Flexibilität gleichermaßen. Sie werden hier allerdings durch die Werkzeuge des *flexiblen Teammanagements* sowie der *neuen reifeorientierten Führung* ergänzt.

Flexibles Teammanagement

Das *Teammanagement* haben wir als einen von fünf Führungsstilen im Führungsverhaltensgitter von Blake und Mouton zur Führung der Generation Y (als Mitarbeiter) kennengelernt (vgl. Abschn. 3.2.6). Es ist der Führungsstil, der eine *hohe Sach-* und eine *hohe Personenorientierung* miteinander vereint. Die Aufgabe der Führungskraft ist es im Rahmen des Teammanagements also, sich mit ihrem Mitarbeiter als Mensch *und* dessen Aufgaben intensiv zu befassen, sodass ein fachlicher und menschlicher Austausch auf Augenhöhe möglich wird. Im Fokus der Führungsarbeit stehen dadurch Mitwirkung und Mitverantwortung der Mitarbeiter, eine hohe Zielorientierung sowie eine strikte Ursachenorientierung bei Konflikten.

Das Teammanagement ist trotz seines hohen zeitlichen Aufwands auch für die Führung durch die Generation Y ratsam, weil es Mensch und Aufgabe gleichermaßen würdigt. Schon aus der von uns empfohlenen Ohio-Führung (vgl. Abschn. 4.2.4), bei der wir auf die Notwendigkeit der getrennten Würdigung von Mensch und Leistung eingegangen sind, ergibt sich der Anspruch einer *hohen Personenorientierung* in der Führung. Eine *hohe Sachorientierung*, die im Teammanagement eine strikte Verfolgung von Abteilungs-, Bereichs- oder Unternehmenszielen bedeutet, ergibt sich aus dem Persönlichkeitsmerkmal der *starken Leistungsorientierung* und dem daraus resultierenden Performance-Management (vgl. Abschn. 3.2.2). Also: Auch für die Generation Y ist das Teammanagement *der* zu empfehlende Führungsstil. Er ist die Grundlage, auf der nach Möglichkeit *alle Mitarbeiter* geführt werden sollten.

Noch wichtiger als die Führung auf Basis einer hohen Sach- und Personenorientierung scheint uns lediglich ein Aspekt zu sein: die situative Komponente von Führung (inklusive der Notwendigkeit von Tit for Tat). Eine Abweichung vom Teammanagement kann also *im Ausnahmefall* notwendig werden. Auch hierzu haben wir bereits einige Hinweise gegeben (vgl. Abschn. 3.2.6): Eine temporäre Abweichung zu einem Führungsstil, der eine hohe Personen- und eine geringe Sachorientierung kombiniert (dem Glacéhandschuh-Management), ist in schwierigen persönlichen Phasen eines Mitarbeiters (etwa bei Krankheit oder persönlichen Schicksalsschlägen) sinnvoll. Eine temporäre Abweichung zu einem Stil, der eine geringe Personen- und eine hohe Sachorientierung kombiniert (dem Befehl-Gehorsam-Management) kann bei besonderen Unternehmensherausforderungen (etwa bestimmte Angebotsphasen, krisenhafte Entwicklungen oder ausgehend von unserer Tit-for-Tat-Philosophie nicht-konstruktives Mitarbeiterverhalten) notwendig werden (vgl. Abb. 4.15).

Bei der situativen Abweichung vom Teammanagement sollte eine Führungskraft darauf achten, dass erstens *die Gründe* für die Abweichung nachvollziehbar sind und dass zweitens *klar kommuniziert* wird, wann wieder zum Teammanagement zurückgekehrt wird. Nur so kann Vertrauen dahingehend geschaffen werden, dass die Abweichung vom Teammanagement eine situative Notwendigkeit darstellt und nicht dazu dient, zeitintensive Führungsarbeit zu rationalisieren.

Das flexible Teammanagement stellt damit *das* Werkzeug für eine Führungskraft aus der Generation Y dar, ihre Mitarbeiter grundsätzlich gleichermaßen sach- und personenorientiert zu führen sowie auf persönliche oder unternehmensspezifische Herausforderungen oder unkooperatives Mitarbeiterverhalten einzugehen.

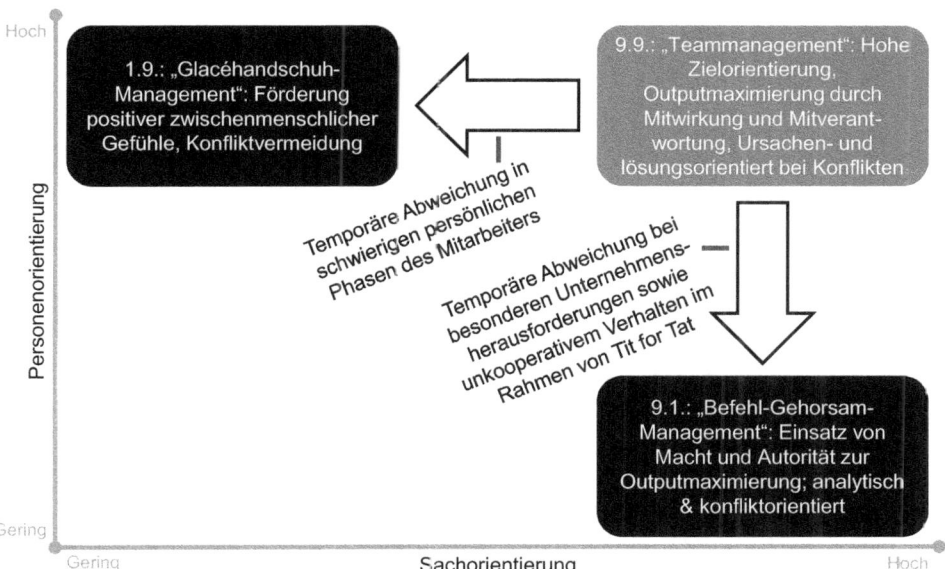

Abb. 4.15 Flexibles Teammanagement

Neue reifeorientierte Führung

Führung auf Basis eines hohen Maßes an Flexibilität sollte jedoch nicht nur dahingehend situativ sein, dass die Führungs*situation* berücksichtigt wird, sondern sie sollte auch spezifische *Eigenschaften des Mitarbeiters* berücksichtigen. Das wohl populärste Führungsmodell hierfür ist das *Reifegradmodell* von Hersey und Blanchard (1996), das die Wahl eines Führungsstils abhängig von der individuellen Reife eines Mitarbeiters macht und damit die Reife als wichtigste führungsbeeinflussende Eigenschaft eines Mitarbeiters betrachtet. Wir werden dieses Modell von Hersey und Blachard zunächst in seiner klassischen Version betrachten (vgl. Abb. 4.16) und dann für unsere Zwecke weiterentwickeln, um darüber zum Ansatz der *neuen reifeorientierten Führung* zu gelangen.

Hersey und Blanchard (1982, S. 157) unterscheiden vier Führungsstile, die abhängig von der Mitarbeiterreife eingesetzt werden sollten, wobei jeder Führungsstil zu einem von vier Reifegraden (R1 bis R4) passt. *Reife* ist für die Autoren eine bestimmte Ausprägung eines arbeitsplatzspezifischen und psychologischen Einwicklungsstandes, im Deutschen oft ungenau mit *fachlicher* und *persönlicher Reife* übersetzt. Die arbeitsplatzspezifische Reife (job maturity) steht für hoch ausgeprägte relevante Fähigkeiten und entsprechendes Fachwissen, die psychologische Reife (psychological maturity) für ein hohes Maß an Zuversicht und Engagement.

Nun haben wir uns in Abschn. 3.2.7 bereits mit der Reife von Mitarbeitern auseinandergesetzt und Reife dort ebenfalls als eine fachliche und persönliche Reife kennengelernt, für diese aber ein anderes Verständnis vorgeschlagen, als es für die deutsche Übersetzung der Reifetypen nach Hersey und Blanchard (1982) üblich ist. Daher nehmen wir für die folgenden Ausführungen eine eindeutige sprachliche Abgrenzung vor:

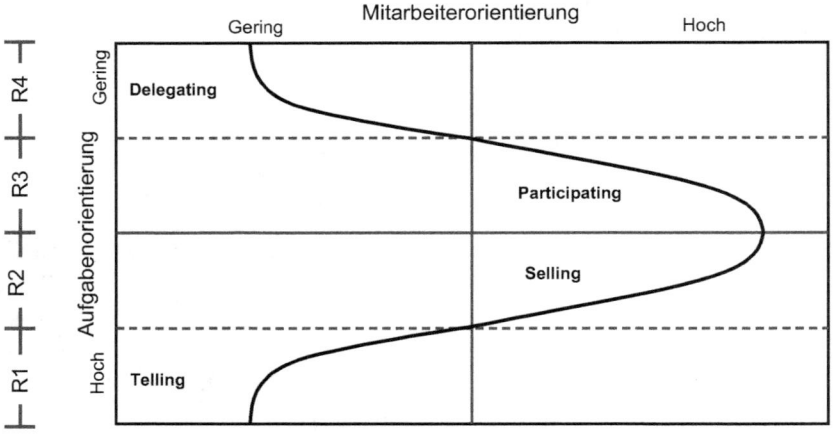

Abb. 4.16 Reifegradmodell nach Hersey und Blanchard (1996). (Quelle: in Anlehnung an Macharzina 2003, S. 498)

1. Eine hohe arbeitsplatzspezifische Reife bezeichnen wir als *fachliche Reife*, auch wenn die erfolgreiche Erfüllung von Aufgaben auf einer Stelle nicht lediglich von Fachkompetenzen, sondern auch von methodischen, sozialen und persönlichen Kompetenzen abhängt. Damit führen wird das in Abschn. 3.2.7 vertretene Verständnis fort.

2. Unter *persönlicher Reife* verstehen wir den persönlichen Entwicklungsstand eines Menschen, der sich *unter anderem* durch das Ausmaß an Engagement (eine Variable bei Hersey und Blanchard 1982) und Angemessenheit der Einschätzung eigener Fähigkeiten und Schwächen (eine in Abschn. 3.2.7 verwendete Variable), aber darüber hinaus über weitere Aspekte der Persönlichkeit bemisst. Damit bleiben wir unserem Verständnis aus Abschn. 3.2.7 treu.

3. Die psychologische Reife von Hersey und Blanchard (1982) bezeichnen wir im Folgenden als *Engagement*. Sie ist lediglich ein Teilbereich persönlicher Reife. Engagement wird stark durch aktivierende Kompetenzen, also die Fähigkeit, sich selber und andere zu motivieren, bestimmt.

Die einzelnen mit der Reifeausprägung zusammenhängenden Führungsstile seien im Folgenden dargestellt (vgl. Hersey und Blanchard 1982, S. 152 ff. sowie zu den deutschen Bezeichnungen der Führungsstile auch Macharzina 2003, S. 498 beziehungsweise Jung 2008, S. 433):

- *Telling*: Hierunter ist ein *diktierender* oder *autoritärer* Führungsstil zu verstehen. Er wird für den Fall empfohlen, dass ein Mitarbeiter über eine geringe fachliche Reife und wenig Engagement verfügt (Reifegrad *R1*). Dabei ist dieser Führungsstil durch eine gering ausgeprägte Mitarbeiterorientierung und eine hoch ausgeprägte Aufgabenorientierung gekennzeichnet: Die Führungskraft konzentriert sich auf die klare und unmissverständliche Anweisung von Aufgaben an den Mitarbeiter, ohne Berücksichtigung spezifischer Besonderheiten der Person des Mitarbeiters.

- *Selling*: Hierunter ist ein *argumentierender* oder *integrierender* Führungsstil zu verstehen, der eine hohe Mitarbeiterorientierung mit einer mittleren Aufgabenorientierung verbindet. Dieser Stil wird für Mitarbeiter mit mittlerer Reife (Reifegrad *R2*) empfohlen, bei denen typischerweise das Engagement hoch ausgeprägt ist, nicht jedoch die fachliche Reife. Um die aus dem Engagement resultierende Arbeitsmotivation nicht zu zerstören, sollten Führungskräfte Arbeitsanweisungen und -aufträge argumentativ untermauern und damit nachvollziehbar „verkaufen". Bei diesem Führungsstil steht also die Mitarbeiterorientierung im Vordergrund, um beim Verkaufen einer Aufgabe den richtigen Ton und eine für den Mitarbeiter nachvollziehbare Begründung zu finden. Eine fachlich-inhaltliche Unterstützung des Mitarbeiters findet zwar statt, aber durch die nicht vollständig ausgeprägte Aufgabenorientierung lediglich ergänzend und korrigierend, womit dem Mitarbeiter fachliche Spielräume gelassen werden.

- *Participating*: Hierunter ist ein *partizipativer* Führungsstil zu verstehen. Ebenso wie beim *Selling* weist der Mitarbeiter auch hier eine mittlere Reife auf, allerdings ergibt sich diese beim Participating aufgrund einer hohen fachlichen Reife einerseits, die mit einem niedrigen Engagement andererseits einhergeht (Reifegrad *R3*): Der Mitarbeiter ist fachlich kompetent, aber relativ unmotiviert. Daher setzt dieser Führungsstil auf Teilhabe des Mitarbeiters am Führungsprozess, wodurch seine Motivation gesteigert werden soll. Damit ist die Beziehungsorientierung hoch ausgeprägt, schließlich muss der Mitarbeiter gemäß seiner Persönlichkeit in den Führungsprozess eingebunden werden. Gleichzeitig reicht eine geringere Aufgabenausprägung als beim *Selling* aufgrund der hohen fachlichen Reife des Mitarbeiters aus.

- *Delegating*: Hierunter wird ein *delegierender* Führungsstil verstanden, der für reife Mitarbeiter empfohlen wird (Reifegrad *R4*). Reife Mitarbeiter zeichnen sich durch hohe fachliche Reife und hohes Engagement aus, weswegen sie selbstständig an delegierten Aufgaben arbeiten können. Es ist – so Hersey und Blanchard (1982) – weder eine besonders hohe Mitarbeiter- noch eine besonders hohe Aufgabenorientierung notwendig.

Das Reifegradmodell von Hersey und Blanchard (1982) ist mit einigen Schwächen konzeptioneller und pragmatischer Art verbunden. Macharzina (2003, S. 499) hinterfragt, ob die Mitarbeiterreife wirklich die einzige Einflussvariable des Führungshandelns darstelle. Außerdem würden Führungsstile willkürlich Reifegraden zugeordnet. Über den *Maturity Score* und den *LEAD-Fragebogen* (Leadership Effectiveness and Adaptability Description) bieten Hersey und Blanchard (1982) Werkzeuge zur Ermittlung von Mitarbeiterreife beziehungsweise der Fähigkeit einer Führungskraft, alle vier Führungsstile effektiv anzuwenden. Hier stellt sich die Frage nach Validität und Reliabilität solcher Messverfahren. Positiv hervorzuheben ist allerdings ohne Frage die hohe Praktikabilität des Modells, die es Führungskräften in der Praxis ermöglicht, ihr Führungsverhalten zu flexibilisieren und an individuelle Besonderheiten ihrer Mitarbeiter anzupassen. Diese hohe Praktikabilität ist auch der Grund für die hohe Verbreitung des Modells von Hersey und Blanchard. Trotz aller (richtiger) inhaltlicher Kritik: Der Erfolg gibt ihnen Recht.

Allerdings können wir uns den inhaltlichen Ausführungen des klassischen Reifegradmodells nicht vollends anschließen. Dies hat im Kern zwei Gründe:

1. Hersey und Blanchard (1982) empfehlen für einen besonders reifen Mitarbeiter einen Führungsstil, den sie als *Delegating* bezeichnen. Dieser Begriff weist eine besondere Nähe zum *Management by Delegation* auf. Dieses Führungsprinzip steht aber für begrenzte Freiheitsgrade bei der Aufgabenerfüllung und eine hohe Kontrollverantwortung durch die Führungskraft (vgl. Fisch 2010a, S. 712). Der von Hersey und Blanchard gemeinte Führungsstil mit hohen Freiheitsgraden und starker Mitarbeiterverantwortung könnte eher als *Management by Objectives* bezeichnet werden (vgl. Abschn. 3.2.2). Damit liegt hier eine sprachliche Ungenauigkeit vor, die nicht nur von akademischer Relevanz ist: Einer Führungskraft in der Praxis einen Führungsstil nahezulegen, der als *Delegationsstil* bezeichnet wird, wie es zum Beispiel bei Jung (2008, S. 433), Macharzina (2003, S. 498), Stock-Homburg (2010, S. 526) und Wunderer (2011, S. 212) der Fall ist, ist missverständlich. Die Nachvollziehbarkeit von Model-

len und ihren Implikationen für die tägliche Managementarbeit ist aber von besonderer praktischer Relevanz, sodass diese sprachliche Ungenauigkeit als relevanter Aspekt erachtet werden muss.

2. Auch wenn sich Hersey und Blanchard (1982) mit den von ihnen gewählten Dimensionen der Mitarbeiter- und Aufgabenorientierung grundsätzlich an den Ohio-Studien orientieren, ergibt sich in ihrem Modell doch ein logischer Widerspruch zu anderen Modellen, die ebenfalls auf den Ohio-Studien aufbauen, etwa dem Grid-Modell von Blake und Mouton (1994). Fisch (2010b, S. 980) schreibt hierzu: „Langfristig empfehlen Hersey und Blanchard (1996) eine geringe Mitarbeiter- und Aufgabenorientierung, was im Gegensatz zum Verhaltensgitter von Blake und Mouton (1994) steht. Dieser Widerspruch ließ sich bislang noch nicht überzeugend auflösen.". Diese Einschätzung von Fisch (2010b) teilen wir: Zwar ist nachvollziehbar, warum ein besonders reifer Mitarbeiter, also ein Mitarbeiter mit stark ausgeprägten fachlichen Kompetenzen und hoher Motivation, mit hohen Freiheitsgraden geführt werden sollte (was Hersey und Blanchard (1982) missverständlich als *Delegating* bezeichnen). Nicht nachvollziehbar ist allerdings, warum dies einer geringen Mitarbeiter- und Aufgabenorientierung entspricht, was in anderen Führungsmodellen als *Laissez-faire-Führungsstil* (vgl. Macharzina 2003, S. 489) oder Überlebensmanagement (vgl. Abschn. 3.2.6) bezeichnet wird.

Aufgrund der genannten Widersprüche nehmen wir eine Weiterentwicklung des Reifegradmodells vor (vgl. Abb. 4.17). Allerdings lehnen wir uns an einige zentrale Annahmen von Hersey und Blanchard (1982) trotz der an ihrem Modell geübten Kritik an:

• Arbeitsplatzrelevante Fähigkeiten und Fachwissen auf der einen sowie Engagement auf der anderen Seite bilden zentrale Einflussfaktoren für die Leistungserbringung in

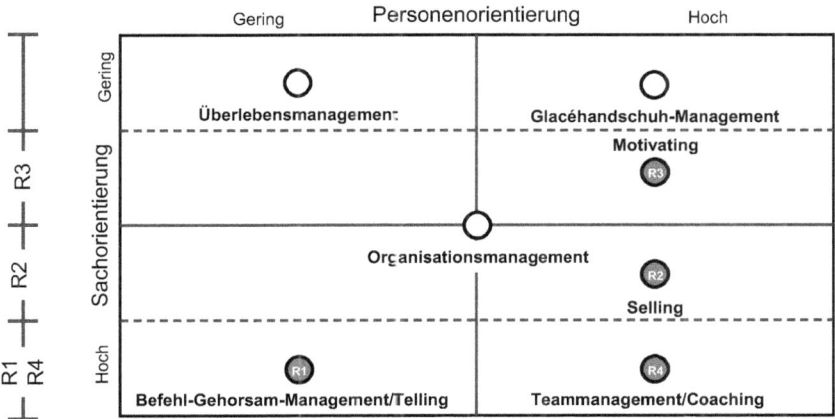

Abb. 4.17 Neue reifegradorientierte Führung

Unternehmen, weswegen sich Führungskräfte im Rahmen ihrer Führungsarbeit an der Ausprägung dieser Faktoren orientieren sollen. Daher wird im Weiteren wie bei Hersey und Blanchard (1982) auch zwischen fachlicher Reife und Engagement unterschieden.

- Mitarbeiter können in vier Reifegrade R1 bis R4 unterschieden werden. Zu jedem Reifegrad passend sollte ein individueller Führungsstil verwendet werden.
- Die zu verwendenden Führungsstile lassen sich in einer aufgabenspezifischen und einer mitarbeiterspezifischen Dimension differenzieren, wobei wir im Einklang mit unseren bisherigen Ausführungen lieber in *Sachorientierung* und *Personenorientierung* unterscheiden (aber in Bezug auf die Bedeutung dieser Dimensionen mit Hersey und Blanchard 1982 übereinstimmen).
- Mitarbeiter des Reifgrades R1 (geringe fachliche Riefe, geringes Engagement) sollten nach dem Führungsstil *Telling* geführt werden. Dieser Führungsstil entspricht dem Befehl-Gehorsam-Management von Blake und Mouton (1994), welches wir auch im Rahmen des flexiblen Teammanagements thematisiert haben (vgl. Abschn. 4.2.5).
- Mitarbeiter des Reifegrades R2 (hohes Engagement, eher gering ausgeprägte fachliche Reife) sollten nach dem Führungsstil *Selling* geführt werden: Ein hohes Begründungsniveau hält die Motivation des Mitarbeiters aufrecht, wobei eine Führungskraft auf Basis dieses hohen Begründungsniveaus konkrete Arbeitsanweisungen an den Mitarbeiter richtet.

In einigen Punkten weichen wir allerdings vom klassischen Reifegradmodell ab. Diese seien im Folgenden dargestellt:

- Mitarbeiter des Reifegrades R3 (geringes Engagement, hohe fachliche Reife) sollten nach dem (nicht im Ursprungsmodell enthaltenen) Führungsstil *Motivating* geführt werden. Dieser Führungsstil setzt auf den Abbau von demotivierenden Faktoren (vgl. hierzu auch unsere Ausführungen zu *nicht Demotivieren* in Abschn. 3.2.2) *sowie* auf die individuelle Steigerung der Mitarbeitermotivation durch Partizipation. Damit folgt der Führungsstil *Motivating* der Hergberg'schen Dichotomie von Hygienefaktoren und Motivatoren: Hygienefaktoren sind für den Abbau von Unzufriedenheit zuständig, während Motivatoren Zufriedenheit aufbauen (vgl. Schulenburg und Jesgarzewski 2011, S. 9). Da für den Aufbau von Zufriedenheit jedoch *zunächst* Unzufriedenheit abgebaut werden muss, reicht ein allein auf Partizipation fokussierender Führungsansatz hierfür nicht aus. Zuallererst muss über den individuellen Einsatz von Hygienefaktoren Unzufriedenheit abgebaut werden. Ist dieser Schritt erfolgt, entsteht Mitarbeitermotivation bei fachlich reifen Mitarbeitern oftmals intrinsisch: Aufgrund ihrer hohen Fachkompetenz können sie Motivation aus ihrer Tätigkeit schöpfen. Ob *Partizipation* im Sinne von Hersey und Blanchard (1982) dann ergänzend einzusetzen ist, muss von der Führungskraft individuell entschieden werden. Gegebenenfalls sind weitere (extrinsische) Motivationsmaßnahmen notwendig.
- Mitarbeiter des Reifegrades R4 (hohes Engagement, hohe fachliche Reife) sollten nach dem Führungsstil *Teammanagement/Coaching* geführt werden. Dieser setzt im Ge-

gensatz zu dem von Hersey und Blanchard (1982) empfohlenen *Delegating* auf eine hohe (statt einer niedrigen) Sachorientierung *und* auf eine hohe (statt einer niedrigen) Personenorientierung. Der Grund hierfür besteht darin, dass Spitzenleistungen vor allem dann erbracht werden, wenn Menschen *zusammenarbeiten*. Das Delegating von Hersey und Blanchard setzt auf ein hohes Maß an selbstständigem Arbeiten des Mitarbeiters. Neben dem Vorteil, über Freiräume zu verfügen, geht damit der Nachteil des *Allein-gelassen-Werdens* für einen Mitarbeiter einher. Wenn der Anspruch eines Unternehmens generell darin besteht, Dinge möglichst effektiv abzuarbeiten, ist dieses Allein-gelassen-Werden sicherlich nicht schädlich. Besteht der Anspruch allerdings darin, sich selber und die zu erbringende Leistung *permanent weiterzuentwickeln*, ist ein Allein-gelassen-Werden nicht hilfreich. Vielmehr sollte der Freiraum, den eine Führungskraft ihrem Mitarbeiter bietet, *ergänzt* werden durch unterstützende Angebote im Sinne eines Coachings (vgl. hierzu auch unsere Ausführungen in Abschn. 3.2.7): Die Führungskraft berät ihren Mitarbeiter und gibt ihm Feedback. Zwar behält der Mitarbeiter ob seines hohen Engagements und seiner hohen fachlichen Reife die Freiheit, selber zu entscheiden, welche Beratungsinhalte oder Feedback-Aspekte er annehmen möchte, bekommt aber über das Coaching für die Persönlichkeits- oder Leistungsentwicklung potenziell hilfreiche Hinweise. Nun werden solche Hinweise allerdings erst dann *potenziell hilfreich* sein, wenn die Führungskraft Mitarbeiter und Arbeitsinhalte gut kennt: Ohne eine hohe Personen- und Sachorientierung ist ein sinnvolles Coaching gar nicht möglich (insbesondere wenn wir davon ausgehen, dass Führungskräfte aus der Generation Y relativ jung sind und sie ihre Coaching-Rolle auch gegenüber älteren und/oder erfahreneren Mitarbeitern wahrnehmen müssen). Um einen Mitarbeiter auf ein höheres Leistungsniveau zu bringen, ist also – auch und insbesondere bei reifen Mitarbeitern – eine hohe Sach- und Personenorientierung notwendig.

- Das Modell von Hersey und Blanchard (1982) suggeriert implizit einen Verlauf von Führungsstilen vom Telling über das Selling und Participating hin zum Delegating. Wir sehen einen solchen (impliziten) Automatismus nicht: Es ist durchaus denkbar (und vor allem wünschenswert), dass die Arbeit einer Führungskraft sich sowohl auf die fachliche Riefe wie auch auf das Engagement positiv auswirkt. Das würde bedeuten, dass auf das Telling das Teammanagement/Coaching folgen sollte. Allerdings ist ebenfalls denkbar, dass sich durch Führungsarbeit nur das Engagement des Mitarbeiters oder nur die fachliche Reife weiterentwickeln, sodass dann auf das Telling das Participating beziehungsweise das Motivating folgen würde. Wir gehen also von mehreren potenziellen Verläufen von Führungsstilen aus, wobei diese immer im Teammanagement/Coaching münden sollten.

Diese Feststellungen ergeben einen etwas anderen Kurvenverlauf als im klassischen Modell von Hersey und Blanchard (1982) (vgl. Abb. 4.17): Reifegradorientierte Führung ist – abgesehen von fachlich *und* persönlich unreifen Mitarbeitern *immer* mit einer hohen Personenorientierung verbunden. Gleichzeitig zeigt sich, dass einige von Blake und Mouton (1994) vorgestellte Führungsstile in der neuen reifegradorientierten Führung wiederzufinden sind, andere jedoch auch hier keine Rolle spielen: Das Befehl-Gehorsam-Management von Blake und Mouton entspricht dem Telling und ist für fachlich und persönlich unreife Mitarbeiter geeignet. Das Teammanagement wiederum empfiehlt sich für fachlich reife Mitarbeiter mit hohem Engagement. Damit scheiden die anderen drei von Blake und Mouton explizit angesprochenen Führungsstile (das Überlebensmanagement, das Glacéhandschuh-Management sowie das Organisationsmanagement) aus reifeorientierter Sicht aus.

Transformationale Führung im Spannungsfeld von Performance, Flexibilität und Mitarbeiterreife

Die transformationale Führung haben wir bislang im Rahmen der starken Leistungsorientierung der Generation Y kennengelernt (vgl. Abschn. 4.2.2). Sie verfolgt das Ziel, Mitarbeiterwerte und -einstellungen derart zu beeinflussen (zu transformieren), dass höhere Leistungen erbracht werden können. Damit ist die transformationale Führung traditionell sehr werte- und einstellungsorientiert (vgl. Furtner und Baldegger 2013, S. 134; Stock-Homburg 2010, S. 488) und weist damit vor allem eine hohe *Personenorientierung* auf. Wir geben transformationaler Führung darüber hinaus ebenfalls eine *sachliche* Dimension: Der partnerschaftliche Austausch auf Sachebene zwischen Führungskraft und Mitarbeiter soll Leistungssteigerungen und damit eine direkte Leistungstransformation ermöglichen. Damit wird performance- und reifeorientierte Führung zur transformationalen Führung, weil sie das Ziel verfolgt, den Mitarbeiter auf eine höhere (Leistungs- und Persönlichkeits-)Stufe zu transformieren. Erreicht wird dieses Ziel durch den situativen Einsatz *sechs* verschiedener Führungsstile, unter denen das Teammanagement/Coaching der dominierende Stil ist (vgl. Tab. 4.3).

Aus den sechs darstellten Führungsstilen einer transformationalen Führung ergeben sich *vier* typische situative *Führungsszenarien* (vgl. Abb. 4.18):

1. *Reifeorientierter Führungsverlauf*: Die Aufgabe der Führungskraft besteht bei diesem Führungsverlauf darin, verschiedene Führungsstile (Befehl-Gehorsam-Management/Telling, Selling, Motivating sowie Teammanagement/Coaching) je nach Mitarbeiterreife so anzuwenden, dass sich die Mitarbeiterreife positiv hin zu einer hohen fachlichen Reife und einem hohen Engagement entwickelt. Dieser Verlauf verfolgt also damit das Ziel, den Mitarbeiter auf eine höhere Reifestufe zu transformieren. Ist die höchste Reifestufe erreicht, kann der performanceorientierte Führungsverlauf Anwendung finden.

2. *Performanceorientierter Führungsverlauf*: Die Aufgabe der Führungskraft besteht bei diesem Führungsverlauf darin, durch Fördern und/oder Fordern des Mitarbeiters dessen Leistungsfähigkeit und letztlich auch Leistung sukzessive zu erhöhen (vgl. Abschn. 3.2.2 zu *Fördern und Fordern*). Um die eigenen Ansprüche angemessen im Spannungsfeld von Fördern und Fordern auszutarieren, ist unabhängig von der Mitarbeiterperformance eine hohe Sach- und Personenorientierung notwendig, sodass sich im performanceorientierten Führungsverlauf das Teammanagement/Coaching als Füh-

Tab. 4.3 Einzelne Führungsstile einer transformationalen Führung und deren Zielsetzungen

Stil	Modellzugehörigkeit	Situativer Anwendungsbereich	Ziel	Folgestil
Teammanagement/Coaching	Performance-Management	Low-Performer	Leistungssteigerung	Teammanagement/Coaching
		Normal-Performer	Leistungsbeibehaltung	
		High-Performer	Leistungssteigerung/-beibehaltung	
	Flexibles Teammanagement	Grundlegender Führungsstil zur Führung aller Mitarbeiter		
Glacéhandschuh-Management		In schwierigen persönlichen Phasen des Mitarbeiters	Temporäre Schonung des Mitarbeiters	
Befehl-Gehorsam-Management/Telling		Besondere Unternehmensherausforderungen oder unkooperatives Mitarbeiterverhalten	Bewältigung von Ausnahmesituationen beziehungsweise Wiederherstellung der Mitarbeiter-kooperation	
	Neue reifeorientierte Führung	Fachlich unreife und wenig engagierte Mitarbeiter	Steigerung der fachlichen Reife und des Engagements	Je nach Reifeentwicklung Selling, Motivating oder Teammanagement/Coaching
Selling		Fachlich unreife, aber engagierte Mitarbeiter	Steigerung der fachlichen Reife	Motivating (bei nachlassender Motivation), sonst Teammanagement/Coaching
Motivating		Fachliche reife, aber wenig engagierte Mitarbeiter	Steigerung des Engagements	Teammanagement/Coaching
Teammanagement/Coaching		Fachlich reife und engagierte Mitarbeiter	Sicherung der fachlichen Reife und des Engagements	

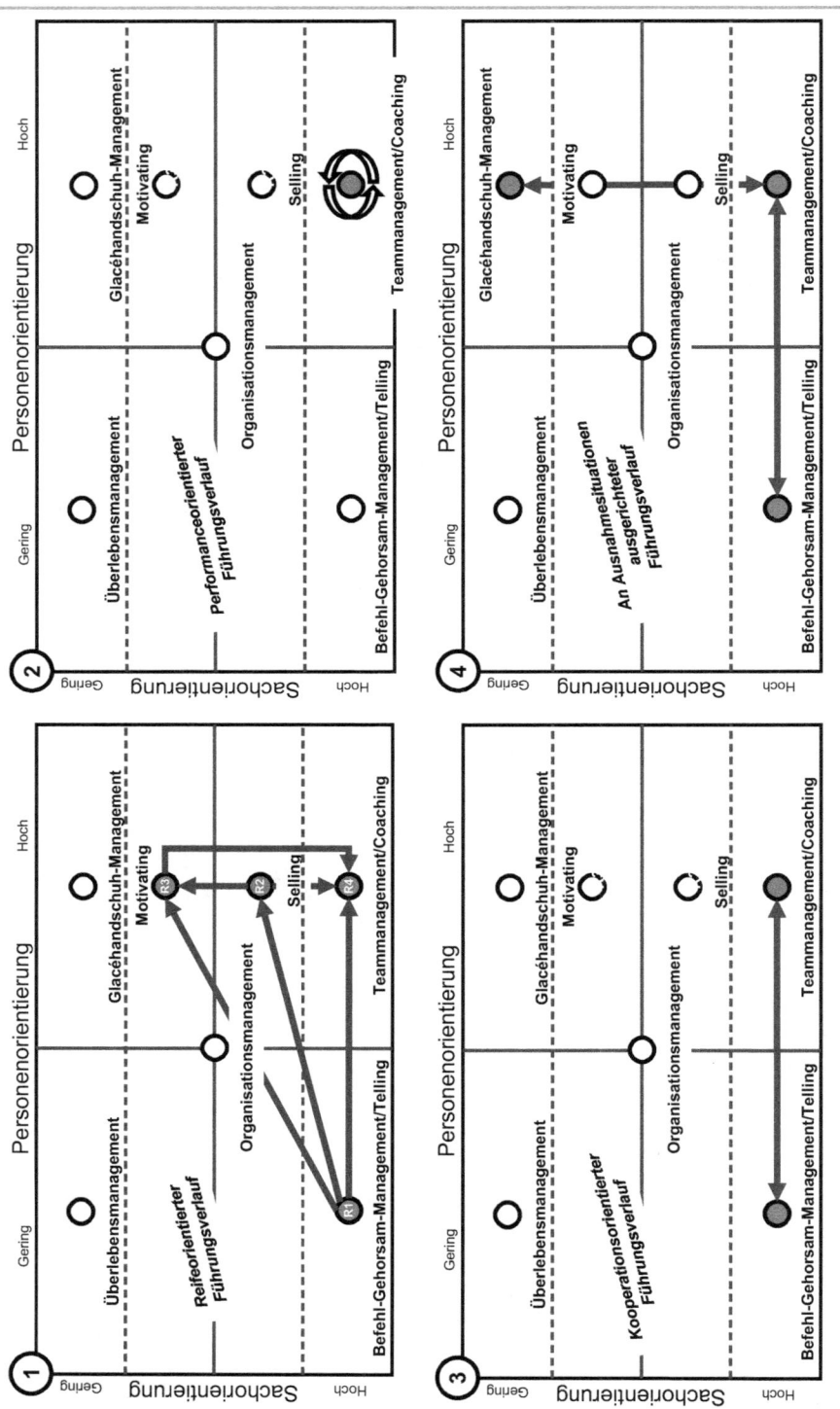

Abb. 4.18 4 situative Szenarien transformationaler Führung

rungsstil anbietet. Dieser Verlauf verfolgt damit das Ziel, den Mitarbeiter auf eine höhere Leistungsstufe zu transformieren.

3. *Kooperationsorientierter Führungsverlauf*: Die Aufgabe der Führungskraft besteht bei diesem Führungsverlauf darin, je nach Verhalten ihres Mitarbeiters zwischen dem Befehl-Gehorsam-Management/Telling (bei nicht konstruktivem Mitarbeiterverhalten) und dem Teammanagement/Coaching (bei konstruktivem Mitarbeiterverhalten) zu wechseln. Grundprinzip hinter diesem Wechsel zwischen den zwei genannten Führungsstilen ist die Tit-for-Tat-Philosophie der Führung, in der eine Führungskraft ihr Verhalten vom Verhalten des Mitarbeiters abhängig macht. Dieser Verlauf verfolgt damit das Ziel, dem Mitarbeiter deutlich zu machen, dass er durch sein Verhalten den ihm entgegengebrachten Führungsstil beeinflussen kann, sodass er optimalerweise zu einem konstruktiven Verhalten übergeht, welches dann den Ausgangspunkt für den performanceorientierten Führungsverlauf darstellt.

4. *An Ausnahmesituationen ausgerichteter Führungsverlauf*: Die Aufgabe der Führungskraft besteht bei diesem Führungsverlauf darin, den Mitarbeiter betreffende oder unternehmens-, bereichs- oder abteilungsspezifische Ausnahmesituationen zu erkennen und entsprechend in der Form in ihrem Führungsverhalten zu berücksichtigen, dass sie je nach Anlass entweder das Glacéhandschuh-Management oder das Befehl-Gehorsam-Management wählt. Ist die Ausnahmesituation überstanden, kehrt die Führungskraft zum Teammanagement/Coaching zurück und damit einhergehend zu einem performanceorientierten Führungsverlauf. Dieser Verlauf verfolgt damit das Ziel, einer Führungskraft auch in Ausnahmesituationen feste Verhaltenseckpunkte zu liefern. Damit ist dieser Verlauf zwar nicht direkt transformational ausgerichtet, bildet aber einen wichtigen Baustein in einem transformationalen (Gesamt-)Führungsansatz, in dem es nicht nur für den normalen, sondern auch für den durch Ausnahmesituationen beeinflussten Führungsalltag passende Führungsstile geben muss.

Bei allen vier genannten Führungsverläufen und den sechs darin enthaltenen Führungsstilen ist allerdings auf eines zu achten: Der transformationale Charakter ergibt sich nicht aus den jeweiligen Führungsstilen per se, sondern erst, wenn jeder Führungsverlauf und darin so weit wie möglich auch jeder einzelne Führungsstil durch die vier transformationalen Verhaltensgrundsätze *idealisierter Einfluss*, *inspirierende Motivation*, *intellektuelle Stimulierung* und *individuelle Zuwendung* geprägt ist. Diese Philosophie mündet in eine Grundhaltung der Führungskraft – sie steht über allem und begleitet jeden einzelnen Führungsstil. Für den Fall, dass ein solches transformationales Verhalten einmal nicht möglich oder sinnvoll ist (zum Beispiel beim Befehl-Gehorsam-Management/Telling), sollte doch die transformationale Grundhaltung bei der Führungskraft bestehen bleiben. Dahinter steckt dann die Überzeugung, dass voll ausgeprägtes transformationales Verhalten *kurzfristig* nicht möglich oder sinnvoll ist, die dahinterliegende Grundhaltung jedoch für die Führungskraft *immer* die richtige Grundhaltung ist.

Perspektivenvielfalt

Die besondere Schwierigkeit situativer Führung ergibt sich maßgeblich aus ihrer Komplexität: Aus sechs verschiedenen Führungsstilen ist abhängig von situativen Variablen der passende zu wählen und richtig anzuwenden. Damit einher geht die Frage, wie die *Angemessenheit der Auswahl* eines Führungsstils zu bewerten ist. Wir haben bereits angesprochen, dass die Bestimmung der fachlichen Reife und des Engagements eines Mitarbeiters grundsätzlich nicht trivial ist und die Führungskraft damit vor ein *Bewertungsproblem* stellt. Ein weiteres Bewertungsproblem ergibt sich aus der Frage, ob das Verhalten eines Mitarbeiters als konstruktiv oder als nicht konstruktiv zu bewerten ist. Schließlich ist auch die Bewertung der Mitarbeiterperformance nicht immer einfach.

Sinnvollerweise stützt eine Führungskraft die Bewertung des Reifegrades, konstruktiven oder nicht konstruktiven Verhaltens oder der Leistung auf (objektive) Kriterien. Ob so Reife, Verhalten und Leistung aber vollends objektiv bewertbar werden, bleibt ein Stück weit fraglich, da diese Phänomene in der Regel so vielschichtig sind, dass sie womöglich gar nicht in objektivierbaren Kategorien zu erfassen sind. Eine Bewertung auf Basis von Kriterien sollte daher *ergänzt werden* durch eine Bewertung aus unterschiedlichen Perspektiven: Eine Führungskraft sollte sich fragen, welche unterschiedlichen Sichtweisen auf Mitarbeiterreife, -verhalten und -leistung möglich sind und diese unterschiedlichen Perspektiven dann in ihre Bewertung einbeziehen.

Die Berücksichtigung einer solchen Perspektivenvielfalt durch eine Führungskraft aus der Generation Y führt die Überzeugung der Individualität von Mitarbeitern (vgl. Abb. 4.14) weiter: Wenn eine Führungskraft von der Einzigartigkeit eines jeden Menschen überzeugt ist, impliziert diese Sichtweise nicht nur die Einzigartigkeit von Charakter und Persönlichkeit, sondern auch die Einzigartigkeit und damit Unterschiedlichkeit *mentaler Modelle* (vgl. hierzu auch die *relativistische Weltsicht der* Generation Y in Abschn. 3.2.9). Teil eines mentalen Modells sind neben Erfahrungen und (mehr oder weniger fest verankerten) Überzeugungen auch *Beweggründe* und *Bewertungsgrundsätze*. Ein und dieselbe Situation kann damit von unterschiedlichen Menschen aufgrund der verschiedenen mentalen Modelle und der darin enthaltenen Beweggründe und Bewertungsgrundsätze unterschiedlich bewertet werden – einerseits (durch den Mitarbeiter) womöglich als positiv, andererseits (durch die Führungskraft) womöglich als negativ, da jeder Mensch im Rahmen einer Bewertung zunächst auf sein eigenes mentales Modell zurückgreift. *Perspektivenvielfalt* bedeutet in diesem Zusammenhang daher, dass eine Führungskraft aus der Generation Y bei der Bewertung von Führungssituationen systematisch versucht, die Perspektive des Mitarbeiters einzunehmen. Mehr noch: Im Sinne eines 360°-Feedbacks versucht die Führungskraft, den Mitarbeiter in Bezug auf Reife, Verhalten und Leistung aus der jeweiligen Sicht des Mitarbeiters, aus der eigenen Führungssicht, aus Kollegen-, Kunden- und womöglich sogar aus der Sicht der Mitarbeiter eines Mitarbeiters zu bewerten. Diese Fähigkeit, ein und denselben Zusammenhang aus unterschiedlichen Perspektiven zu betrachten, ist damit ein Anspruch an eine Führungskraft aus der Generation Y. Allerdings dürfte sie diesem Anspruch aufgrund ihres hohen Maßes an Flexibilität gerecht werden, schließlich liegt hier eine besondere Stärke der

Generation Y, die im Rahmen ihrer Führungsaufgaben bei der individuellen Bewertung von Austauschverhältnissen besonders wertvoll ist.

Risiken des hohen Maßes an Flexibilität

Typisch für eine Führungskraft aus der Generation Y ist nicht nur eine *individuelle* Bewertung von Austauschverhältnissen, wie wir eben gezeigt haben, sondern auch *eine permanent neue* Bewertung. Daraus resultiert eine hohe Sprunghaftigkeit der Generation Y, welche sich nicht zuletzt darin niederschlägt, dass eine fortwährende Zugehörigkeit zu einem Unternehmen nicht zu erwarten ist (vgl. Hurrelmann und Albrecht 2014, S. 81). Diese Sprunghaftigkeit betrifft damit zum einen die Dauer eines Austauschverhältnisses zwischen einer Führungskraft aus der Generation Y und ihrem Arbeitgeber, zum anderen aber auch das Austauschverhältnis mit ihren Mitarbeitern: Auch dieses wird immer wieder neu bewertet, sodass anstelle von uneingeschränkter Loyalität Mitarbeitern gegenüber ein Nutzenkalkül tritt, das zwar nicht ausschließlich egoistisch oder gar opportunistisch orientiert, wohl aber von Mitarbeiter- *und* Eigennutzen getrieben ist: Die Generation Y denkt in Win-win-Konstellationen (vgl. Hurrelmann und Albrecht 2014, S. 81). So können Austauschverhältnisse schnell ein Ende finden, wenn der *Win* für die eigene Person nicht mehr ersichtlich ist.

Der Vorteil von dauerhaften Austauschverhältnissen besteht unter anderem darin, dass sich die beteiligten Parteien einander leichter und schneller öffnen, da sie von einer Kontinuität der Beziehung ausgehen. Die Zusammenarbeit wird durch die Schaffung einer gemeinsamen persönlichen Basis erleichtert. Ist die Dauer eines Austauschverhältnisses hingegen von vornherein zeitlich beschränkt (oder ist eine solche zeitliche Beschränkung zumindest zu vermuten), könnten sich die beteiligten Parteien die Frage stellen, wie viel persönliches (emotionales) Investment verhältnismäßig ist. Schlimmstenfalls sind die Parteien so zurückhaltend, dass keine persönliche Basis der Zusammenarbeit entstehen kann. In Bezug auf die Führung durch die Generation Y heißt das: Ein Mitarbeiter könnte davon ausgehen, dass die Führungskraft die Abteilung, den Bereich oder das Unternehmen nach kurzer Zeit wieder verlässt, sodass sie nicht oder nur eingeschränkt bereit ist, eine persönliche Beziehung zu ihrer Führungskraft aufzubauen. Daraus kann insofern ein Führungsproblem resultieren, als wir immer von einer persönlichen Führungskraft-Mitarbeiter-Beziehung als Grundlage von erfolgreicher Führungsarbeit ausgehen.

Wie kann es einer Führungskraft aus der Generation Y nun gelingen, trotz ihrer Sprunghaftigkeit Kontinuität zu wahren? Dafür möchten wir drei Werkzeuge vorschlagen: *Impulskontrolle*, den *Aufbau von Y-Vertrauen* sowie das *Entscheiden*.

Impulskontrolle

Ein klassisches Experiment der Psychologie besteht darin, Kindern eine Süßigkeit (ursprünglich einen Marshmallow, daher der Name *Marshmallow-Experiment*) anzubieten und ihnen gleichzeitig die Möglichkeit zu geben, eine weitere Süßigkeit zu bekommen, wenn sie die angebotene nicht sofort vernaschen. Die Fähigkeit, dem Impuls des Zugreifens und sofort Naschens zu widerstehen und stattdessen abzuwarten, bezeichnen

Psychologen als *Impulskontrolle*. Der Urheber dieses Experiments aus den 1960er-Jahren fand in einer Längsschnittstudie heraus, dass die Kinder, die ihre Impulse gut kontrollieren konnten, später deutlich erfolgreicher in Schule, Studium und Beruf waren als die Kinder mit einer geringen Impulskontrolle (vgl. Kitz und Tusch 2013, S. 267 sowie den Exkurs: Impulskontrolle). Im Experiment schafften viele Kinder es nicht, dem Impuls des Zugreifens zu widerstehen. Die Kinder, die zumindest eine Zeit lang widerstehen konnten, hatten eines gemeinsam: Das Widerstehen war mit scheinbaren Qualen verbunden, die man ihnen durch ihr Verhalten und ihre Mimik ansehen konnte.

Exkurs: Impulskontrolle
Was steckt hinter der Impulskontrolle und warum ist es so schwierig, einer angebotenen Belohnung, wie im Marshmallow-Experiment gezeigt, zu widerstehen? Schuld ist wieder einmal das Dopamin, das im Zusammenhang mit Belohnungen beziehungsweise in Aussicht gestellten Belohnungen eine entscheidende Rolle spielt (vgl. Abschn. 3.1.2): Erachtet das Gehirn etwas für besonders attraktiv, schüttet es den Neurotransmitter Dopamin aus, dessen Aufgabe es ist, Handlungsabsichten in Handlungen zu überführen. Damit verschafft uns das Gehirn den Impuls, den wir brauchen, um eine Belohnung wirklich zu bekommen. Die in Aussicht stehende Belohnung dann nicht zu ergreifen, heißt, dem Impuls des Zugreifens zu widerstehen – und damit den Kampf gegen die Wirkung des Dopamins aufzunehmen. Dass dies ein anspruchsvolles Unterfangen ist, zeigen Untersuchungen zu Drogenkonsum und -abhängigkeit, bei dem das Dopamin als Impulsgeber eine entscheidende Rolle spielt (vgl. Thompson und Behncke-Braunbeck 2012, S. 171 ff.). Das in diesem Zusammenhang ausgeschüttete Dopamin ist ein Grund dafür, warum es so schwierig ist, von Drogen loszukommen, die Impulskontrolle ist also besonders schwierig. Und dass auch Marshmallows und alle anderen Süßigkeiten in mancherlei Hinsicht wie Drogen wirken (zum Beispiel Glücksgefühle beim Konsum, ein gewisser Abhängigkeitscharakter, Entzugserscheinungen), legt Spitzer eindrucksvoll dar (vgl. Spitzer 2011, S. 1 ff.). Impulskontrolle ist also ein Kampf gegen das eigene Gehirn und damit höchst anspruchsvoll.

Aber warum ist die Impulskontrolle im Zusammenhang mit dem hohen Maß an Flexibilität der Generation Y und ihrer damit einhergehenden Sprunghaftigkeit ein Thema? Ihre *Alles-ist-möglich-Mentalität* (vgl. Schudy und Wolff 2014) führt zu vergleichsweise geringen *Wechselbarrieren*: Ein Austauschverhältnis mit einem Unternehmen wird nicht deswegen beibehalten, weil man sich keine anderen Optionen vorstellen kann oder man vor dem Aufwand eines Jobwechsels zurückschrecken würde – *alles ist möglich*. Und alternative Austauschverhältnisse sind durch Dienste im Internet nicht nur schnell identifizierbar, sie sind aufgrund des zunehmenden Fachkräftemangels auch besser zu erlangen und wegen der zunehmenden Employer-Branding-Aktivitäten vieler Unternehmen sehr *attraktiv*. Ohne übermäßig viel Aufwand steht einer Führungskraft aus der Generation Y also ein vermeintlich attraktiver Alternativjob in Aussicht, und ein Jobwechsel ist immer zumindest denkbar. Die Attraktivität des in Aussicht stehenden Jobs ergibt sich dann daraus, dass – vergleichbar mit dem Marshmallow-Experiment – eine Belohnung in Aussicht gestellt wird: ein attraktiveres Gehalt, mehr Verantwortung, bessere Arbeitszeiten usw. Das Gehirn reagiert auf diese in Aussicht gestellten Belohnungen mit einer Dopaminausschüttung, es entsteht ein Impuls, genauer: ein Wechselimpuls.

Diese Art der Impulsentstehung ist nicht nur in Bezug auf alternative Austauschverhältnisse, sprich: einen anderen Job, relevant. Ganz generell führt die Alles-ist-möglich-
Mentalität dazu, dass Führungskräfte aus der Generation Y allen *neuen Projekten* sehr aufgeschlossen gegenüberstehen: Neue Produktideen, neue strategische Ausrichtungen oder
neue IT-Systeme – alles ist denkbar und alle neuen Alternativen üben einen starken Impuls aus, wenn sie für eine Führungskraft (subjektive) attraktiv sind hat (Umsatzwachstum
oder eine Verschlankung von Verwaltungsabläufen im eigenen Verantwortungsbereich,
auf die vermeintlich Lob und Anerkennung, Beförderung, Gehaltswachstum etc. folgen).
Problematisch ist dies im Rahmen der Mitarbeiterführung deswegen, da Mitarbeiter vor
allem auf Verlässlichkeit der eigenen Führungskraft setzen. Malik (2007, S. 149) spricht
hierbei von *Konsistenz* und *Prognostizierbarkeit*. Und die Sprunghaftigkeit der Generation Y wirkt dieser Konsistenz und Prognostizierbarkeit entgegen, sodass *Impulskontrolle*
ein wichtiger Erfolgsfaktor für gute Führung durch die Generation Y ist: Nicht jedes vermeintlich attraktive Projekt sollte auch umgesetzt werden, denn jede Veränderung ist auch
mit Risiken verbunden. Vor jeder Entscheidung muss ein vermeintlich attraktives Projekt genau in Bezug auf seine Vorteilhaftigkeit analysiert werden (zum Beispiel über eine
Nutzwertanalyse, vgl. Abschn. 4.2.1).

Kommen wir noch einmal zum Marshmallow-Experiment zurück: Dieser Versuch suggeriert stark, dass Impulskontrolle ein über die Zeit *relativ konstantes* Persönlichkeitsmerkmal ist (schließlich konnten die Kinder mit einer hohen Ausprägung der Impulskontrolle deswegen im Job später besser performen, weil sie auf dem Weg dorthin, zum
Beispiel in Ausbildung oder Studium, ihre Impulse kontrollieren konnten). Es stellt sich
damit die Frage, ob – und wenn ja – inwiefern die eigene Impulskontrolle verbessert werden kann. Kitz und Tusch (2013, S. 268 f.) halten dies durchaus für möglich, man müsse
nur regelmäßig trainieren. Wir empfehlen darüber hinaus eine spezifische Schrittfolge für
dopamingetriebene Impulse (vgl. dazu das Werkzeug: Umgang mit dopamingetriebenen
Impulsen).

Werkzeug: Umgang mit dopamingetriebenen Impulsen

Die folgenden Schritte können hilfreich sein, wenn dopamingetriebene Impulse auftreten:[21]

1. *Selbstverdeutlichung der eigenen Rolle bei dopamingetriebenen Impulsen*: Machen
   Sie sich klar, dass aufgrund einer attraktiven in Aussicht stehenden Belohnung im-
   pulsive mentale Prozesse ausgelöst wurden. Sie sind weder verantwortlich dafür,
   dass diese Impulse ausgelöst wurden, noch für die damit einhergehenden Gedan-
   kengänge (bestimmte Wertungen) oder Gefühle (zum Beispiel Aufregung). Sie sind
   nur dafür verantwortlich, ob Sie diesen Impulsen nachgeben oder nicht.

---

[21] Die Wahrscheinlichkeit, dass es sich tatsächlich um einen *dopamingetriebenen Impuls* handelt,
korreliert stark mit der Höhe des eigenen Handlungsdrangs und dem Ausmaß der emotionalen Auf-
geregtheit (teilweise Freude).

2. *Selbstverdeutlichung einer selektiven Wahrnehmung*: Wenn dopamingetriebene Impulse auftreten, blenden Sie systematisch Informationen aus, zum Beispiel mit welchen Nachteilen Ihre Entscheidung einhergehen würde. Machen Sie sich daher immer wieder klar, dass Sie bei dopamingetriebenen Impulsen in der Regel nur die Vorteile einer Entscheidungsalternative sehen, nicht aber ihre Nachteile, weil ihr Gehirn die in Aussicht stehende Belohnung haben möchte, koste es, was es wolle.

3. *Abstand gewinnen*: Versuchen Sie, Abstand zu gewinnen, zum Beispiel, indem Sie an etwas anderes denken. Machen Sie sich klar, dass eine gute Bewertung nur mit emotionalem Abstand erfolgen kann. Schlafen Sie zumindest eine Nacht, bevor Sie sich einer systematischen Entscheidungsfindung nähern.

4. *Systematische Entscheidungsfindung auf Basis einer etablierten Bewertungsmethode*: Nutzen Sie für Ihre Entscheidung ein etabliertes qualitatives oder quantitatives Entscheidungsmodell (zum Beispiel die Nutzwertanalyse oder die Barwertmethode, vgl. Schmidt 2009, S. 364 beziehungsweise 360 f.) oder eine etablierte Entscheidungsregel.

Y-Vertrauen aufbauen

Vertrauen in der Version der Generation Y soll im Folgenden als *Y-Vertrauen* bezeichnet werden. Dieses Vertrauen ist die Grundlage für die Zusammenarbeit zwischen einer Führungskraft aus der Generation Y und ihren Mitarbeitern. Ganz generell kann unter Vertrauen „die Annahme, Überzeugung oder der Glaube an die Verlässlichkeit betrachteter Personen" (Blessin und Wick 2014, S. 258) verstanden werden. Wie kann eine Führungskraft diesen Glauben an ihre Verlässlichkeit erreichen oder steigern? Malik (2007, S. 143 ff.) schlägt hierzu sechs verschiedene Verhaltensweisen einer Führungskraft vor, an denen wir uns im Folgenden orientieren:

1. *Niemals das Verliererspiel spielen*: Eine Führungskraft sollte sich ihre Fehler eingestehen und diese nicht ihren Mitarbeitern zuschreiben. Vielmehr sollte sie die Fehler der Mitarbeiter auch als die eigenen ansehen. Zudem sollten Erfolge der Mitarbeiter alleine den Mitarbeitern gegönnt werden, während Erfolge der Führungskraft als Erfolge eines Teams interpretiert werden sollten.

2. *Zuhören*: Auch wenn eine Führungskraft nicht viel Zeit hat, sollte sie ihren Mitarbeitern zuhören und aufnehmen, was ihnen auf der Seele liegt (vgl. hierzu auch unser Werkzeug des *präsenten Zuhörens* in Abschn. 4.2.1).

3. *Authentizität*: Eine Führungskraft sollte in ihrem Verhalten authentisch sein und der eigenen Persönlichkeit treu bleiben. Sie sollte nicht versuchen, eine Rolle einzunehmen, die sie aufgrund ihrer Persönlichkeit nicht ausfüllen kann.

4. *Unabhängigkeit vom Führungsstil*: Vertrauen entsteht unabhängig von einem spezifischen Führungsstil. Vielmehr ist es für eine Führungskraft wichtig, einem Mitarbeiter nachvollziehbar zu vermitteln, warum sie sich für einen spezifischen Führungsstil entschieden hat. Die Führungskraft sollte bei der Wahl des Führungsstils immer die gleichen Grundsätze anwenden.

5. *Charakterliche Integrität*: Eine Führungskraft sollte nicht nur authentisch sein, sie sollte auch zu dem stehen, was sie sagt. Damit wird ihr Verhalten insofern vorhersehbar, als ein Mitarbeiter davon ausgehen kann, dass das Gesagte auch umgesetzt wird. Sollte eine Führungskraft ihre Meinung ändern, muss sie dies ihren Mitarbeitern gegenüber initiativ und aktiv kommunizieren.

6. *Trennung von Intriganten*: Egal, welche Fachkompetenzen sie aufweisen: Eine Führungskraft sollte nie mit Intriganten zusammenarbeiten, insbesondere weil sie entstandenes oder entstehendes Vertrauen immer wieder untergraben.

Die genannten Punkte beziehen sich auf die Entstehung und Entwicklung von Vertrauen per se. *Y-Vertrauen* beinhaltet ebenfalls all diese Punkte, spezifiziert aber die *zeitliche Dauer* der dem Vertrauen zugrunde liegenden und vom Mitarbeiter erwarteten Verlässlichkeit. Diese Dauer ist begrenzt, sodass ein Mitarbeiter nicht von *ewiger* Verlässlichkeit ausgehen darf und eine Führungskraft aus der Generation Y diese niemals suggerieren sollte. Will eine Führungskraft aus der *Generation Y* einen Mitarbeiter besonders fördern und sagt sie ihm diese Förderung explizit zu, dann gilt die Zusage nur für die Dauer der Zugehörigkeit zu einer bestimmten Abteilung, einem bestimmten Bereich oder Unternehmen. Die Führungskraft sollte dem Mitarbeiter deutlich machen, dass die Dauer der Zugehörigkeit begrenzt sein kann – und damit auch die Dauer der Förderung.

Dass die Zugehörigkeit einer Führungskraft zu Abteilungen, Bereichen oder gar Unternehmen grundsätzlich nicht von ewiger Dauer ist, ist nicht erst klar, seitdem die Generation Y Führungsaufgaben übernommen hat. Allerdings ist mit ihr die Spanne der Zugehörigkeit systematisch kürzer geworden, weil sie Austauschverhältnisse permanent neu bewertet und sie durch die *Alles-ist-möglich-Mentalität* mit geringeren Wechselbarrieren konfrontiert ist. *Präventiv* ist daher der explizite Hinweis sinnvoll, dass ein Wort so lange Gültigkeit hat, wie ein Austauschverhältnis besteht, die Fortdauer von Austauschverhältnissen aber nicht so stark in Stein gemeißelt ist wie früher (vgl. Hurrelmann und Albrecht 2014, S. 89).

Entscheiden

In Bezug auf das Treffen von Entscheidungen als originäre Führungsaufgabe wirken das hohe Maß an Flexibilität sowie die hohe Informationalisierung der Generation Y eng zusammen: Die Vielzahl an Informationen, denen die Generation Y ausgesetzt ist (vgl. Hurrelmann und Albrecht 2014, S. 33), macht eine Entscheidungsfindung *objektiv* schwer, da sie zur Entscheidungsfindung eine relativ leistungsfähige Entscheidungsmethodik heranziehen muss (vgl. hierzu unsere Ausführungen in Abschn. 4.2.1). Aus *subjektiver* Sicht (also in der Selbstwahrnehmung) trägt die *Sprunghaftigkeit* der Generation Y, die aus ihrem hohen Maß an Flexibilität resultiert, zu Entscheidungsschwierigkeiten bei: Sie ist sich nicht sicher, welche Aspekte für eine Entscheidung *besonders relevant* sind. Ein Entscheidungsproblem wird deshalb (sinnvollerweise) aus unterschiedlichen Perspektiven betrachtet, und jede einzelne Perspektive geht mit *bestimmten Aspekten und Überlegungen* einher. Nun können diese aus der einen Perspektive betrachtet ganz andere sein als

aus einer anderen Perspektive. Trotzdem greift beide Male gleichermaßen das Entscheidungen massiv beeinflussende Prinzip der *Verfügbarkeitsheuristik* (vgl. Abschn. 3.2.4):
Verfügbare Informationen werden gegenüber nicht verfügbaren übergewichtet. Und wird
ein Entscheidungsproblem aus einer Perspektive betrachtet, sind die mit dieser Perspektive
zusammenhängenden Informationen und daraus resultierenden Überlegungen besonders
gut verfügbar (und andere eben nicht). Wird dasselbe Entscheidungsproblem aus einer anderen Perspektive betrachtet, sind andere Informationen und Überlegungen (und eben nur
diese) besonders gut verfügbar. Die Entscheidungsfindung wird durch einen (eigentlich
positiven) Perspektivenwechsel verkompliziert, die Mitglieder der Generation Y kommen
nur schlecht zu einer Entscheidung, sie „schieben Entscheidungen sehr lange auf" (Hurrelmann und Albrecht 2014, S. 33).

Das hier zur Entscheidungsfindung empfohlene Werkzeug *Entscheiden* entspricht den
Ausführungen aus Abschn. 4.2.1 – wir wollen an dieser Stelle keine weiteren inhaltlichen Aspekte zu Strategien der Entscheidungsfindung aufnehmen. Vielmehr weisen wir
darauf hin, dass das Entscheiden *an sich*, also einen (mehr oder weniger endgültigen)
Entschluss zu treffen, wichtig ist und nicht zu lange aufgeschoben werden sollte, um
die Glaubwürdigkeit der Generation Y als Führungskraft nicht zu beschädigen. Malik
(2007, S. 219) geht in diesem Zusammenhang sogar so weit, dass er *entschlusslosen*
Menschen keine Führungs- oder Managementkompetenz zugesteht. Daher erachten wir
es für Führungskräfte aus der Generation Y als essenziell, sowohl einen systematischen
Entscheidungsprozess zu durchlaufen *als auch* klar und zügig Entscheidungen zu treffen – also einen Entschluss zu fassen – wenn der Entscheidungsprozess durchlaufen ist.
Entscheiden heißt in Bezug auf das hohe Maß an Flexibilität also, dass sich eine Führungskraft aus der Generation Y nicht lange vor einem Entschluss drücken sollte, wenn
alle Fakten einmal systematisch bewertet wurden.

Das hohe Maß an Flexibilität macht die Generation Y zu anpassungsfähigen und potenziell sehr mitarbeiterorientierten Führungskräften. Dadurch wird ihre Akzeptanz bei
ihren Mitarbeiter recht hoch ausfallen, solange sie ihre Sprunghaftigkeit und die damit
einhergehenden Konsequenzen kontrollieren kann.

4.2.6 Führung auf Basis einer geringen Machtdistanz

Eine geringe Machtdistanz (vgl. Abb. 4.19) bedeutet nach Hofstede (2001), dass Machtunterschiede durch die Person abgelehnt werden, die über weniger Macht verfügt (vgl.
Abschn. 2.2.6). Bisher haben wir die Auswirkungen einer geringen Machtdistanz nur aus
dem Blickwinkel der Generation Y als *Mitarbeiter* betrachtet. Aber nur, weil eine Person
in ihrer Rolle als Mitarbeiter den Einsatz von Macht (ihr gegenüber) ablehnt, heißt das
nicht automatisch, dass sie den Einsatz von Macht als Führungskraft (gegenüber ihren
Mitarbeitern) ebenfalls ablehnen muss.

McClelland hat eine sehr populäre Kategorisierung von (berufsrelevanten) Bedürfnissen in drei Klassen vorgenommen: Macht, Leistung und soziale Zugehörigkeit (vgl.

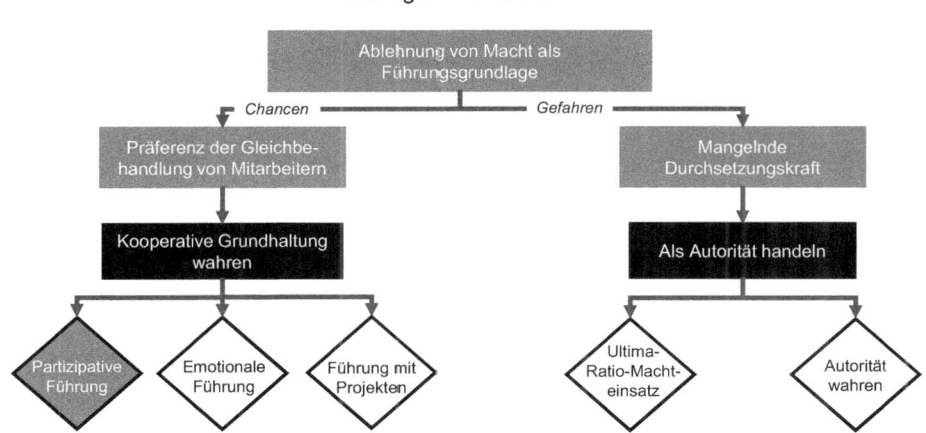

Abb. 4.19 Logik des Abschnittes „Führung auf Basis einer geringen Machtdistanz"

Scholz 2014, S. 1086). Ausgehend von unserer bisherigen Diskussion lässt sich feststellen, dass sowohl *Leistung* in Form einer starken Leistungsorientierung als auch *soziale Zugehörigkeit* in Form einer starken Gemeinschaftsorientierung typisch für die Generation Y sind – nicht jedoch eine starke Machtorientierung, das dritte von McClelland angeführte Bedürfnis. Vielmehr lehnt die Generation Y Macht als Werkzeug sowie die Ungleichverteilung von Macht ab.

Die Ablehnung tradierter Machtverteilungen (vgl. Schirmer et al. 2014, S. 25) hat sicherlich auch damit zu tun, dass die Generation Y Machtverteilung und -gebrauch als relativ willkürlich, also ohne nachvollziehbare Gründe, kennengelernt hat (vgl. Abschn. 2.2.6). Daher steht sie dem Konstrukt der Macht – also Menschen ohne nachvollziehbare Begründung zu einem Handeln oder Unterlassen zu bewegen – skeptisch gegenüber. Insgesamt lehnt die Generation Y Machtgebrauch deshalb nicht nur aus Mitarbeiter-, sondern auch aus Führungssicht ab.

Die Ablehnung von Macht hat allerdings konkreten Einfluss auf die *Bandbreite* des Führungsrepertoires der Generation Y: Da Macht als Führungsgrundlage wegfällt, bleibt nur die Führung als *Autorität* übrig (vgl. Jung 2008, S. 411). Der Unterschied zwischen macht- und autoritätsbasierter Führung besteht in der Freiwilligkeit der Unterordnung eines Mitarbeiters unter den Willen der Führungskraft: Bei machtbasierter Führung erfolgt eine Unterordnung unfreiwillig (in der Regel aufgrund eines vorhandenen Druckmittels der Führungskraft), bei autoritätsbasierter Führung hingegen erfolgt eine Unterordnung freiwillig, da der Mitarbeiter die Führungskraft als eine (im positiven Sinne) Autorität achtet. Aufgrund eines objektiv vorhandenen Druckmittels ist Macht als Führungsgrundlage stabiler (und wie wir später zeigen werden auch verführerischer), da sie im Gegensatz zur Autorität permanent und objektiv vorhanden ist.

Die Akzeptanz einer Führungskraft als *Autorität* durch ihren Mitarbeiter ist hingegen *subjektiv* und *instabil*. Die Subjektivität ergibt sich aus der Tatsache, dass eine Anerkennung als Autorität ein Konstrukt im mentalen Modell des Mitarbeiters ist: Weil der Mitarbeiter seine Führungskraft für ihr Führungsverhalten anerkennt, akzeptiert er sie und ordnet sich ihr freiwillig unter. Eine objektive Grundlage (oder ein objektiver Zwang) liegt nicht vor. Aus dieser mentalen Konstruktion entsteht eine Erwartungshaltung des Mitarbeiters an das Verhalten der Führungskraft. Nur wenn sich diese so verhält, wie der Mitarbeiter es erwartet, wird er sich wieder unterordnen. Weicht das Führungsverhalten in negativer Weise von den Erwartungen ab, ist eine erneute Unterordnung ungewiss oder gar unwahrscheinlich, woraus sich die *Instabilität* der Akzeptanz ergibt. Diese Feststellung sagt viel über die Wertestruktur der Generation Y aus: Sie verzichtet auf eine stabile Führungsgrundlage (Macht) zugunsten einer instabilen Führungsgrundlage (Autorität), da sie eine Ungleichverteilung von Macht ablehnt und Macht in hierarchischen Systemen wie Unternehmen stets ungleich verteilt ist.

Mit der Ablehnung von Macht als Führungsgrundlage gehen Chancen und Gefahren für eine Führungskraft aus der Generation Y einher. Zu Chancen führt vor allem die aus der Ablehnung von Macht resultierende Präferenz der Gleichbehandlung von Mitarbeitern, wobei es der Generation Y explizit nicht um Gleichmacherei geht, da sie die Individualität aller Mitarbeiter erkennt und würdigt (vgl. Abschn. 4.2.5). Vielmehr geht es darum, Mitarbeiter und sich selber auf der Basis *gleicher Werte und Normen* zu behandeln. Daraus resultierte eine kooperative Grundhaltung, welche eine Führungskraft unter Nutzung verschiedener Werkzeuge konkretisieren kann. Gefahren ergeben sich vor allem daraus, dass die Ablehnung von Machtunterschieden in einer extremen Ausprägung zu einer Führungsschwäche werden kann. Denn Führung bedeutet zuallererst zielgerichtete *Einflussnahme* auf das Mitarbeiterverhalten. Bei einer moralischen Ablehnung von Machteinsatz und im Falle mangelnder alternativer Führungsgrundlagen besteht die Gefahr eines Führungsvakuums bis hin zu Laissez-faire-Führung. Um ein solches Szenario zu vermeiden, sollte die Führungskraft stets bestrebt sein, als Autorität zu handeln und zu führen.

Chancen der Führung auf Basis einer geringen Machtdistanz

Gleichbehandlung von Mitarbeitern bedeutet, wie wir eben dargelegt haben, nicht *Gleichmacherei*. Vielmehr geht es einer Führungskraft aus der Generation Y darum, jedem Mitarbeiter in Bezug auf dessen Persönlichkeit, Stärken, Schwächen und Entwicklungspotenziale das gleiche (hohe) Maß an *individueller Behandlung*, also einer individuellen Mischung aus Fördern und Fordern, zukommen zu lassen. Auf der Grundlage der transformationalen Führung sollte eine Führungskraft ihre Mitarbeiter situativ führen (vgl. Abschn. 4.2.2.). Dieses Führungsverhalten sollte geprägt sein durch eine klar kooperative Grundhaltung, welche die Zusammenarbeit zwischen Führungskraft und Mitarbeiter in den Vordergrund stellt. Dazu kann eine Führungskraft auf drei Werkzeuge zurückgreifen: die *partizipative Führung*, die *emotionale Führung* sowie die *Führung mit Projekten*.

Partizipative Führung

Die partizipative Führung haben wir im Rahmen der Führung der Generation Y bereits kennengelernt (vgl. Abschn. 3.2.6). Wir kommen hier aus zwei Gründen auf sie zurück. Erstens ist dies der Führungsstil, der am ehesten für geringe Machtdistanz geeignet ist, egal ob die geringe Machtdistanz eher für den Mitarbeiter oder eher für die Führungskraft charakteristisch ist. Zweitens ist es nur konsequent, wenn die Generation Y den Führungsstil gegenüber ihren Mitarbeitern anwendet, der ihr gegenüber auch angewendet wurde.

Allerdings haben wir festgestellt, dass es *die* partizipative Führung gar nicht gibt, sondern im Rahmen der partizipativen Führung verschiedene Abstufungen, je nachdem, wie stark der Mitarbeiter durch die Führungskraft in Entscheidungen eingebunden wird. Wir haben uns für ein möglichst hohes Maß der Entscheidungseinbindung gegenüber der Generation Y als Mitarbeiter ausgesprochen und bleiben auch jetzt, bei ihrer Betrachtung als Führungskraft, bei diesem Plädoyer: Je stärker eine Führungskraft aus der Generation Y ihre Mitarbeiter in Entscheidungen einbindet, desto stärker begegnet sie ihr auf Augenhöhe, da sie ihre Sicht der Dinge wertschätzt und berücksichtigt und damit *explizit* eine kooperative Grundhaltung einnimmt. Für den Fall, dass ein Mitarbeiter nun – aus welchen Gründen auch immer – ein nicht-konstruktives Verhalten zeigen sollte, kann die Führungskraft darauf reagieren, indem sie selber wieder stärker Entscheidungen trifft und der Mitarbeiter für deren Umsetzung verantwortlich ist: Tit for Tat. Damit ist die partizipative Führung als Stil einerseits flexibel einsetzbar und trägt auf der anderen Seite – da sie grundsätzlich auf die Nutzung einer Machtgrundlage verzichtet – der geringen Machtdistanz der Generation Y Rechnung.

Emotionale Führung

Fisher und Shapiro (2006) haben einen Ansatz entwickelt, der positive Emotionen als eine Art Energiequelle in Verhandlungen nutzen soll. Da Verhandlungssituationen starke Parallelen zu Führungssituationen aufweisen (Versuch der gegenseitigen Überzeugung und Verhaltensbeeinflussung, Gefahr divergierender Ziele, Existenz einer Sach- und einer Emotionsebene, hohe Bedeutung von Emotionen für die Zielerreichung) wollen wir die Grundsätze der Verhandlungsführung auf die Mitarbeiterführung übertragen.

Dass in unserer Führungsphilosophie (positive) Emotionen ebenfalls eine entscheidende Rolle spielen, ergibt sich aus der hohen Bedeutung, die wir der transformationalen Führung zuschreiben: Ziel dieses Führungsansatzes ist es, den Mitarbeiter durch *idealisierten Einfluss, inspirierende Motivation, intellektuelle Stimulierung* sowie *individuelle Zuwendung* auf eine höhere Entwicklungsstufe zu transformieren. Positive Emotionen spielen bei allen vier Aspekten eine wichtige Rolle, denn sie wirken als eine Art Beschleuniger: Durch positive Emotionen wirkt der idealisierte Einfluss noch stärker auf den Mitarbeiter, die Motivation wirkt noch inspirierender, weil sie noch positiver belegt ist, die intellektuelle Stimulierung wird noch intensiver und die individuelle Zuwendung noch spürbarer.

Was schlagen Fisher und Shapiro (2006) nun konkret vor, damit – im Ergebnis – die vier Aspekte transformationaler Führung ihre volle Wirkung entfalten können? Welche *Aktionen* (Maßnahmen) empfehlen die beiden also, um die *Funktion* (die Wirkung) transformationaler Führung zu stärken? Fisher und Shapiro (2006, S. 25 ff.) setzen auf *Wertschätzung, Verbindung, Autonomie, Status* sowie *erfüllende Rollen.* Wir betrachten diese Punkte einmal detaillierter:

* Unter *Wertschätzung* verstehen die Autoren auf der einen Seite die aktive Suche nach einer Leistung, einem Verdienst oder schlicht einem Wert in dem, was andere denken, fühlen oder tun, und auf der anderen Seite eine explizite Anerkennung dieser Aspekte (zur Wertschätzung als Führungswerkzeug vgl. Abschn. 4.2.2).
* *Verbindung* repräsentiert vor allem eine persönliche Nähe zwischen zwei Personen aufgrund von Gemeinsamkeiten. Zur Schaffung einer Verbindung müssen Gemeinsamkeiten herausgearbeitet und angesprochen werden. Dazu empfehlen Fisher und Shapiro (2006, S. 61) persönliche Kommunikation anstelle von telefonischer oder elektronischer, das Ansprechen von Themen, die einem selber wichtig sind, das Gewähren von Freiheiten, damit die aufgebaute Nähe nicht erdrückend wirkt, sowie das konsequente Pflegen von Kontakten. Für eine Führungskraft aus der Generation Y bedeutet dies das aktive Zugehen auf ihre Mitarbeiter, über direkte Kommunikation etwas Persönliches von ihren Mitarbeitern in Erfahrung zu bringen und etwas Persönliches von sich preiszugeben sowie diese persönlichen Informationen zu erinnern und im Rahmen von formalen oder informellen Gesprächen zu berücksichtigen.
* *Autonomie* betrifft die Handlungs- und Entscheidungsfreiheit, die man sich selber und anderen gewährt. Fisher und Shapiro (2006) plädieren dafür, die eigene Handlungs- und Entscheidungsfreiheit zu vergrößern, aber gleichzeitig darauf zu achten, dass die Freiheit der anderen davon nicht tangiert wird. Damit stellt dieser Aspekt vor allem auf die Vermeidung von *Reaktanz* ab. Diese haben wir als eine Abwehrhaltung kennengelernt, die Menschen dann zeigen, wenn sie den Eindruck haben, ihre Handlungs- und Entscheidungsfreiheit werde eingeschränkt (vgl. Abschn. 3.2.4). Damit ist die Gewährung von Autonomie ein geeigneter Ansatz zur Prävention von Reaktanz. Für die Generation Y als Führungskraft heißt dies vor allem, den Freiheitsanspruch ihrer Mitarbeiter zu kennen, die Handlungs- und Entscheidungsfreiheit entsprechend der Ansprüche zu gestalten und zu respektieren. Dabei ist zwischen Handlungs- und Entscheidungsfreiheit eines *Mitarbeiters an sich* und der *Einbindung* eines Mitarbeiters *in Entscheidungen* (vgl. unsere Ausführungen zur partizipativen Führung) zu unterscheiden: Im Rahmen partizipativer Führung kann das Maß der Einbindung von Mitarbeitern in Entscheidungen flexibel gesteuert werden. Die Gewährung von Handlungs- und Entscheidungsfreiheit hingegen ist nicht so flexibel möglich, da ein Mitarbeiter auf eine einmal gewährte, aber dann wieder genommene Freiheit wahrscheinlich mit reaktantem Verhalten reagieren wird. Das Ausmaß an gewährter Freiheit sollte damit relativ stabil sein, und entsprechend sollte die Stelle eines Mitarbeiters gestaltet sein.
* Unter *Status* verstehen Fischer und Shapiro (2006, S. 95) die Bedeutung einer Person im Vergleich zu anderen Personen. Die Anerkennung des Status einer Person, egal ob es sich um den Status im beruflichen, privaten oder einem anderen Umfeld handelt, zeige

Achtung vor der Person als Mensch. Dabei gehe es nicht darum, den eigenen Status herunterzuspielen oder als Referenzgröße im Sinne von *besser/schlechter* heranzuziehen, sondern um Respekt vor dem, was eine andere Person und man selber erreicht haben. Im Rahmen von Führungssituationen geht es also darum, den hierarchischen Status von Vorgesetztem und Untergebenen zu überwinden. Vielmehr sollte stattdessen jeder Mitarbeiter als *Experte* angesehen werden, der in Bezug auf ein *spezifisches Themengebiet* einen besonderen Status durch Erfahrungen oder sonstige Fähigkeiten erreicht hat. Möglichst sollte dieses Themengebiet eine berufliche Relevanz mit sich bringen, auch wenn Fisher und Shapiro (2006, S. 100) darauf hinweisen, dass die Anerkennung von Status auch aus nicht beruflichen Quellen zu einem hohen Maß an Achtung und einem Gefühl des *Geachtet-Werdens* führen kann. Damit stellt *Status* die Stärken eines Mitarbeiters explizit heraus, ein Aspekt, auf den sich Malik (2007, S. 122 ff.) in seiner Führungskonzeption bezieht. Zu den Auswirkungen der Konzentration auf die Stärken von Mitarbeitern schreibt er: „Man wird nie wieder ein Motivationsproblem haben und daher muss auch keines mehr gelöst werden." (Malik 2007, S. 125).

- Letztlich betrifft *erfüllende Rollen* die Frage, inwiefern an eine bestimmte Person eine Verhaltenserwartung gestellt wird, die mit ihren Präferenzen und Motiven besonders stark übereinstimmt (vgl. Fisher und Shapiro 2006, S. 115 ff.). Dabei sei eine Rolle dann besonders erfüllend, wenn sie einen klaren Zweck habe, für die betroffene Person eine hohe persönliche Bedeutung mitbringe und keine vorgeschobene oder künstlich erzeugte und damit unbedeutende Funktion habe. Eine Führungskraft muss sich in diesem Zusammenhang somit die Frage stellen, ob sie jedem ihrer Mitarbeiter eine eindeutige und passende Rolle zugeordnet hat. Wenn nicht, gilt es, gemeinsam mit dem Mitarbeiter eine entsprechende Rolle zu finden oder zu entwickeln. Hierzu passt erneut das Verständnis der Führungskraft als *Teammanager* (vgl. Abschn. 4.2.4): Der Teammanager versteht sich als Rollenkoordinator, indem er für jeden Mitarbeiter eine passende Rolle im Team findet und pflegt und dabei darauf achtet, dass sich aus der Gesamtheit an Rollen in einer Abteilung oder einem Bereich ein leistungsfähiges Team ergibt.

Die durch die Berücksichtigung von Wertschätzung, Verbindung, Autonomie, Status sowie erfüllenden Rollen als Grundlage des eigenen Führungsverhaltens entstehenden Emotionen wirken positiv auf die Beziehung zwischen Führungskraft und Mitarbeiter und erleichtern die transformationale Führung in der Form, dass sie den Rahmen für die Zusammenarbeit zwischen ihnen bilden (vgl. Abb. 4.20): Durch die Beachtung von Wertschätzung, Verbindung, Autonomie, Status sowie erfüllenden Rollen im Sinne normativer Führungsprämissen auf emotional-persönlicher Ebene entsteht eine *belastbare Beziehung* zwischen Führungskraft und Mitarbeiter, in der die Führungskraft den Mitarbeiter durch idealisierten Einfluss, inspirierende Motivation, individuelle Zuwendung sowie intellektuelle Stimulierung auf *Werte- und Einstellungsebene* sowie situativ durch performanceorientierte Führung, flexibles Teammanagement und die neue reifeorientierte Führung auf *Leitungsebene* auf ein höheres Niveau transformiert beziehungsweise den Mitarbei-

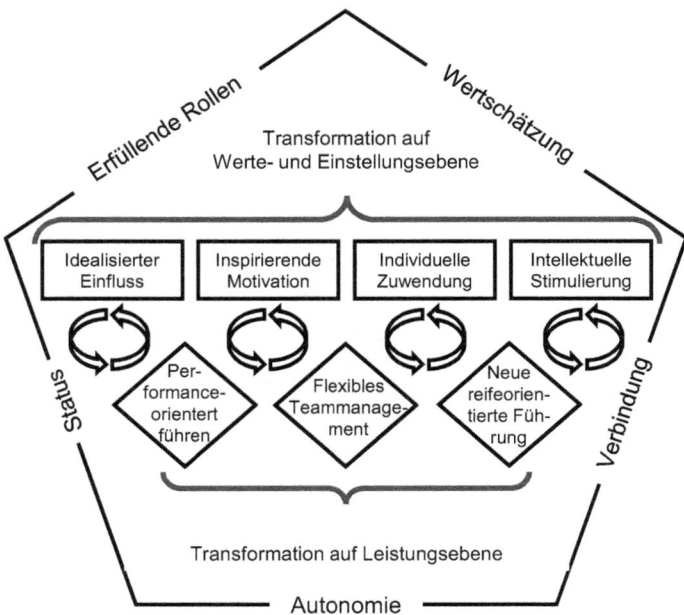

Abb. 4.20 Zusammenhang zwischen emotionaler und transformationaler Führung

ter bei dieser Transformation begleitet. Emotionale Führung bedeutet dabei explizit *nicht*, positive Emotionen einseitig zu favorisieren und negative Emotionen systematisch auszublenden oder ihre Existenz zu verneinen. Vielmehr führt die Berücksichtigung der fünf genannten Aspekte dazu, dass das persönlich-emotionale Verhältnis zwischen Führungskraft und Mitarbeiter besser wird – und zwar sowohl im Rahmen der Leistungssteigerung und -transformation als auch mit dem Ziel der Vermeidung von Konflikten. Schließlich entstehen oder eskalieren Konflikte oftmals durch Unstimmigkeiten auf der persönlichen Ebene und werden auf Sachebene ausgetragen. So bildet emotionale Führung nicht nur den persönlich-emotionalen Rahmen der transformationalen Führung, sondern kann präventiv gegen Konflikte wirken.

Bei der Diskussion transformationaler Führung beziehungsweise der emotionalen Voraussetzung effektiver transformationaler Führung stellt sich die Frage, ob mit ihr nicht ein hoher Machteingriff verbunden ist und sie deswegen für eine Führungskraft aus der Generation Y ungeeignet wird. Denn Furtner und Baldegger weisen darauf hin, dass transformationale Führung ein sehr „mächtiges Führungsverhalten" (Furtner und Baldegger 2013, S. 134) mit sich bringe und stellen damit auf das verführerische Potenzial der charismatischen Dimension transformationaler Führung ab. Allerdings schreiben sie in Anlehnung an Bass auch, dass „transformationale Führungskräfte ihre Macht nicht für selbstsüchtige und egoistische Ziele [nutzen]" (Furtner und Baldegger 2013, S. 134).

Führen mit Projekten

„Die Generation Y liebt projektbezogenes Arbeiten. Die innere Logik von Projekten motiviert sie deutlich mehr als starre Büroarbeitszeiten" (Hurrelmann und Albrecht 2014, S. 227). Diese Facette des Arbeitens in Projekten betrifft mehr die *Flexibilität* und *Dynamik* projektorientierten Arbeitens als spezifische Projektinhalte. Diese Flexibilität und Dynamik des Arbeitens machen Projekte für die Generation Y besonders attraktiv. Darüber hinaus hat das Arbeiten in Projekten den Vorteil, dass es weniger stark auf *starre Hierarchien* setzt als das Arbeiten in einer klassischen Linienorganisation. Somit stellt das *Führen mit Projekten* eine Option dar, der geringen Machtdistanz einer Führungskraft aus der Generation Y Rechnung zu tragen.

Wir wollen uns an dieser Stelle nicht auf das Projektmanagement an sich konzentrieren. Es gibt umfangreiche Literatur zum Projektmanagement, und wir könnten aufgrund der Breite und Tiefe dieses Managementbereichs nur an der Oberfläche kratzen. Daher beantworten wir lieber die Fragen, welche *Führungsaufgaben* im Rahmen von Projekten typischerweise anfallen und welche Werkzeuge eine Führungskraft im Rahmen von Projektarbeit auf jeden Fall beherrschen sollte.

Die erste Führungsaufgabe besteht darin, überhaupt ein *Projekt zu initiieren*, denn in den meisten Unternehmen ist das Tagesgeschäft immer noch nach einem klassischen Organisationssystem (Ein-, Mehrlinien- oder Matrixsystem) strukturiert. Mit einer Projektinitiative muss die Beantwortung der Frage einhergehen, welchen *Zweck* das Projekt haben soll. Ganz konkret muss klargestellt werden, welches *Ergebnis* (qualitative Komponente) bis zu welchem *Zeitpunkt* (zeitliche Komponente) mit wie viel *Aufwand* (quantitative Komponente) erreicht werden soll (vgl. Faßbender und Thanhoffer 2011, S. 133).

Von diesen drei Eckpfeilern ausgehend sind zweitens entsprechende *Rollen* und *Aufgaben* zu verteilen, auch hinsichtlich Rolle und Aufgabe der Führungskraft (denn sie muss nicht automatisch Projektleiterin sein, sondern kann auch als normales Projektmitglied eingesetzt werden). Egal, welche Rolle und Aufgabe die Führungskraft im Projekt übernimmt: Sie muss sicherstellen, dass die einzelnen Projektmitglieder ihr Tagesgeschäft auch neben der Projektarbeit noch erfüllen können. Sie muss also eine Parallelstruktur aus Organisation des Tagesgeschäfts und Projektorganisation überblicken und steuern können.

Drittens geht es um die Frage nach dem *Führungsstil* im Projekt. Grundsätzlich – und deswegen betrachten wir die Führung mit Projekten in diesem Abschnitt, in dem es um die geringe Machtdistanz der Generation Y geht – ist auf *Gleichberechtigung* der Projektmitglieder zu setzen. Teil- oder Gesamtprojektleiter haben kein delegatives oder disziplinarisches Führungsrecht, Art und Umfang der Aufgabenerfüllung ergeben sich aus der einmal festgelegten Rollen- und Aufgabenverteilung oder aus gleichberechtigten Aushandlungsprozessen der Projektmitglieder. Natürlich kann es bei einer solchen Projektlogik zu Konflikten kommen, insbesondere dann, wenn die Führungskraft aus der Generation Y als Projektmitarbeiter oder -leiter und im Gegensatz zum Tagesgeschäft eigentlich keine delegative oder disziplinarische Führungsverantwortung innehat. Hier vertrauen wir allerdings auf die Konfliktmanagementfähigkeiten der Generation Y (und verweisen auf unsere Ausführungen hierzu in Abschn. 4.2.4).

In Bezug auf die *Werkzeuge* der Projektarbeit orientieren wir uns an den von Stöger genannten Werkzeugen für Projektleiter (vgl. im Folgenden Stöger 2011, S. 29 ff.). Beherrscht eine Führungskraft diese Werkzeuge, gelingt ihr auch das Führen mit Projekten:

- *Sitzungen*: Ein Großteil an Kommunikation in Projekten findet im Rahmen von Sitzungen statt. Um diese möglichst effizient zu führen, sind eine *Tagesordnung* und ein *Ergebnisprotokoll* notwendig. Während einer Sitzung steht nicht die inhaltliche Erarbeitung von Themen im Fokus (dazu dient eher die Arbeit der verantwortlichen Projektmitglieder), sondern die Entscheidungsfindung und Ableitung von Maßnahmen. Getroffene Entscheidungen und abgeleitete Maßnahmen finden Eingang in eine Aufgabenliste, die nach dem Muster *Wer macht was bis wann?* strukturiert ist. Unterschieden werden sollte nach Jours fixes (also regelmäßig stattfindenden Sitzungen) und fallweise einzuberufenden Sitzungen. Alle Sitzungen werden in einem Sitzungskalender, der für alle Projektteilnehmer zugänglich ist, gepflegt. Da die Vorbereitung, Durchführung und Nachbereitung von Sitzungen sehr viel Zeit in Anspruch nehmen können, sollten sie nur durchgeführt werden, wenn sich keine andere Form der Arbeit anbietet.
- *Persönliche Arbeitsmethodik*: Es ist schwierig, eine allgemeingültige und pragmatische Arbeitsmethodik für die Arbeit in Projekten oder gar für das Leiten von Projekten aufzustellen. Daher scheint es zunächst einmal essenziell festzuhalten, dass jeder Projektmitarbeiter eine *geeignete* Arbeitsmethodik haben und seine Arbeit im Projekt nicht dem Zufall überlassen sollte. Wichtig sind dafür sowohl verlässliche Ablagesysteme als auch funktionierende Terminkalender, in die nicht nur allgemeine und eigene Deadlines, sondern auch Zeiten für die Bearbeitung solcher Maßnahmen eingetragen werden, die man selber übernommen hat. Nur so kann sichergestellt werden, dass Deadlines transparent sind und Arbeiten rechtzeitig erledigt werden. Außerdem sollten Zusagen und Absprachen auf jeden Fall eingehalten werden, egal ob es um die rechtzeitige Abgabe von Arbeitspaketen oder das pünktliche Erscheinen zu Terminen geht. Diese Zuverlässigkeit ist ein wichtiger, wenn nicht *der* entscheidende Erfolgsfaktor für die Projektarbeit.
- *Systematische Müllabfuhr*: Um Zeit und Ressourcen optimal zu nutzen, sollte sich ein Projektmitarbeiter stets die Frage stellen, welche Aufgaben keinen Beitrag (mehr) zum Projekterfolg leisten und daher nicht (mehr) erledigt werden müssen. Diese Frage ergibt sich sowohl in Sitzungen, in denen über die Verteilung von Aufgaben entschieden wird, als auch in der Konsequenz daraus: Werden neue Aufgaben verteilt, fallen andere womöglich weg oder werden automatisch mit erledigt. Die systematische Müllabfuhr dient somit dazu, die eigene Aufgabenliste permanent aktuell zu halten.
- *Schriftliche Kommunikation (Bericht)*: In Projekten fallen unzählige Schriftstücke an (zum Beispiel Projektpläne, Checklisten, Zusammenfassungen von wichtigen Ereignissen, E-Mails, Sitzungsprotokolle, Aufgabenlisten, Zwischen- und Abschlussberichte). Diese Schriftstücke sind unverzichtbar, weil sie für die Projektarbeit essenzielle Informationen enthalten. Auf der anderen Seite sind es gerade diese Schriftstücke, die bei Erstellung und Lektüre viel Zeit in Anspruch nehmen. Effiziente Projektarbeit heißt

damit vor allem eine Erstellung von *effizienten Schriftstücken*. Um diese Anforderung zu erfüllen, sollten Schriftstücke

- so aufgebaut sein, dass sofort ersichtlich wird, wofür und für wen sie gedacht sind (Zweck und Adressatenkreis) und wer sie wann erstellt hat (Autor und Verfassungsdatum),
- klar strukturiert sein, damit ihr Aufbau, Inhalt und die wichtigsten Aussagen schnell ersichtlich sind,
- eine einfache und klare Sprache verwenden und auf Fremdwörter oder Anglizismen möglichst verzichten und
- so benannt und abgelegt werden, dass sie von jedem Projektmitarbeiter schnell gefunden und die neueste Version eines Schriftstückes schnell identifiziert werden kann.

- *Kosten- und Zeitbudget*: Das Kosten- und Zeitbudget stellt eine Übersicht dar, in der Kosten (variable und fixe Projektkosten) und Zeiten (Zeit für bestimmte Teilprojekte oder einzelne Arbeitspakete geplant, gesteuert und über Balken- oder Funktionsdiagramme) visualisiert werden. Damit dient vor allem das Zeitbudget als Grundlage zur Einführung neuer Projektmitarbeiter in ein Projekt.

Gefahren der Führung auf Basis einer geringen Machtdistanz

Führungsrelevante Gefahren aus der geringen Machtdistanz ergeben sich vor allem aus zwei Umständen: Erstens könnte eine Führungskraft der Generation Y der Auffassung sein, Führung komme gänzlich ohne Machtgrundlagen aus. Das ist sicherlich nicht der Fall, denn eine Führungskraft hat als allererstes die Verantwortung, den *Willen des Unternehmens* durchzusetzen. Dieser Unternehmenswille ergibt sich aus der langfristigen Zielsetzung und Strategie eines Unternehmens. Er ist zwar nicht eindeutig in dem Sinne, dass aus Unternehmenszielen und geplanten Maßnahmen zur Erreichung dieser *ein klarer Wille* abzuleiten wäre, sondern vielmehr ist es Aufgabe der Führungskräfte (insbesondere des Topmanagements), diesen Willen im Rahmen eines Interpretations- und sozialen Konstruktionsprozesses zu gestalten. Und da solche Interpretations- und Konstruktionsprozesse in der Regel *äquifinal* sind, kann dem Ergebnis solcher Prozesse nur begrenzt objektiver Charakter zugesprochen werden. Aber auch ein im Rahmen subjektiver Interpretationsprozesse ermittelter Unternehmenswille ist für Mitarbeiter verbindlich. Machteinsatz wird konkret dann notwendig, wenn Unternehmenswille und der Wille einzelner Mitarbeiter nicht zusammenpassen, also *konfliktär* sind. Dann ist es Aufgabe einer Führungskraft, den Unternehmenswillen durchzusetzen – letztendlich auch gegen den Willen eines einzelnen Mitarbeiters. Per Definition ist hierzu nur Macht geeignet, welche eine Führungskraft aus der Generation Y als Führungswerkzeug allerdings tendenziell ablehnt. So kann es dazu kommen, dass sie Macht anwenden *muss*, obwohl sie diese nicht anwenden *möchte*, was zu einer mangelnden Durchsetzungskraft führen kann. Daher muss sich eine Führungskraft aus der Generation Y verdeutlichen, dass sie stets als (positive) Autorität handeln sollte, der sich ihre Mitarbeiter freiwillig, also ohne den Einsatz von Macht, unterordnen. Reicht dies nicht aus, hat die Führungskraft einen Machteinsatz als

Ultima Ratio zu wählen – schließlich steht der Unternehmenswille über der eigenen Ablehnung von Macht als Führungswerkzeug.

Die zweite Gefahr liegt im verführerischen Potenzial von Macht. Dazu wollen wir uns noch einmal den Unterschied zwischen macht- und autoritätsbasierter Führung verdeutlichen: Machtbasierte Führung greift auf ein objektiv vorhandenes Druckmittel zurück, weswegen Mitarbeiter den Anweisungen ihrer Führungskraft auch *gegen ihren eigenen Willen* folgen. Autoritätsbasierte Führung greift nicht auf ein solches Druckmittel zurück, vielmehr folgt der Mitarbeiter der Führungskraft *freiwillig*, weil er sie als Autorität anerkennt.

Problematisch hinsichtlich der *Effizienz* autoritätsbasierter Führung ist, dass ein Mitarbeiter immer wieder aufs Neue entscheiden muss, ob er sich der Führungskraft in einer spezifischen Situation unterordnet oder nicht. Das bedeutet, dass immer wieder mehr oder weniger zeitaufwändige (explizite oder implizite) *Aushandlungsprozesse* erfolgen, an deren Ende eine Akzeptanz der Führungskraft als Autorität steht – oder eben nicht. Damit ist autoritätsbasierte Führung zunächst kostenintensiver und ergebnisoffen, denn es ist ex ante nicht sicher, ob der Mitarbeiter seiner Führungskraft ex post auch folgt. Um Zeit zu sparen und sich in Bezug auf das Mitarbeiterverhalten sicher zu sein, bildet machtbasierte Führung einen Ausweg. Und auch wenn diese langfristig mit einer geringen Mitarbeiterzufriedenheit und geringerer Produktivität einhergehen dürfte, birgt sie für die Führungskraft kurzfristig ein hohes *internes Belohnungspotenzial*: Der Mitarbeiter macht, was die Führungskraft erwartet, und dafür muss gar nicht viel diskutiert werden, sodass die Führungskraft mit mehr Zeit für andere Aufgaben *belohnt* wird. Die Herausforderung besteht also darin, dem verführerischen Charakter machtbasierter Führung zu widerstehen und die Rolle als Autorität zu wahren – auch wenn als Ultima Ratio machtbasierte Führung notwendig werden kann. Wie dieser Drahtseilakt gelingen kann, betrachten wir im Folgenden.

Ultima-Ratio-Machteinsatz

Die besondere Herausforderung bei der Anwendung des Werkzeuges *Ultima-Ratio-Machteinsatz* besteht darin herauszufinden, wann der Punkt erreicht ist, dass ein Einsatz von Macht notwendig und legitim ist, da eine autoritätsbasierte Führung unverhältnismäßig aufwändig wäre. Eine Führungskraft mit einer relativ hohen natürlichen Tendenz zum Machteinsatz würde diesen Punkt sicherlich früher sehen als eine Führungskraft der Generation Y, die gegenüber einem Einsatz von Macht eher skeptisch eingestellt ist. Letztlich kann nur heuristisch und damit näherungsweise bewertet werden, ob der richtige Punkt erreicht ist. Inhalte einer solchen Heuristik können zum Beispiel die Dauer von Mitarbeitergesprächen sein, die Stärke, in der sich ein Mitarbeiter für andere Perspektiven als seine eigenen interessiert, die emotionale Stimmung in einem Mitarbeitergespräch, der Umsetzungsgrad partizipativer Führung oder spezifische Erfahrungen mit dem jeweiligen Mitarbeiter aus der Vergangenheit. Wichtig ist jedoch, dass es erstens eine (möglichst explizite) Heuristik gibt (welche die Führungskraft optimalerweise schriftlich festhält) und dass die Wirksamkeit dieser Heuristik stets (womöglich auch gemeinsam mit der eigenen Führungskraft) kritisch reflektiert und ihr Inhalt gegebenenfalls angepasst wird.

Ausgehend von dieser Entscheidungsgrundlage ist dann zu prüfen, welche Machtgrundlage beim Ultima-Ratio-Machteinsatz zu verwenden ist. Dazu sei auf die Machtgrundlagen nach French und Raven in Anlehnung an Jung (2008, S. 412) zurückgegriffen. Sie unterscheiden Macht durch *Belohnung, Bestrafung, Identifikation, Legitimation, Sachkenntnis* sowie *Information.*

Zunächst ist allerdings zu klären, ob die genannten Machtgrundlagen für unsere weitere Betrachtung überhaupt infrage kommen. Das wäre nämlich nur dann der Fall, wenn sie erstens auch tatsächlich in der Lage wären, den Willen einer Person zu beugen (ansonsten wären es keine *Macht*grundlagen) und wenn sie zweitens objektiv von den Grundlagen autoritätsbasierter Führung abzugrenzen sind (denn im Falle inhaltlicher Überschneidungen könnten wir nicht eindeutig von machtbasierter Führung sprechen).

Macht durch Identifikation, Macht durch Legitimation, Macht durch Sachkenntnis und *Macht durch Information* müssen unserer Einschätzung nach aus der Liste gestrichen werden. Der Grund: Macht durch *Identifikation* ergibt sich daraus, dass ein Mitarbeiter eine Führungskraft derart bewundert, dass die Führungskraft darüber den Willen des Mitarbeiters beugen kann (vgl. Jung 2008, S. 421). Zwar ist die Macht durch Identifikation schwer von der charismatischen Autorität abzugrenzen, da bei beiden eine Unterordnung aufgrund von besonderen (für den Mitarbeiter attraktiven) Persönlichkeitsmerkmalen der Führungskraft stattfindet. Die Abgrenzung ist aber möglich, denn einer charismatischen Autorität ordnet sich ein Mitarbeiter freiwillig unter, weil er sie sympathisch, vertrauenswürdig, freundlich etc. findet. Bei der Macht durch Identifikation hingegen ordnet sich der Mitarbeiter unter, weil er die Führungskraft derart bewundert, dass er einen Teil seiner Selbstbestimmung aufgibt. Die Machtgrundlage ergibt sich damit daraus, dass die Führungskraft einen Mitarbeiter *bestrafen* kann, wenn er ihr nicht folgt. Diese Bestrafung erfolgt auf einer persönlichen Ebene (zum Beispiel Ignoranz, Bloßstellen vor anderen, Entzug von Aufmerksamkeit und Nähe), die den Mitarbeiter emotional trifft oder gar verletzt. Damit liegt bei der Macht durch Identifikation eigentlich Macht durch Bestrafung vor, allerdings erfolgt die Bestrafung nicht durch sachliche Strafreize, wie wir gleich zeigen werden, sondern durch persönlich-emotionale. Am Ende liegt hier dennoch Macht durch Bestrafung vor, weswegen wir Macht durch Identifikation nicht weiter separat betrachten.

Macht durch *Legitimation* ergibt sich nach Jung (2008, S. 421) durch die Position in der hierarchischen Organisationsstruktur und die damit verbundenen Normen und Werten, die es dem Inhaber einer bestimmten Position ermöglichen, über das Verhalten anderer zu bestimmen. Hier fehlt allerdings das objektiv vorhandene Druckmittel, das genutzt werden könnte, um den Willen eines Mitarbeiters zu beugen. Die Existenz spezifischer Werte und Normen, die einen Mitarbeiter dazu bringen, den Anweisungen seiner Führungskraft zu folgen, können es jedenfalls nicht sein, denn wenn ein Mitarbeiter diesen Werten und Normen nicht folgt, würde der Stelleninhaber darauf nur durch den Einsatz einer weiteren Machtgrundlage, zum Beispiel Bestrafung, reagieren können. Damit ist die Macht durch Legitimation nur wirksam, wenn Mitarbeiter sich freiwillig Werten und Normen unterwerfen, was die Macht durch Legitimation dann per Definition eher zu einer autoritätsbasierten Führungsoption machen würde (vgl. hierzu auch die sogenannte positionale oder Amtsautorität bei Jung 2008, S. 413).

Macht durch *Sachkenntnis* ist nicht klar abzugrenzen von einer funktionalen oder Fachautorität. Beide gehen davon aus, dass eine Unterordnung des Mitarbeiters stattfindet, weil dieser der Führungskraft einen Wissensvorsprung zugesteht (vgl. Jung 2008, S. 412 f.). Wir sehen diese Art der Unterordnung eher als eine *freiwillige* Unterordnung, da ein Mitarbeiter seiner Führungskraft aufgrund des Wissensvorsprungs Respekt und Anerkennung entgegenbringt. Damit ist die Macht durch Sachkenntnis ebenfalls eher eine autoritätsbasierte Führungsoption.

Macht durch *Information* ergibt sich aus einem Informationsvorsprung der Führungskraft gegenüber dem Mitarbeiter, wobei das Machtpotenzial daraus resultiert, dass die Führungskraft Informationen vorenthält beziehungsweise verspätet weitergibt (vgl. Jung 2008, S. 412). Auch hier findet sich der Mechanismus von Belohnung und Bestrafung wieder: Ein Vorenthalten von Informationen ist eine Bestrafung, weswegen Mitarbeiter gegen ihren Willen handeln, da sie die Information, die potenziell wertvoll für sie sein könnte, erlangen möchten. Auch diese Machtgrundlage kann also nicht separat betrachtet werden, sondern gehört streng genommen zur Macht durch Bestrafung.

Übrig bleiben zur machtbasierten Führung dann die Führung durch Belohnung und Bestrafung. Beide enthalten spezifische Elemente, die genutzt werden können, um den Willen eines Mitarbeiters zu beugen. Auf diese werden wir kurz eingehen.

Bei der Macht durch *Belohnung* bewirkt die in Aussicht gestellte Belohnung (so sie denn zu den Motiven eines Mitarbeiters passt) eine Ausschüttung spezifischer Stoffe im Gehirn, die einen stark motivierenden Charakter haben (vgl. hierzu unsere Ausführungen in Abschn. 3.1). Kennt eine Führungskraft ihren Mitarbeiter gut und sind ihr bestimmte spezifische Mängel (zum Beispiel substanzielle finanzielle Probleme) bekannt, dann kann eine hierzu passende in Aussicht gestellte Belohnung einen derart starken Verführungscharakter haben, dass der Mitarbeiter gegen seinen Willen handelt, da die Beibehaltung seines Willens ihm weniger wertvoll scheint als das Erlangen der Belohnung.

Bei der Macht durch *Bestrafung* ist es der Wunsch eines Mitarbeiters, einen unangenehmen Reiz (einen Strafreiz) zu vermeiden, der ihn dazu bringen kann, gegen seinen Willen zu handeln. Dabei ist es nicht nur das In-Aussicht-Stellen eines expliziten Strafreizes (zum Beispiel unangenehme Aufgaben, Versetzung, Abmahnung), sondern auch die Wegnahme einer Belohnung (eine sogenannte *Entbelohnung*, vgl. Abschn. 3.2.6), die den Charakter eines Strafreizes haben kann.

Machtbasierte Führung beruht – wie wir gezeigt haben – also entweder auf Belohnung oder auf Bestrafung. Welche der beiden Machtgrundlagen sollen denn nun für den Ultima-Ratio-Machteinsatz herangezogen werden? Wir sind der Auffassung, dass es die *Bestrafung* sein sollte. Dafür sprechen zwei Gründe: Erstens bietet sich die Verwendung von Belohnung als Machtgrundlage schon alleine deswegen nicht an, da eine Belohnung in der Regel etwas Positives ist, das bei der machtbasierten Führung dann mit etwas Negativem (dem Handeln des Mitarbeiters gegen den eigenen Willen) in Zusammenhang gebracht wird. Machtbasierte Führung ist aus unserer Sicht immer negativ (und daher nur als Ultima Ratio zulässig), sie sollte durch die Verwendung von Belohnung nicht in etwas vermeintlich Positives verkehrt werden. Zweitens spielen Belohnungen in anderen Führungsaspekten, insbesondere im Rahmen der neuen reifeorientierten Führung beim Führungsstil *Motivating* (vgl. Abschn. 4.2.5) eine entscheidende Rolle. Da das Mittel der Belohnung dort schon in Anspruch genommen wird, sollten wir hier darauf verzichten und fokussieren auf den angemessenen Einsatz von Bestrafungen als Ultima-Ratio-Machteinsatz (vgl. das Werkzeug: Bestrafung als Ultima-Ratio-Machteinsatz).

Werkzeug: Bestrafung als Ultima-Ratio-Machteinsatz

Eine Führungskraft aus der Generation Y sollte sich bei der Vorbereitung auf einen Ultima-Ratio-Machteinsatz vor allem bewusst machen, welche Mittel der Bestrafung ihr zur Verfügung stehen (zum Beispiel Tadel im Einzelgespräch, Vergabe unangenehmer Aufgaben, Abmahnung, Versetzung, Kündigung) und wie sie diese korrekt einzusetzen hat. Denn jede Bestrafung ist mit einer hohen emotional-psychischen Belastung für Führungskraft und Mitarbeiter verbunden (ein weiterer Grund dafür, warum Macht nur als letztes Mittel eingesetzt werden sollte). Wegen dieser hohen Belastung sollte sich eine Führungskraft vor dem Ultima-Ratio-Machteinsatz *sehr genau* darüber im Klaren sein,

- *wann* eine Bestrafung erfolgen soll (Auslöser der Bestrafung),
- *womit* bestraft werden sollte (Mittel der Bestrafung),
- *wie lange* und *wie stark* bestraft werden sollte (Dauer und Intensität der Bestrafung),
- in *welcher Reihenfolge* bestraft wird, wenn sich das Mitarbeiterverhalten nicht verbessert (Eskalationsstufen der Bestrafung),
- *wen* sie zur Durchsetzung der Bestrafung womöglich im Vorfeld einbinden muss (andere Mitarbeiter, die eigene Führungskraft, den Betriebsrat, die Personalabteilung, den Hausjuristen usw.) und
- mit *wem* sie sich für die Dauer der Bestrafung und wegen der damit verbundenen psychischen Belastung austauschen kann (Kollegen, Vorgesetzte, Mentoren etc.).

Entscheidend beim Ultima-Ratio-Machteinsatz ist erstens, dass die Führungskraft über einen festen Plan, eine Art Notfallplan (denn das ist der Ultima-Ration-Machteinsatz: eine Art Notfall) verfügt, der im Fall der Fälle systematisch abgearbeitet werden kann. Zweitens muss bereits im Vorfeld sichergestellt sein, dass die Bestrafung erst dann zurückgenommen wird, wenn sich das Verhalten des Mitarbeiters geändert hat beziehungsweise eine gemeinsame Lösung gefunden wurde, nicht jedoch vorher. Bessert sich das Mitarbeiterverhalten nicht oder wird keine gemeinsame Lösung gefunden, sind entsprechende Eskalationsstufen zu planen. Auf jeden Fall ist es besser, eine rationale, geplante und leichte Bestrafung langfristig durchzusetzen, als eine emotional bedingte starke Bestrafung nach einer bestimmten Zeit wieder zurückzunehmen, weil sie unverhältnismäßig und nicht gut vorbereitet war. Denn vor allem ist es wichtig, dass die Führungskraft Herrin der Lage bleibt und ihre Ziele beziehungsweise eine gemeinsame Lösung erreichen kann, da ein Mitarbeiter sonst für sein destruktives Verhalten (ein solches muss vorliegen, sonst wäre keine Ultima-Ration-Bestrafung nötig) dadurch belohnt wird, dass die Führungskraft mit ihrem Bestrafungsversuch scheitert. Oder anders: Failure is not an option. Letztlich ist es wichtig, dass ausschließlich *sachliche* Bestrafungsmittel herangezogen werden. Eine emotionale Bestrafung, etwa ein Bloßstellen vor anderen, ein Ignorieren oder ein Entzug von Aufmerksamkeit oder Nähe, sind keine Optionen, da sie der Überzeugung eines wertschätzenden, kooperativen und respektvollen Umgangs mit dem Mitarbeiter als Mensch widersprechen.

Autorität wahren

Bereits angesprochen haben wir den Verführungscharakter von Macht: Auch wenn eine Führungskraft aus der Generation Y Macht als Führungswerkzeug grundsätzlich ablehnt, besteht die Gefahr, dass ein Ultima-Ratio-Machteinsatz ihre Grundeinstellung zu beeinflussen vermag (insbesondere dann, wenn die emotionale Belastung gering und der Effekt der Veränderung des Mitarbeiterverhaltens besonders stark ist oder gar eine positive Auswirkung auf das eigene Selbstbewusstsein entsteht, vgl. hierzu auch den Exkurs: Standford Gefängnisexperiment).

Exkurs: Standford Gefängnisexperiment

Die verführerische Wirkung von Macht zeigt das Stanford Gefängnisexperiment aus dem Jahr 1971 (vgl. Gerrig und Zimbardo 2008, S. 671 ff.; Aronson et al. 2011, S. 277 f.). In diesem Jahr bauten Zimbardo und Kollegen im Keller der Universität Stanford ein Gefängnis nach und rekrutierten Freiwillige für ihr Experiment, die sie nach dem Zufallsprinzip entweder in die Gruppe der Wärter oder in die Gruppe der Gefangenen einteilten. Die Freiwilligen wurden für ihre Teilnahme am Experiment bezahlt und waren sich der Tatsache bewusst, dass sie Teil experimenteller psychologischer Forschung waren. Und doch musste das auf zwei Wochen angelegte Experiment nach sechs Tagen abgebrochen werden, da die Wärter und Häftlinge derart in ihren Rollen aufgingen, dass die Unversehrtheit der Versuchsteilnehmer nicht mehr gewährleistet werden konnte: Das Vergeben von Uniformen, Pfeifen und Schlagstöcken an die Wärter beziehungsweise von losen Kitteln mit Häftlingsnummern, Schlappen und Fußketten an die Häftlinge schaffte eine neue soziale Realität, die auf der Seite der Wärter verbale und körperliche Gewalt und Brutalität und auf der Seite der Häftlinge Angst, Unterwerfung und psychisch-depressive Störungen hervorrief.

Auch wenn nicht alle damals gewonnenen Erkenntnisse als verlässlich oder gar allgemeingültig eingestuft werden können – schließlich wurde dieses Experiment nur zweimal (ein zweites Mal in Australien) durchgeführt – machen sie doch deutlich, wie Macht Menschen beeinflussen und verführen kann. Die Wärter bekamen umfängliche Macht über die Gefangenen, da ihnen kaum Verhaltensregeln und -normen vorgegeben wurden, und sie nutzen diese Macht zur Beeinflussung des Gefangenenverhaltens: Die Gefangenen mussten sich etwa gegen ihren Willen nackt ausziehen oder sich von den Wärtern Kapuzen überziehen lassen (wobei es sich um Ereignisse handelt, die in dieser Form im Jahr 2003 im Gefängnis Abu Ghuraib im Irak in beinahe identischer Form erneut aufgetreten sind – allerdings ohne dass es sich um ein Experiment handelte). Vor allem die zufällige Zuordnung zu Wärtern und Gefangenen leitete die Forscher zu dem Schluss, dass es nicht charakterliche Merkmale der Versuchsteilnehmer waren, die über das Verhalten der beiden Gruppen entschieden, sondern die Dynamik der Situation, in der die Existenz von Macht und eine ungleiche Verteilung von Macht zwischen Wärtern und Gefangenen eine entscheidende Rolle spielte. Die Gefahr, Macht zu missbrauchen, besteht also nicht nur für Menschen mit einem stark ausgeprägten Machtmotiv (vgl. Rohrschneider 2011, S. 91 ff.), sondern grundsätzlich für jeden und damit auch für die Generation Y, auch wenn sie den Einsatz von Macht generell ablehnt.

Eine Führungskraft aus der Generation Y sollte sich also bewusst machen, dass sie vor allem als (positive) Autorität wirken und dazu ihre Autorität wahren sollte. Sie sollte ihre Mitarbeiter inhaltlich überzeugen und von ihren Ideen begeistern, mit ihnen gemeinsam Probleme lösen sowie sich in kritischen Situationen vor oder hinter sie stellen, kurzum: den Menschen respektieren und schätzen, um ihn bei beruflichen Erfolgen zu unterstützen. So steigt die Wahrscheinlichkeit, dass Mitarbeiter ihrer Führungskraft freiwillig folgen und eine Führungskraft nur sehr selten Macht als Ultima Ratio einsetzen muss und damit den Gefahren eines Machtgebrauchs so selten wie möglich ausgesetzt ist.

4.2.7 Führung auf Basis eines starken Selbstbewusstseins

Die Generation Y zeichnet sich, wie wir festgestellt haben, durch ein starkes Selbstbewusstsein aus, das ihr Denken und Handeln maßgeblich beeinflusst. Dieses starke Selbstbewusstsein führt vor allem zu einer starken Überzeugung von der Richtigkeit des eigenen Handelns: Die Generation Y glaubt, sie mache (fast) alles richtig und schöpft daraus Kraft und Selbstvertrauen. Deshalb hat sie auch kaum Bedenken bei der Ansprache hierarchisch höhergestellter Personen. Zum einen lehnen sie das Konstrukt einer starren, machterhaltenden Hierarchie ab (vgl. Abschn. 4.2.6), zum anderen vertrauen sie derart in das von ihnen (bisher) Geleistete, dass sie sich vor niemandem verstecken. Ihr starkes Selbstbewusstsein wird daher oft als Respektlosigkeit wahrgenommen – in der Regel allerdings durch Personen, die in mehr oder weniger strikt hierarchisch organisierten Systemen aufgewachsen sind.

Das starke Selbstbewusstsein der Generation Y hat im Führungskontext vor allem Vorteile und ist daher mit substanziellen Chancen für Unternehmen verbunden: Eine Führungskraft aus der Generation Y verfügt über Stärke und Widerstandskraft, die sie zum Wohl ihrer Mitarbeiter einsetzen kann. Aber natürlich sind mit einem starken Selbstbewusstsein auch Gefahren verbunden, vor allem Gefahren, die aus der starken Ich-Bezogenheit der Generation Y resultieren. Sowohl Chancen und Risiken als auch Werkzeug zum Umgang mit ihnen betrachten wir im Folgenden.

Chancen der Führung auf Basis eines starken Selbstbewusstseins

Wie eben angesprochen, führt ein starkes Selbstbewusstsein vor allem zu *mentaler Stärke* und *Widerstandskraft*. Dabei sehen wir in der Stärke der Generation Y ein Potenzial zur Steigerung von Motivation und Leistung beziehungsweise deren Erhalt auf einem hohen Niveau: Eine Führungskraft aus der Generation Y hat die Stärke, *sich selber* zu motivieren und eine hohe Leistung zu erbringen (vgl. Abschn. 4.2.2), sie kann dieses Po-

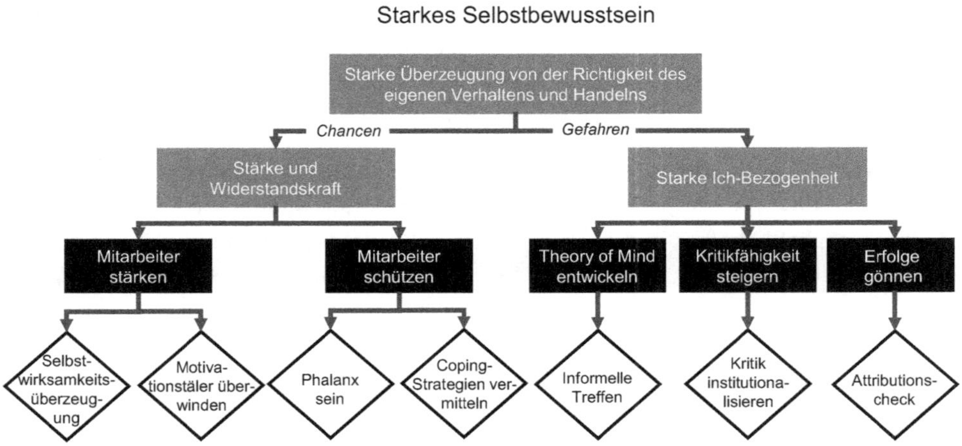

Starkes Selbstbewusstsein

Abb. 4.21 Logik des Abschnittes „Führung auf Basis eines starken Selbstbewusstseins"

tenzial aber auch für ihre Mitarbeiter nutzen. Das *Stärken von Mitarbeitern* ist damit eine wichtige Chance, die aus dem starken Selbstbewusstsein der Generation Y resultiert (vgl. Abb. 4.21).

Aber nicht nur in Bezug auf Motivation, Leistung und Erfolg kann das starke Selbstbewusstsein einen wichtigen Beitrag leisten. Durch ihr starkes Selbstbewusstsein verfügt eine Führungskraft aus der Generation Y über eine hohe Widerstandskraft gegen Stress, Rückschläge, Niederlagen und sonstige negative Entwicklungen. Diese Widerstandskraft, von Psychologen als *Resilienz* bezeichnet, kann eine Führungskraft aus der Generation Y ebenso wie ihre Stärke nicht nur für sich selber, sondern auch für ihre Mitarbeiter einsetzen. Sie kann damit die Rolle eines *Stressfilters* übernehmen, indem sie im Unternehmen auftretenden Druck und daraus resultierenden Stress auf sich nimmt und wie ein Filter nur partiell an ihre Mitarbeiter weitergibt. So kann sie durch ihr starkes Selbstbewusstsein ihre Mitarbeiter nicht nur *stärken*, sondern auch *schützen*.

Die Stärkung ihrer Mitarbeiter erreicht eine Führungskraft aus der Generation Y dadurch, dass sie beim Mitarbeiter *Selbstwirksamkeitsüberzeugung* aufbaut oder verstärkt sowie etwaige Motivationstäler – gemeinsam mit dem Mitarbeiter – überwindet. Den Schutz ihrer Mitarbeiter erreicht sie, indem sie als *Phalanx* gegen Druck und Stress fungiert und ihren Mitarbeitern wirksame *Coping-Strategien* gegen Druck und Stress vermittelt.

Selbstwirksamkeitsüberzeugung aufbauen
Den Begriff der *Selbstwirksamkeitsüberzeugung* haben wir in Abschn. 3.2.2 erstmals als das Ausmaß einer subjektiven Überzeugung, Herausforderungen bewältigen oder Probleme lösen zu können, kennengelernt: Eine hohe Selbstwirksamkeitsüberzeugung repräsentiert einen starken *Glauben an sich selbst*. Sie ist von objektiven Kompetenzen, also dem tatsächlichen *Können*, abzugrenzen.

Von Psychologen wird oftmals die problemspezifische Selbstwirksamkeitsüberzeugung, nicht die objektiv vorhandene problemspezifische Kompetenz dafür verantwortlich gemacht, wie intensiv Menschen an einer Problemlösung arbeiten (vgl. Gerrig und Zimbardo 2008, S. 529). Das ist insofern problematisch, als hier die Gefahr von Opportunitätskosten lauert: Ist die Selbstwirksamkeitsüberzeugung *deutlich geringer,* als es die entsprechenden tatsächlich vorhandenen Kompetenzen sind – unterschätzt sich ein Mitarbeiter also massiv –, wird eine Problemlösung nicht so ausdauernd oder intensiv wie möglich betrieben, sodass ein Problem unter Umständen nicht gelöst wird, obwohl es hätte gelöst werden können. Es entstehen Opportunitätskosten durch den entgangenen Nutzen einer Problemlösung. Natürlich ist auch die umgekehrte Situation problematisch: Die Selbstwirksamkeitsüberzeugung *übersteigt substanziell* die entsprechenden tatsächlich vorhandenen Kompetenzen. In diesem Fall überschätzt sich ein Mitarbeiter deutlich, wodurch Effizienzprobleme entstehen, da ein Problem womöglich nur mit überproportional viel Aufwand gelöst werden kann oder die Problemlösung womöglich nur von geringer Qualität ist (oder gar beides).

Aber egal, welches Szenario vorliegt, ob die Selbstwirksamkeitsüberzeugung eines Mitarbeiters im Vergleich zu seinen objektiv vorhandenen Kompetenzen deutlich zu hoch oder deutlich zu gering ist, das emotionale Resultat ist in der Regel das gleiche: Frust darüber, (bei deutlich zu geringer Selbstwirksamkeitsüberzeugung) ein Problem *nicht* oder (bei deutlich übertriebener Selbstwirksamkeitsüberzeugung) nur *schlecht* gelöst zu haben. Aus diesem Frust kann leicht Demotivation resultieren, weswegen die Aufgabe einer Führungskraft der Generation Y darin bestehen muss, die Selbstwirksamkeitsüberzeugung ihrer Mitarbeiter im Einklang mit deren tatsächlichen Kompetenzen zu halten. Dass daraus tendenziell die Aufgabe der *Steigerung der Selbstwirksamkeitsüberzeugung* resultiert, ergibt sich aus einem bereits angesprochenen Aspekt der Führung durch die Generation Y: dem Performance-Management (vgl. Abschn. 3.2.2). Die im Performance-Management enthaltenen Werkzeuge verfolgen die Ziele der Leistungs*steigerung* beziehungsweise des *Erhalts* einer hohen Mitarbeiterleistung. Um diese Ziele zu erreichen, tritt die Führungskraft aus der Generation Y als Counsellor auf und erarbeitet gemeinsam mit ihrem Mitarbeiter Vorschläge und Ideen zur Leistungssteigerung beziehungsweise -sicherung. Diese gemeinsame Entwicklung leistungsbezogener Maßnahmen kann als eine Art aufgabenbezogenes *Kompetenzmanagement* erachtet werden, da solche Maßnahmen erarbeitet werden sollten, die eine direkte Auswirkung auf die Performance im Tagesgeschäft haben. Damit erwirkt ein effektives Performance-Management nicht nur eine Leistungssteigerung der Mitarbeiter, sondern als implizite Voraussetzung dafür eine Kompetenzsteigerung (in der Regel auf fachlicher, womöglich aber auch auf methodischer, persönlicher, sozialer oder aktivierender Ebene). Ein schlüssiges Führungskonzept kann allerdings nicht nur auf die Steigerung *einer* Komponente – hier: der aufgabenbezogenen Kompetenzen – setzen, wenn zur tatsächlichen Leistungserbringung eine *weitere*, nämlich Selbstwirksamkeitsüberzeugung, notwendig ist. Damit ist die Steigerung der Selbstwirksamkeitsüberzeugung eine Führungsaufgabe, die mit einem Performance-Management Hand in Hand geht.

Wenn wir den Aufbau von Selbstwirksamkeitsüberzeugung als ein wichtiges Führungs-werkzeug verstehen, stellen sich zwei Fragen: Wovon hängt Selbstwirksamkeitsüberzeugung überhaupt ab und welche dieser Determinanten sind überhaupt von einer Führungskraft beeinflussbar?

Gerrig und Zimbardo (2008, S. 528 f.) sehen – so die Antwort auf die erste Frage – vier Bestimmungsfaktoren der Selbstwirksamkeitsüberzeugung:

- die Qualität des tatsächlich Erreichten,
- die Beobachtung und Bewertung der Leistungen anderer,
- die eigene Überzeugungskraft oder die Überzeugungskraft anderer in Bezug auf die eigene Leistungsfähigkeit sowie
- das Ausmaß einer positiven oder negativen emotionalen Reaktion beim Denken an eine zu erledigende Aufgabe.

Zwischen diesen vier Bestimmungsfaktoren und der Selbstwirksamkeitsüberzeugung unikausale Zusammenhänge zu unterstellen, ist sicherlich problematisch. Eher bestehen *vielfältige Wechselwirkungen*, etwa zwischen der Qualität des tatsächlich Erreichten und der Selbstwirksamkeitsüberzeugung in der Form, dass eine geringe Selbstwirksamkeitsüberzeugung in der Regel zu geringer Anstrengung und Ausdauer führt, was einen Einfluss auf das tatsächlich Erreichte hat, wovon die Selbstwirksamkeitsüberzeugung wiederum beeinflusst wird. Eine weitere Wechselwirkung besteht zwischen der eigenen Überzeugungskraft und der Selbstwirksamkeitsüberzeugung: Ist die eigene Überzeugungskraft hoch, kann eine Person also *sich selber* davon überzeugen, dass ihr die Lösung eines Problems gelingen wird, steigt damit auch ihr Durchhaltevermögen, was sich über die Selbstwirksamkeitsüberzeugung positiv auf die Qualität des tatsächlich Erreichten auswirkt, wodurch die eigene Überzeugungskraft weiter steigen dürfte.

Die in diesem Kreislauf enthaltenen Faktoren werden wir nicht weiter betrachten, da sie keine echten unabhängigen Variablen darstellen und somit auch nicht autonom steuerbar sind. Im Folgenden gehen wir daher auf die noch übrigen Faktoren, nämlich die Beobachtung und Bewertung der Leistungen anderer, die Überzeugungskraft der Führungskraft sowie den Umgang mit emotionalen Reaktionen beim Denken an eine zu erledigende Aufgabe ein. *Diese* Determinanten – und damit beantworten wir die zweite Frage – sollten von einer Führungskraft beeinflusst werden, wenn sie die Selbstwirksamkeitsüberzeugung ihrer Mitarbeiter steigern möchte.

Die Beobachtung und Bewertung der Leistung anderer bedeutet, dass eine Führungskraft ihren betroffenen Mitarbeiter dazu auffordert, einen anderen Mitarbeiter bei der Arbeit zu beobachten und zu befragen (wobei die Führungskraft ihren Mitarbeiter bei besonders gering ausgeprägter Selbstwirksamkeitsüberzeugung bei dieser Beobachtung begleitet). Optimalerweise gelangt der beobachtende Mitarbeiter zu der Erkenntnis, dass die Problemlösungskompetenzen anderer nicht deutlich über seinen eigenen liegen. Neben fachlich-methodischer Inspiration durch Kollegen – eine Art *Benchmarking* – steht also die Erkenntnis der Lösbarkeit von Aufgaben und Problemen im Fokus. Natürlich ist ein solches Benchmarking nur bei mehr oder weniger vergleichbaren Aufgaben möglich. Je höher der Neuigkeitsgrad einer Aufgabe, desto geringer die Chance, die Selbstwirksamkeitsüberzeugung über die Beobachtung anderer zu steigern. Hilfreich ist auf jeden Fall ein gemeinsames Gespräch zwischen Führungskraft und betroffenem Mitarbeiter, in dem die Leistung des beobachteten Kollegen reflektiert und dahingehend bewertet wird, welche Rückschlüsse sie auf die Arbeit des betroffenen Mitarbeiters zulässt.

Ob eine Führungskraft einem Mitarbeiter argumentativ zu mehr Selbstwirksamkeitsüberzeugung verhelfen, ihn also von dessen Leistungsfähigkeit überzeugen kann, hängt oftmals von den rhetorischen Fähigkeiten und dem Charisma der Führungskraft ab. Beides ist jedoch stark persönlichkeitsabhängig und damit von einer Führungskraft nur begrenzt erlernbar. Allerdings kann eine Führungskraft auch ohne brillante Rhetorik und strahlendes Charisma ihrem Mitarbeiter argumentativ zu mehr Selbstwirksamkeitsüberzeugung verhelfen. Dazu muss sie sich verdeutlichen, *warum* der Mitarbeiter ein Problem auf jeden Fall lösen oder ein Ziel erreichen wird. Sie muss dazu zunächst sich selber und anschließend dem betroffenen Mitarbeiter – optimalerweise in einem ungestörten Vier-Augen-Gespräch – die für eine Problemlösung relevanten Erfahrungen und Kompetenzen des Mitarbeiters verdeutlichen und *visualisieren*. Das Aufschreiben von Schlüsselfähigkeiten auf ein Flipchart oder Whiteboard macht diese besser greifbar und damit realistischer (darüber hinaus empfehlen wir das Werkzeug: Der argumentative Dreisatz der Selbstwirksamkeitsüberzeugung).

Werkzeug: Der argumentative Dreisatz der Selbstwirksamkeitsüberzeugung

Der Glaube an einen anderen Menschen kann für diesen eine umfassende Energiequelle darstellen. Dahinter steht eine Self-fulfilling Prophecy: Weil man an einen Menschen und dessen Leistungsfähigkeit glaubt und auf diese vertraut, schöpft dieser Mensch so viel Selbstvertrauen und Selbstbewusstsein, dass er über sich hinauswächst und das in ihn gesetzte Vertrauen bestätigt. Der argumentative Dreisatz der Selbstwirksamkeitsüberzeugung setzt an dieser spezifischen Self-fulfilling Prophecy an und wird durch zwei weitere noch verstärkt: das Angebot der mentalen sowie die faktische Unterstützung. Wird einem Menschen mentale Unterstützung im Sinne eines *Gut-Zuredens* oder *Bei-einem-Seins* angeboten, führt schon dieses Angebot zu einer positiven mentalen Grundhaltung. Wird einem Menschen darüber hinaus faktische Unterstützung, also echte Hilfe für den Fall der Fälle, angeboten, führt dieses Angebot zu weiterem Selbstvertrauen, sodass tatsächliche Hilfe in der Regel gar nicht benötigt wird. Denn schließlich dominiert das gute Gefühl, dass nichts schiefgehen kann, weil man auf jegliche Form der Hilfe – sowohl mentale wie auch faktische – zurückgreifen könnte.

Ausdruck finden diese drei Self-fulfilling Prophecies dann in drei Sätzen:

1. „Ich glaube an Sie."
2. „Weil ich an Sie glaube, stehe ich hinter Ihnen."

3. „Weil ich hinter Ihnen stehe und weil ich an Sie glaube, kann und werde ich Ihnen jederzeit helfen, wenn Sie Hilfe brauchen."

Diese drei Aussagen versetzen Berge.

Beim Umgang mit emotionalen Reaktionen beim Denken an eine zu erledigende Aufgabe, dem letzten durch eine Führungskraft wirklich steuerbaren Bestimmungsfaktor der Selbstwirksamkeitsüberzeugung, spielen sogenannte *somatische Marker* eine entscheidende Rolle. Somatische Marker unterstützen *emotionale Erinnerungen* und treten im Zusammenhang mit Verstärkungslernen (operanter Konditionierung) auf (vgl. zum Verstärkungslernen Abschn. 3.1.3): Das Verstärkungslernen geht davon aus, dass Menschen ein Verhalten wiederholen, wenn auf dieses Verhalten ein positives Gefühl (zum Beispiel Freude) folgt, dass sie ein Verhalten aber nicht wiederholen, wenn ein negatives Gefühl folgt (zum Beispiel Scham). Damasios Theorie der somatischen Marker besagt hierbei, dass unser Gedächtnis das auf ein Verhalten folgende Gefühl abspeichert und das Verhalten damit emotional *markiert* (vgl. Kasten 2009, S. 52 f.). Diese Markierung erfolgt im Gehirn derart, dass sie zu einem späteren Zeitpunkt abgerufen werden kann und wird damit körperlich *(somatisch)* konserviert. Damit erinnert sich ein Mensch rückblickend nicht nur an eine Handlung, sondern erlebt gleichzeitig die (damals) mit der Handlung verbundene Emotion.

Mit einer Erinnerung an ein Verhalten können sowohl positive wie auch negative emotionale Marker verbunden sein – durchaus auch gleichzeitig. Sie fließen nach Storch und Krause (2014, S. 124 ff.) in eine *Affektbilanz* ein, welche positive und negative Emotionen (Affekte) gegeneinander aufrechnet und am Ende zu einer Gesamtbilanz kommt: einer positiven oder negativen Gefühlslage. Diese Gefühlslage entscheidet über ein Verhalten beziehungsweise über die Neigung, ein Verhalten zu wiederholen.

Bei einer geringen Selbstwirksamkeitsüberzeugung ist die Affektbilanz in der Regel negativ, das heißt, bei der Vorstellung, eine bestimmten Aufgabe erledigen oder ein bestimmtes Problem lösen zu müssen, überwiegen negative Gefühle (besser: Gefühlserinnerungen). Die Aufgabe einer Führungskraft kann es nun sein, emotionale, begründete Bedenken des Mitarbeiters *rational* zu ergründen: Warum ist eine bestimmte Erfahrung emotional negativ behaftet, was ist die Ursache hierfür und welchen Beitrag kann eine Führungskraft dabei leisten, diese Ursache zu bekämpfen beziehungsweise eine Erfahrung neu zu bewerten? Allerdings haben wir bereits darauf hingewiesen, dass eine Führungskraft für eine tiefgehende psychologische Analyse und Therapie in der Regel weder qualifiziert noch berechtigt ist (vgl. Abschn. 3.2.7). Ein Mitarbeitergespräch über emotionale Beweggründe und deren rationale Rechtfertigung muss damit nicht rundherum abgelehnt werden, stößt aber schnell an ethisch-moralische Grenzen. Daher scheint es für eine Führungskraft sinnvoller zu sein, den Mitarbeiter beim Aufbau positiver Emotionen zu unterstützen, um dessen Affektbilanz in den positiven Bereich zu führen. Dies kann die Führungskraft zum einen durch den bereits vorgestellten *argumentativen Dreisatz der Selbstwirksamkeitsüberzeugung*, zum anderen über das systematische Herausarbeiten von mit der Aufgabenerledigung oder Problemlösung einhergehenden *Chancen* erreichen. Insbesondere die gemeinsame Identifikation von bisher nicht erkannten Chancen einer Aufgabenbearbeitung oder Problemlösung (und womöglich sogar deren bildhafte geistige Vorstellung durch den betroffenen Mitarbeiter) stellt eine geeignete Möglichkeit zur Steigerung der Selbstwirksamkeitsüberzeugung dar.

Die Arbeit der Führungskraft an der Selbstwirksamkeitsüberzeugung ihrer Mitarbeiter sollte nach Möglichkeit *kontinuierlich* stattfinden. Da die praktische Realität dies aus Zeitgründen nicht immer ermöglicht, sollte zumindest dann eine konkrete selbstwirksamkeitsbezogene Handlung der Führungskraft erfolgen, wenn sie Signale empfängt, die auf eine geringe Selbstwirksamkeitsüberzeugung schließen lassen. Neben schlechten Leistungen könnten das auch Aussagen ihrer Mitarbeiter, wie „Ich schaffe das nicht" oder „Ich traue mir das nicht zu" sein.

Motivationstäler überwinden

Gelingt es einer Führungskraft aus der Generation Y, sowohl die Kompetenzen als auch die Selbstwirksamkeitsüberzeugung ihrer Mitarbeiter zu stärken, dürfte insbesondere die intrinsische Motivation, also die Leistungsbereitschaft durch Spaß und Freude an der eigenen Tätigkeit, relativ hoch sein. Aber es kann aus unzähligen Gründen und in unzähligen Situationen dazu kommen, dass kurz- oder sogar mittelfristig *Motivationstäler* entstehen: durch persönliche Gründe (die ein Glacéhandschuh-Management haben nötig werden lassen), besondere unternehmerische Herausforderungen (die wie beschrieben ein Befehl-Gehorsam-Management haben nötig werden lassen) oder persönliche Reifedefizite (die explizit mit mangelnder Motivation gleichgesetzt wurden). Um diese Motivationstäler zu überwinden, stehen einer Führungskraft grundsätzlich zwei Stellschrauben zur Verfügung: zusätzlich *extrinsisch motivieren* oder den *Willen der Mitarbeiter stärken*.[22]

Beim Einsatz extrinsischer Motivatoren stellt sich zunächst die Frage, welche Motivatoren eine Führungskraft wählen sollte. Über viele extrinsische Motivatoren kann eine Führungskraft gar nicht autonom verfügen. So ist etwa eine kurzfristige Gehaltssteigerung (unabhängig von ihrem faktischen Nutzen) ohne Einbindung von Topmanagement, Personalabteilung oder gar Mitbestimmungsgremien nicht denkbar. Bei anderen extrinsischen Motivatoren verhält es sich ähnlich. Aufgrund dieser Nicht-Verfügbarkeit bestimmter Motivtoren besteht die beste Möglichkeit der extrinsischen und flexiblen Motivierung darin, *Lob und Anerkennung* einzusetzen – vor allem durch die Anerkennung der Tatsache, dass ein Mitarbeiter trotz widriger persönlicher oder unternehmensspezifischer Gründe weiter sein Bestes gibt. So sollen Lob und Anerkennung eine positive Self-fulfilling Prophecy begründen: Eine Führungskraft lobt das Durchhaltevermögen trotz mangelnder Motivation und erzeugt beziehungsweise verstärkt damit eben dieses.

Aber das typische an Motivationstälern ist eben Motivations*losigkeit*. Diese durch *mehr Motivation durch Motivierung* zu überbrücken, scheint logisch wenig sinnvoll und prak-

---

[22] Der Abbau von demotivierenden Faktoren ist eher eine grundsätzlich langfristige Aufgabe und daher bei kurz- bis mittelfristigen Motivationstälern weniger hilfreich.

tisch in der Regel kaum möglich zu sein. Also muss eine Führungskraft auf die *Stärkung des Willens* ihrer Mitarbeiter setzen, ihre *Volition* erhöhen (vgl. Abschn. 4.1.2). In der Regel liegt der Aufbau von Willensstärke in der Eigenverantwortung eines Mitarbeiters (vgl. Comelli und Rosenstiel 2009, S. 62), allerdings kann ihn eine Führungskraft kurzfristig dabei unterstützen. Dazu hat eine Führungskraft folgende Möglichkeiten:

1. *Die Notwendigkeit von Willenskraft explizit ansprechen*: Eine Führungskraft sollte es offen ansprechen, wenn Gründe für Motivationstäler vorliegen oder sie nachvollziehbare Gründe für Motivationstäler bei Mitarbeitern sieht. Zwar sind die Gründe für mangelnde Motivation (und deren Wahrnehmung) von Mensch zu Mensch unterschiedlich, allerdings gibt es Gründe, die bei allen Mitarbeitern gleichermaßen zu Motivationstälern führen (zum Beispiel Entlassungen, persönliche Schicksalsschläge). Ein Totschweigen oder Ignorieren dieser Umstände ist wenig zielführend, beides verschlimmert die Demotivation eher noch. Besser ist es, offen anzusprechen, was gerade nicht optimal läuft. Eine Führungskraft sollte deutlich so etwas sagen, wie: „Die Situation ist schwierig, da müssen wir uns jetzt durchbeißen."
2. *Die (wahrscheinliche) Dauer von Willensarbeit prognostizieren*: Willensarbeit verbraucht mehr Energie als motivationsbasierte Arbeit, da Willensarbeit in der Regel ohne die energiestiftende Wirkung von Dopamin (vgl. Abschn. 3.1.2) auskommen muss. Je länger Willensarbeit dauert, desto schwieriger ist es, sie durchzuhalten. Auch die mangelnde Aussicht auf ein Ende willensbasierter Arbeit macht sie schwer zu ertragen. Daher sollte eine Führungskraft die (wahrscheinliche) Dauer von Willensarbeit prognostizieren – und ihren Mitarbeitern selbstverständlich sofort mitteilen, wenn absehbar ist, dass sich diese Dauer verlängert oder verkürzt.
3. *Willenskraft vorleben*: Eine Führungskraft sollte grundsätzlich als Vorbild auftreten, insbesondere in besonders anspruchsvollen Situationen. Zeiten der Willensarbeit gehören dazu. Durch ein überzeugendes Vorleben kann eine Führungskraft auch den Willen ihrer Mitarbeiter steigern: „Wenn ich das schaffe, schaffen Sie das auch!" Das starke Selbstbewusstsein gibt der Generation Y den Glauben an sich selbst und die Kraft, willensbasierte Arbeit vorzuleben.
4. *Hilfe anbieten*: Das Angebot von Hilfe kann – wie der argumentative Dreisatz der Selbstwirksamkeitsüberzeugung gezeigt hat – Berge versetzen. Insbesondere bei mental anstrengender Willensarbeit kann diese Hilfe wirklich notwendig werden. Eine Führungskraft sollte daher immer wieder deutlich machen, welche Hilfe sie ihren Mitarbeitern bieten kann.

Phalanx sein

Indem eine Führungskraft ihre Mitarbeiter beim Aufbau von Selbstwirksamkeitsüberzeugung und bei der Überwindung von Motivationstälern unterstützt, leistet sie einen wichtigen Beitrag zur Stärkung ihrer Mitarbeiter und damit zur Leistungssteigerung beziehungsweise zum Leistungserhalt. Darüber hinaus kann es Aufgabe einer Führungskraft sein, ihre Mitarbeiter vor negativen Einflüssen zu schützen und die Aufgabe eines Druck-

und Stressfilters zu übernehmen, damit Mitarbeiter ungestört und unbehelligt arbeiten können. Zur Abwehr von Druck und Stress kann sie die Rolle einer *Phalanx* übernehmen.

Phalanx steht, aus dem Griechischen stammend, für eine geschlossene, Widerstand leistende Schlachtaufstellung, die Angriffswellen eines Gegners abfedern soll. Zwar ist die Begriffswahl etwas martialisch, verdeutlich aber gut, welche Aufgabe eine Führungskraft als Phalanx übernehmen soll: das Abwehren von Druck und so die Vermeidung, dass aus Druck Stress entsteht, damit sich Mitarbeiter auf ihre eigentliche Tätigkeit konzentrieren können. Zwar sind Druck und daraus resultierender Stress in Unternehmen an der Tagesordnung und Teil einer jeden Tätigkeit, aber es muss zwischen tätigkeitsspezifischem und tätigkeits*un*spezifischem Druck unterschieden werden. Als tätigkeitsunspezifischen Druck erachten wir vor allem den Druck, der von oben, also aus höheren Führungspositionen oder dem Topmanagement, kommt, weil dort erkannt wird, dass bestimmte Ziele nicht erreicht werden. Darüber hinaus kann tätigkeitsunspezifischer Druck von außen kommen, etwa von bestimmten Stakeholdern wie der Presse oder einem Großkunden. Solchen Druck sollte die Führungskraft abfedern, damit nicht mehr Druck und Stress als unbedingt nötig auf einem Mitarbeiter lasten: Eine Führungskraft sollte sich vor ihre Mitarbeiter stellen (vgl. Malik 2007, S. 144 f.).

Diese Abwehr von Druck und Stress erfordert von der Führungskraft einen starken Willen (vgl. Comelli und Rosenstiel 2009, S. 48). Dass die Generation Y diesen starken Willen ausgehend von ihrem starken Selbstbewusstsein hat, haben wir mehrfach dargelegt. Sie ist emotional in der Lage, den Urhebern von Druck entgegenzutreten und diesen Druck damit auf sich zu laden und ihre Mitarbeiter zu schützen – sie verfügt über ein hohes Maß an *Resilienz*. Und diese Haltung als Phalanx hat, sofern eine Führungskraft sie konsequent durchzuhalten vermag, einen sehr wertvollen Nebeneffekt: Sie stärkt das *Vertrauensverhältnis* zwischen Führungskraft und Mitarbeiter (vgl. Malik 2007, S. 143 ff.). Und da die Generation Y in Bezug auf den Aufbau von Vertrauen aufgrund ihrer Sprunghaftigkeit eine tendenziell schlechtere Ausgangssituation hat als ihre Vorgängergenerationen (vgl. hierzu das Werkzeug: *Y-Vertrauen aufbauen* in Abschn. 4.2.5), bekommt sie über die Möglichkeit, als Phalanx zu agieren, ein wertvolles Werkzeug, um diesen Nachteil auszugleichen.

Coping-Strategien vermitteln

Nun haben wir gerade festgestellt, dass eine Führungskraft nur einen Teil des Drucks, den tätigkeits*un*spezifischen Druck, von ihren Mitarbeitern fernhalten kann. Ein anderer Teil, der tätigkeitsspezifische Druck, wird immer auf einem Mitarbeiter lasten. Dieser Druck kann Stress auslösen. Wie diese Auslösung von Stress erfolgt und welche Rolle *Coping-Strategien* dabei spielen, betrachten wir im Folgenden.

Zunächst wird der Begriff *Stress* unterschiedlich verstanden (vgl. Rosenstiel und Nerdinger 2011, S. 107):

- Stress als *Stimulus* bedeutet, dass Stress die *Ursache* negativer Emotionen ist (wir haben diese Art des Stresses bislang als *Druck* bezeichnet).

- Stress als *Response* bedeutet, dass Stress die Reaktion eines Menschen auf bestimmte negative Reize darstellt (ein Mensch ist *gestresst*, er zeigt spezifische Reaktionen).
- Stress als *Interaktion* befasst sich mit der Frage, welche Verhaltensweisen ein Mensch beim Erleben von Stress zeigt.

Wir wollen dem landläufigen Verständnis von Stress als *Response* folgen (vgl. im Folgenden Gerrig und Zimbardo 2008, S. 468): Ein Stressor (Druck) bewirkt unter bestimmten Bedingungen körperliche, emotionale, geistige oder Verhaltensreaktionen (Schlafstörungen, schnelles Aufbrausen, kurze Aufmerksamkeitsspannen beziehungsweise übermäßigen Alkoholkonsum). Ob und in welchem Ausmaß es zu diesen Reaktionen kommt, hängt von verschiedenen Faktoren ab, insbesondere

- *von der Art des Stressors*: Wie stark ist der Druck? Wo liegt sein Ursprung? Wird er von einer Person selbst oder einer anderen Person ausgeübt oder resultiert er aus einer Situation? Wie lange hält er schon und wahrscheinlich noch an? Wird der Druck gleichbleiben, weiter steigen oder abnehmen?
- *von Ressourcen, die einer Person zur Bewältigung von Druck zur Verfügung stehen*: Welche materiellen Ressourcen gibt es? Welche Bewältigungsstrategien stehen zur Verfügung oder können kurzfristig erlernt werden? Welche Hilfe Dritter kann in Anspruch genommen werden?
- *von der Person selber*: Welche physiologischen Merkmale wie Gesundheit und konstitutionelle Stabilität hat eine Person? Welche psychischen Merkmale wie mentale Gesundheit oder Selbstvertrauen und Selbstsicherheit liegen vor? Wie ist der Umgang mit Stress kulturell verankert?

Diese Faktoren wirken dann wie folgt zusammen: Wenn eine Person den Eindruck hat, dass sie die Anforderungen der Umwelt aufgrund ihrer persönlichen Fähigkeiten und der ihr zur Verfügung stehenden Ressourcen nicht bewältigen kann, entsteht Stress (vgl. Aronson et al. 2011, S. 494), der wiederum durch spezifische Verhaltensweisen spür- und sichtbar wird. Der Ablauf ist dabei immer der gleiche (egal, ob die Gefahr besteht, dass eine wichtige Aufgabe nicht bewältigt wird oder das eigene Leben bedroht ist, vgl. Thompson und Behncke-Braunbeck 2012, S. 202): Zunächst werden Körper und Geist in *Alarmbereitschaft* versetzt, weil erkannt wurde, dass bestimmte Anforderungen nicht erfüllt werden können, was schädliche Auswirkungen haben kann. Daraufhin folgt ein *Widerstandsstadium*, das die Bewältigung der Anforderungen ermöglichen soll, indem der Körper auf Energiereserven zurückgreift. Dauert dieses Stadium zu lange, ergibt sich ein *Erschöpfungsstadium*, das zu Erkrankungen wie Burn-out oder in besonderen Situationen gar zum Tod führen kann (vgl. Gerrig und Zimbardo 2008, S. 471).

Daraus lassen sich zwei zentrale Erkenntnisse ableiten: Erstens, dass Stress die Funktion hat, besondere Aufgaben zu bewältigen und damit hilfreich ist (auch wenn er sich nicht besonders angenehm anfühlt). Zweitens, dass zu viel und zu lange erlebter Stress krank machen kann, sodass der Mensch früher oder später in ein Umfeld zurückkehren muss, in dem seine persönlichen Fähigkeiten und die ihm zur Verfügung stehenden Ressourcen den Anforderungen aus der Umwelt gewachsen sind. Auf dieser Basis lässt sich auch der Dualismus aus Eustress (fälschlich als *guter* Stress bezeichnet) und Distress (fälschlich als *schlechter* Stress bezeichnet) erklären: Eustress liegt immer dann vor, wenn das Widerstandsstadium von begrenzter Dauer ist und zwischen zwei Widerstandsstadien ausreichend Zeit für geistige und körperliche Erholung ist, in der die während des Widerstandsstadiums angegriffenen Energiereserven wieder aufgefüllt werden können. Distress liegt dann vor, wenn das Widerstandsstadium von sehr langer Dauer ist, oft wiederkehrt und es keine nachhaltige Aussicht dahingehend gibt, Anforderungen ohne den Rückgriff auf Energiereserven (also ohne Stress) zu bewältigen. Da die körperliche Belastung bei Distress deutlich höher ist, ist er im Gegensatz zum Eustress mit deutlichen negativen Emotionen verbunden. In Bezug auf die körperliche Reaktion und den Phasenverlauf bei Stress lassen sich allerdings keine Unterschiede zwischen Eustress und Distress feststellen.

Um zu verhindern, dass Stress langfristig negative Folgen hat, kann eine Führungskraft ihre Mitarbeiter in Bezug auf alle drei genannten Faktoren unterstützen: in Bezug auf Stressoren, in Bezug auf Ressourcen und in Bezug auf die Fähigkeiten der Person selber. Allerdings haben wir bereits festgesellt, dass ein bestimmtes Maß an Druck bei jeder Tätigkeit normal ist. Wenn eine Führungskraft ihre Rolle als Phalanx bereits ausübt, lassen sich die Stressoren in der Regel nicht weiter vermindern. Auch die Veränderung des Mitarbeiters als Person dahingehend, dass er Stress besser ertragen kann (und von bestimmten Stressoren ceteris paribus weniger gestresst ist), ist – wenn überhaupt – ein langfristiges Unterfangen, das im Zuge von Personalentwicklungsmaßnahmen erreicht werden kann. Damit ist die *Beeinflussung von Ressourcen zur Stressbewältigung* der wichtigste Ansatzpunkt einer Führungskraft der Generation Y, wenn sie ihre Mitarbeiter vor Stress schützen möchte. Und die Vermittlung von *Coping-Strategien*, also Strategien zur Stressbewältigung, bildet die Hauptmöglichkeit einer Führungskraft, insbesondere wenn sie einen geringen materiellen (vor allem monetären) Gestaltungsspielraum hat und daher die Ressourcenausstattung nur begrenzt stärken kann.

Eine Führungskraft sollte zum Schutz ihrer Mitarbeiter vor allem auf drei Coping-Strategien setzen: die *Kümmern-und-Bindungs-Strategie*, die *Strategie der gegenseitigen Unterstützung* sowie die *Strategie des Darüber-Redens*. Aber bevor wir diese Strategien genauer betrachten, betrachten wir *die typische menschliche* Stressbewältigungsstrategie (die insbesondere von Männern bevorzugt herangezogen wird): die Angriffs-oder-Flucht-Strategie (vgl. hierzu und im Folgenden Aronson et al. 2011, S. 504 ff):

Die *Angriffs-und-Flucht-Strategie* ist eine Coping-Strategie, die auf einem direkten Weg mit Stress umgeht. Sie versucht, den Stressor zu beseitigen (Angriff) oder vor ihm zu fliehen. Typische Verhaltensreaktion eines Mitarbeiters bei aufgabenbedingtem Stress sind der Versuch, die Aufgabe auf einen Kollegen abzuwälzen oder an die Führungskraft zurückzudelegieren (Angriff) oder die Aufgabe vor sich herzuschieben (Flucht). Zur nachhaltigen Lösung der Stressbewältigung trägt diese Strategie allerdings nicht bei, weil sie das Verhältnis von Stressor zu Stressbewältigungsmechanismen nicht verbessert.

Die *Kümmern-und-Bindungs-Strategie* ist eine *präventive* Stressbewältigungsstrategie. Was zunächst widersprüchlich klingt, lässt sich wie folgt erklären: Durch ein starkes Kümmern um sich selber werden die eigenen Energiereserven geschont und geschützt, sodass sie in Stresssituationen vollständig zur Verfügung stehen. Ein typisches *Kümmern-Verhalten* ist die Ausschöpfung von Urlaubs- und Ruhezeiten sowie sich regelmäßig Pausen zu gönnen (aber auch bei Kollegen darauf zu achten, da es nicht nur um ein *Sich-um-sich-selber-Kümmern* geht, sondern auch ein *Um-die-Kollegen-Kümmern* einschließt). Und durch den Aufbau von (emotionalen) Bindungen zu Kollegen wird die Grundlage für potenzielle Hilfe im Stressfall geschaffen. Ein typisches *Bindungsverhalten* ist das informelle Gespräch mit Kollegen oder anderen Stakeholdern, wann immer es sich anbietet. Tritt dann tatsächlich Stress auf, kann ein Mitarbeiter auf gefüllte Energiereserven und tatkräftige Unterstützung von anderen zurückgreifen. Die Aufgabe der Führungskraft im Rahmen der Kümmern-und-Bindungs-Strategie ist es, ihre Mitarbeiter zum Kümmern-um-sich-selber und Kümmern-um-Kollegen anzuhalten und Rahmenbedingungen für informelle Gespräche zu schaffen.

Die *Strategie der gegenseitigen Unterstützung* baut auf der Kümmern-und-Bindungs-Strategie auf und ist eine (echte) reaktive Stressbewältigungsstrategie. Statt wie bei der Angriffs-und-Flucht-Strategie den Versuch zu unternehmen, den Stressor zu beseitigen oder vor ihm zu fliehen, versucht ein Mitarbeiter bei auftretendem Stress, diesen *gemeinsam mit Kollegen* zu bewältigen. Die Zusammenführung von Ressourcen (Mitarbeiter plus Kollege) steigert das Stressbewältigungspotenzial. Diese Strategie wird dann besonders gut funktionieren, wenn der Mitarbeiter im Vorfeld (also präventiv) stark auf die Kümmern-und-Bindungs-Strategie gesetzt hat. Sichtbar wird die Anwendung der Strategie der gegenseitigen Unterstützung dadurch, dass ein Mitarbeiter seine Kollegen aktiv um Unterstützung oder Hilfe bittet. Die Aufgabe der Führungskraft ist es dabei, ihre Mitarbeiter zum Gewähren und Einfordern gegenseitiger Hilfe aufzufordern (was natürlich nicht ausschließt, dass auch die Führungskraft aktive Hilfe leistet). Da eine Führungskraft von ihren Mitarbeitern gegenseitige Unterstützung einfordert, steigert sie gleichzeitig den Zusammenhalt im Team, was ihre Rolle als Teammanager stärkt und die Teamentwicklung voranbringt (vgl. Abschn. 4.2.4).

Schließlich besteht die *Strategie des Darüber-Redens* darin, dass eine Führungskraft während, aber auch nach Stressphasen (also sowohl während als auch im Anschluss an das Widerstandsstadium) ihre Mitarbeiter aktiv auffordert, über Stressoren und die mit dem Stress verbundenen Emotionen zu sprechen. Allein ein Drüber-Sprechen macht eine stressige Situation besser erklär- und damit besser verarbeitbar (vgl. Aronson et al. 2011, S. 509). So lässt sich Stress besser aushalten beziehungsweise im Nachhinein lassen sich die Energiereserven leichter wieder auffüllen. Aus diesen Gründen ist es für eine Führungskraft sinnvoll, in Jahresgesprächen mit ihren Mitarbeitern über den im abgelaufenen Jahr erlebten Stress zu sprechen.

Gefahren aus der Führung auf Basis eines starken Selbstbewusstseins
Die Gefahren bei der Führung auf Basis eines starken Selbstbewusstseins resultieren vor allem aus der starken Ich-Bezogenheit der Generation Y. Hurrelmann und Albrecht schreiben dazu, die hohe Ich-Bezogenheit „kann dazu führen, dass sie [Mitglieder der Generation Y] narzisstisch zu lange in den Spiegel schauen und nur noch sich selber sehen, sich unheimlich viel zutrauen und vorübergehend die Maßstäbe für die reale Welt verlieren" (Hurrelmann und Albrecht 2014, S. 43). Eine solche Haltung wäre, wenn sie denn tatsächlich in dieser Ausprägung vorkommt, vor allem deswegen eine Gefahr, weil gute Führung den Mitarbeiter in den Fokus stellt und nicht die Person der Führungskraft.

Um die Gefahren der starken Ich-Bezogenheit zu reduzieren, sollte eine Führungskraft aus der Generation Y auf drei Dinge achten: Erstens sollte sie vor allem den Mitarbeiter ins Zentrum allen Führungsverhaltens stellen. Dazu sollte sie über *informelle Treffen* eine Theory of Mind (dazu gleich mehr) ihrer Mitarbeiter entwickeln. Zweitens sollte sie durch *institutionalisierte Kritik* ihre Kritikfähigkeit steigern, um einen vielfältigen (und nicht nur egozentrischen) Blick auf sich selbst zu bekommen. Drittens sollte sie im Malik'schen Sinne ihren Mitarbeitern dann Erfolge gönnen, wenn die Mitarbeiter diese Erfolge auch zu verantworten haben (vgl. Malik 2007, S. 144 f.). Dazu ist ein *Attributionscheck* nötig. Er beantwortet die Frage, wem eine Führungskraft aus der Generation Y Erfolge eher zuschreibt: ihren Mitarbeitern oder sich selber. Je nach Ergebnis dieses Attributionschecks sollte eine Führungskraft unter Umständen ihr Attributionsverhalten überprüfen.

Informelle Treffen
Empathie wird oftmals als eine der wichtigsten Eigenschaften erfolgreicher Führungskräfte bezeichnet, da Empathie die Fähigkeit beschreibt, „sich selbst an die Stelle einer anderen Person zu versetzen und Ereignisse und Emotionen (wie etwa Freude oder Trauer) aus deren Perspektive zu erleben" (Aronson et al. 2011, S. 355). Allerdings scheint Empathie im Sinne eines *Mitfühlens* ein mehr oder weniger festes und damit schwer veränderbares Persönlichkeitsmerkmal zu sein (vgl. Aronson et al. 2011, S. 357), sodass die Forderung nach mehr Empathie wenig sinnvoll wäre, weil diese Forderung von einer Führungskraft nur schlecht erfüllt werden könnte: Man ist eben mehr oder weniger so empathisch, wie man ist. Muss damit auch von der Forderung, von der starken Ich-Bezogenheit einer Führungskraft aus der Generation Y abzukommen und mehr die Sichtweise ihrer Mitarbeiter einzunehmen, abgelassen werden?

Unserer Einschätzung nach nicht, denn neben der Empathie sehen Psychologen noch ein weiteres Konzept, das den mentalen und emotionalen Zustand eines anderen in den Mittelpunkt des eigenen Interesses rückt: die *Theory of Mind*. Als Theory of Mind kann ein „Hineinversetzen in einen Interaktionspartner und die Entwicklung von Hypothesen über seinen aktuellen und zukünftigen Zustand" (Jäncke 2013, S. 750) bezeichnet werden. Damit bezeichnet Empathie eher ein Nach*fühlen*, während die Theory of Mind eher ein Nach*vollziehen* bezeichnet, weswegen bei einem Menschen in einem empathischen Zustand (einem Zustand des Nachfühlens) auch andere Hirnregionen aktiviert sind als in einem Theory-of-Mind-basierten Zustand (einem Zustand des Nachvollziehens, vgl. Järcke 2013, S. 751). Die Entwicklung einer Theory of Mind ist eher eine *kognitive Aufgabe*, die auch über eine kognitive Anstrengung erreicht werden kann. Im Gegensatz zur Empathie steht der Entwicklung einer Theory of Mind damit nicht ein (emotionales) Können im Wege, sondern lediglich ein (kognitives) Wollen.[23] Die Forderung an eine Führungskraft der Generation Y, sie möge eine Theory of Mind ihrer Mitarbeiter entwickeln, ist damit deutlich besser erfüllbar als die Forderung nach mehr Empathie. Aber wie kann die Entwicklung einer Theory of Mind der eigenen Mitarbeiter gelingen?

Zur Entwicklung einer Theory of Mind müssen eine notwendige und eine hinreichende Voraussetzung erfüllt sein. Notwendige Voraussetzung ist das *ehrliche Interesse an den eigenen Mitarbeitern*. Ein solches ehrliches Interesse ist keine Frage der Empathie oder eines anderen Persönlichkeitsmerkmals, sondern eine Frage der Haltung (und damit kognitiv steuerbar). Eine potenzielle Führungskraft sollte sich die Frage stellen, ob sie umfangreiches Interesse an anderen Menschen aufbringen kann, ob sie bereit ist, Informationen über ihre zukünftigen Mitarbeiter zu sammeln und zu pflegen und sich um ihre Mitarbeiter zu kümmern. Diese Aufgaben sind vor allem mit viel geistiger Arbeit verbunden: regelmäßige Gespräche, Einträge in Kalender, Anrufe bei Krankheit oder Geburtstagen und vor allem das Merken solcher Informationen, die *einem Mitarbeiter* wichtig sind. Nur dann, wenn eine potenzielle Führungskraft diese Frage eindeutig mit *Ja* beantworten kann, sollte sie den tatsächlichen Schritt in eine Führungsposition wagen. Nur wenn ehrliches Interesse an den eigenen Mitarbeitern besteht, kann eine Führungskraft eine *gute* Führungskraft sein.

Hinreichende Voraussetzung für die Entwicklung einer Theory of Mind sind *regelmäßige informelle Treffen* zwischen Führungskraft und Mitarbeiter. Sie müssen *regelmäßig* stattfinden, um zu überprüfen, ob die einmal aufgestellte Theory of Mind noch gültig ist, ob den Mitarbeiter also nach wie vor dieselben Dinge umtreiben. Sie müssen *informell* sein, denn es geht bei diesen Treffen explizit nicht darum, arbeitsrelevante Aspekte zu besprechen, sondern ausschließlich um persönliche Dinge. Schließlich verfolgt die Entwicklung einer Theory of Mind das Ziel, die Person des Mitarbeiters stärker in den Fokus zu rücken und damit der starken Ich-Bezogenheit der Generation Y entgegenzuwirken. Treibende Fragen einer Führungskraft der Generation Y bei einem solchen informellen Treffen können die folgenden sein:

- Wie geht es dem Mitarbeiter gerade und was ist der Grund dafür?
- Was denkt der Mitarbeiter?
- Was ist dem Mitarbeiter im Leben wichtig und welchen Beitrag kann unser Unternehmen dazu leisten?

---

[23] Mit „kognitivem Wollen" ist ein durch geistige Konzentration ermöglichtes Wollen gemeint. „Kognitives Wollen" ist damit beinahe tautologisch, denn die Fokussierung des Willens ist stets mit geistiger Anstrengung verbunden. Wir wollen das Kognitive hier allerdings als Gegensatz zum bislang häufig angesprochenen Emotionalen explizit herausstellen.

Die Beantwortung dieser und anderer Fragen in einem informellen Gespräch führt dann zu der eigentlichen *Theory of Mind*: einem Hypothesensystem über den Mitarbeiter als Menschen. Dieses Hypothesensystem sollte – wie bereits dargelegt – regelmäßig kritisch hinterfragt und gegebenenfalls weiterentwickelt werden. Denn unabhängig von der Frage, ob sich Menschen verändern oder nicht, gilt: Das Leben von Menschen verändert sich laufend.

Zuletzt noch eine – eigentlich selbstverständliche, aber ohne Einschränkung einzuhaltende – Ergänzung: Erkenntnisse über einen Mitarbeiter als Menschen, also Bausteine einer Theory of Mind, sind *niemals* in irgendeiner Form *gegen* einen Mitarbeiter zu verwenden und in den meisten Fällen absolut vertraulich. Die Erkenntnisse gehören nur dem Mitarbeiter und der Führungskraft. Sie sind nur so umfangreich, wie der Mitarbeiter bereit ist, sich seiner Führungskraft zu öffnen, und eine Führungskraft sollte ihre Mitarbeiter nicht dazu drängen, persönliche Informationen preiszugeben. Aber je größer das Vertrauen eines Mitarbeiters zu seiner Führungskraft, desto größer die Chance, eine umfassende Theory of Mind zu entwickeln und den Mitarbeiter damit stärker in den Fokus zu rücken.

Kritik institutionalisieren

Der Generation Y wird einerseits häufig unterstellt, sie sei nicht kritikfähig. Andererseits sei das permanente Einfordern von Feedback typisch für sie (vgl. Hurrelmann und Albrecht 2014, S. 76). Wie ist dieser Widerspruch zu erklären?

Landläufig (und im Gegensatz zu der von uns verwendeten Definition) wird *Kritik* als etwas Negatives empfunden: Eine Aufgabe wurde schlecht oder gar nicht gelöst, und daraufhin folgt Kritik vom Chef. *Feedback* hingegen hat landläufig (und ebenfalls im Gegensatz zu unserer Definition) etwas Positives: Durch individuelle Hinweise vom Chef besteht die Möglichkeit der persönlichen Weiterentwicklung. Außerdem ist es typisch für Feedback, dass man sich aussuchen kann, was man annehmen und umsetzen möchte und was nicht – was ebenfalls oft als positiv empfunden wird. Dass eine Person (ob aus der Generation Y oder nicht) ein Feedback gegenüber einer Kritik vorzieht, ist unter diesen Vorzeichen sicherlich gut nachvollziehbar.

Wenn wir allerdings auf unsere Sichtweise von Kritik und Feedback zurückkommen, werden wir feststellen, dass die Generation Y *weder* mit Feedback *noch* mit Kritik ein besonderes Problem hat – sofern einige Voraussetzungen erfüllt sind (wir wollen hier für kurze Zeit die Sichtweise der Generation Y als Mitarbeiter und nicht als Führungskraft einnehmen). Unserer Auffassung nach unterscheiden sich Feedback und Kritik dahingehend, dass Kritik auf *objektiven* Kriterien beruht, Feedback hingegen auf *subjektiven*. Damit hat Kritik einen Wahrheitsanspruch und daraus resultierend ein hohes Maß an Verbindlichkeit: Die Kritik einer Führungskraft mündet in der Regel in einem verbindlichen Anspruch einer Verhaltensänderung. Durch die Verwendung objektiver Kriterien werden Leistungsbewertung und Verhaltensänderungsanspruch nachvollziehbar. Feedback hingegen spiegelt Meinungen und Sichtweisen einer Führungskraft gegenüber ihren Mitarbeitern wider (und beruht damit nicht auf objektiven Kriterien). Da aus Meinungen und Sichtweisen kein Wahrheitsanspruch resultieren kann, ist Feedback nicht verbindlich und seine Umsetzung unterliegt der Entscheidungsfreiheit eines Mitarbeiters. So viel zur Definition. Hält sich eine Führungskraft an diese Definition, sind sowohl negative Kritik wie auch negatives Feedback für die Generation Y akzeptabel, wenn deutlich wird, dass sowohl Kritik als auch Feedback eine *Leistung* betreffen, nicht aber die hinter der Leistung stehende Person (vgl. hierzu auch unsere Ausführungen in Abschn. 3.2.7). Daraus folgt: Die Generation Y hat *keine* Probleme mit Kritik (weder positiver noch negativer). Sie hat Probleme mit *fehlender Nachvollziehbarkeit*, die ihr so wichtig ist, dass sie ihren Namen konstituiert (Generation Why). Vielmehr ist die Generation Y sehr selbstkritisch (vgl. Hurrelmann und Albrecht 2014, S. 36). Auch andere dürfen kritisch sein, müssen allerdings bestimmte Regeln der Kritik (Nachvollziehbarkeit, Beschränkung der Kritik auf die Sachebene) einhalten.

Aber wenn die Generation Y ohnehin schon kritikfähig ist, warum ist dann die Steigerung ihrer Kritikfähigkeit hier überhaupt ein Thema? Tendenziell wirken bei der Generation Y zwei Kräfte gegeneinander: Zum einen eine starke Ich-Bezogenheit und damit auch eine starke Fokussierung auf das *eigene* Handeln. Zum anderen der Wunsch nach Feedback und Kritik und damit die Berücksichtigung der Perspektiven *anderer*. In diesem Spannungsfeld überwiegt die starke Ich-Bezogenheit tendenziell, wodurch Führungserfolg eher erschwert wird (denn gute Führung stellt den Mitarbeiter in den Fokus und nicht die Führungskraft selber). Daher sollte im Gegenzug stärker die Perspektive anderer eingenommen und berücksichtigt werden, um Führungserfolg (und nun wollen wir wieder die Perspektive der Generation Y als Führungskraft einnehmen) sicherzustellen. Dazu sollte die Generation Y ihre Kritikfähigkeit steigern, indem sie Kritik in Mitarbeitergesprächen institutionalisiert – und zwar Kritik vom Mitarbeiter an die Führungskraft aus der Generation Y. So kann erreicht werden, dass die starke Ich-Bezogenheit aufgeweicht wird, weil neben die eigene Perspektive (der Führungskraft) die Perspektive ihrer Mitarbeiter rückt.

Damit die Forderung nach einer Institutionalisierung von Kritik eingehalten werden kann, damit bei der Führungskraft der Generation Y also nicht der, nach Roth (2014, S. 29) wahrscheinliche, Wunsch nach Rache aufgrund einer als unfair wahrgenommener Kritik entsteht, müssen wieder einige Voraussetzungen erfüllt und einige Rahmenbedingungen beachtet werden:

1. Eine Führungskraft muss ihren Mitarbeitern die Regeln guter Kritik nahebringen (Nachvollziehbarkeit durch objektive Kriterien, Fokus auf die Sachebene) und nachvollziehbar machen.
2. Eine Führungskraft sollte klarstellen, dass sowohl positive wie auch negative Kritik erwünscht ist.
3. Die Führungskraft aus der Generation Y sollte deutlich machen, dass sie negative Kritik aushalten kann, dass ihre Mitarbeiter negative Kritik also auch tatsächlich üben *dürfen*.
4. Es sollte deutlich werden, dass die Inhalte positiver wie negativer Kritik Berücksichtigung finden, dass es der Führungskraft also wichtig ist, die Mitarbeiterkritik in Maßnahmen und damit in ihr Führungsverhalten zu überführen. Natürlich heißt das nicht,

dass alle Kritikpunkte auch umgesetzt werden müssen. Wohl aber sollte in Bezug auf alle genannten Punkte nachvollziehbar gemacht werden, *warum* sie im zukünftigen Führungsverhalten berücksichtigt werden oder nicht. (Ein Grund *gegen* eine Berücksichtigung könnte etwa sein, dass ein von Mitarbeitern kritisiertes Führungsverhalten aus einer Anweisung einer höheren Führungsebene resultiert und damit nicht veränderbar ist. Ein solcher Grund sollte auf jeden Fall angesprochen werden.)

5. Kritik sollte fester Bestandteil der regelmäßig stattfindenden Mitarbeitergespräche werden.

Kritik zu *institutionalisieren* bedeutet damit, eine zeitliche und inhaltliche Regelmäßigkeit und Verlässlichkeit aufzubauen. Durch diese Institutionalisierung von Kritik wird sie (womöglich nach einer gewissen Eingewöhnungszeit) etwas *Normales*, sodass mit jedem weiteren Gespräch nicht nur die emotionale Herausforderung für Mitarbeiter und Führungskraft sinkt (schließlich soll der Mitarbeiter seiner Führungskraft unter Umständen etwas Negatives sagen, und das erfordert bei den meisten Mitarbeitern sicherlich zunächst eine Portion Mut), sondern die Führungskraft aus der Generation Y hat kontinuierlich die Möglichkeit, ihre ich-bezogene Sicht zu erweitern.

Attributionscheck

Den Begriff der *Attribution* haben wir bereits als ein *Zuschreiben* von *Gründen* oder *Ursachen* kennengelernt (vgl. Abschn. 3.2.7): Wir versuchen, die Welt, in der wir uns bewegen, zu verstehen, und suchen für das, was wir sehen, passende Gründe und Ursachen. Dieser Prozess der Attribution spielt auch im Rahmen von Führung eine entscheidende Rolle, etwa in Bezug auf die Frage, worin Ursachen für gute oder schlechte Mitarbeiterleistungen begründet liegen (also welche Gründe hierfür attribuiert werden, vgl. Blessin und Wick 2014, S. 173).

An dieser Stelle geht es uns aber nicht um die Frage, worin die *Ursachen* guter oder schlechter Mitarbeiterleistungen zu sehen sind, sondern welche Gefahren die starke Ich-Bezogenheit der Generation Y in Bezug auf die Bewertung von Mitarbeiterleistungen mit sich bringt. Aus attributionstheoretischer Sicht wird die starke Ich-Bezogenheit dazu führen, dass eine Führungskraft aus der Generation Y eher *sich selber* als Verursacher von Erfolgen sieht als ihre Mitarbeiter (und umgekehrt bei Misserfolgen). Psychologen würden sagen, die Generation Y bevorzugt systematisch eine internale (Führungskraft ist Erfolgsverursacher) vor einer externalen (Mitarbeiter sind Erfolgsverursacher) Erfolgssicht (vgl. Blessin und Wick 2014, S. 177). Nun ist *Erfolg* (ebenso wie Misserfolg) sicherlich in den meisten Fällen das Ergebnis der Zusammenarbeit und des Wechselspiels *vieler* Akteure, sodass die objektive Bestimmung *des* Erfolgsfaktors gar nicht möglich (und auch nicht sinnvoll) ist. Dennoch führt die starke Ich-Bezogenheit der Generation Y zu einer (unberechtigten) einseitigen Tendenz der Erfolgszuschreibung an sich selber. Dieser Tendenz sollte sie entgegenwirken.

Findet eine Ursachenattribution nach dem eben dargestellten Muster statt, bewertet eine Führungskraft der Generation Y ihre Rolle bei Erfolgen tendenziell über und ihre Rolle bei Misserfolgen tendenziell unter. Das wäre nicht nur aus Gründen der Gerechtigkeit problematisch (denn niemand sollte über Gebühr für Erfolge oder Misserfolge belohnt beziehungsweise bestraft werden), sondern widerspricht auch dem von Malik (2007, S. 144) geforderten Grundsatz, Erfolge möglichst stark seinen Mitarbeitern zu gönnen. Es besteht also ein Konflikt zwischen dem, was eine Führungskraft aus der Generation Y tendenziell über ihren Erfolgseinfluss denkt, und dem, wie sie mit tatsächlichen Erfolgen umgehen sollte. Wie kann dieses Spannungsfeld aufgelöst werden?

Über einen Attributionscheck (vgl. Abb. 4.22) kann eine Führungskraft aus der Generation Y herausfinden, ob ihr Erfolgsanteil wirklich so hoch ist, wie sie das intuitiv (aufgrund der starken Ich-Bezogenheit) vermutet. Dieser Check ist im Sinne eines Blockdiagramms von links nach rechts und von oben nach unten in Pfeilrichtung zu durchlaufen. Er ist als heuristische Plausibilitätsprüfung zu verstehen: Das Ergebnis dieses Checks kann nur eine Annäherung sein.

Der Attributionscheck orientiert sich inhaltlich am klassischen Grundmodell der Attributionstheorie von Kelley, das personelle, situative und zeitliche Besonderheiten als Beweggründe für menschliche Attributionen berücksichtigt (vgl. Blessin und Wick 2014, S. 174). Auch wir nutzen diese drei Dimensionen, um herauszufinden, wann eine Führungskraft womöglich zu einer Fehlattribuierung der Erfolgsursache kommt, sie also ungerechtfertigterweise die Gründe für einen Erfolg eher bei sich sieht. Daher fließen drei Fragen in unseren Plausibilitätscheck ein:

1. Ist die für den Erfolg verantwortliche Aufgabe (oder das entsprechende Projekt) von der Führungskraft *alleine* bearbeitet worden? Dabei bedeutet *alleinige* Aufgabenbearbeitung für uns, dass keine Teilaufgabe delegiert wurde, dass kein anderer an einem

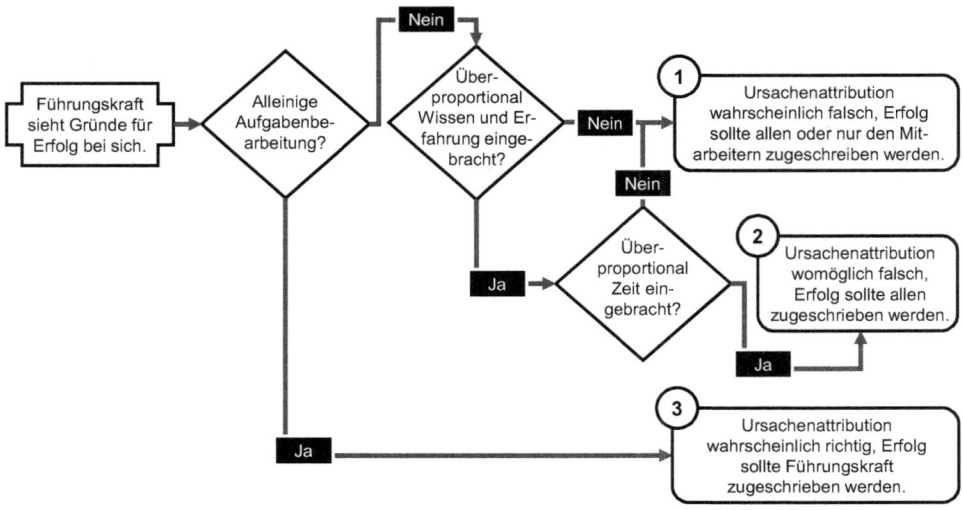

Abb. 4.22 Attributionscheck

Projekt beteiligt war und dass auch von niemandem Ratschläge oder Hinweise entgegengenommen wurden. (Wird diese Frage mit *Ja* beantwortet, erübrigt sich die Beantwortung der folgenden Fragen.)

2. Hat die Führungskraft überproportional viel *Wissen und Erfahrung* eingebracht? Dabei geht es um die Bemessung der Proportionalität, also nicht um einen Vergleich mit *einzelnen* anderen Personen, die in die Aufgabe oder das Projekt eingebunden waren, sondern um deren *Gesamtheit*.

3. Hat die Führungskraft überproportional viel *Zeit* eingebracht? Auch hier geht es um den Zeitaufwand im Vergleich zu allen anderen Beteiligten.

Werden die drei Fragen sukzessive beantwortet, ergeben sich im Ergebnis drei Szenarien (vgl. auch hierzu Abb. 4.22):

1. Eine Führungskraft sieht einen Erfolg *wahrscheinlich fälschlicherweise* in ihrer Leistung begründet, da sie die Aufgabe nicht alleine bearbeitet hat und entweder im Vergleich zu allen anderen Beteiligten nicht überproportional viel Wissen und Erfahrung eingebracht oder trotz überproportional vielen Wissens und Erfahrung im Vergleich mit allen anderen nicht überproportional viel Zeit investiert hat. Daher sollte der Erfolg allen (also der Führungskraft *und* ihren Mitarbeitern) zugeschrieben werden oder womöglich nur den Mitarbeitern, je nachdem, wie das Verhältnis von Wissens-, Erfahrungs- und Zeiteinsatz der Mitarbeiter zu dem der Führungskraft war.

2. Eine Führungskraft sieht einen Erfolg *womöglich fälschlicherweise* in ihrer Leistung begründet. Zwar hat sie überproportional viel Wissen, Erfahrung und Zeit eingebracht, ist aber eben nicht alleine für das Gelingen der Aufgabe verantwortlich gewesen. Womöglich hat eine kleine Idee oder ein geringer Input einer anderen Person die Aufgabenbearbeitung oder das Projekt erst in die richtige Richtung gelenkt, sodass eben diese Kleinigkeit eines Dritten maßgeblich für den Erfolg mitverantwortlich war. Daher sollte der Erfolg allen zugeschrieben werden – der Führungskraft wie den beteiligten Mitarbeitern gleichermaßen.

3. Eine Führungskraft sieht den Erfolg *wahrscheinlich richtigerweise* in ihrer Leistung begründet, wenn sie die einzige Person war, die an der Bearbeitung der dem Erfolg zugrunde liegenden Aufgabe beteiligt war. Die Erfolgsursache kann damit nicht in der Leistung anderer Personen zu finden sein.

Dieser Attributionscheck ist – wie gesagt – im Sinne einer Heuristik zu sehen. Er ist sicherlich nicht vollständig, denn wir haben etwa die Rolle von *Glück* und *Zufall* bei der Erzielung von Erfolg gar nicht berücksichtigt.[24] Dennoch sollte eine solche heuristische Herangehensweise ausreichen, denn sie verfolgt im Kern das Ziel, Fehlattributionen ausgehend von einer starken Ich-Bezogenheit der Generation Y zu vermeiden, da solche

---

[24] Einige wichtige Anhaltspunkte, in welche Form und wie maßgeblich Glück und Zufall Erfolge beeinflussen können, finden sich bei Kahneman (2012), S. 219 ff.

Fehlattributionen die Mitarbeitermotivation *stark* und vor allem *nachhaltig* negativ beeinflussen können. Eine Führungskraft, die sich mit fremden Federn schmückt – egal, ob sie von ihrem Erfolgsbeitrag wirklich überzeugt ist oder nicht – schafft kein Vertrauen, sondern zerstört es eher. Damit sind auch der Attributionscheck und das Gönnen von Erfolgen ein wichtiger Baustein zur Schaffung von Vertrauen.

Während Stärke und Widerstandskraft der Generation Y ihre Führungsqualität stärken, steht ihre Ich-Bezogenheit dem Führungserfolg eher im Weg. Gelingt es einer Führungskraft allerdings, diese starke Ich-Bezogenheit durch den Einsatz spezifischer Werkzeuge in eine Perspektivenvielfalt zu überführen, trägt das starke Selbstbewusstsein der Generation Y insgesamt eher zu einer Stärkung und zum Schutz ihrer Mitarbeiter bei.

4.2.8   Führung auf Basis einer hohen Freiheitsorientierung

Freiheit repräsentiert grundsätzlich das Recht, ohne Zwänge zu denken und zu handeln. Auf Führungsaufgaben übertragen repräsentiert Freiheit demnach das Recht, Mitarbeiter ohne Zwang zu führen. Damit führt die hohe Freiheitsorientierung der Generation Y zu einer stark ausgeprägten Neigung, auch in der Mitarbeiterführung strukturelle Zwänge zu hinterfragen, wenn nicht gar abzulehnen.

Chancen und Gefahren der Führung auf Basis einer hohen Freiheitsorientierung
Mit der hohen Freiheitsorientierung der Generation Y sind in Bezug auf die Führung ihrer Mitarbeiter Chancen und Gefahren verbunden. Die Chancen sehen wir vor allem in der Abwesenheit geistiger Grenzen begründet: Wem Freiheit wichtig ist, der lehnt Grenzen ab – sowohl reale als auch Grenzen im Geiste. Damit geht die Chance der *Entwicklung neuer Führungsansätze* einher, da die Entwicklung alles Neuen eine Überwindung bestehender Grenzen voraussetzt. Vor diesem Hintergrund befassen wir uns mit zwei Führungswerkzeugen: dem *Shaping* und dem *Modelling* (vgl. Abb. 4.23). Sprachlich liegen beide Werkzeuge sehr nah beieinander, beide stehen in ihrer deutschen Übersetzung für *Modellierung* oder *Gestaltung* (weswegen wir auf englische Begriffe zurückgreifen, da sich diese besser voneinander abgrenzen lassen). Allerdings befasst sich das *Shaping* mit der Entwicklung von Führungsansätzen aus einer eher prozessualen Sicht (Welche Schritte sind im Zuge der Entwicklung von Führungsansätzen wann zu absolvieren?), während das *Modelling* eher die Struktur, also den inhaltlichen Aufbau, solcher Ansätze betrifft (Welche Komponenten müssen Führungsansätze mitbringen, damit sie effektiv und effizient sind?).

Die mit der hohen Freiheitsorientierung verbundenen Gefahren sind allerdings bedeutender als ihre Chancen. Der entscheidende Grund dafür ist, dass wir Führungs*erfolg* grundsätzlich vom richtigen Einsatz (zum jeweiligen Mitarbeiter individuell) passender Werkzeuge abhängig gemacht haben. Die Werkzeuge, die wir hier bereits entwickelt haben und noch entwickeln werden, geben einen mehr oder weniger festen Rahmen (eine Grenze) vor, auch wenn sie individuell eingesetzt werden und auch wenn nicht alle Werk-

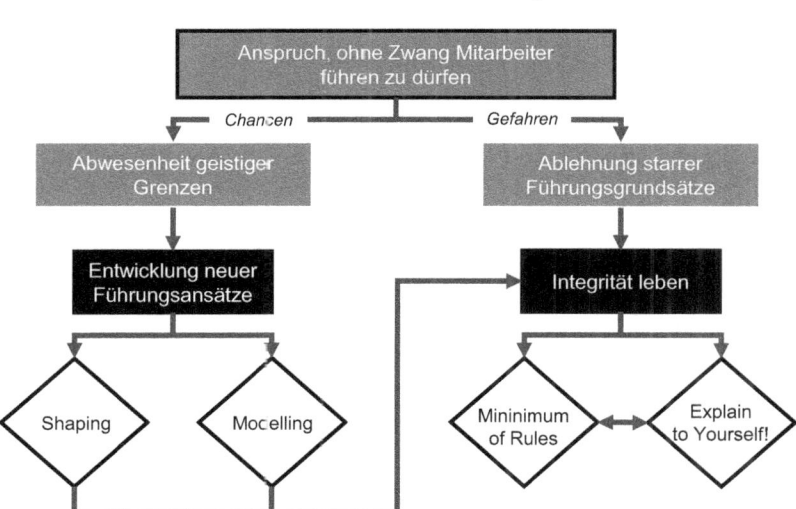

Abb. 4.23 Logik des Abschnittes „Führung auf Basis einer hohen Freiheitsorientierung"

zeuge, sondern nur eine zur Führungskraft passende Auswahl eingesetzt wird. Dennoch stellen diese Werkzeuge eine Art Imperativ dar: Eine Führungskraft sollte bestimmte Werkzeuge anwenden und sollte sie auch auf eine (mehr oder weniger fest) vorgegebene Art und Weise anwenden. Damit entsteht die Gefahr, dass eine Führungskraft aus der Generation Y Reaktanzen entwickelt. Um solche Reaktanzen zu vermeiden und damit eine Führungskraft aus der Generation Y, der ihre Freiheit auch im Sinne einer Freiheit des Führens besonders wichtig ist, die von Malik (2007, S. 149) geforderte *Integrität* leben kann, stellen wir zwei Werkzeuge vor: das *Minimum of Rules* und das *Explain to Yourself!*. Während das Werkzeug *Minimum of Rules* darauf abzielt, die Gratwanderung zwischen dem möglichst umfassenden Einsatz festgeschriebener (und den Führungserfolg unterstützender) Führungswerkzeuge und der daraus entstehenden Gefahr von Reaktanzen zu meistern, stellt *Explain to Yourself!* darauf ab, sich die Gründe für den Einsatz festgeschriebener Werkzeuge immer wieder zu verdeutlichen, um ein Verständnis dafür zu entwickeln, *warum* es richtig und sinnvoll ist, festgeschriebene Werkzeuge zu verwenden und damit die eigene Freiheit des Führens zu limitieren.

Shaping
Direkt übersetzt steht *Shaping* für *Gestaltung* oder *Formgebung*. Im Rahmen von Führung stellt sich dabei zunächst die Frage, *was* eine Führungskraft aus der Generation Y im Zuge ihrer Führungsarbeit gestalten oder formen kann und soll. Wir beantworten diese Frage aus dem Alltag einer Führungskraft heraus: Es geht um die Gestaltung und Formung von allem, was den kommunikativen Prozess der Einflussnahme zwischen einer

Führungskraft und ihren Mitarbeiter effektiver und effizienter macht und gleichzeitig die Zufriedenheit der Mitarbeiter mit ihrer Führungskraft und umgekehrt erhält beziehungsweise steigert. Damit umfasst das Shaping nicht die Gestaltung einer unternehmensweit gültigen *Führungsphilosophie*, da die Generation Y, wie wir sie hier betrachten, zwar eine Führungsposition innehat, aber (noch) nicht zum Topmanagement gehört, welches für die Entwicklung einer solchen Philosophie zuständig ist. Vielmehr konzentrieren wir uns auf *Grundsätze der Zusammenarbeit* oder auf die *Entwicklung einzelner Führungswerkzeuge* (wie wir es hier laufend machen), weil diese den Alltag einer Führungskraft *direkt* beeinflussen. Führungsgrundsätze und -werkzeuge wollen wir dabei sprachlich zusammenfassen, und damit wir beides um etwaige weitere führungsrelevante Aspekte ergänzen können, wählen wir den Begriff *Führungsansätze*: Beim Shaping geht es uns um die Gestaltung oder Formung solcher Ansätze, die den Führungsalltag erleichtern.

Mit dem Shaping (und im Übrigen auch mit dem Modelling) nehmen wir im weiteren Verlauf eine *Metaebene* ein: Bisher haben wir *konkrete* Werkzeuge hergeleitet, nun geht es uns darum, ein Werkzeug zur Herleitung von Führungsansätzen (die ebenfalls konkrete Werkzeuge umfassen können) vorzustellen. Damit bewegen wir uns auf einer *höheren Abstraktionsstufe* als bislang. Sie ist nötig, um Führungskräften der Generation Y die Möglichkeit zu eröffnen, über die hier präsentierten Werkzeuge hinaus für ihre jeweiligen Führungsbedürfnisse passende Ansätze zu entwickeln, damit sie heute und in Zukunft Führungsherausforderungen effektiv, effizient und mit hoher Zufriedenheit aller daran Beteiligten lösen können.

Das Shaping folgt standardmäßig dem in Abb. 4.24 dargestellten Prozess, der wiederum auf dem allgemeinen Problemlösungsprozess nach Gordon (2011) aufbaut, den wir bereits in Abschn. 4.2.4 kennengelernt haben:

- *Problemstellung*: Zunächst ist ein führungsrelevantes Problem zu identifizieren und genau zu beschreiben: Was ist das Problem? Warum ist es ein Problem? Wie wirkt es sich aus? Was sind die Ursachen des Problems? Wieso konnte es entstehen? Was wäre anders, wenn es das Problem nicht gäbe? Wie beständig ist das Problem? Und so weiter. Dabei sollte sich eine Führungskraft ausreichend Zeit zur Problemidentifikation nehmen, denn nur, wenn ein Problem richtig und vollständig erfasst wurde, kann ein Führungsansatz überhaupt effektiv sein. Bei unklaren, schlecht umrissenen Proble-

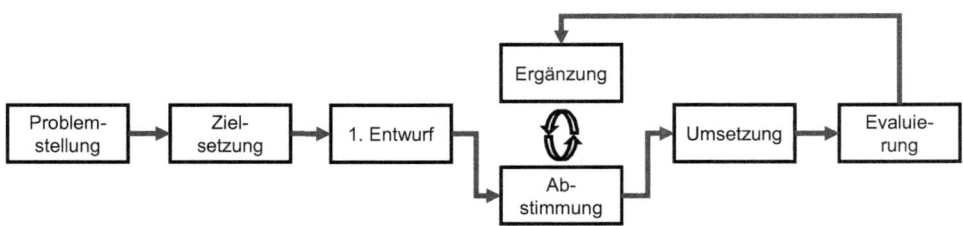

Abb. 4.24 Standard-Shaping-Prozess

men besteht die Gefahr, dass aktionistisch *irgendetwas* gemacht wird, was dann aber nicht zur nachhaltigen Problemlösung beiträgt. Damit folgen wir Drucker, wenn er schreibt: „the executive is, first of all, expected to *get the right things done*." (Drucker 1993, S. 1). Um sicherzustellen, dass eine Führungskraft auch wirklich das Richtige tut, braucht es Zeit.

- *Zielsetzung*: Im Rahmen der Zieldiskussion sollte zunächst die Frage beantwortet werden, ob das *gesamte* zuvor identifizierte Führungsproblem gelöst werden soll oder ob eine *Teillösung* ausreicht. Anschließend geht es darum festzulegen, welchen konkreten Teilaspekt von *Führung* das Ziel beeinflussen soll: Geht es um die Verbesserung von Kommunikation? Muss der Prozess der Einflussnahme verändert werden? Welches konkrete Verhalten soll gesteuert werden? Oder liegt ein Teilaspekt vor, der sich aus unserer Führungsdefinition gar nicht ableiten lässt (Konfliktlösung, Personalentwicklung oder Ähnliches)? Dieses Ziel ist dann zu *operationalisieren,* also messbar zu machen: Wie kann gemessen werden, ob ein neuer Führungsansatz das Ziel, für das er entwickelt wurde, auch erreicht hat? Außerdem ist die Frage zu klären, ob eine *Ziel*erreichung angestrebt ist oder ob eine Zielgröße *maximiert* oder *minimiert* werden soll (also kein fester Bezugspunkt vorliegt, vgl. hierzu auch Schulenburg 2008, S. 157). Schließlich ist zu klären, ob es *Einwände* gegen die Zielverfolgung gibt. Das könnte etwa dann der Fall sein, wenn die Verfolgung eines Ziels die Erreichung eines anderen Ziels verhindern oder gar ausschließen würde, die Erreichung dieses anderen Ziels jedoch von oberster Priorität ist. In einem solchen Fall sollte von der Zielverfolgung Abstand genommen werde, auch wenn das dem Ziel zugrunde liegende Problem dann nicht unmittelbar gelöst werden kann.
- *1. Entwurf*: Normalerweise stellt sich bei Veränderungsprojekten – und die Entwicklung eines Führungsansatzes kann als eine Art Veränderungsprojekt erachtet werden – die Frage, ob Lösungsvorschläge bottom-up, also mit den Vorstellungen und Erwartungen der Mitarbeiter beginnend, oder top-down, also mit den Vorstellungen und Erwartungen der Führungskräfte oder des Topmanagements beginnend, erarbeitet werden sollen. Wir votieren hier ganz klar für eine *Top-down*-Herangehensweise, da die Entwicklung eines Führungsansatzes eine Aufgabe ist, die originär einer Führungskraft zusteht. Sie kann diese Aufgabe – und dazu gehört auch die Entwicklung eines ersten Entwurfes – nicht delegieren und muss sie daher selber übernehmen. Was in diesen Entwurf einfließen soll, welche Grundsätze, Herangehensweisen oder Ideen für Werkzeuge, hängt stark von der Zielsetzung, aber natürlich auch von der Person der Führungskraft ab. Eine starke Prägung durch eine spezifische Führungskraft ist dann legitim, wenn nur sie den zu entwickelnden Führungsansatz anwenden soll (ansonsten ist der 1. Entwurf natürlich mit den entsprechenden Kollegen abzustimmen).
- *Abstimmung und Ergänzung*: Im Sinne eines Wechselspiels zwischen *Abstimmung* und *Ergänzung* wird der 1. Entwurf des Führungsansatzes kritisch hinterfragt (Abstimmung) und gegebenenfalls erweitert (Ergänzung). Dabei wird das Wechselspiel von Abstimmung und Ergänzung so lange durchlaufen, bis ein konsensfähiger Führungsansatz entwickelt wurde, sprich: bis die vom Führungsansatz tangierten Mitarbeiter

diesem zustimmen können. Dabei steht zwar nicht im Vordergrund, dass alle tangierten Mitarbeiter von diesem Ansatz begeistert sind, wohl aber müssen sie mit ihm leben
können. Nur im Ausnahmefall, also falls sich partout kein Ansatz findet, den alle betroffenen Mitarbeiter akzeptieren können, sollte die Führungskraft einen Ansatz auch
gegen etwaige Widerstände beschließen, schließlich liegen Führung und die Nutzung
adäquater Ansätze dafür in ihrer Verantwortung.

- *Umsetzung und Evaluierung*: Sowohl bei der Umsetzung als auch bei der Evaluierung
  muss ein klares Zeitmanagement beachtet werden. Bei der Umsetzung geht es um Klarheit darüber, *ab wann* ein neuer Führungsansatz gilt, bei der Evaluierung um Klarheit
  darüber, *wann* ein Ansatz erstmals auf seine Effektivität, also auf seine Fähigkeit hin
  untersucht wird, ein identifiziertes Führungsproblem tatsächlich zu lösen. Stellt sich
  bei der Evaluierung heraus, dass ein Ansatz nicht effektiv ist, sollte eine Führungskraft
  gemeinsam mit ihren Mitarbeitern im Rahmen von Ergänzung und Abstimmung überlegen, wie der Ansatz so verbessert werden kann, dass er die Ziele, für deren Erreichung
  er entwickelt wurde, auch wirklich erfüllen kann.

Die Führungskraft leistet beim Shaping sowohl einen großen methodischen Beitrag
(nämlich indem sie stringent dem Shaping-Prozess folgt) als auch einen inhaltlich (nämlich indem sie einen 1. Entwurf erarbeitet und diesen dann nach Rückmeldung ihrer
Mitarbeiter ergänzt). Sollte diese Doppelverantwortung für den Entwicklungsprozess und
die inhaltliche Gestaltung die inhaltliche Arbeit erschweren oder gar unmöglich machen,
sollte sich die Führungskraft Unterstützung aus der Personalentwicklung holen, da dort
oftmals Methodenexperten für Prozesse der Organisationsentwicklung zu finden sind.

Modelling
Direkt übersetzt steht *Modelling* für *Modellierung* oder *Formgebung* und ist damit sprachlich nicht eindeutig vom Shaping zu unterscheiden. Wir verstehen unter Modelling im
Gegensatz zum Shaping die Entwicklung des *Aufbaus* eines Führungsansatzes. Das Modelling findet vom Shaping-Prozess ausgehend im Schritt des 1. Entwurfes und darauf
folgend im Rahmen der Abstimmung und Ergänzung statt.

Wir haben uns bewusst für den Begriff *Modelling* entschieden, weil ein *Modell* ganz
generell als ein Abbild der Wirklichkeit verstanden werden kann. Es wird herangezogen,
um Wirklichkeit zu verstehen und – darauf aufbauend – zu gestalten. Wir geben hier Hinweise zur Modellierung von Führungsansätzen. Ihnen kommt Modellcharakter zu, weil
sie die Führungswirklichkeit, für die sie entwickelt werden, aufgreifen und letztlich auch
ein Stück weit abbilden sollen (wobei das oberste Ziel eines Führungsansatzes nicht die
Abbildung der Wirklichkeit ist, sonst hätten wir statt Führungs*ansatz* den Begriff des Führungs*modells* verwendet).

Beim Aufbau eines Führungsansatzes sind verschiedene Punkte zu berücksichtigen,
damit der Ansatz in der Praxis zum einen von Mitarbeitern akzeptiert wird und zum anderen effektiv eingesetzt werden kann. Die folgenden Punkte sind demnach im Sinne einer

Abb. 4.25 Ein exemplarischer Führungsansatz: Der Führungsstern

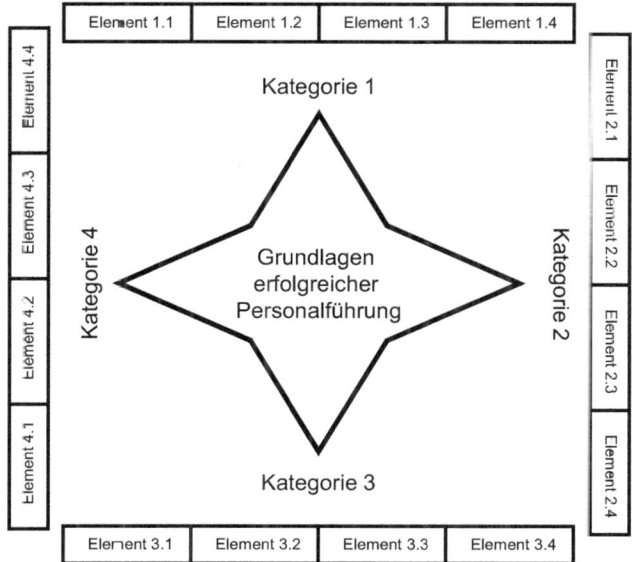

Checkliste zu verstehen, die es im Zuge des Aufbaus eines Führungsansatzes abzuarbeiten gilt, weil sie Akzeptanz und Effektivität eines Führungsansatzes bestimmten:

1. *Name und Gestalt*: Ein Führungsansatz sollte einen griffigen Namen haben, damit er leicht in den Sprachgebrauch der Mitarbeiter eingehen kann. Optimalerweise spiegelt dieser Name eine Gestalt wider, die sich aus Art und Umfang der im Führungsansatz enthaltenen Aspekte ergibt. In Abb. 4.25 sind vier Kategorien enthalten (die wiederum verschiedene Elemente umfassen). Da Menschen vor allem in Bildern und nicht so sehr in abstrakten Größen denken (vgl. Dobelli 2011, S. 53 ff.),[25] eignet sich etwa die Bezeichnung *Führungsstern* besser für den in Abb. 4.25 dargestellten Führungsansatz als *die 16 Grundlagen erfolgreicher Personalführung*.

2. *Existenz von Kategorien*: Ein Führungsansatz sollte eine Struktur aufweisen, die seine innere Logik widerspiegelt und ihn damit systematisch erfassbar macht. Kategorien sind bei einer solchen Systematisierung nützlich, da sie klar voneinander abgegrenzte Themenfelder der Führung betreffen. Diese klare Abgrenzung ist gleichzeitig die Stärke (guter) Kategorien und auch eine Anforderung bei ihrer Entwicklung: Überschneidungsfreiheit, um klare Abgrenzung zu gewährleisten. In Bezug auf den exemplarischen Ansatz aus Abb. 4.25 (und in Anlehnung an die allgemeine Führungsdefinition) könnten die Kategorien zum Beispiel *Kommunikation, Verhalten der Führungskraft, Verhalten der Mitarbeiter* und *Umgang mit Störungen im Führungsprozess* unterschieden werden.

---

[25] Man versuche etwa nur einmal, an die Zahl 7 zu denken, ohne dabei ein Bild dieser Zahl vor dem inneren Auge zu haben.

3. *Existenz von Elementen*: Jede Kategorie sollte mehrere Elemente umfassen. Elemente können konkrete Führungswerkzeuge, aber auch Führungsgrundsätze oder Regeln der Zusammenarbeit sein. Ein Beispiel für ein Element aus der Kategorie *Kommunikation* könnte das Werkzeug *Feedback und Kritik trennen* (vgl. Abschn. 3.2.9) sein.

4. *Eigenschaften von Elementen*: Die in einem Führungsansatz enthaltenen Elemente sind seine Grundbausteine. Damit diese und schließlich auch der Ansatz als Ganzer hohe Akzeptanz erreichen und volle Wirkung entfalten können, ist darauf zu achten, dass

- die Anzahl der Elemente nicht zu umfangreich ist. Vielmehr sollten gerade so viele Elemente wie nötig enthalten sein, um das Ziel, für das der Führungsansatz entwickelt wird, zu erreichen.
- die Elemente eindeutig einer Kategorie zugeordnet werden können (ansonsten müssten Umfang und Bezeichnung der Kategorien überdacht werden).
- die einzelnen Elemente auch einzeln erklär- und trainierbar sind. Ein Grund dafür, dass wir uns hier insgesamt sehr stark an *Werkzeugen* orientieren, ist, dass man den Einsatz von Werkzeugen *trainieren* kann (Gleiches gilt für Führungsgrundsätze auch, allerdings findet deren Training in der Regel auf einem etwas höheren Abstraktionsniveau statt als das Trainieren von Führungswerkzeugen) und Führungserfolg damit nicht von den Eigenschaften einer Führungsperson abhängig ist (deren Ausprägung sie kaum zu beeinflussen vermag). Ein effektiver Einsatz von Werkzeugen bedeutet für einen Führungsansatz dann allerdings, dass seine Inhalte im Rahmen von Schulungen oder Workshops und damit losgelöst von einer konkreten Führungssituation erlernbar sein müssen und dass dieses Erlernen auf das Üben bestimmter (Muster-)Techniken fokussiert. Somit muss es für jedes Element des Führungsansatzes geeignete Personen geben (etwa externe Trainer oder Mitarbeiter der Personalentwicklung), die die Anwendung eines Führungswerkzeuges zunächst erklären und die Anwendung unter Nutzung von Kritik und Feedback dann mit den Teilnehmern einer Schulung oder eines Workshops üben.
- die einzelnen Elemente Bezeichnungen haben, die ihren Inhalt sprachlich repräsentieren und damit besser erinner- und abrufbar machen. Die Bezeichnung *Feedback und Kritik trennen* erfüllt diese Anforderung nur zum Teil, weil zwar klar wird, dass zwei Dinge *getrennt voneinander* zu betrachten sind, noch nicht aber, was sich hinter *Feedback* und *Kritik* inhaltlich verbirgt. Daher sollte im Rahmen der Erklärung von Bedeutung, Zweck und Inhalten einzelner Elemente explizit darauf eingegangen werden, aus welchem Grund ein Element welche Bezeichnung erhält. In diesem Zuge sollte – in Bezug auf unser Beispiel – dann auch darauf eingegangen werden, dass der Begriff *Kritik* sprachlich sehr eng mit *Kriterien* verbunden ist und diese Kriterien die Grundlage eines Kritikgespräches bilden.
- die einzelnen Elemente kompakt und angemessen beschrieben werden können. Damit bekommen Führungskraft und Mitarbeiter die Gelegenheit, einzelne Aspekte zu den Elementen (auf einer entsprechenden Seite im Intranet oder in einem Dokument auf einem gemeinsamen Laufwerk) nachzulesen. Der Anreiz hierfür ist dann

relativ hoch, wenn die Beschreibungen zu den Elementen möglichst kurz und klar verständlich sind.

5. *Flexibilität des Führungsansatzes*: Ein Führungsansatz sollte nach Möglichkeit so aufgebaut sein, dass zusätzliche Elemente aufgenommen oder gegebenenfalls überflüssige Elemente herausgenommen werden können. Wenn etwa in der eben angesprochenen Shaping-Phase der Evaluierung erkannt wird, dass der Führungsansatz sein eigentliches Ziel nicht oder noch nicht gut genug erreicht, werden Nachbesserungen nötig, die sich harmonisch in die vorherigen Versionen des Ansatzes einbringen lassen sollten.

6. *Praxistauglichkeit*: Die wohl wichtigste Anforderung an einen Führungsansatz (insbesondere aus Gründen der Akzeptanz) ist die Praxistauglichkeit. Eigentlich ist diese Forderung redundant: Niemand würde absichtlich einen Führungsansatz entwickeln, der *nicht* praxistauglich ist, dessen Anwendung in der Praxis also mit einem hohen Aufwand und einem geringen Nutzen einhergeht. Dennoch kann sich irgendwann herausstellen, dass mit einem Führungsansatz die an ihn gestellten Anforderungen nicht oder nur mit überproportional viel Aufwand erfüllt werden können. Dann sollten sein Aufbau sowie sein grundsätzlicher Einsatz überdacht werden.

Wie ein Führungsansatz nun *konkret* aussieht, hängt vor allem vom spezifischen Ziel ab, das mit ihm erreicht werden soll beziehungsweise vom spezifischen Führungsproblem, das gelöst werden soll. Daraus ergibt sich auch, *wie viele* hier bereits vorgestellte Werkzeuge in den Ansatz einfließen und wie viele weitere Werkzeuge oder Grundsätze einfließen werden. Über das Shaping und das Modelling bekommt eine Führungskraft aus der Generation Y eine methodische Orientierung für das Modelling: die selbstständige Entwicklung problemspezifischer Werkzeuge und Grundsätze.

Minimum of Rules und Explain to Yourself!

Die Werkzeuge *Minimum of Rules* und *Explain to Yourself!* seien an dieser Stelle zusammen dargestellt, weil sie eng miteinander verbunden sind und sich – wie wir im weiteren Verlauf zeigen werden – bei ihrer Anwendung abwechseln. Aber zunächst zur Sprachwahl: Beide Werkzeuge sind mit englischen Begriffen bezeichnet, auch wenn im Gegensatz zum Shaping und Modelling weniger eine sprachliche Notwendigkeit dazu besteht. Ob *Minimum of Rules* besser klingt als *Mindestanzahl an Regeln*, liegt sicherlich im Auge des Betrachters. Dass wir uns für die Bezeichnung *Explain to Yourself!* entschieden haben, liegt daran, dass wir bereits ein Werkzeug *Explain!* vorgestellt haben (vgl. Abschn. 4.2.3), welches eine Nachvollziehbarkeit des Handelns einer Führungskraft aus der Generation Y sicherstellen soll. Hier geht es uns darum, dass eine Führungskraft für sich selber Nachvollziehbarkeit schafft, daher die analoge Begriffswahl. Aber später mehr zu den Inhalten des Werkzeuges *Explain to Yourself!*

Sowohl *Minimum of Rules* als auch *Explain to Yourself!* sollen einer Führungskraft helfen, *integres* Führungsverhalten an den Tag zu legen: Integrität zu leben. Erreichen lässt sich dies durch schlüssiges Handeln auf Basis einer klaren und damit für Mitarbeiter nachvollziehbaren Grundlage, sodass Führungsverhalten *vorhersehbar* wird (vgl. Malik

2007, S. 149 f.): Das Verhalten einer Führungskraft sollte auf einem festen Führungsansatz basieren.

Nun bringt ein fester Führungsgrundsatz den Vorteil der Nachvollziehbarkeit, aber gleichzeitig auch den Nachteil der Verbindlichkeit mit sich: Führungsverhalten außerhalb dieses Ansatzes ist nicht so einfach möglich, da es dann schlechter nachvollziehbar wäre. Damit beschränkt ein Führungsansatz Verhaltensmöglichkeiten: Er setzt Grenzen und zwingt eine Führungskraft dazu, sich innerhalb dieser Grenzen aufzuhalten. Die Generation Y ist aufgrund ihrer hohen Freiheitsorientierung Grenzen gegenüber skeptisch – tendenziell auch gegenüber solchen Grenzen, die aus einem festen Führungsansatz resultieren.

Die übliche Reaktion auf Grenzen, also ganz generell auf Umstände, die die Freiheit einschränken oder bedrohen, ist Reaktanz: ein Widerstand oder eine Abwehrhaltung, die darauf abzielt, Freiheit zu verteidigen oder wiederherzustellen. Damit besteht die Gefahr, dass der Einsatz eines festen Führungsansatzes zu Reaktanz führt, sich eine Führungskraft aus der Generation Y also nicht vorschreiben lässt, wie sie zu führen hat, und den Einsatz eines festen Führungsansatzes damit ablehnt. Das Entscheidende hierbei ist, dass die Abwehrhaltung nicht inhaltlich begründet ist: Nicht die Qualität des Führungsansatzes ist es, die abgelehnt wird, sondern die Tatsache, dass es einen festen Führungsansatz überhaupt gibt. Reaktanz verhindert damit die Bewertung des Nutzens eines Führungsansatzes und stellt damit eine ernsthafte Bedrohung effektiven Führungsverhaltens dar.

Um Reaktanz bei einer Führungskraft aus der Generation Y zu vermeiden (weil ihr kognitiv klar ist, dass Führung auf Basis eines konkreten Ansatzes einen großen Nutzen mit sich bringt, sie sich aber gleichzeitig emotional dagegen wehrt) sollte sie zunächst nur *einige wenige* Werkzeuge als Basis ihres Führungsverhaltens heranziehen. Dem Grenznutzen jedes weiteren Werkzeuges (also dem zusätzlichen Nutzen beim Einsatz eines weiteren Werkzeuges) ist die *Grenzreaktanz* gegenüberzustellen: Wie fühlt es sich für eine Führungskraft aus der Generation Y an, wenn sie darüber nachdenkt, noch ein Werkzeug in ihr persönliches Führungsrepertoire aufzunehmen? Entsteht Widerstand dagegen und – wenn ja – wie groß ist er? Im Fall eines besonders großen Widerstandes sollte auf die Aufnahme eines weiteren Werkzeuges verzichtet werden. Gleiches gilt auch dann, wenn bereichs- oder unternehmensweit ein bestimmter Ansatz mit einer Vielzahl an Werkzeugen vorgeschrieben ist. Zunächst sollten – wenn auch nicht ganz legitimerweise – *nur einige* Werkzeuge ins persönliche Repertoire aufgenommen werden. *Minimum of Rules* bezeichnet damit keine feste Zahl an Werkzeugen. Vielmehr steht es für *klein anfangen* und dabei auf Reaktanz achten. Schritt für Schritt kann das Führungsrepertoire dann ausgebaut werden.

Hat sich eine Führungskraft aus der Generation Y für bestimmte Werkzeuge entschieden, sollte sie sich selbst gegenüber systematisch darlegen, aus welchem Grund die Verwendung eines jeden einzelnen Werkzeuges ihres Führungsrepertoires für ihren Führungserfolg und die Zufriedenheit ihrer Mitarbeiter notwendig ist – dafür steht *Explain to Yourself!* Sollte dann in bestimmten Situationen Reaktanz aufkommen, helfen die gefundenen Gründe, ein rationales Gegengewicht gegen die emotional getriebene Reaktanz aufzubauen. Die Logik dahinter ist einfach: Nachvollziehbarkeit erschwert Ablehnung (vgl. Abschn. 4.2.3).

Nun entsteht eine Dynamik: Im Sinne eines Kreislaufs wechseln sich *Minimum of Rules* und *Explain to Yourself!* ab. Eine Nachvollziehbarkeit der Gründe für bestimmte Führungswerkzeuge senkt die Gefahr der Reaktanz, weswegen weitere Werkzeuge aufgenommen oder berücksichtigt werden können. Es entsteht ein *neues (größeres) Minimum* an Führungswerkzeugen. Das Reaktanzpotenzial der neuen Werkzeuge wird durch ein *Explain to Yourself!* verringert, sodass weitere Führungswerkzeuge aufgenommen werden können – so lange, bis der bereichs- oder unternehmensweit gültige Führungsansatz und das eigene Repertoire einer Führungskraft aus der Generation Y übereinstimmen.

Noch einmal: Shaping und Modelling
Shaping und Modelling sind wichtige Werkzeuge zur Entwicklung von Führungsansätzen auf der einen, aber auch zur Steigerung der Akzeptanz von Führungsansätzen auf der anderen Seite, weswegen diese beiden Werkzeuge – wie in Abb. 4.23 dargestellt – ebenfalls Einfluss auf integres Führungsverhalten haben: Ein Führungsansatz oder darin enthaltene Werkzeuge, die maßgeblich von einer Führungskraft aus der Generation Y (mit-)entwickelt wurden, stellen *frei gewählte* Grenzen dar und führen in der Konsequenz zu deutlich weniger Reaktanz als Führungsansätze, die oktroyiert werden. Damit bildet *Partizipation*, also die persönliche Teilhabe an der Entwicklung von Ideen und Konzepten, ein zweites Gegengewicht zur Reaktanz (vgl. hierzu auch Abschn. 3.2.7) und leistet einen wichtigen Beitrag zum Abbau von Gefahren aus der Führung auf Basis einer hohen Freiheitsorientierung, sodass sich die Chancen der hohen Freiheitsorientierung der Generation Y, die Schaffung neuer, zukunftsfähiger Führungsansätze, voll entfalten können.

4.2.9 Führung auf Basis einer starken Skepsis

Dass die Generation Y, die Generation *Why,* skeptisch ist, spiegelt sich – wie wir bereits mehrfach festgestellt haben – bereits in ihrem Namen wider. Ist sie damit automatisch *allem* gegenüber skeptisch? Sicherlich nicht, denn die Generation Y ist keine Generation von Nihilisten, die alles ablehnt oder gar schlecht machen will. Vielmehr vertritt die Generation Y eine relativistische Weltsicht und lehnt damit alles *Absolutistische* ab, sie denkt mehr in Grauschattierungen als in Schwarz oder Weiß (vgl. Abschn. 3.2.9).

Die Ablehnung alles Absolutistischen hat weitreichende Folgen für das Denken und Handeln der Generation Y. Wir wollen uns hier allerdings nur auf solche Konsequenzen konzentrieren, die einen Einfluss auf ihr Verhalten als Führungskräfte haben (vgl. Abb. 4.26). Und die Ablehnung alles Absolutistischen im Führungskontext führt vor allem dazu, dass die Generation Y *Einschätzungen und Bewertungen anderer* nicht automatisch teilt. Zunächst betrifft dies die *Leistungen ihrer Mitarbeiter*, die sie nach ganz eigenen Maßstäben bewertet und damit zu Einschätzungen kommen kann, die deutlich vor denen der Mitarbeiter selber, ihrer Kollegen, anderer Führungskräfte oder auch Kunden

Starke Skepsis

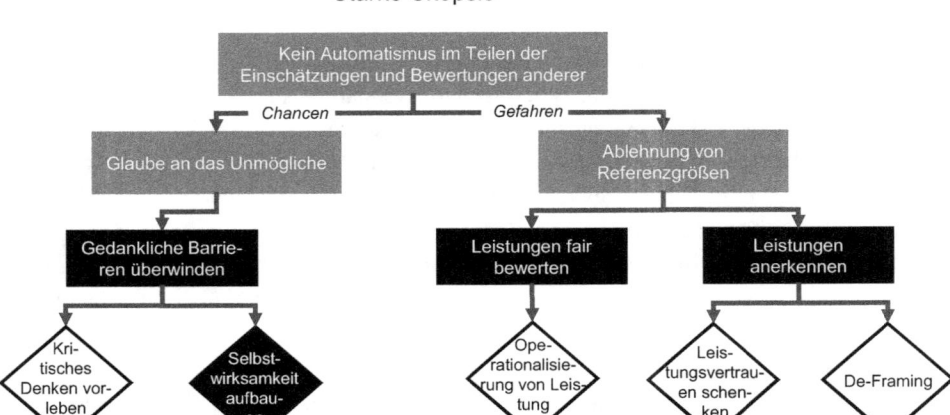

Abb. 4.26 Logik des Abschnittes „Führung auf Basis einer starken Skepsis"

abweichen können. Im Fall von positiven, aber vor allem im Fall von negativen Abweichungen, also wenn die Führungskraft aus der Generation Y die Leistungen ihrer Mitarbeiter systematisch *schlechter* bewertet als die Mitarbeiter selber oder Dritte, liegt hierin Konfliktpotenzial verborgen. Dieses Konfliktpotenzial ist umso größer, je schwieriger die Grundlage, auf der eine Führungskraft aus der Generation Y ihre Mitarbeiter bewertet, nachzuvollziehen ist.

Die hohe Skepsis der Generation Y betrifft allerdings nicht nur die Einschätzung und Bewertung von Leistungen ihrer Mitarbeiter. Ganz generell tangiert sie auch die Frage, was machbar ist und was nicht. Während Machbarkeitsgrenzen in den Köpfen ihrer Mitarbeiter fest verankert und teilweise dogmatisch sein können, existieren solche Grenzen für eine Führungskraft aus der Generation Y seltener, was sie oft zu der Frage treibt, *warum irgendetwas,* sei es die Erbringung einer bestimmten Leistung, das Aufbrechen etablierter Strukturen, die Einführung eines innovativen Produktes und so weiter *denn nicht möglich sei.* Die darauf oftmals geäußerte Antwort, dass etwas nicht gehe, weil es schon immer anders gehandhabt wurde, ist in den Augen der Generation Y beinahe eine Tautologie: Es geht nicht, weil es nicht geht, weil wir *nicht wollen,* dass es geht. Aber Un*wille* ist für die Generation Y lange nicht Un*möglichkeit.* Sie ist damit vor allem skeptisch gegenüber einem: „Das geht nicht." – in welchem Kontext auch immer es geäußert wird.

Das Fehlen gedanklicher Grenzen kann natürlich Auswirkungen auf das situationsspezifische oder womöglich irgendwann ganz generelle Verhältnis zwischen Führungskraft und Mitarbeiter haben: Die Führungskraft akzeptiert etablierte gedankliche Grenzen nicht, der Mitarbeiter bewegt sich aber innerhalb dieser Grenzen. Aus Sicht der Führungskraft klaffen dann Anspruch (Grenzenlosigkeit) und Wirklichkeit (Existenz von Grenzen) auseinander. Daraus resultieren ganz konkrete Chancen und Gefahren aus der Führung auf Basis einer starken Skepsis.

Chancen der Führung auf Basis einer starken Skepsis

Für die Generation Y ist der Ausspruch „Geht nicht, gibt's nicht!" kein plakativer Führungsimperativ. Sie glaubt erst, dass etwas nicht geht, wenn es einen Beweis für dessen Unmöglichkeit gibt. Und *Beweis* wird hier durchaus streng ausgelegt: ein logisch unumstößlicher und faktisch zutreffender Beleg, der nicht auf Annahmen oder Hypothesen beruht. Andere geben sich womöglich bereits mit *Hinweisen* auf eine Unmöglichkeit zufrieden: Bedenken, potenzielle Risiken oder mögliche Umsetzungsschwierigkeiten. Die Generation Y braucht nicht mehr oder weniger als einen Beweis für Unmöglichkeit – eine neue Qualität des Zweifelns. Und da echte Beweise dafür, dass etwas *nicht geht,* nicht einfach zu finden sind, können wir – bewusst etwas plakativ – vom Glauben der Generation Y an das *Unmögliche* ausgehen. Wir verwenden diese Formulierung deshalb, weil das *Unmögliche* die Generation Y im Wesentlichen nicht abschreckt, sondern anspornt. Dazu anspornt, Wege zu finden, das (nur vermeintlich und eher in den Köpfen anderer) Unmögliche zu überwinden: Das Unmögliche ist für die Generation Y eigentlich nur eine gedankliche Barriere, im mentalen Modell konstruiert und damit nicht real: Geht nicht? Gibt's nicht!

Kritisches Denken vorleben

Warum fällt es vielen Menschen schwer, an das Unglaubliche zu glauben, sich das vorzustellen, was es (noch) nicht gibt? Grund dafür ist die *Verfügbarkeitsheuristik*: das Denken und Entscheiden ausgehend von verfügbaren und nicht auf Basis von tatsächlich vorhandenen Informationen (vgl. Abschn. 4.2.1). Daraus folgt: Menschen können sich das, was sie (noch) nicht kennen, schwieriger vorstellen als das, was sie bereits kennen. Sie verfügen (noch) über kein im Gehirn gespeichertes Bild, das sie abrufen können. Aber nur, weil etwas nicht als Bild abrufbar ist, heißt es nicht, dass es nicht existiert oder – und nun sind wir wieder beim Glauben an das Unmögliche – nicht existieren könnte.

Grundsätzlich sind Menschen stark von verfügbarkeitsheuristischem Denken geprägt – das gilt auch für die Generation Y. Allerdings relativiert ihre starke Skepsis (und ihre hohe Informationalisierung) die Auswirkungen verfügbarkeitsheuristischen Denkens, sodass es für sie leichter ist, gedankliche Barrieren zu überwinden. Diese Fähigkeit *kritischen Denkens* oder genauer: verfügbarkeitskritischen Denkens, kann sie ihren Mitarbeiter vorleben, um auch diese sukzessive bei der Überwindung gedanklicher Barrieren und den daraus resultierenden Innovationspotenzialen zu unterstützen.

Wie kann ein solches Vorleben kritischen Denkens nun aussehen? Es gibt einige Regeln, deren Einhaltung eine Führungskraft aus der Generation Y von ihren Mitarbeitern erwarten sollte und deren Einhaltung sie, auch unter schwierigen Umständen, vorleben sollte (vgl. hierzu auch unsere Ausführungen zur Selbstorganisation in Abschn. 3.2.4):

1. Ein Mitarbeiter sollte sich klarmachen, dass viele Dinge als unmöglich eingestuft werden, nur weil Menschen sie sich (noch) nicht vorstellen können.
2. Ein Mitarbeiter sollte sich darüber hinaus verdeutlichen, dass ein *Sich-nicht-vorstellen-Können* und ein *Unmöglich-Sein* zwei unterschiedliche Dinge sind.

3. In Bezug auf Dinge, die sich ein Mitarbeiter (noch) nicht vorstellen kann, sollte er sich klar machen, dass es leichter zu glauben ist, dass diese Dinge nicht funktionieren, als zu glauben, dass sie funktionieren.

4. Wenn ein Mitarbeiter dennoch glaubt, etwas würde nicht funktionieren, dann sollte er überlegen, welche Argumente *dagegen* sprechen, dass etwas nicht funktionieren kann.[26]

5. Wenn dem Mitarbeiter keine Argumente einfallen, die dagegen sprechen, dass etwas nicht funktioniert, sollte er Vorgesetzte, Kollegen, Kunden und so weiter in seine Überlegungen einbeziehen und gemeinsam mit seiner Führungskraft überlegen, was dagegen spricht, dass etwas nicht funktionieren kann.

6. Wenn auch mit vereinten Kräften keine Argumente gefunden wurden, die dagegen sprechen, dass etwas nicht funktionieren kann, heißt das nicht automatisch, dass es keine solchen Argumente gibt, sondern womöglich nur, dass solche Argumente *noch nicht* gefunden wurden (sie liegen womöglich nur außerhalb seiner aktuellen Verfügbarkeit). Der Mitarbeiter sollte weiter überlegen.

7. Wenn Argumente gefunden wurden, die dagegen sprechen, dass etwas nicht funktioniert, sollte ein Mitarbeiter diese Argumente hinsichtlich ihrer Realitätsnähe bewerten.

8. Wenn ein Mitarbeiter realistische Argumente gefunden hat, die dagegen sprechen, dass etwas nicht funktioniert, dann sollte er davon ausgehen, dass es funktionieren kann und sich an die Umsetzung machen.

In Bezug auf die Frage, ob das scheinbar Unmögliche funktionieren kann oder nicht, ist die Self-fulfilling Prophecy (zuletzt in Abschn. 4.2.7 thematisiert) eine mächtige Einflussgröße: Der Glaube an die *Unmöglichkeit* kann ebenso dazu führen, dass etwas *nicht* erreicht wird, wie der Glaube an die Möglichkeit dazu führen kann, dass etwas tatsächlich gelingt. Um eine negative Self-fulfilling Prophecy in eine positive umzukehren und damit die Chancen auf ein Erreichen des (vermeintlich) Unmöglichen zu erhöhen, kann ein Gedankenexperiment helfen, das beispielsweise im Rahmen eines Strategieworkshops zwischen Führungskräften und Mitarbeitern durchgeführt werden kann: Wie würde unsere Welt aussehen, wenn das Unmögliche schon seit Jahren oder Jahrzehnten existieren würde? Wie würden wir arbeiten? Wie würden wir kommunizieren? Was wäre anders, was wäre noch genau so, wie es jetzt ist?

Aus den Unterschieden zwischen der auf Basis dieser Fragen erdachten und der wirklichen Welt, womöglich sogar aus den Unterschieden einzelner erdachter Welten (die etwa durch das Arbeiten in verschiedenen Teilgruppen entstehen können), lassen sich wichtige Erkenntnisse dahingehend ableiten, ob das (vermeintlich) Unmögliche wirklich unmöglich ist oder welche Rahmenbedingungen gestaltet werden müssten, damit das Unmögliche Wirklichkeit wird.

---

[26] Der Ansatz der Verneinung von etwas Negativem geht auf Poppers kritischen Rationalismus zurück, der an die Stelle der Verifikation die Falsifikation, also den Versuch der Widerlegung stellt (vgl. Popper 1994, S. 7 f.).

Eine Führungskraft, die diese Regeln einhält, ihre Einhaltung von ihren Mitarbeitern einfordert und mit ihnen gemeinsam im Rahmen von Gedankenexperimenten gedankliche Barrieren überwindet, zeigt und fordert kritisches Denken. Sie ist *skeptisch* gegenüber zu engen gedanklichen Barrieren, welche ihre Entwicklung, die Entwicklung ihrer Mitarbeiter und ihrer Abteilung, ihres Bereichs oder des eigenen Unternehmens beschränken könnten. Chancen einer Führung auf Basis starker Skepsis sind demnach Chancen auf die Realisierung vermeintlich unmöglicher Entwicklungen. Eine Führungskraft aus der Generation Y kann daher aufgrund ihrer starken Skepsis einen wertvollen Beitrag zur Zukunftssicherung eines Unternehmens leisten.

Selbstwirksamkeitsüberzeugung aufbauen

Mit *Selbstwirksamkeitsüberzeugung* haben wir uns intensiv im Rahmen der Führung auf Basis eines starken Selbstbewusstseins auseinandergesetzt (vgl. Abschn. 4.2.7). Hier, im Rahmen der Führung auf Basis einer starken Skepsis, spielt Selbstwirksamkeitsüberzeugung ebenfalls eine Rolle, weswegen wir sie wieder aufgreifen, ohne allerdings erneut auf ihren inhaltlichen Kern einzugehen.

Damit Mitarbeiter einer Führungskraft der Generation Y gedankliche Barrieren überwinden, ist das *Vorleben* sicherlich eine wichtige Voraussetzung. Allerdings setzt das Vorleben, insbesondere wenn es um die Einhaltung der eben dargelegten Regeln geht, bei der Führungskraft an. Ob diese Regeln dann tatsächlich Anwendung finden, hängt maßgeblich davon ab, für wie wahrscheinlich es ein Mitarbeiter hält, dass diese Anwendung auch gelingt. Die Überwindung gedanklicher Barrieren hängt also von der subjektiven Überzeugung, von der Selbstwirksamkeitsüberzeugung, des Mitarbeiters ab, gedankliche Barrieren auch überwinden zu können und damit an das Unmögliche zu glauben und es wahr werden zu lassen. Die Aufgabe der Führungskraft muss es also sein, beim Versuch der Überwindung gedanklicher Barrieren Zuversicht zu vermitteln. In Anlehnung an den argumentativen Dreisatz der Selbstwirksamkeitsüberzeugung (vgl. Abschn. 4.2.7) wäre das:

1. „Ich glaube fest daran, dass Sie Ihre gedanklichen Barrieren überwinden und so das Unmögliche wahr werden lassen können."
2. „Weil ich fest an Sie glaube, stehe ich hinter Ihnen."
3. „Weil ich hinter Ihnen stehe und fest an Sie glaube, kann und werde ich Sie jederzeit gedanklich und faktisch beim Überwinden Ihrer gedanklichen Barrieren unterstützten, wenn Sie dabei Hilfe benötigen."

Durch die Kombination aus Vorleben und Einfordern der Einhaltung aufgestellter Regeln sowie den Aufbau von Selbstwirksamkeitsüberzeugung kann ein Überwinder gedanklicher Barrieren auch bei den Mitarbeitern erreicht werden, die nicht per se von einer starken Skepsis geprägt und damit womöglich weniger kritisch in Bezug auf das wirklich Machbare oder das wirklich Unmögliche sind. Aber auch unabhängig von der recht hypothetischen Frage, was wirklich möglich oder unmöglich ist: Die Kombination dieser drei Schritte wird konkrete Auswirkungen darauf haben, wie oft in einer Abteilung, einem Bereich oder gar einem Unternehmen der Satz fällt: „Das geht nicht." Dieser sprachliche Feind einer jeden Innovation kann durch das Vorleben kritischen Denkens sowie durch den Aufbau von Selbstwirksamkeitsüberzeugung effektiv zurückgedrängt werden.

Gefahren der Führung auf Basis einer starken Skepsis
Die starke Skepsis der Generation Y ist allerdings auch mit Gefahren verbunden. Das Ablehnen alles Absolutistischen kann sich auch dahingehend auswirken, dass eine absolute Bewertung von Mitarbeiterleistungen abgelehnt wird. Eine solches Szenario ist dadurch gekennzeichnet, dass eine Führungskraft der Generation Y die Leistungen ihrer Mitarbeiter nicht mehr in Kategorien wie *gut* oder *schlecht* (oder auf Basis differenzierterer Skalen) bewerten kann oder möchte, weil sie keine Bewertungsgrundlage heranzieht (bis zur Ablehnung jeglicher Referenzgröße). Eine faire Bewertung einer Leistung ist aber grundsätzlich nur unter Bezugnahme auf eine Referenzgröße möglich, da nicht die Ausprägung einer Leistung an sich ihre Wertigkeit bestimmt, sondern das Verhältnis der tatsächlichen Ausprägung zu einer erwarteten. Tritt ein solches Szenario ein, entsteht großes Demotivationspotenzial, da eine Führungskraft in eine stetige *Das-muss-doch-besser-Gehen-Haltung* verfallen kann, weil sie auf keine Referenzgröße zurückgreift, die eine Leistung als *gut* oder *schlecht* bewertbar macht.

Operationalisierung von Leistungen
Um gute Leistungen auch als solche anzuerkennen und schlechte Leistungen nachvollziehbar kritisieren zu können, müssen sie messbar, also *operationalisiert,* sein. Die Aufgabe einer Führungskraft der Generation Y besteht demnach darin, trotz ihrer starken Skepsis Leistungen objektiv und damit fair zu bewerten. Wie eine dafür notwendige Operationalisierung von Leistungen erfolgen kann, werden wir nun vorstellen. Dabei gehen wir davon aus, dass eine Führungskraft einem Mitarbeiter eine Aufgabe überträgt (zum Beispiel die Entwicklung eines Szenarios für den Markteintritt in einem außereuropäischen Markt) und diese im Anschluss an die Bearbeitung durch den Mitarbeiter dahingehend (objektiv) zu bewerten hat, wie gut oder schlecht diese Aufgabe ausgeführt wurde (vgl. Abb. 4.27).

1. *Festlegung valider Leistungskriterien*: In einem ersten Schritt sollte die Führungskraft festlegen, woraus sich der Erfolg einer Aufgabenbearbeitung ergibt. Das kann – von unserem Beispiel ausgehend – sicherlich nicht die Tatsache sein, ob ein Markteintritt in einen außereuropäischen Markt *wirklich* erfolgreich ist oder nicht, schließlich geht es um eine Konzeptentwicklung für einen Markteintritt, nicht um dessen faktische Umsetzung. Daher müssen es aufgabenbezogene Kriterien sein wie
   - die Einhaltung einer vorgegebenen Zeit der Aufgabenbearbeitung,
   - die Berücksichtigung inhaltlicher Anforderungen der Führungskraft (zum Beispiel, dass das Konzept mindestens zwei Stufen des Markteintrittes berücksichtigt, etwa Export, lokale Kooperation, Kauf oder Gründung einer Tochtergesellschaft bezie-

	Leistungskriterium	Beschreibung des Leistungskriteriums	Ausmaß	Skala	Anzahl Leistungsstufen	Leistungstransformation (auf Basis von Schulnoten 1 bis 5)	Bewertung	Gewichtung
1.	Einhaltung der vorgegebenen Zeit	Einhaltung der Deadline 20.04.	Satisfizierung	Ordinalskala	2	Ja = Note 2 Nein = Note 5	2	1
2.	Erfüllung inhaltlicher Anforderungen	Berücksichtigung von mindestens zwei Stufen des Markteintritts (Export, lokale Kooperation, Kauf oder Gründung einer Tochtergesellschaft bzw. eines Joint Ventures usw.) sowie Berücksichtigung des aktuellen Standes der Forschung	Optimierung	Ordinalskala	5	Aktueller Forschungsstand plus 5 Stufen = Note 1 Aktueller Forschungsstand plus 4 Stufen = Note 2 Aktueller Forschungsstand plus 3 Stufen = Note 3 Aktueller Forschungsstand plus 2 Stufen = Note 4 1 Stufe oder weniger (Forschungsstand egal) = Note 5	2	1,2
3.	Erfüllung formaler Anforderungen	Umfang max. 30 Seiten, klare Struktur mit Management Summary und im Corporate Design, fehlerfrei	Satisfizierung	Ordinalskala	2	Alle Anforderungen erfüllt = Note 1 Mindestens eine Anforderung nicht erfüllt = Note 5	5	0,8
4.	Innovationsgrad	Berücksichtigung neuer Ideen, Impulse oder Ansätze	Optimierung	Ordinalskala	3	Berücksichtigung von mindestens 3 neuen Ideen, Impulsen oder Ansätzen = Note 1 Berücksichtigung von mindestens 1 neuen Idee, 1 neuem Impuls oder Ansatz = Note 3 Keine Berücksichtigung neuer Ideen, Impulse oder Ansätze = Note 5	2	1,5
	Verwendung Sperrklausel?						nein	
	Arithmetisches Mittel (gerundet auf eine Nachkommastelle)						2,8	
	Gewogenes arithmetisches Mittel (gerundet auf eine Nachkommastelle)							2,9

Abb. 4.27 Tabelle zur Operationalisierung von Leistungen

hungsweise eines Joint Ventures und so weiter) sowie des aktuellen Standes der
Forschung zu diesem Thema,

- die Berücksichtigung formaler Anforderungen der Führungskraft oder solcher, die
  im Unternehmen generell Gültigkeit haben (zum Beispiel Umfang und Struktur des
  Konzeptes sowie Fehlerfreiheit) oder
- die Schaffung eines Konzeptes mit hohem Innovationsgrad.

Valide wird ein Leistungskriterium dadurch, dass seine Erfüllung (oder Übererfüllung)
maßgeblich zur Qualität der Gesamtleistung beiträgt.[27]

2. *Festlegung des geforderten Leistungsausmaßes*: Als Nächstes sollte eine Führungskraft ihre Leistungserwartungen dahingehend unterscheiden, ob sie sich eine reine
   Erfüllung von Anforderungen (Satisfizierung) wünscht oder ob sie eine Optimierung
   erwartet. Die Erfüllung einer Aufgabe zwei beziehungsweise fünf Tage *vor* einem festgelegten Abgabezeitpunkt wäre ceteris paribus aus Satisfizierungssicht gleich gut zu
   bewerten, wohingegen aus Optimierungssicht die Erfüllung fünf Tage vor Abgabe natürlich besser wäre. In Bezug auf jeden Leistungsindikator ist also festzulegen, ob eine
   Erfüllung oder eine Übererfüllung erwartet wird.

3. *Wahl des Formates der Leistungskriterien*: In diesem Schritt geht es vor allem um die
   Festlegung einer Bewertungsskala. Grundsätzlich können drei verschiedene Arten von
   Messskalen unterschieden werden: eine *Nominalskala*, die auf sprachlichem Niveau
   in der Lage ist, *Unterschiede* zwischen zwei Ausprägungen im Rahmen einer Messung abzubilden (zum Beispiel Geschlecht), eine *Ordinalskala,* die darüber hinaus in
   der Lage ist, eine Rangfolge der Ausprägungen im Sinne von *besser/schlechter* oder
   größer/kleiner herzustellen (zum Beispiel Schulnoten von *sehr gut* bis *ungenügend*)
   sowie eine *Kardinalskala*, die zusätzlich die Abstände zwischen zwei Ausprägungen
   sachlich begründen kann (zum Beispiel Temperatur). Das Skalen*niveau* steigt von der
   Nominal- über die Ordinal- bis hin zur Kardinalskala an, sodass die letzte die diffe-
   renziertesten Aussagen treffen kann, weil sie die Messfähigkeiten der anderen Skalen
   einschließt.

   Bei der Erwartung einer reinen Leistungs*erfüllung* ergibt sich automatisch die Anwendung einer Ordinalskala: Ist die Anforderung erfüllt, *ja* oder *nein*, wobei ein *Ja* besser
   zu bewerten ist als ein *Nein*. Wird *Optimierung* erwartet, *kann* es zur Anwendung einer Kardinalskala kommen, da eine Erfüllung fünf Tage vor Abgabetermin *um drei
   Tage besser* ist als eine Abgabe zwei Tage vor Abgabetermin (der Abstand der beiden
   Leistungen ist also sachlich begründbar). Allerdings führt eine Optimierungserwartung
   nicht automatisch zur Verwendung einer Kardinalskala. Das Leistungskriterium *Erfül-*

---

[27] Die Schriftart, in der ein Dokument verfasst ist, hat sicherlich keinen Einfluss auf dessen Qualität,
wohl aber die Anzahl an Rechtschreibfehlern, da solche formalen Fehler einen Leser oftmals unbewusst falsche Rückschlüsse auf die Qualität des Inhaltes ziehen lassen (vgl. hierzu auch den Halo-
Effekt bei Kahneman 2012, S. 108 f.).

lung inhaltlicher Anforderungen wird selbst bei Optimierung ordinal skaliert, da die Abstände zwischen zwei Stufen des Markeintrittes nicht sachlich begründbar sind.[28]

4. *Wahl der Anzahl von Leistungsstufen*: Bei Satisfizierungserwartungen gibt es – wie wir gesehen haben – lediglich zwei Leistungsstufen (erfüllt: *ja* oder *nein*). Bei Optimierungserwartungen gibt es theoretisch unendlich viele, sodass vor einer Leistungsbewertung durch die Führungskraft die Anzahl der Leistungsstufen festgelegt werden sollte. Gut handhabbar sind in der Regel maximal fünf Leistungsstufen, wobei theoretisch für jedes Leistungskriterium eine individuelle Festlegung von Leistungsstufen erfolgen kann (was mit entsprechend höherem Aufwand einhergeht). Bei einer früheren Abgabe des Markteintrittskonzeptes als erwartet kann zum Beispiel unter Verwendung von drei Leistungsstufen differenziert werden zwischen *zu spät, taggenau* und *1 oder mehrere Tage vorher* oder unter Verwendung von fünf Leistungsstufen *zu spät, taggenau, 1 Tag vorher, 2 Tage vorher, 3 und mehr Tage* vorher.

5. *Festlegung der Leistungstransformation*: Bei der Leistungstransformation werden Leistungsstufen in ein Verhältnis mit Bewertungsstufen gesetzt. Bezogen auf unser Beispiel geht es also darum, *wie gut* oder *schlecht* die rechtzeitige Erfüllung beziehungsweise Übererfüllung aus zeitlicher Sicht ist. Zur Leistungstransformation bietet sich eine Leistungsskala nach dem Schulnotenprinzip oder auch eine vierstufige Skala von *Anforderungen nicht erfüllt* über *Anforderungen erfüllt* und *Anforderungen übererfüllt* bis *Anforderungen deutlich übererfüllt* an.

6. *Gesamtbewertung*: Die Bewertung der Gesamtleistung ergibt sich schlussendlich aus einer Bewertung auf Basis der einzelnen Leistungskriterien sowie deren Verrechnung durch Ermittlung eines arithmetischen Mittelwertes. Dabei ist denkbar, dass die einzelnen Leistungskriterien mit einer unterschiedlichen Gewichtung, etwa durch die Berücksichtigung eines Gewichtungsfaktors, der die Wichtigkeit des einzelnen Leistungskriteriums widerspiegelt, in die Gesamtbewertung eingehen. Es ist auch darüber zu entscheiden, ob die Schlechterfüllung eines Kriteriums (zum Beispiel der Einhaltung der vorgegebenen Zeit) automatisch und damit ohne Berücksichtigung der Ausprägung der anderen Leistungskriterien zu einer Schlechtbewertung der Gesamtleistung führt (Prinzip der Sperrklausel).

Natürlich ist die Anwendung dieser Schritte kein Garant für Objektivität. Die Festlegung von Leistungskriterien und deren Gewichtung, Leistungsausmaß, Anzahl der Leistungsstufen sowie der Leistungstransformation bieten inhaltlichen Spielraum und sind kaum vollständig objektiv möglich. Daher sollte eine Führungskraft bei der Operationalisierung von Leistungen auf drei Dinge achten: Erstens sollte eine Tabelle zur Operationalisierung von Leistungen (vgl. Abb. 4.27) mit einem Mitarbeiter gemeinsam entwickelt werden. Erst wenn dieser den Aufbau und Inhalt der Tabelle nachvollziehen kann, kann

---

[28] Der Abstand zwischen 10 Grad Celsius und 15 Grad Celsius beträgt 5 Grad. Der Abstand zwischen der Berücksichtigung des Exports und der Berücksichtigung des Exports und der lokalen Kooperation beträgt eine Stufe, deren quantitatives Ausmaß allerdings nicht zu bestimmen ist (wie etwa im Temperaturbeispiel), weil Internationalisierungsstufen keine quantitativen Ausmaße haben.

sie einen Beitrag zu einer fairen Mitarbeiterbewertung leisten, denn dann ist bereits vor der Leistungserbringung klar, wie die Leistung später bewertet wird. Zweitens sollte eine Leistung so operationalisiert werden, dass auch eine *sehr gute* Leistungsbewertung möglich wird. Denn es ist denkbar, dass bei einer bestimmten Aufgabe nur auf die Erfüllung von Leistungskriterien gesetzt wird und diese Erfüllung dann in eine gute, nicht aber in eine sehr gute Note überführt wird (vgl. dazu das erste Leistungskriterium in Abb. 4.27), auch wenn für eine Erfüllung womöglich eine herausragende Leistung erbracht wurde. Daher ist insbesondere bei Satisfizierungskriterien zu bedenken, wie herausfordernd ihre Erfüllung ist und ob diese eher als gut oder als sehr gut zu bewerten ist. Drittens sollte eine Führungskraft darauf achten, dass diese durchaus aufwändige Art der Leistungsbeurteilung nur bei besonders wichtigen Aufgaben eingesetzt wird (schließlich ist es nicht unser Ziel, den administrativen Führungsaufwand zu steigern): Es geht um solche Aufgaben und Projekte, die neben der hohen Bedeutung für Abteilung, Bereich oder Unternehmen insgesamt für die weitere Karriere, für die variable Bonuszahlung am Ende des Jahres oder für das Selbstbewusstsein *des Mitarbeiters* von besonderer Bedeutung sind. Solche Aufgaben müssen sinnvoll operationalisiert werden, damit sie am Ende fair bewertet werden können und die starke Skepsis einer Führungskraft aus der Generation Y nicht zu einer ungerechtfertigten Leistungsabwertung und der damit verbundenen Demotivation ihrer Mitarbeiter führt.

Leistungsvertrauen schenken
Vertrauen haben wir als den Glauben an die Verlässlichkeit anderer kennengelernt (vgl. Abschn. 4.2.5). Es ist eines der wichtigsten Führungsprinzipien überhaupt, gilt aber auch für eine Führungskraft aus der Generation Y im Speziellen: Es spielt bei der transformationalen Führung im Rahmen einer starken Leistungsorientierung (vgl. Abschn. 4.2.2), bei der themenzentrierten Interaktion zwischen Führungskraft und Mitarbeiter im Rahmen einer starken Gemeinschaftsorientierung (vgl. Abschn. 4.2.4) und als Werkzeug: *Y-Vertrauen aufbauen* im Rahmen eines hohen Maßes an Flexibilität (vgl. Abschn. 4.2.5) eine besondere Rolle. Hier, im Rahmen der starken Skepsis, berücksichtigen wir Vertrauen erneut als Führungswerkzeug. Im Gegensatz zum Y-Vertrauen aus Abschn. 4.2.5 allerdings in einem aktiven Sinne: Eine Führungskraft soll ihren Mitarbeitern aktiv Vertrauen entgegenbringen (beim Y-Vertrauen ging es eher darum, dass sich eine Führungskraft das Vertrauen ihrer Mitarbeitern erarbeitet beziehungsweise dieses Vertrauen pflegt). Und es geht uns hier nicht um Vertrauen im Allgemeinen, sondern um *Leistungsvertrauen* im Speziellen: um den Glauben der Generation Y an die Leistungsfähigkeit und -verlässlichkeit ihrer Mitarbeiter.

Warum spielt dieses *Schenken von Leistungsvertrauen* bei der Führung auf Basis einer starken Skepsis so eine wichtige Rolle? Wir haben festgestellt, dass die starke Skepsis der Generation Y dazu führen kann, dass ihr eine faire Bewertung von Mitarbeiterleistungen schwerfällt und sie Leistungen daher teilweise zu negativ bewertet. Mit der *Operationalisierung von Leistungen* haben wir gerade ein eher *rational* ausgerichtetes Werkzeug kennengelernt, das eine Führungskraft aus der Generation Y in die Lage versetzen kann,

Leistungen *systematisch* fair zu bewerten. Das Werkzeug *Leistungsvertrauen schenken*, das wir hier vorstellen, ist weniger rationaler Natur, denn es setzt auf den *Glauben* einer Führungskraft an die Fähigkeiten ihrer Mitarbeiter und konsequenterweise auf den Glauben daran, dass sie gute Leistungen erbringen. Daher haben wir uns für die Formulierung *schenken* entschieden. Es geht hier nicht im austauschtheoretischen Sinne (vgl. ebenfalls Abschn. 4.2.5) um Leistung und Gegenleistung, sondern um eine Leistung *ohne* Erwartung einer Gegenleistung – per Definition ein *Geschenk*. Dabei wollen wir das Werkzeug *Leistungsvertrauen schenken* als *Ergänzung* zur Operationalisierung von Leistungen verstanden wissen, denn nur der Glaube an eine gute Leistung konstituiert diese noch lange nicht und ersetzt auch nicht eine faire Leistungsbewertung. Aber wenn eine Führungskraft von vornherein von einer guten Leistung ihrer Mitarbeiter ausgeht, kann optimalerweise eine Self-fulfilling Prophecy entstehen, die die tatsächliche Erbringung einer positiven Leistung unterstützt. Und auch wenn wir die Kraft positiver Psychologie nicht überbeanspruchen wollen: Selbst wenn der Glaube an eine gute Leistungen die Erreichung einer solchen *nicht* unterstützt, so dürfte eine positive Erwartungshaltung ceteris paribus *keinen negativen* Leistungseinfluss haben. Ein solcher negativer Leistungseinfluss kann aber von der starken Skepsis der Generation Y ausgehen, etwa wenn diese ungefiltert auf ihre Mitarbeiter prallt. „Ich bin skeptisch, ob das was wird", kann einen maßgeblich negativen Leistungseinfluss mit sich bringen (vgl. hierzu auch Aronson et al. 2011, S. 66 ff.). Hierzu soll das *Schenken von Leistungsvertrauen* ein Gegengewicht darstellen und damit eine negative Erwartungshaltung (aus der Skepsis) in eine positive (aus dem Vertrauen) umkehren.

Nun stellt sich allerdings die berechtigte Frage, *wie* die Generation Y eine solche positive Leistungserwartung aufbauen kann, wenn sie doch von Haus aus eher skeptisch ist. Die Antwort: Sie muss sich bewusst dafür entscheiden und Leistungsvertrauen schenken *wollen*. Sicherlich ist es für eine Führungskraft, die von Haus aus eher skeptisch ist, schwierig, Leistungsvertrauen aufzubauen. Aber Führungsarbeit erfolgt an vielen Stellen willens- und nicht motivationsbasiert – hierauf sind wir bereits eingegangen. Und ein willensbasiertes *Schenken von Leistungsvertrauen* erachten wir als einen wichtigen Teil guten Führungsverhaltens, ob es schwerfällt oder nicht (vgl. hierzu auch unsere Ausführungen in Abschn. 4.1.2).

Und auch wenn wir dem Schenken von Leistungsvertrauen so spät in unseren Ausführungen explizite Beachtung zukommen lassen, ist es doch eines der ersten Werkzeuge, dessen sich eine Führungskraft aus der Generation Y bedienen sollte. Denn im Rahmen unserer Tit-for-Tat-Philosophie gehen wir zunächst von einem kooperativen Verhalten der Führungskraft aus (vgl. zur Logik der Tit-for-Tat-Strategie Abschn. 3.1.1). Das Gewähren von Freiheiten ist dabei *eine* Dimension kooperativen Führungsverhaltens, das Schenken von Leistungsvertrauen eine wichtige andere.

De-Framing
Während das Schenken von Leistungsvertrauen eher *vor* einer Leistungserbringung oder -bewertung zum Einsatz kommt, ist das *De-Framing* ein Werkzeug, das *im Zuge der*

Leistungsbeurteilung eingesetzt werden kann. *De-Framing* ist ein Sonderfall des sogenannten *Framings*. Letzteres bezeichnet das Phänomen, dass menschliche Entscheidungen
maßgeblich von den Rahmenbedingungen (daher *Frame*) einer Entscheidung beeinflusst
werden, etwa in welchem Kontext Informationen vorgebracht werden (vgl. Kahneman
2012, S. 447 ff.). Die Entscheidung etwa, welcher Mitarbeiter eingestellt werden soll, wird
in der Praxis maßgeblich davon beeinflusst, wie er sich in einem Bewerbungsgespräch präsentiert, und damit auch von seinem Aussehen, seiner Kleidung und seiner Wortwahl, auch
wenn all diese Punkte aus eignungsdiagnostischer Sicht wenig geeignet sind, beruflichen
Erfolg vorherzusagen. Aber diese Faktoren und viele andere mehr bilden die Rahmenbedingungen einer Entscheidung und beeinflussen diese – wie gesagt – maßgeblich.

Je anfälliger eine Person für Framing-Effekte ist, desto weniger rational ist ihr Entscheidungsverhalten (vgl. Kahneman 2012, S. 451). Aber gerade eine Beurteilung von
Mitarbeiterleistungen sollte rational erfolgen, da von dieser Beurteilung diverse Konsequenzen abhängen, die für den Mitarbeiter von besonderer Bedeutung sind (etwa eine
variable Gehaltszahlung oder gar eine Beförderung und damit ein wichtiger Schritt in
der Karriere des Mitarbeiters). Und besonders schützen sollte sich eine Führungskraft vor
framingbedingten Falsch-negativ-Bewertungen. Darunter kann eine Bewertung verstanden werden, welche die eigentliche Leistung nicht realitätsgetreu widerspiegelt (die also
falsch ist), sondern zu schlecht (negativ) ist. Der Grund für diese falsche Schlechtbewertung sind Framing-Effekte: Der Leistungs- oder Bewertungskontext verhindert eine faire
Bewertung (und das kann schon schlechte Laune einer Führungskraft in einem Beurtei-
lungsgespräch sein).

Um Leistungen also so anzuerkennen, wie sie wirklich sind, dürfen potenziell ver-
fälschende Rahmenbedingungen nicht berücksichtigt werden. Oder anders: Leistungen
müssen *rational* bewertet werden. Dass dies schwierig ist, weil Menschen generell zu
nicht rationalem Entscheiden und Handeln neigen, zeigt Kahneman eindrücklich (vgl.
hierzu seine Gegenüberstellung von Econs und Humans in Kahneman 2012, S. 331 ff.).
Dass rationales Entscheiden und Handeln allerdings möglich ist, zeigt er ebenfalls, indem
er neben das sogenannte System 1, das schnelle, aber auch wenig rationale und damit
fehleranfällige Entscheidungen trifft, weil es unter anderem für Framing-Effekte anfällig ist, das System 2, den für Rationalität zuständigen Denkmodus setzt (vgl. Kahneman
2012, S. 31). Beide Systeme ergänzen einander, auch wenn System 1 niemals abgeschal-
tet werden kann (vgl. Kahneman 2012, S. 38), wodurch immer die Gefahr besteht, *nicht*
rational zu entscheiden oder zu handeln. Um diese Gefahr zu minimieren, muss die Funktionsfähigkeit von System 2 gestärkt werden beziehungsweise es müssen das System 2
schwächende Faktoren eliminiert werden. Solche das System 2 schwächende Faktoren
sind nach Kahneman (2012, S. 35 ff.)

- *Ein aufgezehrtes Aufmerksamkeitsbudget*: Konzentration und Fokussierung, also die
  Arbeit von System 2, sind willentliche Anstrengungen. Sie verbrauchen Energie und
  zehren damit Schritt für Schritt das menschliche Aufmerksamkeitsbudget auf. Je kleiner es wird, desto eher stört System 1 das Arbeiten von System 2. Ist das Aufmerk-

samkeitsbudget aufgebraucht, muss es zunächst durch Erholung und Energieaufnahme wieder aufgefüllt werden, damit System 2 wieder ungestört arbeiten kann.

- *Ein hohes Maß an Ablenkung*: Je größer die Ablenkung durch Störfaktoren, desto häufiger wird System 1 angesprochen, da jeder Störfaktor eine schnelle Reaktion erfordern könnte (etwa Flucht vor einer Bedrohung) und System 1 für schnelle Reaktionen zuständig ist. Die Arbeit von System 2 wird dadurch immer wieder unterbrochen.
- *Multitasking* (vgl. hierzu auch die Ausführungen in Abschn. 4.2.1): Zwar können wir mehrere Handlungen gleichzeitig ausführen, aber je anspruchsvoller eine Handlung ist (und je stärker System 2 damit an ihr beteiligt ist), desto fehleranfälliger ist sie, wenn wir parallel zu ihr eine weitere Handlung ausführen wollen. Das parallele Entscheiden und Handeln schwächt damit die Funktionsfähigkeit von System 2 in Bezug auf eine anspruchsvolle Aufgabe (wie etwa die faire Bewertung von Mitarbeiterleistungen).
- *Mangelnde Kenntnis von Entscheidungsanomalien und Heuristiken*: Entscheidungsanomalien bezeichnen nicht rationale, aber für Menschen typische Entscheidungsvorgänge (etwa der bereits angesprochene Besitztumseffekt, vgl. Abschn. 3.2.6). Eine Heuristik stellt eine Art Daumenregel beim Entscheiden dar, um Entscheidungen zeitlich zu verkürzen und in Bezug auf ihren kognitiven Aufwand minimieren zu können (etwa die bereits angesprochene Verfügbarkeitsheuristik, vgl. Abschn. 3.2.4). Entscheidungsanomalien und Heuristiken stehen sinnbildlich für das Arbeiten von System 1. Zwar führt die Erkenntnis, dass es solche Anomalien und Heuristiken gibt, noch nicht automatisch dazu, dass unser Entscheiden und Handeln nicht mehr anfällig für sie wäre, allerdings sinkt die Gefahr, dass sie unsere Entscheidungen und Handlungen unbewusst beeinflussen (vgl. Kahneman 2012, S. 42). So wird bei der Ausbildung von Eignungsdiagnostikern unter anderem darauf gesetzt, dass diese sich typische Beobachtungsfehler und -verzerrungen *vor* der Durchführung von Vorstellungsgesprächen bewusst machen, um Fehlentscheidungen bei der Einstellung von Mitarbeitern entgegenzuwirken (vgl. Schmidt-Atzert 2005, S. 78).
- *Mangelhaftes Erkennen von Entscheidungsanomalien und Heuristiken*: Während die *Kenntnis* von Entscheidungsanomalien und Heuristiken das Wissen um ihre Existenz betrifft, bezieht sich das mangelhafte Erkennen auf die Frage, ob man ihr Wirken bemerkt. Kahneman (2012, S. 42) weist darauf hin, dass man irrationales Verhalten anderer leichter erkennt als das eigene, woraus sich die Notwendigkeit ergibt, gemeinsam mit anderen das eigene Verhalten in Bezug auf Entscheidungsanomalien und Heuristiken zu reflektieren.

Legen wir diese Erkenntnisse zugrunde, steht *De-Framing* dafür, Framing-Effekte, die zu einer Fehlbewertung von Mitarbeiterleistungen führen können, systematisch auszuschalten, und zwar indem eine Führungskraft

1. Mitarbeiterleistungen nur mit vollem Aufmerksamkeitsbudget, also in Zeiten höchster Leistungsbereitschaft, bewertet,
2. die Leistungsbeurteilung ungestört und ohne Ablenkung vornimmt,

3. die Leistungsbeurteilung jedes einzelnen Mitarbeiters als ein geschlossenes Arbeits-
   pakt erachtet und diese Arbeitspakete nacheinander abarbeitet,
4. sich klar macht, dass es Framing-Effekte gibt, die ihre Leistungseinschätzung beeinflussen können, und diese Effekte aktiv sucht und explizit auflistet sowie
5. sich mit dem bewerteten Mitarbeiter dahingehend berät, ob und – wenn ja – durch
   welche Faktoren ihre Leistungseinschätzung (über die von ihr selbst identifizierten
   Faktoren hinaus) beeinflusst wurde, und ihre Leistungseinschätzung so bewusst reflektiert.

Die ersten drei Punkte machen deutlich, dass eine faire Bewertung von Mitarbeiterleistungen nur während eines Fokusblockes möglich ist (vgl. Abschn. 4.2.1). Die letzten beiden versuchen, die Anfälligkeit für Framing-Effekte durch ihre (gemeinsame) Explikation
zu verringern. Auch wenn durch diese Schritte noch keine fehlerfreie Leistungsbewertung
garantiert werden kann, steigern sie doch die Objektivität einer Leistungsbewertung und
helfen einer Führungskraft aus der Generation Y, trotz ihrer starken Skepsis Mitarbeiterleistungen fair anzuerkennen. Eine solche faire Bewertung wiederum kann für Mitarbeiter
einen Anreiz darstellen, gedankliche Barrieren zu überwinden, daraus Innovationen zu
entwickeln und umzusetzen – eine besondere Leistung, die eine Führungskraft aus der
Generation Y dann wieder anerkennt und fair bewertet.

4.2.10 Führung auf Basis einer hohen Globalität

Die hohe Globalität der Generation Y bringt keine wesentlichen Implikationen für die Mitarbeiterführung mit sich. Zwar führt die hohe Globalität zu einer Präferenzverschiebung,
weg von einem Denken in nationalen Grenzen, hin zu einer internationalen Ausrichtung.
Daraus lässt sich aber nicht ableiten, dass die Generation Y Mitarbeiter mit einem globalen Hintergrund (seien es Mitarbeiter aus anderen Ländern oder Mitarbeiter, die bereits in
mehreren Ländern gelebt oder gearbeitet haben) anders behandeln könnte als Landsleute
oder Mitarbeiter ohne Auslandserfahrungen. Die Globalität betrifft eher die Geisteshaltung der Generation Y, die über die Führung auf Basis eines hohen Maßes an Flexibilität
(vgl. Abschn. 4.2.5) und einer hohen Freiheitsorientierung (vgl. Abschn. 4.2.8) bereits
Berücksichtigung gefunden hat.

4.3 Die Führungswerkzeuge der Generation Y im Überblick

Ebenso wie bei der Betrachtung der Generation Y als Mitarbeiter wollen wir auch hier, bei
der Betrachtung der Generation Y als Führungskraft, die bisher erarbeiteten Werkzeuge
anwendungsorientiert systematisieren und dabei mehrfach betrachtete Werkzeuge (zum
Beispiel den Aufbau von Selbstwirksamkeitsüberzeugung, der sowohl bei der Führung
auf Basis eines starken Selbstbewusstseins in Abschn. 4.2.7 als auch bei der Führung auf

Basis einer starken Skepsis in Abschn. 4.2.9 betrachtet wurde) zusammenfassen, um Redundanzen zu vermeiden. Diese Systematisierung der Werkzeuge erfolgt im Gegensatz zu den Werkzeugen zur Führung der Generation Y und im Einklang mit unserer bisherigen Vorgehensweise in diesem Teil in chancen- und gefahrenorientierte Werkzeuge – im Sinne von zwei großen Fächern eines Werkzeugkoffers. Schließlich bedeutet effektive Führung durch die Generation Y, dass sie sich sowohl an ihren Stärken als auch an ihren Schwächen orientiert (vgl. Abschn. 4.1.1). Die Konsequenz hieraus ist, dass eine Führungskraft sowohl über Werkzeuge verfügt, die an ihren Stärken ansetzen (chancenorientierte Werkzeuge), als auch über Werkzeuge, die an ihren Schwächen ansetzen (gefahrenorientierte Werkzeuge).

4.3.1 Herleitung eines chancenorientierten Führungsrades für die Generation Y als Führungskraft

Von den bei der Herleitung eines Führungsrades für die Generation Y als Mitarbeiter verwendeten Kategorien *Rollen, Verhalten* und *Rahmen* (vgl. Abschn. 3.3.1) wird im Folgenden vor allem die Kategorie *Verhalten* berücksichtigt. Das liegt zum einen daran, dass die Anforderungen an die Rolle der Generation Y als Führungskraft bereits in Abschn. 4.1 geklärt wurden und eine Zuordnung von Rollen zu Mitarbeitern und eine Entwicklung dieser im Zuge der Werkzeugermittlung keine entscheidende Rolle gespielt haben. Vielmehr ging es uns in diesem Teil darum, zu den Eigenschaften der Generation Y als Führungskräfte passende Werkzeuge zu finden, die es erlauben, das eigene Führungs*verhalten* – ausgehend von eben diesen eigenen Eigenschaften – zu steuern.

Die im letzten Teil vorgestellten Teilkategorien der Oberkategorie *Verhalten* waren *Philosophie, Modell, Maßnahmen* und *Systematik* (vgl. zur Bedeutung der einzelnen Teilkategorien Abschn. 3.3.1). Wir ergänzen diese um die Teilkategorie *Psychologie*, da viele unserer Ausführungen von mehr oder weniger rationalen und in der Regel stark subjektiv geprägten kognitiven Wahrnehmungs- und Verhaltensprozessen geprägt waren (zum Beispiel der Aufbau von Selbstwirksamkeitsüberzeugung oder das Überwinden von Motivationstälern).

Auf die Verwendung der Oberkategorie *Rahmen* verzichten wir in diesem Teil, da nach einer Einordnung von Werkzeugen in die Kategorie *Verhalten* nur ein Werkzeug (die themenzentrierte Interaktion) in diese Oberkategorie einzuordnen wäre. Aus Gründen der Übersichtlichkeit wird dieses Werkzeug ebenfalls in eine Verhaltens-Teilkategorie einsortiert (und zwar in die *Systematik*). Damit ergeben sich 21 chancenorientierte Werkzeuge, die in fünf Teilkategorien geordnet werden können (vgl. Tab. 4.4).

Gemäß dieser Übersicht überführen wir die 21 entwickelten Werkzeuge nun unserer Steuerungsmetaphorik folgend in ein Führungsrad (vgl. Abb. 4.28).

Tab. 4.4 Übersicht aller chancenorientierten Werkzeuge

Werkzeug	Teilkategorie	Zugrunde liegende(s) Merkmal(e)	Ordnungs-Nr.
Perspektivenvielfalt	Philosophie	Hohes Maß an Flexibilität	1.1.
Kritisches Denken vorleben	Philosophie	Starke Skepsis	1.2.
Emotionale Führung	Philosophie	Geringe Machtdistanz	1.3.
Innovationsorientierung	Philosophie	Hohes Ausbildungsniveau	1.4.
Phalanx sein	Philosophie	Starkes Selbstbewusstsein	1.5.
Transformationale Führung	Modell	Starke Leistungsorientierung, hohes Maß an Flexibilität	2.1.
Partizipative Führung	Modell	Geringe Machtdistanz	2.2.
Flexibles Teammanagement	Modell	Hohes Maß an Flexibilität	2.3.
Neue reifeorientierte Führung	Modell	Hohes Maß an Flexibilität	2.4.
Selbstwirksamkeitsüberzeugung aufbauen	Psychologie	Starkes Selbstbewusstsein, starke Skepsis	3.1.
Coping-Strategien vermitteln	Psychologie	Starkes Selbstbewusstsein	3.2.
Motivationstäler überwinden	Psychologie	Starkes Selbstbewusstsein	3.3.
High-Performer-Management	Maßnahmen	Starke Leistungsorientierung, hohes Maß an Flexibilität	4.1.
Normal-Performer-Management	Maßnahmen	Starke Leistungsorientierung, hohes Maß an Flexibilität	4.2.
Low-Performer-Management	Maßnahmen	Starke Leistungsorientierung, hohes Maß an Flexibilität	4.3.
Führung mit Projekten	Maßnahmen	Geringe Machtdistanz	4.4.
Presencing	Maßnahmen	Hohes Ausbildungsniveau	4.5.
Shaping	Maßnahmen	Hohe Freiheitsorientierung	4.6.
Modelling	Maßnahmen	Hohe Freiheitsorientierung	4.7.
Themenzentrierte Interaktion (TZI)	Systematik	Starke Gemeinschaftsorientierung	5.1.
Individuelle Dashboards	Systematik	Hohe Informationalisierung	5.2.

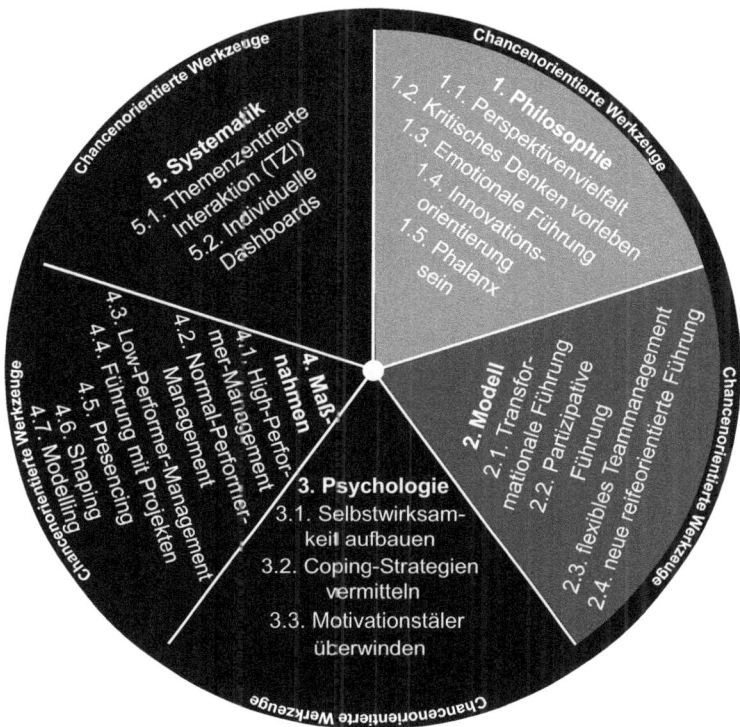

Abb. 4.28 Das chancenorientierte Führungsrad der Generation Y

4.3.2 Herleitung eines gefahrenorientierten Führungsrades für die Generation Y als Führungskraft

Analog verfahren wir mit den gefahrenorientierten Werkzeugen (vgl. Tab. 4.5). Bei ihrer Kategorisierung folgen wir mit einem Unterschied der Logik der chancenorientierten Werkzeuge: Die Teilkategorie *Modell* wird ersetzt durch die Teilkategorie *Interkation*, die wir im Rahmen Systematisierung der Führungswerkzeuge für die Generation Y als Mitarbeiter bereits kennengelernt haben (vgl. Abschn. 3.3.1).

Und auch hier überführen wir die 28 identifizierten Werkzeuge nun in ein Führungsrad (vgl. Abb. 4.29).

4.3.3 Einsatzmöglichkeiten und -grenzen der Führungsräder

Unser Ziel war es, Werkzeuge für die Führung der Generation Y zu entwickeln – und zwar nicht nur zur Führung der Generation Y als Mitarbeiter (vgl. Kap. 2), sondern auch Werkzeuge für eine Führungskraft aus der Generation Y (wie wir es in diesem Kapitel

Tab. 4.5 Übersicht aller gefahrenorientierten Werkzeuge

Werkzeug	Teilkategorie	Zugrunde liegende(s) Merkmal(e)	Ordnungs-Nr.
Wertschätzung	Philosophie	Starke Leistungsorientierung, starke Gemeinschaftsorientierung	1.1.
Ohio-Führung	Philosophie	Starke Gemeinschaftsorientierung	1.2.
Erwartungskalibrierung	Philosophie	Starke Leistungsorientierung	1.3.
Y-Vertrauen aufbauen	Philosophie	Hohes Maß an Flexibilität	1.4.
Leistungsvertrauen schenken	Philosophie	Starke Skepsis	1.5.
Richtiger Einsatz von Teams	Philosophie	Starke Gemeinschaftsorientierung	1.6.
Autorität wahren	Philosophie	Geringe Machtdistanz	1.7.
Impulskontrolle	Psychologie	Hohes Maß an Flexibilität	2.1.
Minimum of Rules	Psychologie	Hohe Freiheitsorientierung	2.2.
De-Framing	Psychologie	Starke Skepsis	2.3.
Story-Telling	Psychologie	Hohes Ausbildungsniveau	2.4.
Präsentes Zuhören	Interaktion	Hohe Informationalisierung	3.1.
Informelle Treffen	Interaktion	Starkes Selbstbewusstsein	3.2.
Explain!	Maßnahmen	Hohes Ausbildungsniveau	4.1.
Explain to Yourself!	Maßnahmen	Hohe Freiheitsorientierung	4.2.
Kritik institutionalisieren	Maßnahmen	Starkes Selbstbewusstsein	4.3.
Gruppenkohäsion steuern	Maßnahmen	Starke Gemeinschaftsorientierung	4.4.
Konfliktmanagement	Maßnahmen	Starke Gemeinschaftsorientierung	4.5.
Teamentwicklung	Maßnahmen	Starke Gemeinschaftsorientierung	4.6.
Entwicklungsbedarfsanalyse	Maßnahmen	Hohes Ausbildungsniveau	4.7.
Ultima-Ratio-Machteinsatz	Maßnahmen	Geringe Machtdistanz	4.8.
Nutzwertanalyse	Systematik	Hohe Informationalisierung, hohes Maß an Flexibilität	5.1.
Eisenhower-Prinzip	Systematik	Hohe Informationalisierung	5.2.
Jahrespläne	Systematik	Hohes Ausbildungsniveau	5.3.
Pomodoro-Technik	Systematik	Hohe Informationalisierung	5.4.
Operationalisierung von Leistungen	Systematik	Starke Skepsis	5.5.
Attributionscheck	Systematik	Starkes Selbstbewusstsein	5.6.
Entscheidungscontrolling	Systematik	Hohe Informationalisierung, hohes Maß an Flexibilität	5.7.

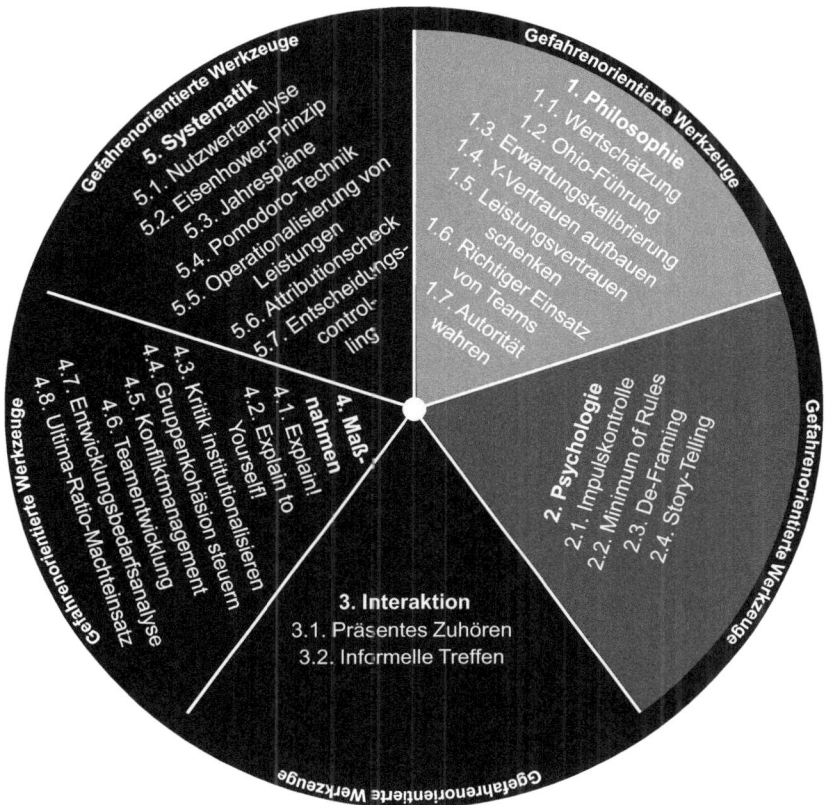

Abb. 4.29 Das gefahrenorientierte Führungsrad der Generation Y

unternommen haben). Mit der Darstellung der beiden Führungsräder für die Generation Y als Führungskraft haben wir diese beiden Ziele erreicht.

Zur Betrachtung von Einsatzmöglichkeiten und -grenzen der beiden Führungsräder für die Generation Y als Führungskraft wollen wir zunächst auf die Grundsätze effektiver Führung zurückgreifen, wie wir sie zu Beginn dieses Kapitels vorgestellt haben: Effektive Führung hat eine *Systematik*, folgt einem *Plan*, schafft einen *Nutzen*, ist *individuell* und berücksichtigt *Stärken und Schwächen* von Führungskräften und Mitarbeitern (vgl. Abschn. 4.1.1). Wie können diese Anforderungen und unser Vorschlag der Verwendung eines Führungsrades (oder genauer: eines chancen- und eines gefahrenorientierten Führungsrades) in Einklang gebracht werden?

Die Führungsräder selber stellen die *Systematik* effektiver Führung dar: Sie können als gut gefüllter Werkzeugkoffer verstanden werden, mit dem die wichtigsten Führungsherausforderungen zu meistern sind. Damit bilden die Führungsräder eine (wie wir gleich zeigen werden mehr oder weniger) abgeschlossene Menge an notwendigen Werkzeugen – eine geschlossene Systematik. Gelingt einer Führungskraft (nach einer Zeit des Trainierens und Probierens) die richtige Anwendung dieser Werkzeuge, stiften sie – unter Berücksichtigung zweier Prämissen – einen konkreten Führungs*nutzen*: Erstens sind Werkzeuge mitarbeiter*individuell* zu wählen (zum Beispiel im Zuge des Performance-Managements oder der neuen reifeorientierten Führung), zweitens müssen sie zu den *Stärken* und *Schwächen* einer Führungskraft passen. Damit folgt die Anwendung der Führungsräder einem *Plan*: Der Mitarbeiter wird individuell gewürdigt, und die Führungskraft betrachtet ihre eigenen Stärken und Schwächen. Davon ausgehend wählt sie passende Werkzeuge aus den Führungsrädern aus, in deren Anwendung sie sich kontinuierlich verbessert.

Natürlich sind eine Trennung von chancen- und gefahrenorientierten Führungswerkzeugen sowie eine entsprechende Unterscheidung zweier Führungsräder vor allem dem Ziel geschuldet, einen strukturierten Überblick zu verschaffen. In Wirklichkeit sollten diese beiden Räder nebeneinandergestellt werden, um eine *gemeinsame* Systematik zu bilden. *Welche* Werkzeuge von einer Führungskraft aus der Generation Y dann angewendet werden, ist – wie eben dargelegt – von ihr und ihren Mitarbeitern abhängig. Allerdings bieten beide Führungsräder genug Potenzial, um für ein und dieselbe Führungskonstellation mehrere Werkzeugkombinationen auszuwählen und auszuprobieren. Nur so kann wirklich herausgefunden werden, welche Werkzeuge sich als besonders nützlich erweisen.

Die Grenzen der Führungsräder liegen dort, wo eine Führungskraft aus der Generation Y bestimmte typische Merkmale *trotz* ihrer Generationenzugehörigkeit nicht aufweist. Die Chance dafür ist überaus hoch, denn Menschen sind immer individuell, auch wenn sie einer bestimmten Generation angehören. Wahrscheinlich weichen die meisten Mitglieder der Generation Y in dem einen oder anderen Merkmal von denen ab, die hier dargestellt sind – aber sicherlich sind es bei unterschiedlichen Personen auch immer unterschiedliche Abweichungen. Für eine Führungskraft der Generation Y folgt hieraus: Je ähnlicher sie der hier (idealtypisch) dargestellten Generation Y ist, desto eher kann sie auf die Wirksamkeit der Führungsräder vertrauen, je unähnlicher, desto mehr andere Werkzeuge muss sie darüber hinaus finden, um der (dann anders individuellen) Führungskonstellation zwischen ihr und ihren Mitarbeitern gerecht zu werden. Aber egal wie viele typische Merkmale eine Führungskraft aus der Generation Y tatsächlich teilt: Viele der hier vorgestellten Werkzeuge werden ihre Führungsarbeit effektiv unterstützen und einen wirkungsvollen Beitrag zur Steigerung ihrer eigenen Zufriedenheit und der Zufriedenheit ihrer Mitarbeiter leisten.

Literatur

Aronson, E., Wilson, T. D., & Akert, R. M. (2011). *Sozialpsychologie*. München: Pearson Studium.

Baethge, A., & Rigotti, T. (2010). *Arbeitsunterbrechungen und Multitasking*. Dortmund: Bundesanstalt für Arbeitsschutz und Arbeitsmedizin.

Bartscher, T., Stöckl, J., & Träger, T. (2012). *Personalmanagement*. München: Pearson.

Bechtel, R. (2010). Key Performance Indicators (KPIs). In C. Scholz (Hrsg.), *Vahlens Großes Personallexikon* (S. 581–582). München: Vahlen.

Berthel, J., & Becker, F. G. (2010). *Personal-Management*. Stuttgart: Schäffer-Poeschel.

Blake, R. R., Mouton, J. S. (1994). *Besser führen mit GRID – Führungsprobleme lösen mit dem GRID-Konzept*. Düsseldorf et al.: Econ.

Blessin, B., & Wick, A. (2014). *Führen und führen lassen*. Konstanz: UTB.

Bruch, H., Kunze, F., & Böhm, S. (2010). *Generationen erfolgreich führen*. Wiesbaden: Gabler.

Bundesanstalt für Arbeitsschutz und Arbeitsmedizin (Hrsg.). (2012). *Bitte nicht stören!* Dortmund: Bundesanstalt für Arbeitsschutz und Arbeitsmedizin.

Comelli, G., & von Rosenstiel, L. (2009). *Führung durch Motivation*. München: Vahlen.

Corsten, H., Gössinger, R., & Schneider, H (2006). *Grundlagen des Innovationsmanagements*. München: Vahlen.

Dobelli, R. (2011). *Die Kunst des klaren Denkens*. München: Hanser.

Dobelli, R. (2012). *Die Kunst des klugen Handelns – 52 Irrwege, die Sie besser anderen überlassen*. München: Hanser.

Drucker, P. F. (1993). *The Effective Executive*. New York: Harper Business.

Faßbender, R.-R., & Thanhoffer, M (2011). *Kreatives Projektmanagement*. Wiesbaden: Gabler.

Fisch, J. H. (2010a). Management by Delegation (MbD). In C. Scholz (Hrsg.), *Vahlens Großes Personallexikon* (S. 712). München: Vahlen.

Fisch, J. H. (2010b). Reifegradmodell. In C. Scholz (Hrsg.), *Vahlens Großes Personallexikon* (S. 979–980). München: Vahlen.

Fisher, R., & Shapiro, D. (2006). *Beyond Reason*. New York: Penguin.

Furtner, M., & Baldegger, U. (2013). *Self-Leadership und Führung*. Wiesbaden: Springer Gabler.

Gerrig, R. J., & Zimbardo, P. G. (2008). *Psychologie*. München: Pearson Studium.

Gordon, T. (2011). *Managerkonferenz*. München: Heyne.

Hauschildt, J., & Salomo, S. (2011). *Innovationsmanagement*. München: Vahlen.

Hersey, P., & Blanchard, K. H. (1982). *Management of Organizational Behavior*. Englewood Cliffs: Prentice-Hall.

Hersey, P., & Blanchard, K. H. (1996). *Management of Organizational Behavior*. Upper Saddle River: Prentice-Hall.

Hofstede, G. (2001). *Culture's Consequences – Comparing Values, Behaviours, Institutions, and Organizations across Nations*. Thousand Oaks et al.: Sage.

Hurrelmann, K., & Albrecht, E. (2014). *Die heimlichen Revolutionäre*. Weinheim: Beltz.

Jäncke, L. (2013). *Lehrbuch Kognitive Neurowissenschaften*. Bern: Huber.

Jansen, T. (2008). *Kompakt – Training – Personalcontrolling*. Ludwigshafen (Rhein): Kiehl.

Jung, H. (2008). *Personalwirtschaft*. München: Oldenbourg.

Kahneman, D. (2012). *Schnelles Denken, langsames Denken*. München: Siedler.

Kasten, E. (2009). *Einführung Neuropsychologie*. München: UTB.

Kitz, V., & Tusch, M. (2013). *Psycho? Logisch!* München: Heyne.

Krämer, W. (2008). *So lügt man mit Statistik*. München: Piper.

Lau, V. (2013). *Schwarzbuch Personalentwicklung*. Stuttgart: Steinbeis-Edition.

Lohaus, D. (2009). *Leistungsbeurteilung*. Göttingen: Hogrefe.

Luft, J., & Ingham, H. (1955). *The Johari Window*. Los Angeles: University of California.

Macharzina, K. (2003). *Unternehmensführung*. Wiesbaden: Gabler.

Malik, F. (2007). *Führen, Leisten, Leben*. Frankfurt a.M.: Campus.

Montag, C., Kirsch, P., Sauer, C., MArkett, S., & Reuter, M. (2012). The Role of the CHRNA4 Gene in Internet Addiction. *Journal of Addiction Medicine, 6*(3), 191–195.

Nink, M. (2015). *Engagement Index Deutschland 2014. 10. März 2015. Präsentation zum Engagement Index 2014.* http://www.gallup.com/de-de/181871/engagement-index-deutschland.aspx. Zugegriffen: 3. August 2015

Popper, K. R. (1994). *Logik der Forschung*. Tübingen: Mohr.

Rohrschneider, U. (2011). *Macht, Neugier, Team . . . .* Wiesbaden: Gabler.

von Rosenstiel, L., & Nerdinger, F. W. (2011). *Grundlagen der Organisationspsychologie*. Stuttgart: Schäffer-Poeschel.

Roth, G. (2014). *Persönlichkeit, Entscheidung und Verhalten*. Stuttgart: Klett-Cotta.

Scharmer, C. O. (2009). *Theorie U*. Heidelberg: Auer.

Schauf, M., & Cinar, S. B. (2011). *Low-Performance*. München: Rainer Hampp.

Schirmer, U., Kiesling, B., Nolde, V., & Spengler, A. (2014). Führung der Generation Y. *Personalführung, 4*, 22–29.

Schmidt, G. (2009). *Organisation und Business Analysis*. Gießen: Dr. Götz Schmidt.

Schmidt-Atzert, L. (2005). Beobachtungsfehler und Beobachtungsverzerrungen. In K. Westhoff, L. Hellfritsch, L. F. Hornke, K. Kubinger, F. Lang, H. Moosbrugger, A. Püschel, & G. Reimann (Hrsg.), *Grundwissen für die berufsbezogene Eignungsbeurteilung nach DIN 33430* (S. 77–81). Lengerich: Pabst.

Scholz, C. (2014) *Personalmanagement*. München: Vahlen.

Schübbe, F. (2011). *Personalkennzahlen*. Norderstedt: Books on Demand.

Schudy, C., & Wolff, M. (2014). Herausforderung Generation Y. *Zeitschrift Führung + Organisation, 2*, 97–102.

Schulenburg, N. (2008). *Entstehung von Unternehmenskrisen*. Wiesbaden: Gabler.

Schulenburg, N., & Jesgarzewski, T. (2011). *Das Direktionsrecht des Arbeitgebers*. Essen: MA Akademie-Verlag.

Sedlmeier, P., & Renkewitz, F. (2013). *Forschungsmethoden und Statistik*. München: Pearson.

Senge, P. M. (1998). *Die fünfte Disziplin*. Stuttgart: Klett-Cotta.

Spitzer, M. (2011). *Dopamin und Kaesekuchen*. Stuttgart: Schattauer.

Steinmann, H., & Schreyögg, G. (2005). *Management*. Wiesbaden: Gabler.

Stenger, C. (2014). *Lassen Sie Ihr Hirn nicht unbeaufsichtigt!* Frankfurt a.M.: Campus.

Stock-Homburg, R. (2010). *Personalmanagement*. Wiesbaden: Gabler.

Stöger, R. (2011). *Wirksames Projektmanagement – Mit Projekten zu Ergebnisses*. Stuttgart: Schäffer-Poeschel.

Storch, M., & Krause, F. (2014). *Selbstmanagement – ressourcenorientiert*. Bern: Huber.

Taleb, N. N. (2014). *Der Schwarze Schwan*. München: dtv.

Thompson, R. F., & Behncke-Braunbeck, M. (2012). *Das Gehirn*. Heidelberg: Spektrum.

Uni Bonn (2014). *App warnt vor Handy-Abhängigkeit.* http://www3.uni-bonn.de/
   Pressemitteilungen/009-2014 (Erstellt: 15. Januar 2014). Zugegriffen: 4. August 2015

Walter-Busch, E. (2008). *Arbeits- und Organisationspsychologie im Überblick.* Wien: UTB.

Weisbach, C.-R., & Sonne-Neubacher, P. (2008). *Professionelle Gesprächsführung.* München: dtv.

Wiswede, G. (2012). *Einführung in die Wirtschaftspsychologie.* München: Reinhardt.

Wunderer, R. (2011). *Führung und Zusammenarbeit – Eine unternehmerische Führungslehre.* Köln:
   Luchterhand.

Epilog

5

Begonnen haben wir unsere Ausführungen mit dem Hinweis, dass jeder Mensch einzigartig ist, egal, welcher Generation er angehört. Diesen Punkt wollen wir noch einmal aufgreifen: Hofstede (2001) unterscheidet drei Ebenen in mentalen Modellen (vgl. Abb. 5.1): eine individuelle, eine kollektive und eine universelle Ebene. Der Unterschied zwischen der Generation Y und anderen Generation liegt auf der kollektiven Ebene: Ein Mitglied der Generation Y teilt mit großer Wahrscheinlichkeit Persönlichkeitsmerkmale mit Personen, die in einem ähnlichen Zeitraum geboren wurden wie sie, weil ihre mentalen Modelle durch dieselben Ereignisse geprägt wurden. Aber diese Erkenntnis betrifft nur *eine* Ebene mentaler Modelle. Eine weitere, die universelle, besagt, dass alle Menschen bestimmte Ähnlichkeiten aufweisen. Wir sind in unseren Ausführungen im Rahmen der Motivierung von Mitarbeitern hierauf eingegangen und haben argumentiert, dass alle Menschen nach dem gleichen Muster motivierbar sind (weil alle Menschen ein Gehirn haben, das auf attraktive Anreize mit der Ausschüttung von Dopamin reagiert, vgl. Abschn. 3.1). Was genau sie dann letztlich motiviert, ist auf der kollektiven, aber vor allem auf der individuellen Ebene zu suchen. Die Wahrscheinlichkeit, dass zwei Mitglieder der Generation Y ähnliche Präferenzen aufweisen, weil sie die kollektive Ebene teilen, ist also groß. Es ist aber keinesfalls sicher, dass sie ähnliche Präferenzen haben, denn auf der individuellen Ebene können sie sich dennoch substanziell unterscheiden. Also gilt für all unsere Ausführungen: Erst kommt das Individuum, dann die Generation.

Zur Ableitung von Handlungsempfehlungen für die Führung der Generation Y haben wir uns hauptsächlich mit der kollektiven Ebene, also ihren typischen Merkmalen, und dazu passenden Werkzeugen befasst. An der einen oder anderen Stelle haben wir dabei sehr strenge Kausalitäten unterstellt, etwa als wir darauf eingegangen sind, dass die hohe Freiheitsorientierung der Generation Y zu Reaktanz führen kann und gute Führung der Generation Y daher reaktanzvermeidend sein sollte (vgl. Abschn. 3.2.8 und Abschn. 4.2.8). Dass die Freiheitsorientierung *wirklich* und *in jedem Fall* zu Reaktanz führt, ist natürlich keineswegs sicher, denn Freiheitsorientierung ist ein *kollektives* Merkmal, während Reaktanz ein *individuelles* ist. Die drei von Hofstede (2001) vorgeschlagenen Merkmalsebenen

© Springer Fachmedien Wiesbaden 2016
N. Schulenburg, *Führung einer neuen Generation*, FOM-Edition,
DOI 10.1007/978-3-658-07204-9_5

Abb. 5.1 Drei Ebenen mentaler Modelle. (Quelle: Hofstede
2001, S. 3)

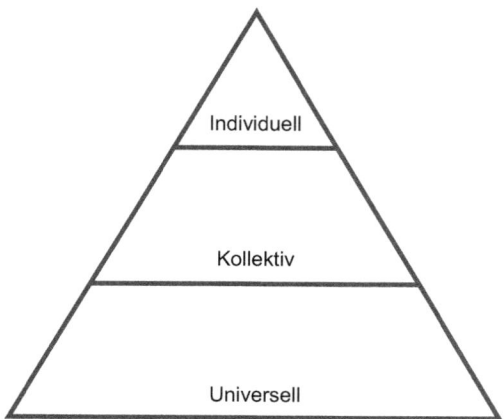

sind aber nicht derart miteinander verwoben, dass die eine Ebene die andere zwingend
beeinflusst. Daher sind einige der von uns dargelegten Zusammenhänge als *Kann-Zu-
sammenhänge* zu interpretieren. Dennoch scheint es uns sinnvoll, diese etwas strenger
auszulegen, schließlich wollen wir Führungskräfte auf den Fall der Fälle vorbereiten. Falls
es durch die hohe Freiheitsorientierung *tatsächlich* zu Reaktanz kommt, gibt es ein passendes Werkzeug dafür. Falls nicht, muss eine Führungskraft auch kein entsprechendes
Werkzeug einsetzen (und unsere Ausführungen hatten in diesem Beispiel lediglich infor-
mativen Charakter). *Vor* der Anwendung eines jeden Werkzeuges ist also zu prüfen, ob die
Voraussetzungen für seine Anwendung gegeben sind. Um eine Formulierung aus Kap. 1
aufzugreifen: ohne Herausforderung kein Werkzeugeinsatz.

Bei der Herleitung der Werkzeuge haben wir stets darauf geachtet, diese passend zu
den Persönlichkeitsmerkmalen der Generation Y zu entwickeln: Zu jedem Merkmal haben wir eine Menge an Werkzeugen vorgeschlagen. Hierzu könnte man argumentieren,
dass bestimmte Werkzeuge nicht nur zu dem Merkmal passen, auf dessen Basis sie hergeleitet wurden, sondern auch zu anderen. So ist das Superleadership (als eine Form der
Selbstführung) ausgehend von einem starken Selbstbewusstsein hergeleitet worden (vgl.
Abschn. 3.2.7). Aber sicherlich spricht auch vieles dafür, es ausgehend von einer geringen Machtdistanz einzusetzen, denn wenn die Generation Y Machtunterschiede und damit
ihre hierarchisch Vorgesetzten ablehnt, ist die Selbstführung sicherlich eine Möglichkeit,
diese Eigenschaft zu adressieren. Damit ist die Zuordnung von Werkzeugen zu Persönlichkeitsmerkmalen der Generation Y sicherlich an der einen oder anderen Stelle etwas
willkürlich, das wollen wir nicht von der Hand weisen. Allerdings war es uns vor allem
wichtig, leistungsfähige und praktikable Werkzeuge zu entwickeln, nicht jedoch diese
zwingend in beide Richtungen (von den Persönlichkeitsmerkmalen zu den Werkzeugen
und umgekehrt) in Bezug auf all ihre Anknüpfungsmöglichkeiten darzulegen. Die Praxisorientierung geht für uns in diesem Punkt vor wissenschaftlicher Vollständigkeit.

In Bezug auf die 86 hergeleiteten Werkzeuge, 37 für die Generation Y als Mitarbeiter, 49 für sie als Führungskraft, stellt sich die Frage, ob denn ein solch *hoher Umfang*

notwendig ist. Hierzu wollen wir auf unsere Ausführungen zum Minimum of Rules verweisen (vgl. Abschn. 4.2.8): Es geht nicht darum, *alle* Werkzeuge anzuwenden, sondern darum, zur jeweiligen Herausforderung *passende* anzuwenden. Je anspruchsvoller die Führungsarbeit wird – je größer die Führungsspanne oder je heterogener die zu führenden Mitarbeiter – desto mehr Werkzeuge werden nötig. Auf keinen Fall geht es darum, möglichst viele Werkzeuge anzuwenden. *Weniger ist mehr.* Warum? Je weniger Werkzeuge verwendet werden, desto stärker kann man den Einsatz dieser Werkzeuge trainieren und desto besser wird man in ihrer Anwendung. Es ergeben sich Lernkurveneffekte und Spezialisierungsvorteile. Darüber hinaus wollen wir die 86 vorgestellten Werkzeuge im Sinne einer *Option* verstehen. Jede Führungskraft wird das eine oder andere sowieso schon (implizit oder explizit) verwenden. Aber bei 86 Werkzeugen ist für fast jeden sicherlich auch etwas Neues dabei. Damit liegt der Grund für die Vielzahl der hergeleiteten Werkzeuge auch darin, dass wir Anregungen geben wollen, wie Führung vielleicht noch erfolgen *kann.*

Viele der vorgestellten Werkzeuge sind nicht ausschließlich im Rahmen der Führung der Generation Y nutzbar, sie bieten sich *grundsätzlich* als Führungswerkzeuge an. Schließlich führt die Passung eines Werkzeuges zu den Merkmalen der Genration Y nicht zwingend dazu, dass sie nur für diese gelten können. Unabhängig davon, ob ein spezifisches Werkzeug für die oder von der Generation Y genutzt wird, gilt auch in Bezug auf alle anderen Generationen, dass zunächst die Eignung eines Werkzeuges zu prüfen ist. Wir sind davon überzeugt, dass diese auch über die Grenzen der Generation Y hinaus sehr hoch ist.

„Menschen verlassen keine Unternehmen, sie verlassen Führungskräfte" – so heißt es oft. Sicherlich ist diese Aussage in ihrer Absolutheit empirisch nicht haltbar. Aber ganz bestimmt verlassen *viele* Menschen ein Unternehmen aufgrund von Unzufriedenheit mit ihrer Führungskraft. Oder – noch schlimmer – sie sprechen eine innere Kündigung aus und behalten ihren Arbeitsplatz bei gleichzeitiger Minimierung ihres Engagements, weil sie mit ihrer Führungskraft unzufrieden sind. Wenn die Anzahl dieser Mitarbeiter sinkt, weil wir eine Ursache für ihre (inneren) Kündigungen – Unzufriedenheit mit Führung – besser in den Griff bekommen, hat dies einen doppelten Nutzen: Mitarbeitern fühlen sich wohler, und sie können ihre Potenziale besser zugunsten eines Unternehmens einsetzen. Egal, ob Sie Mitarbeiter aus der Generation Y führen oder ob Sie selber der Generation Y angehören und Führungsverantwortung übernommen haben: Lassen Sie uns einen aktiven Beitrag dazu leisten, dass Mitarbeiter ihre Führungskräfte respektieren und schätzen können und die Mitarbeiter damit allen Grund haben, ihren Unternehmen zufrieden und engagiert treu zu bleiben. Gute Führung ist der Schlüssel hierzu.

Literatur

Hofstede, G. (2001). *Culture's Consequences – Comparing Values, Behaviours, Institutions, and Organizations across Nations.* Thousand Oaks et al.: Sage.

FOM
Hochschule

CPSIA information can be obtained
at www.ICGtesting.com
Printed in the USA
BVHW070512120619

550700BV00010B/620/P

9 783658 072032